新生物学丛书

肠道微生物组：
见微知著的第三次医学革命

李莉莉　于广利　等　编著

科学出版社

北京

内 容 简 介

微生物组学正在迅速发展成为促进经济增长的一个新兴学科，以肠道微生物为代表的人体微生物组与健康和疾病的关系已经成为国际学术前沿的重大科学问题。本书共 7 章，第 1 章对人体微生物组，包括肠道、口腔、胃、呼吸道、皮肤、生殖系统等部位微生物组的研究进行了介绍；第 2 章介绍了人类微生物组研究计划的主要进展，以及开展中国微生物组计划实施的必要性和紧迫性；第 3、4 章分别介绍了肠道微生物对人体生理功能的影响及其与慢性疾病之间的关系；第 5、6 章分别介绍了影响健康人肠道微生物的因素和肠道微生物研究的主要方法；第 7 章介绍了肠道微生物在粪菌移植、益生菌和益生元干预及某些疾病的诊断和治疗中的应用。

本书注重科学性、系统性与易读性的结合，不仅可作为高等院校生物技术、生物工程、生物科学、生物信息学、微生物学、临床医学与预防医学等相关专业的教材，也可为正在或者将要从事肠道微生物研究的科研人员和医务人员提供参考。

图书在版编目 (CIP) 数据

肠道微生物组：见微知著的第三次医学革命/李莉莉等编著. —北京：科学出版社，2021.3
（新生物学丛书）
ISBN 978-7-03-063997-4

Ⅰ. ①肠… Ⅱ. ①李… Ⅲ. ①肠道微生物–研究 Ⅳ. ①Q939

中国版本图书馆 CIP 数据核字(2019)第 300291 号

责任编辑：朱 瑾 李 悦 田明霞 / 责任校对：严 娜
责任印制：吴兆东 / 封面设计：刘新新

科学出版社 出版
北京东黄城根北街 16 号
邮政编码：100717
http://www.sciencep.com
北京中石油彩色印刷有限责任公司印刷
科学出版社发行 各地新华书店经销
*
2021 年 3 月第 一 版 开本：B5 (720×1000)
2024 年 9 月第三次印刷 印张：18 1/2
字数：370 000
定价：148.00 元
（如有印装质量问题，我社负责调换）

《肠道微生物组：见微知著的第三次医学革命》
撰写人员名单

主要撰写人员 李莉莉　于广利

参与撰写人员（按贡献大小排序）

童贻刚　王　莉　秦　松　吴　为

翟诗翔　林思祥　张　健　赵　鑫

张容容　刘汝平　常方芝　初　萍

梁爱华　于亚男　田字彬　焦绪栋

姜宏杰　李国云　董　鑫　景　瑞

王园园

序

公元前 3 世纪，希腊名医、现代医学之父希波克拉底（Hippocrates）就提出
"所有的疾病都始于肠道"，但他的理念一直没有得到充足的证据和成熟的理论支
持。17 世纪末，微生物学之父安东尼·范·列文虎克（Antonie van Leeuwenhoek）
通过自制显微镜看到自己的牙菌斑并发现"极微动物"之后，才证明了细菌的存
在。19 世纪，俄罗斯动物学及免疫学家、诺贝尔奖获得者梅奇尼科夫（Metchnikoff）
发现了人类长寿和肠道微生态的直接关联，证实了"死亡始于结肠"，使人们认识
到了肠道微生物与疾病有关。2010 年，*Nature* 杂志报道了肠道微生物编码基因的
总数超过 330 万个，为人类编码基因总数的 100 倍以上，因此，肠道微生物组被
认为是人体的第二基因组。可见，肠道微生物（gut microbiota）在人体健康中发
挥着重要作用，它们既能影响食物消化、营养吸收和能量供应，又能调控宿主正
常的生理功能及疾病的发生发展。

肠道微生物组研究是新一轮科技革命的战略前沿领域，美国政府制定的多个
优先发展领域，如"精准医学计划"、"国家微生物组计划"等，都与微生物组有
密切关联。肠道微生物正以前所未有的方式影响并改变着人体健康，并挑战人们
对传统疾病和人体健康的认知。在人类与疾病的斗争中，将会迎来第三次医学革
命，明确肠道微生物与人体健康的关系，全面、系统地解析微生物组的结构和功
能，阐明肠道微生物组对人体健康的调控机制，提出新的治疗和预防疾病的策略，
这将为解决人类社会面临的健康问题带来革命性的新思路，而相关的微生物研究
技术革新，又能带来颠覆性的技术手段，为人类疾病的攻克提供不同寻常的解决
方案。

药物与微生物的相互作用是肠道微生物组研究的新热点。药物可改变肠道微
生物平衡，很多中药材（如黄连、黄芩、连翘、金银花等）提取物有抑菌、杀菌
作用；反过来，肠道微生物也可影响药物的吸收与代谢，从而影响药物疗效，甚
至产生不良反应，例如，粪肠球菌（*Enterococcus faecalis*）和迟缓埃格特菌
（*Eggerthella lenta*）可影响抗帕金森病药物左旋多巴的代谢。药物与微生物组间的
复杂相互作用是个性化医疗关注的焦点，如细菌与药物的互作机制，以及菌群的
地域差异对药物在不同人群中疗效的潜在影响。虽然中药在疾病的防治方面具有
独特的疗效，但是由于中药成分多样，作用机制复杂，且具有多组分、多层次和
多靶点作用的特点，人们对于中药调节肠道微生物的具体作用机制仍然知之甚少。
从肠道微生物组学的视角，收集微生物组数据将有利于深度表型分析，探寻传统

中医药与疾病的因果关系及其作用机制，为中医药学的发展做出重要贡献。

我国具有研究肠道微生物组的既有优势，但也有不足。我国借助独特的环境、生物资源及综合集成平台，在以肠道微生物为靶点的慢性疾病预防基础研究领域培养了一批高水平的研究队伍，拥有微生物学与其他学科交叉融合、面向基础与应用研究的体系和优势。但是肠道微生物组研究与我国生命科学同类研究还有一定差距，如研究的覆盖面相对狭窄，分析与实验验证及应用开发的原创性工作较少，系统性研究体系的建立还有待加强等。

目前国际微生物组研究处于转折期，我国肠道微生物组研究面临前所未有的发展机遇。该书紧紧围绕"肠道微生物组与人类健康"这一主题，系统总结了国内外肠道微生物组研究的最新进展，这些信息将有助于相关领域的研究者开展深入研究，实现理论与技术突破。

鉴于该书对于肠道微生物与人类健康关系的研究具有重要的参考价值，特此向大家推荐！

中国工程院院士

2020 年 9 月

前　言

人体中存在着大量的微生物，其中口腔、胃、肠道、呼吸道、皮肤及生殖系统等部位聚集的微生物种类较多，是真正的"人体菌库"。肠道由于其潮湿、厌氧、适宜的 pH 及丰富的营养等条件，其内栖息着数量庞大、种类繁多的共生微生物，这些共生微生物在消化、代谢、免疫调节、疾病预防和治疗中扮演着重要角色，它们参与了维生素、氨基酸、营养因子等的合成，炎症因子的分泌，营养物质的传递等生物学过程，以前所未有的方式影响并改变着人体健康，挑战人们对营养、免疫、疾病预防和治疗的传统认知，肠道微生物组研究开启了第三次医学革命。

健康成年人肠道细菌绝大部分属于厚壁菌门、拟杆菌门、疣微菌门、放线菌门和变形菌门，其中厚壁菌门和拟杆菌门细菌的占比最高。在婴儿出生时其肠道处于无菌状态，母亲的共生微生物和环境微生物的定植构成了初生婴儿肠道的微生物群，在后续几年里，婴儿肠道微生物的组成将向一个"类成人"（adult-like）的结构转变。一旦成熟的肠道微生物结构建立起来，就具有很强的自稳能力，即便受到外界的扰动（如抗生素），也会有很高的自我恢复能力。

受遗传、环境和生活方式尤其是饮食结构等因素的影响，人类肠道微生物在个体发展中具有多样性，肠道微生物通过影响个体的新陈代谢、生理、营养和免疫等功能来维持机体的生态平衡。肠道微生物不仅能参与营养吸收、物质代谢、免疫防御等重要生理过程，也能影响免疫系统、血液系统、呼吸系统，甚至能通过"肠-脑轴"影响外周和中枢神经系统。肠道中这些微小的生命体之所以会产生如此大的影响，其重要原因是它们会分泌代谢产物，这些代谢产物可进入人体血液循环。一方面，肠道微生物的代谢产物能改善人体新陈代谢，如膳食纤维经过细菌发酵产生的短链脂肪酸（如乙酸、丙酸、丁酸等），不仅参与人体能量代谢，还参与肥胖、糖尿病和结肠炎等疾病的改善；另一方面，某些肠道微生物的代谢产物能参与疾病的发生和发展，如氧化三甲胺（TMAO）是一种微生物依赖的代谢产物，在小鼠模型中它参与动脉硬化症的发生，并与人体心血管疾病发生相关。近些年来，人们充分认识到了合理的膳食对健康的重要性，合理的膳食通过影响肠道微生物的组成、结构和功能来调控人体健康；而肠道微生物又通过调节进入肠道的营养物质代谢而影响宿主的生理状态。改变膳食模式，可以达到对肠道微生物调控和重构的目的，这或许是一种通过膳食调控人体健康的新思路。

　　以高通量测序技术和生物信息学分析为基础的宏基因组学、宏转录组学、宏蛋白质组学和宏代谢组学，不仅极大地推动了人们对肠道微生物的整体认识，还促进了微生物与肠道的相互作用，以及肠道微生物在慢性疾病发生发展中的机制研究。近年来，微生物组学研究已成为各国争相发展的战略性科技领域，也是各国科学家及政府关注的焦点。世界各发达国家均投入大量资源，先后采取多学科交叉和国际化协作的组织模式，启动了人类微生物组计划（Human Microbiome Project，HMP）。2007 年底美国宣布发起 HMP，一期工作中产出了 14.23TB 数据，得到了 3000 株微生物的基因组信息。2008 年，*Nature Reviews Drug Discovery* 杂志首次提出"肠道微生物作为药物研究新靶点"，这一观点采用系统生物学的研究方法（如代谢组学、基因组学等）结合肠道微生态理论，以肠道微生物（特定细菌的数量、细菌的丰度等指标）作为药物研究的新靶点，可以极大地促进更多创新药物的研发。但目前对组学技术产生的海量数据的处理方法仍存在缺陷，借助生物大数据策略，构建肠道微生物代谢网络、蛋白质相互作用网络、表观遗传学调控网络、信号转导等具有多元调控关系的生物网络并发展数学描述方法，将是深入挖掘肠道微生物海量数据的有效手段。随着人类微生物组与健康和疾病之间的关系逐渐清晰，个性化医疗和精准医疗将日渐发展。对宿主与微生物相互作用的研究有助于诊断和治疗癌症等复杂疾病，进而实施精准治疗。

　　微生物组学研究将成为新一轮科技革命的战略前沿领域。随着人体微生物研究的不断深入，微生物与人体的关系不断被揭示，人体微生物与各种疾病的相互作用也不断被挖掘，这为人类提供了疾病预防和治疗的理论基础。但就目前来说，肠道微生物与宿主生理代谢和健康状态的因果关系及其作用机制尚需深入研究，膳食模式与肠道微生物之间的相互作用关系仍有待明确。近期人们有望在以下 6 个研究方向取得重大进展。

　　（1）肠道微生物与精神健康：肠道微生物可经多种途径产生神经活性代谢产物，未来将研究肠道微生物如何影响精神健康。

　　（2）粪菌移植（FMT）：粪菌移植治疗溃疡性结肠炎的效果与患者/供者粪便中特定菌种丰度相关，可据此筛选患者/供者，并使用特定菌种提高疗效。

　　（3）肠道微生物与代谢综合征：活的或巴氏灭活的嗜黏蛋白艾克曼氏菌（*Akkermansia muciniphila*）可治疗代谢综合征，未来将扩大试验规模，研究单菌株对动物代谢的影响，以及巴氏灭活菌对人体代谢的影响。

　　（4）肠道微生物对宿主代谢途径的影响：与微生物组结构和机体代谢相关的基因可影响肠道微生物，进而影响机体代谢，未来可据此进行代谢性疾病的个性化治疗研究。

　　（5）肠道微生物与分娩：剖宫产和自然分娩儿童的肠道微生物结构差异显著，尚无证据表明其与疾病相关，未来可研究因分娩方式不同造成的不同初始肠道微生物是否对人群具有长期影响。

（6）肠道微生物与肥胖：严重肥胖者肠道微生物丰度及多样性低于健康人群，未来通过减肥手术与对紊乱的肠道微生物组调节的联合治疗方式，或可改善肥胖患者代谢功能。

在本书的组织和编写中，除了撰写人员名单中的成员做出了重要贡献外，谢瑞琪、谢园园、任庆敏、汪玉亭、王康、袁菁翊、赵志方等研究人员和学生也参与了初稿的撰写和整理，在此表示感谢。

尽管本书试图涵盖肠道微生物领域的最新进展、重要理论和关键技术，但是由于作者水平有限，书中难免有不妥之处，真诚地希望读者朋友批评指正。

作　者
2020 年 9 月

目　　录

第1章　人体微生物组 ··· 1

1.1　肠道微生物 ··· 1

　1.1.1　肠道微生物的组成与结构 ··· 1

　1.1.2　肠道微生物的建立与传递 ··· 3

　1.1.3　肠道微生物的特点与功能 ··· 3

　1.1.4　肠道病毒 ··· 5

　1.1.5　肠道微生物在疾病预防和治疗中的应用 ································· 6

1.2　口腔微生物 ··· 7

　1.2.1　口腔微生物的组成与结构 ··· 7

　1.2.2　口腔微生物的特点与功能 ··· 9

　1.2.3　影响口腔微生物组成的因素 ·· 11

1.3　胃部微生物 ··· 12

　1.3.1　胃部微生物的组成与结构 ··· 12

　1.3.2　胃部微生物的特点与功能 ··· 14

　1.3.3　影响胃部微生物组成的因素 ·· 15

1.4　呼吸道微生物 ·· 16

　1.4.1　呼吸道微生物的组成与结构 ·· 16

　1.4.2　呼吸道微生物的特点与功能 ·· 18

1.5　皮肤微生物 ··· 19

　1.5.1　皮肤微生物的组成与结构 ··· 19

　1.5.2　皮肤微生物的特点与功能 ··· 22

1.6　生殖系统微生物 ··· 23

　1.6.1　女性 ··· 24

　1.6.2　男性 ··· 25

1.7　人体肠道微生物的来源及生命早期肠道微生物的影响因素 ··········· 26

　1.7.1　母体的垂直来源 ·· 26

　1.7.2　母亲对婴儿肠道微生物定植的影响 ······································ 27

　　1.7.3　环境接触 ⋯⋯⋯⋯⋯⋯⋯⋯⋯⋯⋯⋯⋯⋯⋯⋯⋯⋯⋯⋯⋯⋯⋯⋯⋯ 29

　　1.7.4　抗生素 ⋯⋯⋯⋯⋯⋯⋯⋯⋯⋯⋯⋯⋯⋯⋯⋯⋯⋯⋯⋯⋯⋯⋯⋯⋯⋯⋯ 29

　　1.7.5　饮食 ⋯⋯⋯⋯⋯⋯⋯⋯⋯⋯⋯⋯⋯⋯⋯⋯⋯⋯⋯⋯⋯⋯⋯⋯⋯⋯⋯⋯ 31

　参考文献 ⋯⋯⋯⋯⋯⋯⋯⋯⋯⋯⋯⋯⋯⋯⋯⋯⋯⋯⋯⋯⋯⋯⋯⋯⋯⋯⋯⋯⋯⋯ 32

第 2 章　人类微生物组研究计划 ⋯⋯⋯⋯⋯⋯⋯⋯⋯⋯⋯⋯⋯⋯⋯⋯⋯⋯⋯⋯ 40

2.1　人类微生物组计划（HMP） ⋯⋯⋯⋯⋯⋯⋯⋯⋯⋯⋯⋯⋯⋯⋯⋯⋯⋯⋯ 40

　　2.1.1　HMP 的起源 ⋯⋯⋯⋯⋯⋯⋯⋯⋯⋯⋯⋯⋯⋯⋯⋯⋯⋯⋯⋯⋯⋯⋯⋯ 40

　　2.1.2　HMP 的主要内容 ⋯⋯⋯⋯⋯⋯⋯⋯⋯⋯⋯⋯⋯⋯⋯⋯⋯⋯⋯⋯⋯⋯ 41

　　2.1.3　HMP 的研究进展 ⋯⋯⋯⋯⋯⋯⋯⋯⋯⋯⋯⋯⋯⋯⋯⋯⋯⋯⋯⋯⋯⋯ 43

　　2.1.4　HMP 存在的问题与局限性 ⋯⋯⋯⋯⋯⋯⋯⋯⋯⋯⋯⋯⋯⋯⋯⋯⋯⋯ 49

　　2.1.5　HMP 的意义 ⋯⋯⋯⋯⋯⋯⋯⋯⋯⋯⋯⋯⋯⋯⋯⋯⋯⋯⋯⋯⋯⋯⋯⋯ 50

2.2　中国微生物组计划实施的必要性和紧迫性 ⋯⋯⋯⋯⋯⋯⋯⋯⋯⋯⋯⋯ 51

　　2.2.1　中国科学院微生物组研究计划 ⋯⋯⋯⋯⋯⋯⋯⋯⋯⋯⋯⋯⋯⋯⋯⋯ 52

　　2.2.2　中国在微生物组研究方面存在的一些问题 ⋯⋯⋯⋯⋯⋯⋯⋯⋯⋯ 54

　　2.2.3　开展中国微生物组计划迫在眉睫 ⋯⋯⋯⋯⋯⋯⋯⋯⋯⋯⋯⋯⋯⋯⋯ 55

　参考文献 ⋯⋯⋯⋯⋯⋯⋯⋯⋯⋯⋯⋯⋯⋯⋯⋯⋯⋯⋯⋯⋯⋯⋯⋯⋯⋯⋯⋯⋯⋯ 56

第 3 章　肠道微生物与生理功能 ⋯⋯⋯⋯⋯⋯⋯⋯⋯⋯⋯⋯⋯⋯⋯⋯⋯⋯⋯⋯ 60

3.1　肠道微生物与免疫系统 ⋯⋯⋯⋯⋯⋯⋯⋯⋯⋯⋯⋯⋯⋯⋯⋯⋯⋯⋯⋯⋯ 60

　　3.1.1　肠道微生物与免疫细胞 ⋯⋯⋯⋯⋯⋯⋯⋯⋯⋯⋯⋯⋯⋯⋯⋯⋯⋯⋯ 62

　　3.1.2　肠道微生物与免疫器官 ⋯⋯⋯⋯⋯⋯⋯⋯⋯⋯⋯⋯⋯⋯⋯⋯⋯⋯⋯ 63

　　3.1.3　肠道微生物与免疫排斥 ⋯⋯⋯⋯⋯⋯⋯⋯⋯⋯⋯⋯⋯⋯⋯⋯⋯⋯⋯ 65

　　3.1.4　肠道微生物与性别二态性 ⋯⋯⋯⋯⋯⋯⋯⋯⋯⋯⋯⋯⋯⋯⋯⋯⋯⋯ 68

　　3.1.5　肠道微生物与免疫性疾病 ⋯⋯⋯⋯⋯⋯⋯⋯⋯⋯⋯⋯⋯⋯⋯⋯⋯⋯ 69

3.2　肠道微生物与血液系统 ⋯⋯⋯⋯⋯⋯⋯⋯⋯⋯⋯⋯⋯⋯⋯⋯⋯⋯⋯⋯⋯ 74

　　3.2.1　肠道微生物与造血功能 ⋯⋯⋯⋯⋯⋯⋯⋯⋯⋯⋯⋯⋯⋯⋯⋯⋯⋯⋯ 74

　　3.2.2　肠道微生物与造血干细胞移植 ⋯⋯⋯⋯⋯⋯⋯⋯⋯⋯⋯⋯⋯⋯⋯⋯ 76

　　3.2.3　肠道微生物与血液感染 ⋯⋯⋯⋯⋯⋯⋯⋯⋯⋯⋯⋯⋯⋯⋯⋯⋯⋯⋯ 77

　　3.2.4　肠道微生物与自身免疫介导的骨髓衰竭综合征 ⋯⋯⋯⋯⋯⋯⋯⋯ 78

3.3　肠道微生物与神经系统 ⋯⋯⋯⋯⋯⋯⋯⋯⋯⋯⋯⋯⋯⋯⋯⋯⋯⋯⋯⋯⋯ 79

　　3.3.1　肠道微生物与帕金森病 ⋯⋯⋯⋯⋯⋯⋯⋯⋯⋯⋯⋯⋯⋯⋯⋯⋯⋯⋯ 83

　　3.3.2　肠道微生物与阿尔茨海默病 ⋯⋯⋯⋯⋯⋯⋯⋯⋯⋯⋯⋯⋯⋯⋯⋯⋯ 84

　　3.3.3　肠道微生物与精神疾病 ⋯⋯⋯⋯⋯⋯⋯⋯⋯⋯⋯⋯⋯⋯⋯⋯⋯⋯⋯ 85

　　3.3.4　肠道微生物与其他神经系统疾病 ⋯⋯⋯⋯⋯⋯⋯⋯⋯⋯⋯⋯⋯⋯⋯ 87

3.4 肠道微生物与呼吸系统 ……………………………………………… 88
  3.4.1 肠道微生物与呼吸系统疾病 …………………………………… 89
  3.4.2 肠道微生物影响呼吸系统疾病的潜在机制 …………………… 93
3.5 肠道微生物与表观遗传 ……………………………………………… 95
  3.5.1 肠道微生物与 DNA 甲基化 …………………………………… 95
  3.5.2 肠道微生物与组蛋白修饰 ……………………………………… 97
  3.5.3 肠道微生物与非编码 RNA ……………………………………… 98
  3.5.4 以肠道微生物为靶向的结直肠癌治疗 ………………………… 100
参考文献 ………………………………………………………………… 101
第 4 章　肠道微生物与慢性疾病 ……………………………………… 119
4.1 肠道微生物与代谢性疾病 …………………………………………… 119
  4.1.1 肠道微生物与肥胖 ……………………………………………… 119
  4.1.2 肠道微生物与 2 型糖尿病 …………………………………… 126
4.2 肠道微生物与心血管疾病 …………………………………………… 130
  4.2.1 肠道微生物与动脉粥样硬化 …………………………………… 130
  4.2.2 肠道微生物与高血压 …………………………………………… 136
  4.2.3 肠道微生物与心力衰竭 ………………………………………… 141
4.3 肠道微生物与非酒精性脂肪性肝病 ………………………………… 143
  4.3.1 肠道微生物与非酒精性脂肪性肝病概述 ……………………… 144
  4.3.2 肠道微生物失调在非酒精性脂肪性肝病发病机制中的作用 …… 145
  4.3.3 靶向肠道微生物治疗非酒精性脂肪性肝病 …………………… 148
4.4 肠道微生物与消化道疾病 …………………………………………… 152
  4.4.1 肠道微生物与炎症性肠病 ……………………………………… 153
  4.4.2 肠道微生物与大肠癌 …………………………………………… 154
  4.4.3 肠道微生物与肠易激综合征 …………………………………… 156
参考文献 ………………………………………………………………… 157
第 5 章　影响健康人肠道微生物的因素 ……………………………… 172
5.1 遗传因素 ……………………………………………………………… 173
  5.1.1 人类双胞胎实验 ………………………………………………… 173
  5.1.2 小鼠模型实验 …………………………………………………… 174
  5.1.3 全基因组水平的关联实验 ……………………………………… 176
5.2 年龄与性别 …………………………………………………………… 176
  5.2.1 年龄 ……………………………………………………………… 176

　　5.2.2　性别 ·· 180

　5.3　生活方式 ·· 181

　　5.3.1　西方化与非西方化的生活方式 ······································· 181

　　5.3.2　饮食与营养 ··· 182

　5.4　地域 ·· 183

　参考文献 ·· 185

第6章　肠道微生物的研究方法 ··· 190

　6.1　培养方法 ·· 190

　　6.1.1　传统培养法 ··· 190

　　6.1.2　培养组学 ··· 191

　6.2　核酸测序 ·· 196

　　6.2.1　扩增子测序 ··· 198

　　6.2.2　宏基因组学 ··· 202

　　6.2.3　宏转录组学 ··· 204

　　6.2.4　核酸测序在肠道微生物研究中的应用 ···························· 206

　6.3　微流控技术 ··· 208

　　6.3.1　微流控技术的研究进展 ··· 208

　　6.3.2　微流控技术在肠道微生物与疾病研究中的应用 ·············· 209

　　6.3.3　微流控技术的优势 ··· 212

　　6.3.4　微流控技术存在的问题和发展趋势 ··································· 213

　6.4　FishTaco 分析的分类与功能 ··· 213

　　6.4.1　FishTaco 分析的流程 ·· 214

　　6.4.2　FishTaco 对微生物组分类和功能的关联分析 ··················· 216

　　6.4.3　FishTaco 分析的应用 ·· 217

　参考文献 ·· 218

第7章　肠道微生物引发的第三次医学革命 ·································· 226

　7.1　粪菌移植 ·· 227

　　7.1.1　粪菌移植的历史 ·· 227

　　7.1.2　粪菌移植的临床效果 ·· 228

　　7.1.3　粪菌移植的监管 ·· 233

　7.2　益生菌干预 ··· 238

　　7.2.1　益生菌代谢产物的作用 ··· 239

　　7.2.2　微生物细胞成分的免疫调节作用 ······································ 246

7.3　益生元干预 ………………………………………………………………… 249

　　7.3.1　改善糖脂代谢 ……………………………………………………… 249

　　7.3.2　调节免疫系统 ……………………………………………………… 251

　　7.3.3　调节神经系统 ……………………………………………………… 252

7.4　肠道微生物与药物的互作 ……………………………………………… 253

7.5　以肠道微生物为靶点的肿瘤防治 ……………………………………… 256

　　7.5.1　肠道微生物与化/放疗 ……………………………………………… 258

　　7.5.2　肠道微生物与靶向治疗 …………………………………………… 259

　　7.5.3　肠道微生物与免疫治疗 …………………………………………… 260

　　7.5.4　肠道微生物协助肿瘤逃逸 ………………………………………… 263

　　7.5.5　肠道微生物组在精准医学中面临的挑战 ………………………… 264

参考文献 ………………………………………………………………………… 266

第 1 章　人体微生物组

　　人体微生物是生活在人体不同部位的所有微生物的总称，包括细菌、真菌、病毒等（Lederberg，2000）。人体中存在着大量的微生物，其中肠道、口腔、胃部、呼吸道、皮肤、生殖系统这几个部位聚集的微生物种类较多（图 1-1），数量巨大，也被称为"人体菌库"（Marsland and Gollwitzer，2014）。测序表明，肠道中超过 99%的基因是细菌的基因。据估算，人类肠道微生物组有 $3.8×10^{13}$ 个微生物，包括细菌、病毒、真菌和原生动物，它们与人类肠道存在共生关系（Gill et al.，2006）。以 70kg、20～30 岁、身高 170cm 的男性为例，其体内细菌与自身细胞数量的比例约为 1:1，细菌总质量约 0.2kg（Sender et al.，2016）。人体正常菌群有 1000 余种，包括益生菌、致病菌和条件致病菌，这些微生物能通过多种方式对人体产生作用，包括直接与人体接触和通过代谢产物间接与人体接触等，对人体的生长发育发挥重要的影响。

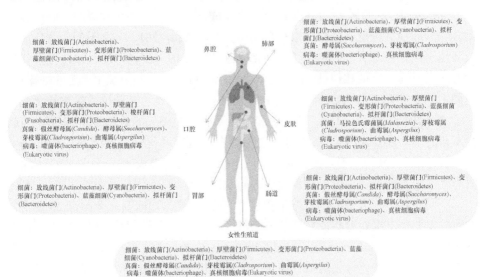

图 1-1　人体微生物分布（Marsland and Gollwitzer，2014）

1.1　肠道微生物

1.1.1　肠道微生物的组成与结构

　　肠道具有潮湿、厌氧、适宜的 pH 等环境条件，非常适合微生物生长，其也是微生物聚集最多的部位。肠道中的细菌是数量最多且研究最广泛的微生物。健康成年人肠道中的细菌绝大部分属于厚壁菌门（Firmicutes）、拟杆菌门（Bacteroidetes）、疣微菌门（Verrucomicrobia）、放线菌门（Actinobacteria）和变形菌门（Proteobacteria）。其中厚壁菌门和拟杆菌门细菌的占比最高，占肠道微生物的 90%以上。肠道微生物组会在人体出生后很快建立起来，在接下来的几年里，它的组成将向一个标准的"类成人"（adult-like）的细菌群落结构转变。这一过程会受到多种因素的影响，包括出生模式、营养结构、抗生素使用和地理环境等。

在不同的生长时期，人体肠道微生物的组成亦不同。通常认为，胎儿肠道中是无菌的，在分娩的过程中，环境中的微生物开始在婴儿肠道中定植。自然分娩婴儿肠道中的微生物组成往往与母亲生殖道的微生物组成相似，剖宫产婴儿肠道中定植的细菌大多来自医院环境（产房空气及医护人员）和母亲皮肤（周燕和张士发，2017）。在婴幼儿时期，肠道微生物以双歧杆菌属（*Bifidobacterium*）为主（马永慧和杨云生，2017）；进入青春期，肠道微生物的组成逐渐稳定；到 50 岁以后，肠道微生物的丰度逐渐下降。老年人肠道微生物的组成及稳定性会发生改变，其多样性降低，变形菌门（含多种条件致病菌）细菌的丰度增加，拟杆菌属（*Bacteroides*）、梭菌属（*Clostridium*）增加，产短链脂肪酸的细菌减少，肠道碳水化合物分解能力降低，蛋白质水解功能增强（Buford，2017）。由于遗传背景及成长环境不同，每个人的肠道微生物组都是独一无二的。但同一地区遗传背景和生活方式又具有一定的相似性，故肠道微生物在人群中的分布呈现出一定的规律性。例如，坦桑尼亚哈扎（Hadza）人过着传统狩猎式的生活，其肠道微生物富含密螺旋体属（*Treponema*）细菌、拟杆菌和瘤胃菌科（Ruminococcaceae）细菌，而缺少双歧杆菌，并且细菌的组成与季节的改变（雨季和旱季）及饮食的变化相关（Smits et al.，2017）。不同民族人群间肠道微生物的差异大于同一民族内部人群，沿海地区人群肠道微生物的丰度大于内陆地区人群。

不同生活方式人群的肠道微生物也不一样。科学家对来自 4 个国家 22 名个体粪便样本的宏基因组分析就发现了三个特征集群。2011 年，欧洲 MetaHIT 项目首席科学家 Dusko Ehrlich 提出了人类肠道"肠型"的概念，根据体内菌种组成，将人类肠型分为三种，分别为拟杆菌属肠型、普氏菌属（*Prevotella*）肠型、瘤胃球菌属肠型（Arumugam et al.，2011）。肠型与宿主体重指数（body mass index，BMI）、年龄、居住国等因素无关（Wu et al.，2011），不同肠型显示出对糖、蛋白质、脂类的不同分解能力（Vieira-Silva et al.，2016）。随着对肠道微生物研究的深入，不断有科学家尝试用新的方法来研究肠道微生物多样性。有学者对亚洲人的肠道微生物进行了研究，根据从粪便样品中鉴定的微生物类群，将亚洲人的肠道微生物分为两种肠型：高丰度的普氏菌属肠型（P 型）及高丰度的拟杆菌属/双歧杆菌属肠型（BB 型）；东亚人的肠型大多数为 BB 型，日本年轻人几乎均为 BB 型，中亚和东南亚人的肠型以 P 型为主。对多个民族进行肠型分析表明，中国人肠型以 BB 型为主，壮族人群肠道内拟杆菌属丰度最高，而蒙古族最低，普氏菌属在各民族之间无显著差异，而南京地区的汉族人群以 P 型为主。同时，还发现饮食和地理因素都能影响肠型（Jiro et al.，2017）。

1.1.2　肠道微生物的建立与传递

婴儿肠道微生物的建立是由微生物扩散、分化、漂移和选择 4 个生态过程驱动的（Sprockett et al.，2018）。初始肠道微生物的建立主要依靠母婴传递，母亲的微生物对婴儿肠道微生物的建立和婴儿的发育具有重要作用。York 团队发现，婴儿出生时，其肠道微生物的随机定植来自母亲不同部位的微生物，之后环境的筛选压力使微生物多样性先快速下降，后逐渐上升（York，2018）。母源性的微生物主要来自肠道微生物，其在婴儿肠道中的适应性强于其他微生物，具有优先效应。优先效应是指微生物扩散进入肠道的时间和顺序，会改变其余三个生态过程对婴儿肠道微生物建立的影响，或给宿主健康带来长期影响（Sprockett et al.，2018）。有研究发现，出生后一天的婴儿与母亲的粪便菌群差异显著，但在菌种水平上存在母婴传递现象。对于特定菌种，婴儿会根据菌株功能，选择继承母亲的优势菌株还是次要菌株（York，2018）。

肠道微生物的传递方式以垂直传递为主。小鼠实验发现，不同种群的小鼠个体肠道微生物的组成与其相应的野生小鼠祖先更相似。同时也存在微生物的水平传递，致使不同品系小鼠的肠道微生物组成随时间而趋同。不同肠道微生物有不同的传递模式，与微生物的种系和氧耐受情况相关（Moeller et al.，2018）。

细菌进化的主要机制为水平基因转移（horizontal gene transfer，HGT）。在肠道中，稳定的温度、持续的食物供给、相同的理化性质、极高密度的菌群及噬菌体、细菌与食物颗粒及宿主组织表面结合的机会，都为水平基因转移提供了极佳的生态环境。水平基因转移的机制包括：转化、病毒介导的转导、接合，肠道微生物通过水平基因转移，对外界环境的变化（如益生菌、益生元、抗生素等的干预）进行应答（Lerner et al.，2017）。

1.1.3　肠道微生物的特点与功能

肠道微生物是一个复杂的生态系统，细菌在其中互相交换信息并以共生的方式繁衍生存，也可能因争夺生态位及营养物质而产生竞争。肠道共生菌群可通过竞争营养物质、产生毒力因子等手段抑制致病菌的定植。攻击性细菌可分泌细菌素杀伤其他细菌，细菌素的受体结构域可结合靶细菌的特定受体，随后细菌素的易位结构域帮助活性结构域进入靶细菌。在接触依赖性生长抑制中，攻击性细菌可通过Ⅵ型分泌系统（T6SS）将效应分子注射到靶细菌内（Chassaing and Cascales，2018）。

肠道微生物组在宿主的健康维护和疾病发病机制中起着重要的作用。稳定而多样的肠道微生态环境，在宿主的免疫调节、病原预防、能量获取及新陈代谢等生理活动中起着重要的作用。肠道微生物的改变对肠道内稳态、生理状态、免疫系统和代谢途径都有显著的影响。例如，肠道微生物能影响宿主的免疫、发育、成熟与稳态、细胞增殖、血管生成、神经信号、肠道内分泌的功能与骨密度等（Maynard et al.，2012）。此外，肠道微生物还能合成宿主所必需的各种维生素、类固醇激素、神经递质等物质（Lynch and Pedersen，2016）。

肠道微生物能影响骨密度，对骨质疏松及炎症性关节疾病具有一定的影响。动物实验结果表明，雌激素缺乏性骨质疏松小鼠的肠道微生物与正常小鼠有很大的差异，通过益生菌治疗可减缓骨量流失。此外，由肠道微生物缺乏引起的骨量异常现象，可通过重建肠道微生物来逆转。肠道微生物影响骨组织的作用机制涉及调节 $CD4^+T$ 细胞活化、控制破骨细胞因子生成及调节激素水平等，肠道微生物的影响或可解释由年龄、性别、遗传背景等因素造成的骨骼疾病异质性，菌群干预或能成为骨骼疾病的潜在疗法（Ibáñez et al.，2019）。

肠道微生物能影响皮肤健康。肠道微生物通过影响全身免疫系统、菌群和代谢产物转移等，调控皮肤细胞分化和免疫反应，影响皮肤稳态建立、失调和重建过程。肠道微生物及其代谢产物，通过影响免疫通路、免疫稳态以及肠-脑-皮肤轴，在痤疮、特应性皮炎以及银屑病的发病机制中具有重要作用。使用益生菌干预手段调节肠道微生物，有望缓解紫外线造成的皮肤老化，改善痤疮、特应性皮炎和银屑病等皮肤疾病相关症状（Salem et al.，2018）。

肠道微生物能调节生理节律。生理节律是生命的一个重要特征，使得机体代谢能够适应每天的环境变化。研究显示，机体生理节律也包含肠道微生物组成和功能的周期性变化。肠道中的革兰阴性菌组分激活髓系细胞分泌白细胞介素-23（IL-23），进而刺激 3 型天然淋巴细胞（ILC3）分泌 IL-22；IL-22 通过 STAT3 抑制节律基因 NR1D1 的转录活性（Thaiss et al.，2017）。肠道微生物信号可通过激活或抑制 Toll 样受体（TLR）调控免疫系统的反应，从而调节能量稳态（Spiljar et al.，2017）。肠道微生物可直接参与药物代谢，影响其药效和毒性，还通过与免疫/代谢系统相互作用，间接影响药物反应及其吸收利用效率（Doestzada et al.，2018）。

肠道微生物能调节情绪。肠道微生物产生的 5-羟色胺（5-hydroxytryptamine）是一种激素和兴奋性神经递质，在缓解焦虑和抑郁中有重要作用，肠道微生物可调控其在血液和大脑中的水平来影响宿主的心情（Jameson and Hsiao，2018）。

肠道微生物的功能大多数是相互关联的，并与人体生理学功能紧密相连。微生物发酵产物——短链脂肪酸，是肠道细胞的必需底物，并在免疫调节过程中起重要作用，如促进 T 细胞分化（Heintz-Buschart and Wilmes，2017）。当肠道微生物发生紊乱、肠功能受损时，就会引发多种疾病。已经发现神经系统疾病、精神疾病、呼吸系统疾病、心血管疾病、胃肠道疾病、肝病、自身免疫性疾病、代谢性疾病、肿瘤等都与肠道微生物的紊乱相关（Lynch and Pedersen，2016）。

肠道微生物参与致病过程。肠道微生物通过三个与非传染性疾病发展相关的代谢产物（氧化三甲胺、次级胆汁酸和硫化氢）引起疾病。利用公开的宏基因组和转录组学数据，在健康和疾病（包括心血管疾病、2 型糖尿病、肥胖、结直肠癌、炎性肠病、肝硬化等）状态下对肠道微生物的这三种"致病产物"进行量化分析，结果表明，在这些疾病中，可产生"致病产物"肠道微生物的丰度增加，不同疾病中产生"致病产物"的肠道微生物也不同，由此可对疾病风险进行评估，以靶向肠道微生物进行精准治疗（Rath et al.，2018）。肠道微生物多样性降低，通常伴随兼性厌氧菌比例上升，这种特征与婴儿肠道微生物相似，但在成年人中肠道微生物多样性的降低往往是患有多种疾病的标志。广谱抗生素、宿主遗传、肠道与其他器官的互作改变都能降低肠道微生物的多样性。丁酸等短链脂肪酸产生菌，在建立肠腔厌氧环境中起着关键作用，短链脂肪酸产生菌的死亡或丰度降低会使肠腔内氧含量上升、兼性厌氧菌及某些有害代谢产物增多（Kriss et al.，2018）。

肠道微生物失调与多发性硬化症、视神经脊髓炎、缺血性脑卒中、帕金森病、阿尔茨海默病和自闭症等神经系统疾病及其炎症状况有关。肠道微生物和膳食代谢产物以多种方式影响神经炎症，包括影响小胶质/星形胶质细胞的功能、调控血脑屏障对免疫细胞的通透性、影响外周免疫反应。短链脂肪酸、氧化三甲胺、次级胆汁酸等代谢产物作用于特定 T 细胞，参与神经炎症相关免疫反应。因此，找到与肠道微生物相互作用的明确膳食因素，将有助于开发新的治疗干预手段（Janakiraman and Krishnamoorthy，2018）。

1.1.4　肠道病毒

肠道中另一大微生物类群是病毒组（virome），这是一个由真核 RNA 病毒、真核 DNA 病毒和噬菌体组成的多样化群落。大量证据表明，病毒组对人类健康有影响。肠道病毒组是在出生后不久建立的，并且以感染细菌的病毒（即噬菌体）为主，在出生后的几年内发展成熟。病毒组通过影响肠道微生态和宿主免疫力而促进肠内稳态。病毒组的组成受许多因素影响，包括抗生素、饮食或病毒的直接感染。病毒组可通过裂解宿主微生物导致肠道微生态失调，从而导致疾病的发生。

基于透射电子显微镜（transmission electron microscope，TEM）观察发现，肠黏膜中含有的病毒最多，其次是粪便。肠道中噬菌体大多属于有尾噬菌体目（Caudovirales），共有 10^{15} 个左右。采用宏基因组测序的方法能让我们更加准确地了解肠道病毒组。第一个粪便宏基因组测序结果来自一个 33 岁健康男性的粪便，分析预测表明人体粪便中包含约 1200 个病毒型，其中数目最多的病毒型占总数的 4%，其中有尾噬菌体目占优势，如长尾噬菌体科（Siphoviridae），占总数的 18%；肌尾噬菌体科（Myoviridae），占总数的 10%；短尾噬菌体科（Podoviridae），占总数的 4.8%；微小噬菌体科（Microviridae），占总数的 0.9%；其他家族，占总数的 0.4%。现有数据库中的噬菌体群落可分为三类，分别为核心群落、常见群落和鲜见群落。核心群落和常见群落分布广泛，构成了健康肠道噬菌体组的主体，它们协助维持肠道微生物的结构和功能，并能显著促进人体健康（Manrique et al.，2016）。

噬菌体在婴儿粪便样品中的数量和种类较多。随着年龄增加，婴儿体内噬菌体组成发生显著变化，具体表现在微小噬菌体丰度逐渐增加，而有尾噬菌体丰度逐渐降低（Lim et al.，2015）。病毒的种类随着年龄增长而增加，表明婴儿肠道中的病毒是通过与环境接触而建立的。肠病毒、小 RNA 病毒、札幌病毒等都是在人体中检测到的最常见的病毒种类（Maynard et al.，2012）。一对双胞胎之间几乎拥有相同的小 RNA 病毒，而不同双胞胎之间则不同。指环病毒属是检测到的最普遍的真核 DNA 病毒。进化分析表明，这些指环病毒属独立形成一支，且与已经发现的指环病毒差异很大。婴儿在 3 个月时，几乎检测不到指环病毒属的存在，但在 6~12 个月时，这类病毒丰度显著增加（Lim et al.，2015）。比起不相关的婴儿个体，孪生兄弟姐妹之间的病毒组和细菌组较为相似。出生后，噬菌体-细菌之间的关系即开始，且符合掠食者-猎物模型（Lotka-Volterra model）（Lim et al.，2015）。

肠道中宿主与病毒组的关系包括病毒感染宿主细胞后，宿主发生免疫应答，肠道病毒与细菌、肠道环境相互影响；对宿主有利的影响包括通过刺激 TLR-7 防止耐万古霉素肠球菌（vancomycin-resistant *Enterococcus*）在肠道的定植等；有害的影响包括产生过多的 I 型干扰素（IFN-I）导致炎症性肠炎等。总之，不同种群病毒可能会通过免疫途径导致自身免疫性疾病、糖尿病等。其也可被用来制作工程肠道病毒，治疗相关疾病（Neil and Cadwell，2018）。

1.1.5 肠道微生物在疾病预防和治疗中的应用

目前，虽然对肠道微生物影响宿主的具体机制了解有限，但临床上已有通过干预肠道微生物来预防和治疗疾病的成功案例。

例如，通过饮食干预肠道微生物以调节宿主健康，如干预碳水化合物、脂肪、蛋白质、微量营养素和食品添加剂等的摄入都能影响肠道微生物和人体健康。地中海饮食中有丰富的蔬菜、水果和高膳食纤维的食物及发酵食品，其对特定人群肠道微生物有益。膳食纤维有利于维持肠道微生态的稳定性，并增加其多样性，膳食纤维及其菌群代谢产物短链脂肪酸，可增强肠道屏障功能（促进黏液生成和连接蛋白表达）、降低肠腔内的氧含量、维持免疫系统健康，对治疗炎症性肠病、结直肠癌、慢性阻塞性肺疾病（简称慢阻肺）、哮喘、肥胖和糖尿病等免疫和炎症相关疾病均有益，膳食纤维还能与营养物质和胆汁酸结合，调节它们的吸收与代谢，其菌群代谢产物阿魏酸（ferulic acid）对身体也有益，有学者推荐每人每天应摄入 50g 的膳食纤维，但具体数值应根据个体情况决定。关于益生菌和益生元调节（Makki et al.，2018）的更多进展详见第 7 章的 7.2 节和 7.3 节。

同时，肠道微生物可产生大量不同结构和生物活性多样的次生代谢产物，在药物研发等方面有广阔的应用前景。除了代谢饮食成分外，肠道微生物还能通过生物合成基因簇生成有独特结构和功能的天然产物。利用基因组/宏基因组、培养组和代谢组学技术，有助于加速对这些活性代谢产物的挖掘研究（Wang et al.，2018）。

粪菌移植是利用肠道微生物直接治疗人类疾病最有效的方式之一。鉴于粪菌移植在疾病治疗中的巨大潜力，目前已经建立了多个粪菌库。由美国科学家发起的全球菌群保护（GMC）组织，旨在鉴定和保存不同人群的肠道细菌；其生物库约有 1.1 万个菌株，未来将对来自 34 个国家的粪便样本进行收集和处理，处理方式包括 DNA 测序、分离菌株并永久保存（Rabesandratana，2018）。对粪菌移植进展的详细描述见第 7 章。

1.2　口腔微生物

1.2.1　口腔微生物的组成与结构

口腔是仅次于肠道的人体第二大微生物组栖息地（Sampaio-Maia et al.，2016）。基于 16S rRNA 测序分析及分子生物学方法的研究表明，成年人口腔中有 500 亿～1000 亿个细菌，主要有 600 多个类群。这些菌在口腔的各部位均有分布（图 1-2），仅在龈下缝隙中就检测到 400～500 个类群。其他 100 多个类群分布在舌头、牙齿表面、颊黏膜、腭扁桃体、软腭、硬腭和唇前庭等区域。唾液微生物组基本由上述所有位点脱落的微生物混合而成。虽然这些部位定植的细菌大部分都是一样的，但不同部位也存在其特异的菌群。例如，罗氏菌属（*Rothia*）通常在舌头或牙齿表面定植，西蒙斯氏菌属（*Simonsiella*）仅定植于硬腭，唾液链球菌（*Streptococcus salivarius*）主要定植于舌头，密螺旋体通常限于龈下缝隙（Krishnan et al.，2017）。口腔微生物和"肠型"类似，也存在"口型"，通过评估西班牙 1500 名青少年的口腔微生物组，发现这些微生物组样本可以分为两种组成模式（口型），分别主要由奈瑟菌属（*Neisseria*）和普氏菌属（*Prevotella*）组成，代表了口腔微生物组中两种可能的最佳平衡菌属，反映了人类口腔生态位的潜在限制（Willis et al.，2018）。

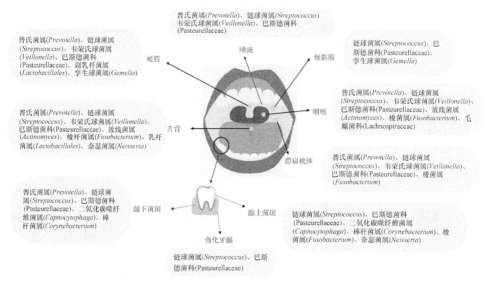

图 1-2　口腔中的核心菌群（Krishnan et al.，2017）

口腔不仅含有极其多样的细菌，还存在十分丰富的其他微生物，如真菌、病毒。与传统的口腔细菌研究相比，人们对这些非细菌类微生物的研究相对滞后。基于核酸分子学方法研究表明，健康人的口腔中真菌种类是多样化的。健康人口腔中有超过 75 种真菌，其中假丝酵母属（*Candida*）、枝孢菌属（*Cladosporium*）、短梗霉属（*Aureobasidium*）和曲霉属（*Aspergillus*）含量最高。此外，马拉色菌属（*Malassezia*）也是健康人口腔微生物群的常见成员。口腔中除真菌外，还含有大量的病毒，包括真核病毒和噬菌体。人口腔病毒不是一成不变的，会随时间的推移趋于稳定，同一家庭的成员具有非常相似的病毒。目前口腔中已鉴定的病毒大多数是噬菌体，其中长尾噬菌体科、肌尾噬菌体科和短尾噬菌体科是最常见的。口腔噬菌体的宿主涵盖了口腔中发现的所有主要细菌门类，唾液噬菌体及其各自推定的细菌宿主的丰度显示出直接和反向关系，表明口腔噬菌体与其细菌宿主之间存在共生和拮抗的进化关系。噬菌体被认为在口腔微生物组的形成中起重要作用。长尾噬菌体科主要是溶原性的，其能与相关宿主物种建立动态平衡，这为遗传信息的转移提供了大量机会。水平基因转移在口腔中特别重要，因为口腔中大量多样的生物和大量的细胞外 DNA 使得定植在口腔里的微生物有机会获得大量的外源基因。肌尾噬菌体科和短尾噬菌体科主要是溶菌性的，能迅速消除潜在的致病菌。现在认为噬菌体占细菌死亡因素的 20%～80%。另外，研究表明，噬菌体干预时可以使用抗 CRISPR（clustered regularly interspaced short palindromic repeats）蛋白来灭活细菌免疫系统，防止细菌根除噬菌体，并允许噬菌体在口腔微生物组内持续存在。最近的一项研究表明，牙菌斑中的噬菌体与口腔健康状况有关，牙周病患者的龈下菌斑中裂解性肌病毒的丰度显著增加，这表明噬菌体在调节微生物组及疾病发展中起着关键作用（Baker et al.，2017）。

1.2.2　口腔微生物的特点与功能

口腔微生物与宿主的相互作用既有有利的一面也有不利的一面。有益作用主要有：①对外源性微生物的抑制；②阻止和限制外源微生物的入侵；③竞争营养物质；④产生抑制性代谢产物；⑤占据空间位置；⑥降低口腔 pH；⑦降低口腔氧化还原电势；⑧诱导机体产生天然抗体。有害作用主要有：①内源性感染为外源性感染提供条件；②口腔 pH 与氧化还原电位（Eh 值）改变；③特殊酶的产生增加了宿主的过敏风险。

美国口腔修复学专家和口腔组织学专家 James Leon Williams 教授于 1897 年首先提出牙菌斑生物膜（dental plaque biofilm）概念：牙菌斑生物膜是存在于牙面或牙周袋内的细菌生态环境，细菌在其中生长、发育和衰亡，并进行着复杂的物质代谢活动，在一定条件下，细菌及其代谢产物将会对牙齿和牙周组织产生破坏作用。

口腔微生态的不平衡会导致口腔疾病，如龋病、牙周炎、口腔黏膜疾病，以及全身性疾病，如炎症性肠病、胃肠癌症、肝硬化、胰腺癌、糖尿病、不良妊娠、肥胖、多囊卵巢综合征，其还与某些神经系统、免疫系统、心血管系统疾病相关（Kilian et al.，2016），所以口腔微生物组在人类微生物组和人类健康中发挥着重要作用。

龋病是最常见的口腔慢性传染病，以细菌为主要病原体，可导致牙齿硬组织慢性和进行性破坏。龋病发病范围广，发病率高，可发生在儿童到老年人的任何年龄段。对无龋病和龋病状态间牙菌斑微生物组特征的观察表明，在龋病出现前 6 个月口腔微生物丰度减小（Xu et al.，2018）。通过比较龋病与无龋病宿主群体之间几个微生物群的丰度差异，揭示了龋病与无龋病患者口腔微生物组之间在群落结构方面的区别。对严重早期龋病儿童（SECC）和无龋病儿童的唾液与龈上菌斑样本中的细菌谱分析发现，包括链球菌属（*Streptococcus*）、卟啉单胞菌属（*Porphyromonas*）和放线菌属在内的几个属与龋病密切相关，这些微生物可能是原发龋病的潜在生物标志物（陈东科等，2002）。比较和分析来自患有龋病的儿童和无龋病儿童的唾液，发现普氏菌属、乳酸杆菌属（*Lactobacillus*）、短小杆菌属

（*Curtobacterium*）和产线菌属（*Filifactor*）可能与龋病的发病机制和进展有关（Gao et al.，2018；Wang et al.，2017）。依赖年龄的微生物的发展与幼儿早期龋病的发病具有极大的相关性，口腔微生物区系的改变先于幼儿龋病临床症状的表征，所以监测口腔微生物可以预防龋病（Teng et al.，2015）。

牙周病是口腔常见病，可分为牙龈疾病和牙周炎两大类。牙周病导致牙周组织（牙齿支持组织，如牙龈和牙槽骨）的破坏，并构成某些全身性疾病的潜在危险因素。口腔是天然的微生物培养基，其中牙周组织具有复杂的结构、物理和化学性质，这为微生物的生长提供了良好的条件。红色复合细菌常见于全身性侵袭性牙周炎、全身性慢性牙周炎、种植体周围炎及局部侵袭性牙周炎患者口腔中，且具有非常高的水平。另外，在上述牙周病患者口腔中也检测到高水平的具核梭杆菌（*Fusobacterium nucleatum*）（Gao et al.，2018）。

口腔白斑（oral leukoplakia，OLK）、口腔扁平苔藓（oral lichen planus，OLP）和系统性红斑狼疮（systemic lupus erythematosus，SLE）是口腔黏膜的常见疾病。口腔白斑是发生在口腔黏膜上不能被诊断为其他疾病的白色口腔病变，并且病变在很大程度上是无症状的。口腔扁平苔藓是最常见的慢性炎症性自身免疫性疾病之一。患者若有长期糜烂的口腔扁平苔藓，则有患癌症的风险。系统性红斑狼疮是一种慢性自身免疫性疾病。一些研究表明，细菌在这些黏膜疾病中起着重要作用。

口腔白斑患者嗜血杆菌属（*Haemophilus*）（丰度 1.51%）比健康对照组（丰度 0.34%）更多，口腔白斑可能与唾液微生物群的变化有关（Hu et al.，2016）。通过比较从口腔白斑患者（*n*=36）和健康对照者（*n*=32）唾液中提取的 DNA，发现口腔白斑患者中梭杆菌门（Fusobacteria）丰度较健康对照高，而厚壁菌门丰度较低（Amer et al.，2017）。

口腔微生物组还和口腔癌之间存在联系。鳞状细胞癌是口腔及其邻近部位最易发生的恶性肿瘤之一。与同一患者的健康黏膜表面相比，人口腔癌表面生物膜微生物组成发生了显著的变化。与正常个体相比，上皮前体病变患者和癌症患者之间的微生物组成具有显著差异。研究发现，在上皮前体病变和口腔癌患者之间有显著差异的菌群包括芽孢杆菌属（*Bacillus*）、肠球菌属（*Enterococcus*）、微单胞菌（*Parvimonas micra*）、消化链球菌属（*Peptostreptococcus*）和史雷克氏菌属（*Slackia*）。另外，对口腔鳞状细胞癌（oral squamous cell carcinoma，OSCC）患者口腔微生物的组成研究发现，口腔微生物组成与口腔鳞状细胞癌突变有关（Hsiao et al.，2018）。

牙种植体通常用于替代缺失的牙齿。植入疗法于 50 年前被引入牙科，并已成为替换缺失牙齿的常规程序之一。然而，当人们享受牙种植体的美好体验时，它同时会产生种植体周黏膜炎等并发症。种植体周围黏膜炎是由于口腔卫生不良，种植体周围菌斑堆积，刺激机体产生的炎症反应。临床表现为黏膜红肿、探诊出血甚至溢脓等。研究表明，种植体周围黏膜炎患者和健康个体之间的口腔微生物组成存在一些差异。种植体周围黏膜炎实际上是一种异质性混合感染，对健康植入物（n=10）、种植体周围黏膜炎（n=8）和种植体周围炎（n=6）部位口腔斑块的微生物进行比较，发现真杆菌属（*Eubacterium*）、普氏菌属等与种植体周围炎有关。这表明牙周微生物可能与种植体周围黏膜炎密切相关（Gao et al.，2018）。

口气是口腔内微生物活动的一个综合表现。患有口气的儿童与健康儿童相比，舌苔中细菌丰度更高。功能分析表明，患有口气的儿童口腔细菌中与萜类化合物（terpenoid）和聚酮化合物（polyketide）代谢相关的基因更丰富。此外，研究还发现，有口气的儿童口腔中微生物多样性更高，但微生物对 H_2S 的利用率较低（Ren et al.，2016）。

口腔是消化道的入口，口腔微生物的状态也与某些全身性的疾病相关。口腔微生物失调会导致系统疾病的产生，包括胃肠系统疾病，如炎症性肠病、肝硬化、胰腺癌；神经系统疾病，如阿尔茨海默病；内分泌系统疾病，如糖尿病、不良妊娠、肥胖和多发性卵巢综合征；类风湿关节炎（rheumatoid arthritis，RA）；免疫系统疾病，如 HIV 感染等，以及动脉粥样硬化等心血管系统疾病（Gao et al.，2018）。口腔菌群可通过牙龈卟啉单胞菌属（*Porphyromonas*）分泌的肽酰基精氨酸脱亚胺酶（PPAD）诱导产生瓜氨酸化蛋白及抗瓜氨酸化蛋白抗体（ACPA），诱发类风湿关节炎。口腔菌群可通过嗅觉神经、三叉神经等神经通路直接影响脑。口腔中的细菌会侵入肠道成为促进炎症的致病菌（Lira-Junior and Bostrom，2018）。此外，还有研究表明，口腔菌群与胰腺癌的发病风险有关（Fan et al.，2018）。口腔中常见的具核梭杆菌（*Fusobacterium nucleatum*）在动物模型中可促进结肠肿瘤形成，并且在结肠癌患者口腔中异常富集（Hampton，2016）。

为了研究口腔菌群在口腔及系统性疾病中的作用，美国建立了人口腔菌群数据库（HOMD）。HOMD 中包含了 13 个门 619 个分类群，但其中的数据大多来自美国人群，无法反映中国人的口腔菌群状态。华西口腔医院廖生团队等建立了中国口腔菌群银行（OMBC），现已从中国人群中获取了 720 份临床样本及 289 个口腔细菌菌株，同时记录了每份样本的实验室与临床信息（Peng et al.，2018）。中国口腔菌群银行是研究口腔微生物组在健康和疾病中的作用及供未来口腔微生物研究使用的一个很好的工具。

1.2.3　影响口腔微生物组成的因素

口腔微生物组成受多种因素的影响，首先是遗传因素（Gomez et al.，2017）。对 485 个 1～5 岁双胞胎（包括同卵双胞胎和异卵双胞胎）的龈上菌斑微生物组分析表明，无论龋病状态如何，口腔微生物组的相似性总是随宿主基因型相似性的增加而增加。口腔微生物受饮食和刷牙的影响显著（Grassl et al.，2016）。长期咀嚼槟榔伤害口腔微生物并可能与口腔癌有关（Hernandez et al.，2017）。牙膏对口腔微生物也有很大的影响，含酶及其他蛋白质的牙膏可增强天然唾液的防御能力、促进口腔微生物组成的改变、增加与口腔健康相关的有益细菌，以及减少与牙周疾病相关的致病细菌（Adams et al.，2017）。含 8%精氨酸的牙膏可以使唾液微生物组成发生显著改变，其中韦荣氏球菌属（*Veillonella*）的丰度上升，精氨酸使唾液微生物的蔗糖代谢能力下降，口腔微生物代谢精氨酸后可引起口腔 pH 上升并起到抗龋病的作用（Koopman et al.，2017）。

口腔和鼻部微生物能与烟雾直接接触，因此其组成可能会受吸烟的影响。吸烟者的口腔黏膜微生物 α 多样性显著低于非吸烟者，而吸烟者与非吸烟者其他部位的微生物多样性及组成无显著差异（Yu et al.，2017）。香烟烟气中包含大量有毒物质，能够扰乱口腔正常微生物。吸烟者口腔微生物的组成和功能与非吸烟者及成功戒烟者存在显著性差异。吸烟能够促进厌氧微生物繁殖，同时降低异型生物质降解能力（Wu et al.，2016）。

长时间航海能降低船员口腔微生物的多样性。在出海之前，船员口腔微生物中丰度最高的三个类群分别是厚壁菌门、变形菌门和放线菌门；而出海后，船员口腔微生物中厚壁菌门的比例高达 98.92%，未知物种的比例也大幅度增加，达到 69.46%。除此之外，出海后船员口腔中肺炎双球菌属（*Pneumococcus*）等机会致病菌的丰度也显著增加，有可能导致船员自身免疫系统变弱。出海后，船员口腔微生物参与碳水化合物、脂类和氨基酸等代谢的能力显著降低（Zheng et al.，2015）。

健康的口腔微生物存在一定的自恢复能力。碳水化合物的过多摄入或唾液量减少可引起龋病，过多的菌斑聚集可增加患牙周病的风险，当存在这些"疾病驱动因素"时，一些个体似乎易感，而其他人对其口腔微生物的不良变化更具耐受性。健康口腔微生物还能通过氨类物质的产生来抑制口腔 pH 下降，通过脱氮作用等来维持微生物的自恢复能力（Rosier et al.，2018）。

1.3 胃部微生物

1.3.1 胃部微生物的组成与结构

多年来人们一直认为胃部是无菌的，其主要原因是胃部产酸，从而被认定为是一个不适合细菌生存的无菌器官。胃中胆汁的反流、较厚的黏液层和胃的蠕动可以有效地阻碍胃部细菌的定植。同时，唾液和食物中含有的硝酸盐可被口腔中的乳酸菌（lactic acid bacteria）转化为亚硝酸盐，亚硝酸盐一旦进入胃，就会被胃液转化为一氧化氮，这是一种强大的抗菌剂。除以上这些因素外，胃部的微生物样本难以收集，且缺乏可靠的鉴定和分析方法，这些因素都阻碍了对胃部微生物的研究。

直到 1982 年，澳大利亚科学家罗宾·沃伦（Robin Warren）和巴里·马歇尔（Barry Marshall）在胃中发现了胃炎与胃溃疡的病原菌是幽门弯曲杆菌（*Campylobacter pylori*）后，从而推翻了对胃部无菌的认知。这种细菌于 1984 年更名为幽门螺杆菌（*Helicobacter pylori*），该菌能在胃部定植并破坏胃黏膜。幽门螺杆菌能产生脲酶，脲酶能从尿素中释放氨并中和胃酸，从而使该细菌能穿透黏液层，在胃上皮定植并促发炎症反应，这种炎症反应破坏胃黏膜，导致大多数感染者发生慢性胃炎，或进一步引起消化性溃疡（发病率为 10%），少数患者（<1%）发生胃恶性肿瘤。

1981 年，在发现幽门螺杆菌前几个月，《柳叶刀》杂志报道在胃中可以检测到大量的耐酸细菌，其中包括链球菌、奈瑟菌属（*Neisseria*）和乳酸杆菌属（*Lactobacillus*）。这些细菌的存在并不令人惊讶，因为胃和口腔及肠道相连，而后两个部位细菌含量高。口腔中 65%的细菌在胃部能被检测到。因此，在胃液中发现的如韦荣氏球菌属（*Veillonella*）、乳酸杆菌属和梭菌属等可能只是"过路菌"。

胃部"过路菌"在短时间内可建立小菌落，但不在胃黏膜进行定植，也不与宿主相互作用；目前尚不清楚幽门螺杆菌以外的细菌是否通过穿透厚厚的黏液层而侵染胃黏膜并与宿主相互作用。因此，仅研究胃液中是否存在细菌就忽视了可能定植于胃黏膜中的细菌。事实上，虽然变形杆菌属（*Proteus*）和放线杆菌属（*Actinobacillus*）在胃液中占主导地位，但胃黏膜样本中变形菌门和拟杆菌门丰度最高。此外，基于传统培养的方法鉴定细菌菌株对了解胃部细菌的多样性的贡献依然有限，因为 80%以上的胃部微生物是不可培养的。最近，以 16S rRNA 为基础的分子生物学方法，如荧光原位杂交、rRNA 靶向探针斑点杂交、变性梯度凝胶电泳、温度梯度凝胶电泳、rDNA 克隆和测序等的发展，促进了胃肠道细菌的鉴定和分类。

2013 年，研究人员对 13 名健康受试者的胃部微生物进行了测序，鉴定了 200 个类群和 5 个优势类群[普氏菌属、链球菌属、韦荣氏球菌属、罗氏菌属（*Rothia*）、巴斯德菌科（Pasturellaceae）]，并且结果表明胃窦与胃体部的微生物组成没有差异。后来的研究发现，胃部微生物类群中最丰富的属为链球菌属、丙酸杆菌属（*Propionibacterium*）和乳酸菌属。尽管这些研究调查的是不同人群（非裔美国人、西班牙裔人、华人和欧洲人），但胃部微生物在门和属两个水平上都惊人地相似。近年来，随着现代分子生物技术的发展，可对胃活检标本进行检测分析，确定胃部微生物由上百种不同类群组成，其中变形菌门、厚壁菌门、放线菌门、拟杆菌门和梭杆菌门丰度最高，微生物密度为 $10^2 \sim 10^4$CFU/ml，但微生物的密度受胃内pH 波动影响较大（Hunt and Yaghoobi，2017）。

1.3.2 胃部微生物的特点与功能

胃部独特的结构和生理特征，使其微生物群与肠道，特别是食道中的微生物群有所区别。幽门螺杆菌是胃部微生物的代表种类，由于酸性条件和其他抗菌因素，人们认为胃是幽门螺杆菌的专居地，是其他微生物不适宜生存的环境。而测序技术的发展为研究胃部微生物群提供了一个更广阔的视野。此外，不同的环境或化学条件等也可引起某些优势菌群在胃部定植。研究发现，胃癌（gastric carcinoma，GC）与幽门螺杆菌显著相关，特定菌种的变化可能会改变胃部微生物群，使其向更具致癌性的微生物群方向发展，这也表明胃部微生物群在肿瘤和非肿瘤组织中的定植有差异，对确定胃部微生物群在胃癌中的作用非常重要（Liu et al.，2019）。

胃部疾病与微生物的关系很密切。胃窦胃炎患者与幽门螺杆菌阴性者相比，胃窦细菌数量减少，菌门数增加，链球菌属细菌显著增加，胃窦和胃体部之间微生物类群无显著性差异。与健康人相比，萎缩性胃炎患者也出现了类似的症状，链球菌属细菌增加，普氏菌属细菌减少。此外，在胃溃疡患者中也观察到变形菌门丰度显著升高，拟杆菌门、厚壁菌门丰度降低。在胃癌患者体内，胃部微生物组成与胃环境相关，与癌症分期或类型无关；胃癌患者肿瘤内部及其周围部位微生物丰度降低，微生物网络简化（Liu et al.，2019）。同时，还有研究发现，胃部微生物群改变还与食管炎症与胃食管反流病、嗜酸性食管炎及癌症有关（Hunt and Yaghoobi，2017）。

在胃部环境中，幽门螺杆菌能够绕过宿主复杂的免疫防御系统，选择性地在人类胃黏膜上定植；而同时，其他种类细菌也可与幽门螺杆菌共同作用，对宿主产生不良影响。在一项对儿童胃部微生物的研究中，对 346 名 1～15 岁儿童胃活检标本中可培养的细菌分析发现，除幽门螺杆菌外，胃病患儿体内还含有具有尿素酶或硝酸盐还原酶活性的细菌，而非幽门螺杆菌在胃病中的作用还需进一步验证（Guo et al.，2019）。对胃部微生物群从非萎缩性胃炎逐渐转变为肠上皮化生，再到肠型胃癌的研究表明，上消化道较低的微生物丰度（每样本细菌属数）与血清胃蛋白酶原 I 和胃蛋白酶原 II 比值较低有关。对胃癌患者的胃部微生物进行的培养分析显示，与正常黏膜相比，胃癌患者胃黏膜中微生物更多，并且其中的厌氧菌比例更高（如梭菌和类杆菌）。此外，胃癌患者胃部具有相对丰富的链球菌、乳酸菌、韦荣氏球菌和前球菌；韦荣氏球菌有利于胃中亚硝酸盐的积累，具有潜在的致癌作用，而胃癌患者胃液中亚硝酸盐的浓度也恰恰明显高于对照组（Nardone and Compare，2015）。

最近研究表明，胃癌组与慢性胃炎和肠上皮化生组相比，胃内螺杆菌科（Helicobacteraceae）丰度明显降低，而链球菌科（Steptoccaceae）的丰度显著增加。

此外，与其他各组相比，胃癌组胃内微生物的丰度和多样性增加。在胃癌发生过程中，除了微生物成分有变化，其不同阶段细菌相互作用也有差异，并且部分链球菌，如口炎消化链球菌（*Peptostreptococcus stomatis*）、咽峡炎链球菌（*Streptococcus anginosus*）、肺炎链球菌及害肺小杆菌（*Dialister pneumosintes*）在胃癌发展中有潜在的重要作用（Coker et al.，2018）。此外，多项研究表明，在胃癌相关的胃部微生物异常的胃活组织检查中，可以定期检测到包括变形菌门、厚壁菌门、放线菌门和梭杆菌门在内的细菌（Aviles-Jimenez et al.，2014）。

总的来说，这些研究表明，在动物模型和人体实验中，胃部微生物可以影响胃黏膜的免疫功能，进而影响幽门螺杆菌的感染和相关致癌过程。然而，还没有发现独特的细菌谱与胃癌的相关性，还需要更多的研究来解释胃部微生物与胃部疾病的相互影响及作用机制。

1.3.3　影响胃部微生物组成的因素

胃部微生物的组成具有动态性，受饮食习惯、用药、胃黏膜炎症、幽门螺杆菌定植等因素的影响。虽然许多研究记录了饮食对人体肠道微生物组成的影响，但饮食对胃部微生物组成的影响更多的来自动物模型的研究。喂食天然来源食物的小鼠胃中总好氧菌、总厌氧菌和乳酸菌的含量较高，而喂食精制食物的小鼠的胃内则有较高水平的厌氧菌、总厌氧菌和乳酸菌，这与胃内 Toll 样受体-2（TLR-2）mRNA 水平降低有关。同时，饮食还可影响胃液 pH，如在胃腔内，进食期间人胃液 pH 为 1～2，但胃液 pH 也会受食物摄取量增加而不断升高，可波动至 pH≥5，进而影响胃内微生物组成（Hunt and Yaghoobi，2017）。

研究表明，胃部微生物依赖于胃酸分泌，长期使用质子泵抑制剂（proton pump inhibitor，PPI）、组胺 H_2 拮抗剂可能影响胃部微生物的组成，加重萎缩性胃炎（Shi et al.，2019）。研究表明，在胃液 pH>3.8 时，口咽样细菌（oro-pharyngeal-like bacteria）和类粪便细菌（fecal-like bacteria）在质子泵抑制剂治疗组明显多于组胺 H_2 拮抗剂组和对照组。经过 14 天的 PPI 治疗（奥美拉唑 30mg/d）后，胃食管反流病患者胃部细菌总数显著增加（Nardone and Compare，2015）。

抗生素对胃肠道微生态的影响十分明显。在临床医学上，通常以抑制胃酸分泌药（如质子泵抑制剂）、胃黏膜保护剂（铋剂）为主加上两种抗生素的三联法来清除幽门螺杆菌，但长期服用抗生素会使人体的正常菌群失调，使细菌产生耐药性，甚至还可损害人体器官（如肝、肾），导致二重感染。动物研究表明，青霉素治疗减少了胃部乳酸菌的数量，促进了胃上皮细胞的酵母菌定植。研究证明，头孢哌酮治疗可引起人类胃部微生物的长期改变，如乳酸菌数量的显著减少和肠球菌的过度生长（Mason et al.，2012）。

1.4 呼吸道微生物

1.4.1 呼吸道微生物的组成与结构

呼吸道分为上呼吸道（URT）和下呼吸道（LRT）。上呼吸道包括前鼻孔、鼻腔通道、鼻旁窦、鼻咽和口咽，以及喉部上方，而下呼吸道包括喉部下方、气管、支气管和肺泡（图 1-3）。成年人呼吸道表面积约 $70m^2$，比皮肤的表面积大约 40 倍，由于要与外界进行气体交换，呼吸道定植着大量的微生物（Man et al.，2017）。

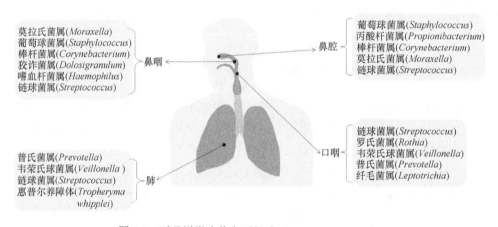

莫拉氏菌属(*Moraxella*)
葡萄球菌属(*Staphylococcus*)
棒杆菌属(*Corynebacterium*)
狡诈杆菌属(*Dolosigranulum*)
嗜血杆菌属(*Haemophilus*)
链球菌属(*Streptococcus*)
—鼻咽

鼻腔—
葡萄球菌属(*Staphylococcus*)
丙酸杆菌属(*Propionibacterium*)
棒杆菌属(*Corynebacterium*)
莫拉氏菌属(*Moraxella*)
链球菌属(*Streptococcus*)

口咽—
链球菌属(*Streptococcus*)
罗氏菌属(*Rothia*)
韦荣氏球菌属(*Veillonella*)
普氏菌属(*Prevotella*)
纤毛菌属(*Leptotrichia*)

普氏菌属(*Prevotella*)
韦荣氏球菌属(*Veillonella*)
链球菌属(*Streptococcus*)
惠普尔养障体(*Tropheryma whipplei*)
—肺

图 1-3 呼吸道微生物主要组成（Man et al.，2017）

微生物的定植取决于宿主和环境因素。健康的足月新生儿在其出生后一个小时内便携带大量的微生物，这些微生物大多来源于母体。生命第一周和之后，定居上呼吸道的主要微生物包括葡萄球菌属（*Staphylococcus*）、棒杆菌属（*Corynebacterium*）和狡诈菌属（*Dolosigranulum*）。莫拉氏菌属（*Moraxella*）和链球菌属在后期增加（Shekhar et al.，2017）。整体来说，受呼吸道结构和生理状态的影响，其微生物群沿着鼻腔、鼻咽、口咽、气管和肺部存在梯度变化。pH 沿着呼吸道从上往下逐渐增加，而相对湿度（RH）和温度大多在鼻腔中增加。人体吸入的空气颗粒从环境进入呼吸道，直径大于 10μm 的颗粒沉积在上呼吸道，而直径小于 1μm 的颗粒可以到达肺部。这些颗粒包括细菌和病毒。这些生理参数决定了最终沿呼吸道生长的微生物的特定条件（Man et al.，2017）。

上呼吸道由不同的结构组成，这些结构具有不同类型的上皮细胞并且暴露于多种不同的环境因素中。这些不同的结构有不同的细菌、病毒和真菌定植。

前鼻孔是最接近外部环境的部位，内部有皮肤样角化鳞状上皮，包括浆液（serous）和皮脂腺（sebaceous gland），后者产生皮脂，导致亲脂性微生物富集，包括葡萄球菌属、丙酸杆菌属和棒杆菌属。常见于呼吸道其他部位的细菌，包括莫拉氏菌属、狡诈菌属和链球菌属，也可在前鼻孔中检测到。鼻咽位于鼻腔的较深处，被鳞状上皮覆盖，并与呼吸道上皮细胞间隔。鼻咽部微生物群落的组成比前鼻孔更加多样化，也显示出与前鼻孔有相当大的重叠，含有莫拉氏菌属、葡萄球菌属和棒杆菌属。鼻咽壁上通常定植的微生物是狡诈菌属、嗜血杆菌属（*Haemophilus*）和链球菌属。口咽部内衬有非角质化的复层鳞状上皮，比鼻咽部有更多样化的微生物群落，包括链球菌属、奈瑟菌属、罗氏菌属、韦荣氏球菌属、普氏菌属及纤毛菌属（*Leptotrichia*）。

除细菌外，上呼吸道中还存在大量病毒。健康无症状儿童的呼吸道病毒的总体检出率为 67%，包括人类鼻病毒（HRV）、人类博卡病毒、多瘤病毒、人类腺病毒和人类冠状病毒（van den Bergh et al.，2012；Bogaert et al.，2011）。宏基因组学的最新进展表明，整个呼吸道病毒组成中还含有许多其他类型病毒。例如，最近发现的指环病毒（Anelloviridae）被确定为上呼吸道病毒组成中最流行的病毒家族。此外，健康的上呼吸道中也有真菌存在，包括曲霉属（*Aspergillus*）、青霉属（*Penicillium*）、假丝酵母属和链格孢属（*Ilternarsa*）。虽然呼吸道支原体的具体数目尚不清楚，但肠道和皮肤支原体在各自的生态位中分别约占总菌群的 0.1% 和 3.9%（Cleland et al.，2014；Oh et al.，2014）。

下呼吸道包括导气管（气管、支气管和细支气管）和肺泡，肺泡中发生着气体交换。传统认为下呼吸道是无菌的，然而，最近使用的第二代测序技术研究发现，从下呼吸道采集的样本中存在多种微生物。在健康儿童和成人的肺部发现了一种特殊的微生物群落，其中含有许多常见于上呼吸道的细菌。一项针对幼儿的研究报告指出，虽然肺部微生物群不同于上呼吸道中的微生物群，但它仍然存在一些上呼吸道中拥有的物种，包括莫拉氏菌属、嗜血杆菌属、葡萄球菌属和链球菌属，但缺乏其他典型的上呼吸道物种，如棒杆菌属和狡诈菌属（Marsh et al.，2016）。成人肺部的微生物群似乎主要由厚壁菌门（包括链球菌属和韦荣氏球菌属）和拟杆菌门（包括普氏菌属）组成。惠普尔养障体似乎只在下呼吸道中富集，表明它可能是少数几种不是通过上呼吸道扩散而来的细菌之一。

对下呼吸道中病毒的研究表明，除了高频率的噬菌体外，指环病毒家族成员的流行率也很高。此外，研究发现，健康的肺部还有较多的假囊酵母属（*Eremothecium*）、*Systenostrema*、马拉色菌属（*Malassezia*）及小戴卫霉科（Davidiellaceae）的成员，而在上呼吸道中发现的普通真菌数量较少（Cleland et al.，2014；Segal et al.，2013；Charlson et al.，2012）。

虽然肺部的生理参数存在微妙的区域变化（如氧气张力、pH 和温度），理论上可能会影响微生物的种类和生长，但健康个体肺部微生物多样性几乎没有差异（Dickson et al.，2015；Segal et al.，2013；Charlson et al.，2012）。这支持了一种假设：在健康的人体中，肺部微生物来自上呼吸道中短暂存在的微生物组，而不是像慢性呼吸道疾病中常见病原菌那样长期定植的微生物组（Dickson et al., 2015；Venkataraman et al., 2015；Willner et al., 2012）。

1.4.2 呼吸道微生物的特点与功能

在健康的个体中，微生物通过分散的黏膜或者呼吸进入肺部。不同于单独培养的微生物群研究，对健康个体肠道微生物组的研究表明，肺部微生物组在很大程度上类似于上呼吸道的微生物群。口咽似乎是成人肺部微生物群的主要来源，而儿童肺部微生物群的主要来源更可能是鼻咽和口咽（Marsh et al., 2016）。这可能是源于上呼吸道的结构不同以及儿童鼻腔分泌物的增加，这两者都可能增强微生物向肺部的扩散。下呼吸道中另一个潜在的微生物来源是直接吸入的环境空气中的微生物，迄今为止，它对肺部微生物组的直接影响尚不清楚。研究显示，胃食管反流引发的胃部微生物组对下呼吸道微生物群的影响可以忽略（Bassis et al., 2015）。

呼吸道微生物群可抑制宿主在感染及自身免疫性疾病中的促炎症反应，还可通过多种方式帮助宿主抵抗致病菌，如诱导宿主的免疫交叉反应以产生针对病原体的保护性免疫。共生菌可作为疫苗给药系统，相关研究将有助于开发针对呼吸道病原体的疫苗和药物（Shekhar et al., 2017）。

在健康人群中，呼吸道微生物与口咽部微生物类似，以厚壁菌门、拟杆菌门和变形菌门为主；但在吸烟者、慢性呼吸道疾病患者中其组成发生明显变化（Faner et al., 2017）。健康呼吸道微生物处在迁移与清除的动态平衡中，慢性呼吸道疾病患者的呼吸道中留存的微生物更易繁殖；慢性阻塞性肺疾病（COPD）患者肺部微生物组成与健康人不同（Huang et al., 2017），其微生物多样性较健康人低，COPD患者肺部的常见菌包括假单胞菌属（Pseudomonas）、链球菌属、普氏菌属和嗜血杆菌属（Huang et al., 2017）。对 9 名慢性阻塞性肺疾病患者的肺组织及上呼吸道微生物分析，发现链球菌在口腔、支气管及肺组织中占优势，也有很多微生物组在呼吸道的上端和下端并存；患者自身的支气管微生物与肺部微生物更相近，但患者个体间的差异较大（Pragman et al., 2018）。

哮喘患者呼吸道微生物组成与嗜酸性粒细胞相关，低水平嗜酸性粒细胞的哮喘患者呼吸道微生物丰度发生改变，表现为奈瑟菌属、拟杆菌属、罗氏菌属增加，鞘氨醇单胞菌属（Sphingomonas）、盐单胞菌属（Halomonas）和好氧芽孢杆菌属（Aeribacillus）减少（Sverrild et al., 2017）。

囊性纤维化的特征为慢性呼吸道感染及呼吸道炎症。对囊性纤维化样品进行培养鉴定，发现了一些窄谱的致病性细菌。利用不依赖于培养的方法发现了囊性纤维化患者气道中更为复杂多样的微生物组（LiPuma，2015），包括普氏菌属、韦荣氏球菌属和梭杆菌属（*Fusobacterium*）。

支气管扩张患者的呼吸道微生物类群分布类似于其他气道慢性炎症性疾病患者的微生物类群，支气管扩张患者呼吸道的微生物群富含变形菌，并且优势群落（如嗜血杆菌属和假单胞菌属）的丰度与基质金属蛋白酶的浓度显著相关。同时，根据支气管扩张患者呼吸道微生物在其临床基线的群落组成可预测随后的恶化频率，这种关联利用基于培养的方法是不可检测的（Dickson et al.，2016）。

对肺癌患者支气管肺泡灌洗液进行 16S rRNA 测序分析发现，其中厚壁菌门、TM7 菌门（Saccharibacteria）、韦荣氏球菌属和巨型球菌属（*Megasphaera*）的丰度显著增加，用韦荣氏球菌属和巨型球菌属结合的曲线面积来预测肺癌发生风险达 0.888，肺癌和良性肿瘤患者微生物存在差异，韦荣氏球菌属和巨型球菌属有作为生物标志物预测肺癌的潜力（Lee et al.，2016）。

影响呼吸道微生物组成的因素有很多。在早期生活中，呼吸道中的微生物群是高度动态的并且受多种因素影响，包括出生方式、饮食习惯和抗生素治疗。总之，这些宿主和环境因素可以将微生物群的组成改变为对病原体过度生长具有抗性的平衡的稳定群落，或相反地发展为易感染和炎症的不稳定群落（Man et al.，2017）。吸入的药物差异也可能影响肺中其他微生物组。其他宿主因素，包括年龄、疾病的严重程度都可能影响呼吸道微生物的组成（Huang et al.，2017）。

1.5　皮肤微生物

1.5.1　皮肤微生物的组成与结构

皮肤是人体最大的器官，皮肤上定植的细菌、真菌和病毒等微生物共同组成了一个复杂且充满活力的生态系统。这些微生物统称为皮肤微生物群，它们是皮肤生理学和免疫学的基础。

皮肤的最外层由含有脂质和蛋白质的角质层组成，点缀着毛囊和腺体，能分泌脂质、抗菌肽、酶、盐和许多其他化合物。虽然皮肤表面是酸性、高盐、干燥的有氧环境，但形成毛囊皮脂腺单位的内陷相对厌氧，更富含脂质。例如，甘油三酯可以被微生物代谢成游离脂肪酸、甘油二酯和甘油单酯，这些化合物对其他微生物具有生物活性或能刺激宿主细胞。由于不同部位皮肤的生理特征不同，其上面定植的微生物也有所变化（图 1-4），皮脂腺部位亲脂性丙酸杆菌属（*Propionibacterium*）最多，而适应潮湿环境的细菌，如葡萄球菌和棒状杆菌，在皮肤潮湿区域（如腋窝、肘部和膝盖褶皱）最丰富（Ladizinski et al.，2014）。与细菌群落相反，无论皮肤生理状态如何，真菌群落组成在身体核心部位都相似。

马拉色菌属（*Malassezia*）在身体核心部位和臀部丰度较高，而足部由更多样化的马拉色菌属、曲霉属（*Aspergillus*）、隐球菌属（*Cryptococcus*）、红酵母属（*Rhodotorula*）、附球菌属（*Epicoccum*）组成（Oh et al.，2016）。

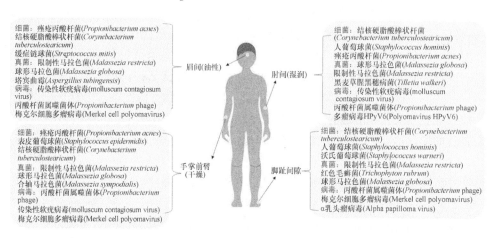

图1-4　不同部位皮肤微生物组的分布特性（Ladizinski et al.，2014）

　　皮肤微生物组的发育在人出生时就开始了。在新生婴儿中，皮肤微生物的初始定植取决于分娩方式，通过阴道分娩的新生儿可获得定居在母本阴道的细菌，而通过剖宫产出生的新生儿只能获得与母亲皮肤有关的微生物。皮肤微生物组在婴儿出生的第一年中随婴儿成长不断发展，随着年龄的增长微生物组呈现出多样性。由于皮肤结构和功能的不同，幼儿皮肤微生物群与成人的皮肤微生物群存在明显差异。婴儿皮肤早期微生物群定植以葡萄球菌为主（婴儿的角质层比成人的角质层更薄）。随着个体的成长，不同的微生物组在12～18个月变得多样化。此外，婴儿还能从密切接触者和家庭成员中获得新菌株，因此婴儿的皮肤微生物组逐渐变得与家庭成员相似（Capone et al.，2011）。青春期前的儿童有更多丰富的厚壁菌门、拟杆菌门和变形菌门及各种真菌（如马拉色菌）群落。皮肤微生物组在青春期进行了"重组"，此时激素水平的增加会刺激皮脂腺产生额外的皮脂。后青春期个体的皮肤有利于亲脂性微生物的增长，如丙酸杆菌属和棒杆菌属。在成年期，尽管皮肤持续暴露于环境中，但微生物组随时间保持惊人的稳定性。这表明共生微生物之间以及微生物与宿主之间存在稳定互利的作用。

　　微生物相互作用与微生物的聚集、稳定和功能密切相关。微生物之间相互协同、相互竞争或相互排斥。在皮肤中，金黄色葡萄球菌（*Staphylococcus aureus*）一直是研究的焦点。目前的研究表明，皮肤微生物可以通过产生抗生素或抗菌肽等方式抑制金黄色葡萄球菌的生长。而痤疮丙酸杆菌可以诱导金黄色葡萄球菌聚集及形成生物膜。这种微生物之间的相互作用在皮肤微生物之间非常普遍，如拥挤棒杆菌（*Corynebacterium accolens*）可以改变皮肤的局部环境而抑制机会性病原体肺炎链球菌（*Streptococcus pneumoniae*）的生长（Tong and Li，2014）。值得注意的是，不是所有的微生物都可抑制金黄色葡萄球菌的生长。

　　皮肤的多层结构反映了其多功能的复杂性。皮肤微生物在皮肤免疫的成熟和稳态中起重要作用。皮肤是外界环境与体内组织之间的物理和化学屏障，也是参与维持核心温度的几个器官之一。皮肤从环境中获取感官信息，并依赖先天防御机制诱导释放抗菌肽（antimicrobial peptide，AP），如抗菌肽 LL37 或人 β-防御素 2（human beta-defensin 2，HBD-2）。这些抗菌肽在皮肤潜在的微生物进入位点之前合成，提供可溶性屏障，可以阻止感染。因此，皮肤有助于通过抑制过度的细胞因子释放来维持体内平衡，但可能导致轻微的表皮损伤。这些多肽对皮肤病原菌如金黄色葡萄球菌、A 群链球菌（group A streptococci，GAS）和大肠杆菌（*Escherichia coli*）有选择性的杀菌作用，但对表皮葡萄球菌无活性。这种选择性很可能是正常微生物防御策略的一个重要组成部分，以抵御病原微生物定植入侵和维持正常的微生态系统。

　　皮肤表面区域可分为干燥、潮湿和皮脂腺环境，并且已经证明这些条件可能会影响皮肤生理学及微生物组。皮脂腺的密度是影响皮肤微生物群的一个因素，具体取决于皮肤区域。外泌汗腺是人体的主要汗腺，几乎在所有皮肤中都有发现；外泌汗腺产生一种清澈、无味的物质，该物质主要由水和氯化钠组成，可持续润湿皮肤表面并产生天然抗生素和杀菌素。具有高密度皮脂腺的区域，如面部、胸部和背部，能促进亲脂性微生物的生长。皮脂腺及产生的油性蜡状物质，称为皮脂，其可促进兼性厌氧菌如痤疮丙酸杆菌（*Propionibacterium acnes*）的生长。毛囊和皮脂腺为缺氧环境，其携带厌氧微生物并产生抗菌肽 LL37 和人 β-防御素 2。

　　大汗腺比普通汗腺大，只在身体某些部位的皮肤中存在，这些部位包括腋下、乳房下、乳头周围、腹股沟和生殖器。这些汗腺将一种厚厚的、乳白色的分泌物释放到毛囊，而不是直接释放在皮肤上，这种分泌物很容易被细菌转化成难闻的体味。该分泌物含有对肾上腺素有反应的信息素，并与性吸引力有关。

　　从腋窝或脚趾间的褶皱等部位提取的好氧细菌数可达 $10^7 CFU/cm^2$，而前臂或躯干上的干燥皮肤处好氧细菌的数目约为 $10^2 CFU/cm^2$。皮肤的厌氧细菌数可达 $10^7 CFU/cm^2$。细菌的定植依赖于皮肤部位的生理条件，特定的细菌与潮湿、干燥和皮脂腺的微环境有关。生态位比个体遗传变异更能决定微生物的组成。前颅窝、背部、内耳和足底的细菌，在不同个体的相同部位比在同一个体的其他部位更相似。

　　表皮葡萄球菌是一种革兰阳性菌。最近的研究发现，表皮葡萄球菌主要感染已受损伤的患者。表皮葡萄球菌可产生长效抗生素，这是一种含有抗菌肽的细菌素。表皮葡萄球菌可以为宿主提供一定程度的保护，即对抗某些常见的病原体，故机体允许表皮葡萄球菌在宿主表皮生长，使宿主与细菌之间为一种互惠关系。事实上，表皮葡萄球菌通过 Toll 样受体信号维持皮肤屏障功能和完整性，通过抑制角质形成细胞的天然免疫反应而发挥额外的保护作用。表皮葡萄球菌激活 TLR-2 可促进角质形成细胞紧密连接蛋白的表达，减少角质形成细胞通过 TLR-3 介导产生的微生物敏感性细胞因子。因此，角质形成细胞能够更有效地应对致病性伤害。细菌间相互排斥可能是控制人体表面金黄色葡萄球菌的一种新途径。事实上，丝氨酸蛋白酶（ESP）由表皮葡萄球菌分泌，能抑制人类病原体金黄色葡萄球菌的鼻腔定植。流行病学研究表明，表皮葡萄球菌在人体鼻腔中的存在与金黄色葡萄球菌的缺失有关。纯化后的 ESP 能抑制生物因子的形成，并破坏已存在的金黄色葡萄球菌。此外，ESP 通过人 β-防御素 2 可增强金黄色葡萄球菌对免疫系统的敏感性（Lehrer，2004）。

1.5.2 皮肤微生物的特点与功能

皮肤微生物能影响宿主的免疫反应和病原微生物的定植。许多常见的皮肤病与微生物群的变化有关，这种微生态失调通常由共生微生物驱动，如痤疮和湿疹。而皮肤病又对微生物组的改变有潜在的影响。

在正常皮肤中，微生物被先天免疫受体（如角质形成细胞表面的 Toll 样受体）识别，角质形成细胞产生 HBD-2、HBD-3 和 NO 等抗菌分子。IL-8（中性粒细胞趋化因子）的产生，推动中性粒细胞从骨髓进入皮肤。在 Th2 环境中，IL-4 和 IL-13 诱导 STAT6 磷酸化，从而抑制 INF-γ 和 TNF-α 的产生，进而抑制 HBD-2 和 HBD-3 的产生，并导致 IL-8 减少，进而导致中性粒细胞在皮肤的聚集。这些因素可能都有助于微生物在状态不佳的皮肤环境中生长。

特应性皮炎（atopic dermatitis，AD）是一种慢性皮肤病，在成人中发病率较低（1%～3%），在儿童中发病率较高（10%～20%）（黎凤芬，2009）。AD 表现为干燥、发痒、复发的湿疹。具体病症视年龄而定，婴儿的面颊通常是受影响的第一个部位，其次是幼儿的肘窝、儿童的踝前及颈部等弯曲部位，成人全身都可能发病。特应性皮炎的特点是免疫失调，易产生血清免疫球蛋白 E（IgE）。目前的研究已经证明，菌群失调是特应性皮炎的一个标志，金黄色葡萄球菌在特应性皮炎患者中非常普遍，70%的皮损和39%的非皮损是由金黄色葡萄球菌定植造成的，由此可以看出，金黄色葡萄球菌的定植与特应性皮炎的严重程度有关。金黄色葡萄球菌主要定植于鼻前部，普通人群中约 20%为持续性金黄色葡萄球菌携带者，约 60%为间歇性携带者，20%为持续性非携带者。对金黄色葡萄球菌鼻腔定植的生物学基础尚不完全清楚。此外，环境因素及宿主的免疫状态也是决定金黄色葡萄球菌鼻携带的关键因素。一些糖皮质激素受体（glucocorticoid receptor，GR）基因多态性被认为是功能性的，且与糖皮质激素敏感性的变化有关。因此，糖皮质激素敏感性的变化可能会导致微生物的感染或自身免疫性疾病。例如，单倍型 3 纯合子的存在使持续携带金黄色葡萄球菌的风险降低了 68%。具有单倍型 1 纯合子和该单倍型等位基因组合的人，其持续携带金黄色葡萄球菌的风险比所有其他基因型高 80%。三维人体皮肤培养模型为进一步研究金黄色葡萄球菌与多层面皮肤组织的相互作用提供了一个信息丰富、易于操作的实验系统。使用三维人体皮肤培养模型可以研究金黄色葡萄球菌和免疫细胞如何在分层的人表皮组织中相互作用，并评估金黄色葡萄球菌免疫如何改变表皮细菌种群行为或防止侵袭性表皮感染。

导致特应性皮炎发生的不仅有细菌，还有真菌。微生物组学分析技术能对特应性皮炎患者菌群失调现象进行全面的分析与描述。虽然微生物在皮肤病的发展和治疗中起着重要的作用，但目前对特应性皮炎患者皮肤微生物群的研究还没有进行系统的综述。特应性皮炎是一种多因素疾病，对导致特应性皮炎发生的基因-环境相互作用尚不清楚。皮肤微生物群是否为特应性皮炎发病的主要因素尚不确定。但可以确定的是，特应性皮炎患者皮肤上有丰富的金黄色葡萄球菌，金黄色葡萄球菌的相对丰度与皮炎的严重程度呈显著正相关关系（Nomura et al.，2003）。

银屑病的发病率为 1%～3%，其特征是角质形成细胞过度增殖和炎症增加。具体而言，金黄色葡萄球菌的相对丰度与皮肤的损伤性显著正相关。与健康皮肤相比，银屑病病变皮肤上表皮葡萄球菌和痤疮丙酸杆菌的丰度较低，特别是病变部位为手臂、臀肌褶和躯干时。研究结果表明，银屑病患者皮肤上的微生物组与健康皮肤上的微生物组有很大不同。与健康皮肤微生物组相比，银屑病患者皮肤微生物组多样性升高，稳定性降低。皮肤微生物组稳定性的丧失和免疫调节细菌（如表皮葡萄球菌和痤疮丙酸杆菌）的减少可导致更多的病原体（如金黄色葡萄球菌）的定植，并加剧沿 Th17 轴的皮肤炎症（Chang et al.，2018）。

1.6　生殖系统微生物

男性和女性生殖道的不同部分构成了一个由解剖或生理屏障细分的系统。生殖道中的部分微生物对人体的健康有益。女性生殖道微生物以乳酸杆菌为主，且会随时间而发生动态转换。精液微生物包含葡萄球菌、链球菌、肠杆菌、肠球菌及乳酸杆菌。细菌性阴道病、外阴念珠菌病和滴虫病分别与拟杆菌和动弯杆菌（*Mobiluncus* spp.）、念珠菌及毛滴虫（Trichomonadida）过度生长有关。生殖道微生物与自然或辅助生殖受孕机会有关，其生态失衡会导致受精卵不良着床或妊娠失败。精液和阴道中有 85% 的微生物是相同的（Koedooder et al.，2019）。

1.6.1 女性

女性生殖道并不是一个无菌环境，其中分布着大量的微生物（图 1-5）。年龄、初次性行为时间、月经周期持续时间、是否生育等因素均影响生殖道微生物。阴道微生态可能受到许多生理变化的影响，如月经周期、妊娠、更年期和其他激素变化。阴道微生物组成在女性的青春期、妊娠期、更年期等不同时期会发生很大改变（Smith and Ravel，2017）。随着年龄的增长，女性阴道中的雌激素水平下降，解剖学及组织学上皮形态发生变化，糖原水平下降，pH 上升。怀孕期间，阴道微生物群的丰富性和多样性下降，并向以乳酸杆菌为主的群落过渡。乳酸杆菌的主要功能是产生乳酸，从而降低阴道酸碱度，有利于维持阴道内的酸性环境，是限制潜在有害细菌生长的主要因素。乳酸杆菌在阴道内极为常见，它是阴道微生物组成和功能的基石，可能与"阴道核心功能"有关（Koedooder et al.，2019）。在怀孕期间阴道微生物组成的变化可能是对雌激素水平增加的反应，向以乳酸杆菌为主的群落的转变可起到预防细菌性阴道病的作用，从而降低早产的风险。这些发现表明，阴道微生物群总体上不是静止的，可发生规律性的变化，并受许多因素的影响（Koedooder et al.，2019）。相比于育龄及怀孕女性，更年期女性的阴道菌群从以乳酸杆菌为主，逐渐转变为异质性更高的混合菌群，引起阴道生态系统的失衡。基于来自荧光定量 PCR（qPCR）的拷贝数计算样品中的细菌丰度结果显示，更年期女性阴道含有的细菌数量为 $10^{10} \sim 10^{11}$ 个（Chen et al.，2017）。

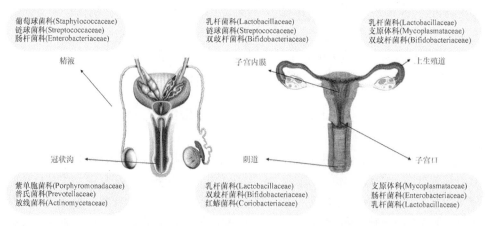

图 1-5　生殖系统微生物（Baud et al.，2019；Smith and Ravel，2017）

女婴在出生后不久就获得阴道微生物群，在女性的生活过程中，阴道会不断地被分泌物、激素以及诸如冲洗和性活动等外部因素所影响。绝大多数寄生在阴道内的细菌对宿主无害，而且整个阴道微生物群在维持阴道健康环境中起着至关重要的作用。通过纯培养和测序的方法可以知道阴道微生物的组成，通过对这些微生物进行比较分析，可以将其分为 5～8 种类型，每种类型都具有特定典型的成分和丰富的分类群。大多数阴道微生物组和相应的群落状态类型，以一种或几种乳酸杆菌属细菌为主。阴道微生物群的改变在诸如细菌性阴道病、性传播疾病、泌尿系统感染和早产等常见病症中起作用（Chen et al.，2017）。

收集 110 名育龄女性的生殖道微生物，通过 16S rRNA 测序及培养法进行分析，发现宫颈、子宫、输卵管及腹膜液中的微生物组存在差异，且与阴道微生物不同。研究鉴定出与月经周期相关的微生物分类群及其潜在功能，且在因子宫内膜异位而导致子宫腺肌病或不孕症的个体中，鉴定出过表达的微生物分类群（Chen et al.，2017）。

生殖道微生物与多种疾病相关，如子宫肌瘤（子宫内的良性肿瘤），研究发现乳酸杆菌在没有子宫肌瘤个体的阴道和宫颈样本中更丰富，而在子宫肌瘤个体中惰性乳杆菌（*Lactobacillus iners*）更丰富（Chen et al.，2017）。微生物的代谢产物也能作为是否健康的一个检测指标，三羟基丁酸盐、二十烯酸盐、油酸盐和月桂酸盐等子宫阴道代谢产物在宫颈癌患者和健康人中显著不同；鞘脂类、缩醛磷脂和亚油酸酯与生殖器炎症显著正相关；非乳酸菌占优势的菌群，其氨基酸、核苷酸代谢受干扰，该现象在宫颈增生人群中尤其显著；腺苷和胞嘧啶与乳酸杆菌丰度正相关，与生殖器炎症负相关；糖原脱氧胆酸盐和肉碱代谢与非乳酸杆菌占优势、生殖器炎症正相关（Ilhan et al.，2019）。

Mitchell 等（2015）发现子宫内膜细菌的数量明显低于阴道细菌数量，这表明宫颈是微生物群的一道屏障。非怀孕健康妇女的阴道微生态系统似乎是动态的，受种族、性活动、月经周期和局部微生物群的影响，主要由 4 种乳酸杆菌[卷曲乳杆菌（*Lactobacillus crispatus*）、惰性乳杆菌、詹氏乳杆菌（*Lactobacillus jensenii*）和加氏乳杆菌（*Lactobacillus gasseri*）]控制。在辅助生殖技术（assisted reproductive technology，ART）环境中，不同阴道微生物群的存在似乎对妊娠结局有负面影响，而乳酸杆菌占优势的阴道微生物群则相反。在胚胎移植前的周期内，仅由乳酸杆菌组成的阴道微生物群与体外受精胚胎移植手术的成功结果有关。Hyman 等（2012）研究了 30 例不孕症患者治疗期间阴道微生物组成与随后临床结果的相关性，得出的结论是，在胚胎移植时所取拭子上的微生物属水平在有活产*和无活产患者之间有显著差异。

1.6.2　男性

使用 16S rRNA 测序的方法分析了来自 26 个人的健康精液和 68 个人的不健

---

* 世界卫生组织定义"活产"指：妊娠的产物完全从母体排出时，具有呼吸、心跳、脐带动脉搏动、明确的随意肌运动 4 种生命现象之一。

康精液（至少一项精液质量指标异常），显示精液菌群可分为三类，即普氏菌主导、乳酸菌主导和多种微生物共存，其中普氏菌主导的精液菌群中细菌总量显著高于其他两种。网络分析发现了 3 个共现性菌群模块，其中 2 个模块包含的物种在阴道菌群中也较为常见，说明男女生殖道菌群存在相似性（Baud et al., 2019）。

细菌喜欢含糖丰富的精液，并可能影响生殖功能和男性及其后代的健康（Javurek et al., 2016）。相关分析表明，细菌多样性与精子质量有一定关系（Koh et al., 2019），因为精子可能成为致病细菌的载体。对来自马来西亚 3 个不同地点：马来西亚丁加奴大学（UMT）、Ajil 和 Pahang 地区马来西亚吉罗鱼（*Tor tambroides*）的精子微生物群进行评价，并对其进行比较，聚类分析其中的差异。结果表明，UMT 样品具有不同的精子微生物组成，其与精子质量有一定的关系。一项男性精子微生物的横断面研究（cross-sectional study）表明，精子正常者的睾丸中细菌数量很少，以放线菌门、拟杆菌门、厚壁菌门及变形菌门为主；先天非梗阻性无精子症患者睾丸中的细菌数量显著增加，但因拟杆菌门及变形菌门缺乏而表现出分类群丰度降低；显微睾丸取精结果为阴性的先天非梗阻性无精子症患者表现出完全的生殖细胞发育不全，厚壁菌门及梭状芽孢杆菌减少，不解糖嗜胨菌（*Peptoniphilus asaccharolyticus*）缺失，放线菌门细菌增加。说明男性无精子症与睾丸中的细菌有关（Alfano et al., 2018）。

1.7　人体肠道微生物的来源及生命早期肠道微生物的影响因素

1.7.1　母体的垂直来源

婴儿早期从母体获取大部分微生物，早先人们普遍认为母亲子宫内的环境是无菌的，因为通过剖宫产可以得到无菌胎儿，在羊水中检测到的细菌可能是实验操作过程中的污染。但通过严格的无菌和对照实验，科学家还是能在部分胎盘中检出细菌的 DNA（Willyard, 2018; Chen et al., 2017）。母亲是胎儿接触到的第一个外界物质，因此来自母亲的微生物对新生儿微生物定植和形成的影响非常大。

婴幼儿肠道微生物群与成人有很大差异，相似点出现在 1 岁左右，1 岁以后其微生物组趋同于成人。虽然很难定义"正常"的人类肠道微生物，但一般趋势可以从以前的研究中推断出来。婴儿肠道微生物群发育的经典模式是兼性厌氧菌（如大肠杆菌和其他肠杆菌科细菌）早期定植。当这些生物耗尽了最初的氧气供应（几天之内）时，肠道就变成了厌氧环境，有利于严格厌氧细菌的生长，如双歧杆菌属、梭菌属（*Clostridium*）、拟杆菌属及反刍球菌属。婴儿的肠道微生物群从最初的低多样性和低复杂性慢慢发育成熟，在 3 岁左右达到成人状态。双歧杆菌是婴儿肠道微生物的优势菌。从 15 名婴儿（出生第 8～42 天）粪便中分离出 6 种双歧杆菌：短双歧杆菌（*Bifidobacterium breve*）、长双歧杆菌（*Bifidobacterium longum*）、青春双歧杆菌（*Bifidobacterium adolescentis*）、假链状双歧杆菌（*Bifidobacterium pseudocatenulatum*）、两歧双歧杆菌（*Bifidobacterium bifidum*）和齿双歧杆菌（*Bifidobacterium dentium*），其中短双歧杆菌和长双歧杆菌是最流行的有益菌。对欧洲和澳大利亚婴儿进行的几项基于培养组学的独立研究显示，其中短双歧杆菌、长双歧杆菌是优势种。脉冲场凝胶电泳显示，随着时间的推移，这些菌株的基因型在个体间和内部都存在差异。这表明，与成人相反，婴儿肠道微生物中的双歧杆菌并不稳定，而且变化很快。对瑞典 1 周龄婴儿粪便微生物的实时荧光定量 PCR 分析证实了双歧杆菌的高存在率，尤其是长双歧杆菌和青春双歧杆菌。尽管长双歧杆菌是典型的成人肠道微生物，但最近基于独立培养技术的证据表明长双歧杆菌在婴儿肠道中的存在率也很高。妊娠期是影响婴儿肠道微生物群建立的重要因素。足月婴儿和早产儿的粪便微生物差异显著。肠杆菌科和其他潜在致病菌，如艰难梭状芽孢杆菌（*Clostridium difficile*）或克雷伯氏菌属（*Klebsiella*）在早产儿肠道中也有较多的发现。

1.7.2　母亲对婴儿肠道微生物定植的影响

由于出生、护理和早期喂养期间的亲密接触，母亲可能是对婴儿肠道微生物组发育贡献最大的外部因素（Jiménez et al.，2005），特别是在婴儿出生的第一年，母亲对婴儿肠道微生物组的影响非常显著。鸟枪法测序表明，在婴儿一个月大的时候，其肠道微生物群在功能上和系统发育上都非常接近其母亲，然而，在 11 个月时，系统发育出现了显著差异，但微生物区系基因功能在母亲和孩子之间仍然非常接近。用 qPCR 方法对分娩后 6 个月的婴儿粪便微生物进行了定量 PCR 分析，发现母子间有较强的亲缘关系，并且主要与短双歧杆菌和金黄色葡萄球菌有关。

分娩方式（阴道分娩或剖宫产）对婴儿早期肠道微生物定植有很大的影响，特别是对双歧杆菌的数量有很大的影响（Li et al.，2017）。对新生儿胎粪进行焦磷酸测序分析表明，首次肠道微生物的建立与母亲分娩时阴道或剖宫产时皮肤的某些微生物有很强的相关性。这些证据表明，肠道环境会受其首次遇到的阴道环境或皮肤中微生物的影响。然而，对早产儿而言，分娩方式对肠道微生物定植的影响似乎较小。对早产儿粪便样本进行传统或不依赖培养的方法分析，发现分娩方式与各种微生物的定植水平无关，包括双歧杆菌。用 454 焦磷酸测序法对 6 例极低出生体重儿进行胎粪分析，结果显示 3 例早产儿肠道均有葡萄球菌强定植，其中剖宫产 2 例，阴道分娩 1 例。从长期来看，与剖宫产相比，阴道分娩的 7 岁儿童肠道的梭菌数量显著增加，然而，双歧杆菌、乳酸菌或拟杆菌的数量没有差异。

除了分娩方式，婴儿肠道微生物群发育的另一个重要影响因素是喂养方式。母乳作为婴儿第一食物来源，对婴儿健康成长极为重要（荫士安，2017），母乳可提供婴儿成长的能量，且可预防肥胖、高血压、2 型糖尿病等疾病（Hassiotou and Geddes，2015）。母乳中含有的丰富的微生物有利于婴儿肠道微生物构建及婴儿免疫系统发育。母乳样本的平板计数显示，母乳中有链球菌属和葡萄球菌属，与肠道早期定植细菌相对应。双歧杆菌和乳酸菌也被检测到，表明母乳作为益生菌的传递系统具有重要作用。与配方奶粉喂养的婴儿相比，母乳喂养的婴儿肠道双歧杆菌和乳酸菌的数量明显较高，而拟杆菌、球状梭菌（*Clostridium coccoides*）、葡萄球菌和肠杆菌的数量则较低。从母乳和婴儿粪便样本中分离出的细菌（乳杆菌、葡萄球菌和双歧杆菌）的基因分型表明，二者存在相同的菌株，证明母乳是婴儿早期肠道微生物定植的一个重要来源。一项从婴儿出生到 2.5 岁的肠道微生物群的发育案例研究表明，饮食对肠道微生物组的变化有很大的影响。母乳是寡糖的重要来源，对新生儿发育中的微生物区系有很强的益生作用。长双歧杆菌亚种具有多个基因簇，这些基因簇与人乳寡糖（human milk oligosaccharide，HMO）的代谢有关。HMO 还调节长双歧杆菌的代谢功能，特别是代谢寡糖等碳水化合物的功能。婴幼儿肠道中最初定植的细菌（如厚壁菌门和放线菌门）除了适合代谢吸收母乳外，还具备消化植物性多糖的能力。在婴幼儿摄入固体食物之前，肠道微生物已经具备利用简单植物食物如米饭等的功能。随着辅食的多样化以及婴幼儿配方奶粉的添加，微生物数量迅速增加，进一步丰富了微生物负责碳水化合物及维生素生物合成的相关功能。

在婴儿期获得的肠道微生物群是免疫发育、口腔耐受性建立和黏膜屏障功能的关键。母亲在怀孕前和怀孕期间的饮食都会影响后代的代谢，以及后代对过敏原和细菌的易感性。产后，母体因素仍然是早期婴儿肠道微生物定植的重要决定因素，包括婴儿喂养的类型。母乳细菌复合物和人乳寡糖都被认为会影响婴儿肠道微生物群。

在生命早期形成的微生物群是免疫和代谢的重要决定因素，可能会产生持久的后果。怀孕或哺乳期间的母体肠道微生物群对于婴儿肠道微生物群的形成很重要。为了验证怀孕和母乳喂养期间母体肠道微生物群是婴儿免疫力的关键决定因素，将怀孕的 BALB/c 小鼠母体在分娩的前 5 天（妊娠期）、产后 14 天的哺乳期间，用万古霉素喂养或不用万古霉素喂养，在分娩后的不同时间分析母体与幼仔的适应性免疫和肠道微生物群。结果表明，万古霉素干预除了直接改变母体肠道微生物组成外，幼仔肠道微生物也显示出较低的 α 多样性和差异显著的微生物组成。

1.7.3　环境接触

新生儿所携带的微生物的另一个重要来源是环境,新生儿通过与周围物体的接触为环境微生物在新生儿肠道的定植提供了可能,而且空气中也存在着大量的微生物。测序研究表明,家庭成员之间比不相关人之间的口腔、肠道,特别是皮肤微生物群更相似(Beura et al.,2016)。此外,父母与其子女的微生物菌群的相似度高于无血缘的孩子。值得注意的是,这些共有微生物中的一部分存在于母亲及其成年子女的身体中,表明早期接触特定微生物可导致其终身定植。宠物携带的微生物也能对婴儿造成影响,研究表明,在出生第一年接触室内宠物狗的婴儿比不接触类似宠物的婴儿更不易患 1 型糖尿病(Virtanen et al.,2014)。研究已经表明,早期接触宠物会降低婴儿患过敏和哮喘的概率,但这种诊断机制尚不清楚。为了探究这种关联,一项研究用养狗人家房子中的灰尘进行了小鼠试验,发现这些小鼠肠道微生物群中的约氏乳杆菌(*Lactobacillus johnsonii*)增加,肠道微生物群的变化可能部分解释了接触动物带来保护作用的原因。在婴儿出生的最初两个月,接触家庭尘埃中的内毒素,以及在较大的家庭空间中生活,使双歧杆菌的数量达到高峰,乳杆菌、青春双歧杆菌和艰难梭菌的丰度降低,这种变化与过敏症相关。动物实验表明,早期动物肠道微生物群构成会受环境暴露微生物差异的影响(Mulder et al.,2011)。农村环境的内毒素水平及微生物种类均高于非农村环境(Ege et al.,2011;von Mutius et al.,2000)。有研究表明,农村环境的婴儿肠道微生物种类及优势菌虽然未明显高于非农村环境婴儿,但菌群总体数量更多,结构更加稳定(谢佳丽,2014)。与成人相比,3 岁以下儿童粪便微生物多样性指数较低,且这种现象在 0~1 岁的儿童中更为明显。0~1 岁儿童的可操作分类单元(operational taxonomic unit,OTU)数量约为 1000 个,而成人普遍为 1000~2000个。然而,儿童之间的个体差异明显大于成人,儿童的肠道微生物主要由几个细菌属和类群组成,但这些优势群体在个体间是高度可变的。随着年龄的增长,这些个体间的差异逐渐复杂。母亲以及文化和地理因素对婴儿肠道微生物的发育有着巨大的影响。家庭环境是微生物的主要来源,虽然在生命的最初几年里,环境微生物会在婴幼儿肠道中定植,但还需要进行更多的研究,以确定肠道微生物群或与微生物有关的疾病(如结肠炎、肠道疾病或过敏)是否可以由其他家庭成员传播给新生儿。

1.7.4　抗生素

由于婴儿的免疫系统还没有发育完善,患流感等疾病的概率较高,因此婴儿时期通常会接触到抗生素药物治疗（张和平和霍冬雪，2013）。通常来说，抗生素治疗会杀死肠道中的部分细菌，从而破坏肠道微生物平衡，降低肠道微生物的多样性。研究表明，长期使用抗生素的婴儿的肠道敏感菌数量增加，肠道微生物比例严重失调。抗生素会破坏婴幼儿肠道稳态，使肠道微生物产生耐药性，进而产生感染等严重问题（秦雨春等，1996）。婴儿时期持续使用抗生素会增加其患各种疾病的风险，目前已经证明新生儿肠道微生物群与哮喘、2型糖尿病、炎性肠病（IBD）、乳蛋白过敏症等疾病有着密不可分的关系（Tamburini et al.，2016）。

通过动物实验，我们可以了解到在生命的早期抗生素是可以破坏肠道微生物从而导致疾病的。低剂量的抗生素能破坏幼龄小鼠的肠道微生物，降低乳杆菌、肠杆菌和酵母菌的丰度，并且导致辅助性 T17 细胞（Th17）在结肠中反应钝化（Honda and Littman，2016）。另外，给小鼠服用抗生素会增加它们的肥胖程度和血液中代谢激素的水平，将经过抗生素治疗的小鼠的粪菌移植到没有细菌的小鼠身上，代谢表型也会转移（Cully，2019），这证明了抗生素可通过肠道微生物群对机体代谢水平产生影响。

近期的一些人体实验发现抗生素对婴幼儿肠道微生物影响巨大，在儿童、成人和动物模型研究中，均发现抗生素能显著改变肠道微生物组成（Neuman et al.，2018），而且在抗生素停用后，还会对肠道微生物产生持续影响，使其无法恢复到最初状态。生命早期使用抗生素会降低婴儿肠道微生物的多样性，改变其组成，表现为双歧杆菌减少，变形杆菌明显增加（Francino，2016）。此外，那些未接受抗生素治疗但其母亲在分娩前接受了抗生素治疗的婴儿的肠道微生物群也出现了与直接接受治疗的婴儿相同的变化（Tanaka et al.，2009）。

抗生素治疗也可以改变细菌、病毒和真菌之间的平衡。例如，抗生素的干预使胃肠道真菌（白色念珠菌）的丰度增加，导致 IL-5、IL-13 和其他炎症因子分泌增加，以及人类抗病毒免疫应答的损害，从而导致了由过敏反应引起的（Noverr et al.，2005）和由人类抗病毒免疫应答的损害造成的（Conzalez-Perez et al.，2016）气道疾病。另外，在使用抗生素治疗的患者中，抗生素引起的肠道微生物变化，可能会破坏患者肠道免疫平衡，增加患者疾病易感性（Willing et al.，2011）。最典型的例子之一是抗生素相关腹泻（antibiotic-associated diarrhea，AAD）由艰难梭状芽孢杆菌的增殖引起，随后可能转化为可导致死亡的假膜性结肠炎（De La Cochetiere et al.，2008）。

尽管小鼠模型加深了我们对抗生素如何改变宿主肠道微生物组成和健康状况的认识，但是实验小鼠与人类的免疫学特征明显不同，从而限制了我们从小鼠研究得出的结论推断到人类疾病（Beura et al.，2016）。然而，长期使用抗生素治疗是不现实的，因此，开展类似人生理反应的人源化小鼠实验很有必要，可更好地表征抗生素对人类健康的影响。

1.7.5　饮食

　　婴儿在刚出生后的几个月里，接触到的食物主要是母乳或者配方奶粉。研究表明，母乳喂养的婴儿比纯配方奶粉喂养的婴儿体内双歧杆菌和乳杆菌含量更丰富，而双歧杆菌和乳杆菌是短链脂肪酸（short-chain fatty acid，SCFA）产生菌，可降低肠道 pH，减缓肠道常见病原微生物的生长。在新生儿中，短链脂肪酸通过细菌发酵母乳中的寡糖产生。人乳寡糖不是直接被宿主消化，而是作为结肠细菌的能源（Engfer et al.，2000）。值得注意的是，仅在婴儿肠道中发现的双歧杆菌（如长双歧杆菌婴儿亚种）可以代谢人乳寡糖，而成人肠道中的菌种（长双歧杆菌长亚种）具有维持发酵复合碳水化合物的能力，但不能代谢人乳寡糖。微生物多样性在初始缩减之后，随着饮食多样性的不断增加，婴儿能够消化的物质逐渐增多，导致微生物的组成改变，微生物利用碳水化合物、合成氨基酸和维生素的相关功能得到改善。到 3 岁时，婴儿的肠道微生物基本上趋于其成年时的状态（Yatsunenko et al.，2012）。

1.7.5.1　益生菌及微生态制剂

　　益生菌是为宿主提供健康益处的活性微生物，而益生元是有利于有益微生物生长的物质（Guandalini and Sansotta，2019）。现今市面上添加了益生菌或益生元的婴幼儿配方奶粉越来越普遍。益生菌对儿科疾病（包括湿疹、过敏、肥胖、胃肠道感染或结肠炎症）的作用已经被广泛研究。50 例补充肠道益生菌辅助治疗婴幼儿湿疹的研究发现，添加肠道益生菌可使皮疹患儿皮疹分布面积缩减、皮疹的数量减少、密度减小且复发比未添加组低。补充益生菌可以提高婴幼儿免疫能力，调节其过高或过低的免疫活性直至正常状态，缩短皮疹的治疗过程，减轻患儿的痛苦，降低其发病率。配方中最受欢迎的益生菌补充剂是乳酸杆菌和双歧杆菌。有学者已经探究了罗伊氏乳杆菌 DSM 17938 对婴儿绞痛的影响（Savino et al.，2010）。对 16 周龄新生儿添加罗伊氏乳杆菌 21 天后，与对照组相比，其肠道乳酸杆菌显著增加，大肠杆菌和氨减少。与给予安慰剂的对照组相比，添加约氏乳杆菌后增加了肠道中总乳酸杆菌的数量，并且在停药至少 2 周时，新生儿体内有 17% 的约氏乳杆菌活菌排出。在生命最初的 6 个月，给有过敏性疾病风险的婴儿补充长双歧杆菌 BB 536 和鼠李糖乳杆菌（*Lactobacillus rhamnosus*），发现其并未影响婴儿肠道微生物的总体组成，停止补给后益生菌并没有在肠道中长期存在。给 6 月龄婴儿补充加有低聚半乳糖的发酵乳杆菌 CECT5716 配方食品，其胃肠道和上呼吸道的感染概率没有显著降低，给婴儿补充 6 个月益生菌后，仅导致双歧杆菌和乳酸杆菌的数量增加，而短链脂肪酸并没有明显的变化。人乳寡糖虽然不存在于牛乳中，但也经常作为益生元被添加在婴幼儿配方食品中，不易被消化的人乳寡糖导致结肠 pH 降低，短链脂肪酸增加，与母乳喂养产生的结果类似，这可能与选择性刺激双歧杆菌和乳酸杆菌相关。人乳寡糖可通过刺激双歧杆菌、乳酸杆菌等有益菌群的增生，间接地抑制有害菌群生长，从而达到维持肠道稳态的作用（Reid，2008）。

补充微生态制剂可维持及调整肠道微生态平衡。将 120 例支气管肺炎患儿分为预防组[用抗生素治疗同时加入微生态制剂枯草芽孢杆菌（*Bacillus subtilis*）二联活菌颗粒预防腹泻]与对照组（仅进行抗生素治疗），对比发现预防组腹泻出现时间迟于对照组且治疗率高于对照组（刘艳和徐晓群，2016）。婴幼儿支气管炎继发腹泻与许多因素有关，如婴幼儿免疫力低、支气管肺炎病菌继而感染胃肠道。正常人体肠道微生物具有拮抗有害菌的作用，但使用抗生素治疗的同时，也会使许多有益菌失活或其繁殖受抑制（赵雷等，2006）。通过添加枯草芽孢杆菌二联活菌颗粒可以提高患儿肠道有益菌数量，使其与有害菌拮抗，调整肠道微生物稳态平衡。

1.7.5.2 营养补充剂

营养补充剂的特征表现在其对人体肠道微生物组成和健康的影响上。一项对 12 月龄美国婴儿肠道微生物组成的研究中，给予婴儿不同主要补充食物（纯肉、铁强化谷类食品，或铁和锌强化谷类食品），发现铁强化谷类食品组婴儿与其他两组相比，肠道微生物在门的水平上存在显著性差异，并且乳杆菌数量显著减少。鱼油是另一种常见的膳食补充剂，其对婴儿肠道微生物的影响比葵花籽油更显著，但这种影响仅适于 9 个月前断奶的婴儿。这表明大量存在于鱼油中且被推测对婴儿发育有益的长链多不饱和脂肪酸（long-chain polyunsaturated fatty acid，LCPUFA）可能仅在没有母乳的条件下才能发挥益处。值得注意的是，在一项对 6～14 岁非洲儿童的研究中，与对照组相比，儿童饮食中添加铁导致了其肠道微生物组成发生显著变化、肠杆菌数量增加、乳酸杆菌数量减少、粪便钙卫蛋白增加，这些变化都是判定肠道炎症发生的替代指标。这个结果强调，在确定膳食补充和饮食建议对人体的影响之前，需要考虑不同人群肠道微生物组成的差异。

参 考 文 献

陈东科, 郭子杰, 胡云建, 等. 2002. 牙龈炎感染的厌氧菌群分布及对 β 内酰胺药物的敏感性研究. 中华检验医学杂志, 25(3): 144-146.

高丽娟, 高建萍, 马凯, 等. 2018. 基于质谱技术的婴幼儿肠道菌群多样性鉴别方法研究. 生物学杂志, 35(1): 11-14.

黎凤芬. 2009. 变应原特异性免疫疗法对特应性皮炎的治疗作用. 医学信息(下旬刊), 1(11):

35-36.

刘艳, 徐晓群. 2016. 微生态制剂对婴幼儿支气管肺炎继发腹泻的防治作用. 江苏医药, 42(3): 330-331.

马永慧, 杨云生. 2017. 人体微生态研究伦理: 生命伦理学的新领域. 中国医学伦理学, 30(7): 814-821.

秦丽春, 刘吉荣, 张玉, 等. 1996. 抗生素对新生儿肠道菌群的影响. 中国新生儿科杂志, (5): 197-198.

谢佳丽. 2014. 城乡居住环境微生物暴露与婴儿早期肠道菌群相关性研究. 东南大学硕士学位论文.

荫士安. 2017. 母乳中微生物及在婴儿免疫系统启动与发育中的作用. 中国妇幼健康研究, 28(6): 619-624.

张和平, 霍冬雪. 2013. 婴儿肠道菌群研究现状. 中国食品学报, 13(7): 1-6.

赵雷, 万晓丽, 张晓峰. 2006. 微生态制剂预防婴幼儿继发腹泻的疗效观察. 社区医学杂志, 4(16): 33-34.

周燕, 张士发. 2017. 影响婴幼儿肠道微生物定植的相关因素的研究进展. 沈阳医学院学报, 19(2): 171-174.

Adams S E, Arnold D, Murphy B, et al. 2017. A randomised clinical study to determine the effect of a toothpaste containing enzymes and proteins on plaque oral microbiome ecology. Scientific Reports, 7: 43344.

Alfano M, Ferrarese R, Locatelli I, et al. 2018. Testicular microbiome in azoospermic men: first evidence of the impact of an altered microenvironment. Human Reproduction, 33(7): 1212-1217.

Amer A, Galvin S, Healy C M, et al. 2017. The microbiome of potentially malignant oral leukoplakia exhibits enrichment for *Fusobacterium*, *Leptotrichia*, *Campylobacter*, and *Rothia* species. Frontiers in Microbiology, 8: 2391.

Arumugam M, Raes J, Pelletier E, et al. 2011. Enterotypes of the human gut microbiome. Nature, 473(7346): 174-180.

Aviles-Jimenez F, Vazquez-Jimenez F, Medrano-Guzman R, et al. 2014. Stomach microbiota composition varies between patients with non-atrophic gastritis and patients with intestinal type of gastric cancer. Scientific Reports, 4: 4202.

Baker J L, Bor B, Agnello M, et al. 2017. Ecology of the oral microbiome: beyond bacteria. Trends in Microbiology, 25(5): 362-374.

Bassis C M, Erb-Downward J R, Dickson R P, et al. 2015. Analysis of the upper respiratory tract microbiotas as the source of the lung and gastric microbiotas in healthy individuals. mBio, 6(2): e00037.

Baud D, Pattaroni C, Vulliemoz N, et al. 2019. Sperm microbiota and its impact on semen parameters. Frontiers in Microbiology, 10: 234.

Beura L K, Hamilton S E, Bi K, et al. 2016. Normalizing the environment recapitulates adult human immune traits in laboratory mice. Nature, 532(7600): 512-516.

Bogaert D, Keijser B, Huse S S, et al. 2011. Variability and diversity of nasopharyngeal microbiota in children: a metagenomic analysis. PLoS One, 6(2): e17035.

Buford T W. 2017. (Dis)Trust your gut: the gut microbiome in age-related inflammation, health, and disease. Microbiome, 5(1): 1-11.

Capone K A, Dowd S E, Stamatas G N, et al. 2011. Diversity of the human skin microbiome early in life. Journal of Investigative Dermatology, 131(10): 2026-2032.

Chang H W, Yan D, Singh R, et al. 2018. Alteration of the cutaneous microbiome in psoriasis and potential role in Th17 polarization. Microbiome, 6(1): 1-27.

Charlson E S, Diamond J M, Bittinger K, et al. 2012. Lung-enriched organisms and aberrant bacterial and fungal respiratory microbiota after lung transplant. American Journal of Respiratory and Critical Care Medicine, 186(6): 536-545.

Chassaing B, Cascales E. 2018. Antibacterial weapons: targeted destruction in the microbiota. Trends in Microbiology, 26(4): 329-338.

Chen C, Song X L, Wei W X, et al. 2017. The microbiota continuum along the female reproductive tract and its relation to uterine-related diseases. Nature Communications, 8(1): 875.

Cleland E J, Bassiouni A, Bassioni A, et al. 2014. The fungal microbiome in chronic rhinosinusitis: richness, diversity, postoperative changes and patient outcomes. International Forum of Allergy & Rhinology, 4(4): 259-265.

Coker O O, Dai Z, Nie Y, et al. 2018. Mucosal microbiome dysbiosis in gastric carcinogenesis. Gut, 67(6): 1024-1032.

Cully M. 2019. Antibiotics alter the gut microbiome and host health. Nature Reviews Drug Discovery, (S19): d42859.

De La Cochetiere M F, Durand T, Lalande V, et al. 2008. Effect of antibiotic therapy on human fecal microbiota and the relation to the development of Clostridium difficile. Microbial Ecology, 56(3): 395-402.

Dickson R P, Erb-Downward J R, Freeman C M, et al. 2015. Spatial variation in the healthy human lung microbiome and the adapted island model of lung biogeography. Annals of the American Thoracic Society, 12(6): 821-830.

Dickson R P, Erb-Downward J R, Martinez F J, et al. 2016. The microbiome and the respiratory tract. Annual Review of Physiology, 78: 481-504.

Doestzada M, Vila A V, Zhernakova A, et al. 2018. Pharmacomicrobiomics: a novel route towards personalized medicine? Protein & Cell, 9(5): 432-445.

Ege M J, Mayer M, Normand A C, et al. 2011. Exposure to environmental microorganisms and childhood asthma. New England Journal of Medicine, 364(8): 701-709.

Engfer M B, Stahl B, Finke B, et al. 2000. Human milk oligosaccharides are resistant to enzymatic hydrolysis in the upper gastrointestinal tract. The American Journal of Clinical Nutrition, 71(6): 1589-1596.

Fan X, Alekseyenko A V, Wu J, et al. 2018. Human oral microbiome and prospective risk for pancreatic cancer: a population-based nested case-control study. Gut, 67(1): 120-127.

Faner R, Sibila O, Agusti A, et al. 2017. The microbiome in respiratory medicine: current challenges and future perspectives. European Respiratory Journal, 49(4): 1602086.

Francino M P. 2016. Antibiotics and the human gut microbiome: dysbioses and accumulation of resistances. Frontiers in Microbiology, 6: 1543.

Gao L, Xu T S, Huang G, et al. 2018. Oral microbiomes: more and more importance in oral cavity and whole body. Protein & Cell, 9(5): 488-500.

Gill S R, Pop M, Deboy R T, et al. 2006. Metagenomic analysis of the human distal gut microbiome. Science, 312(5778): 1355-1359.

Gomez A, Espinoza J L, Harkins D M, et al. 2017. Host genetic control of the oral microbiome in health and disease. Cell Host & Microbe, 22(3): 269-278. e3.

Gonzalez-Perez G, Hicks A L, Tekieli T M, et al. 2016. Maternal antibiotic treatment impacts development of the neonatal intestinal microbiome and antiviral immunity. Journal of Immunology, 196(9): 3768-3779.

Grassl N, Kulak N A, Pichler G, et al. 2016. Ultra-deep and quantitative saliva proteome reveals dynamics of the oral microbiome. Genome Medicine, 8(1): 44.

Guandalini S, Sansotta N. 2019. Probiotics in the treatment of inflammatory bowel disease. Advances in Experimental Medicine and Biology, 1125: 101-107.

Guo C C, Liu F, Zhu L, et al. 2019. Analysis of culturable microbiota present in the stomach of children with gastric symptoms. Brazilian Journal of Microbiology, 50(1): 107-115.

Hampton T. 2016. Imaging epigenetics in the human brain. JAMA, 316(13): 1349.

Hassiotou F, Geddes D T. 2015. Immune cell-mediated protection of the mammary gland and the infant during breastfeeding. Advances in Nutrition, 6(3): 267-275.

Heintz-Buschart A, Wilmes P. 2017. Human gut microbiome: function matters. Trends in Microbiology, 26(7): 563-574.

Hernandez B Y, Zhu X, Goodman M T, et al. 2017. Betel nut chewing, oral premalignant lesions, and the oral microbiome. PLoS One, 12(2): e172196.

Honda K, Littman D R. 2016. The microbiota in adaptive immune homeostasis and disease. Nature, 535(7610): 75-84.

Hsiao J R, Chang C C, Lee W T, et al. 2018. The interplay between oral microbiome, lifestyle factors and genetic polymorphisms in the risk of oral squamous cell carcinoma. Carcinogenesis, 39(6): 778-787.

Hu X S, Zhang Q, Hua H, et al. 2016. Changes in the salivary microbiota of oral leukoplakia and oral cancer. Oral Oncology, 56: e6-e8.

Huang Y J, Erb-Downward J R, Dickson R P, et al. 2017. Understanding the role of the microbiome in chronic obstructive pulmonary disease: principles, challenges, and future directions. Translational Research, 179: 71-83.

Hunt R H, Yaghoobi M. 2017. The esophageal and gastric microbiome in health and disease. Gastroenterology Clinics of North America, 46(1): 121-141.

Hyman R W, Herndon C N, Jiang H, et al. 2012. The dynamics of the vaginal microbiome during infertility therapy with *in vitro* fertilization-embryo transfer. Journal of Assisted Reproduction and Genetics, 29(2): 105-115.

Ibáñez L, Rouleau M, Wakkach A, et al. 2019. Gut microbiome and bone. Joint Bone Spine, 86(1): 43-47.

Ilhan Z E, Łaniewski P, Thomas N, et al. 2019. Deciphering the complex interplay between microbiota, HPV, inflammation and cancer through cervicovaginal metabolic profiling. EBioMedicine, 44: 675-690.

Jameson K G, Hsiao E Y. 2018. Linking the gut microbiota to a brain neurotransmitter. Trends in Neurosciences, 41(7): 413-414.

Janakiraman M, Krishnamoorthy G. 2018. Emerging role of diet and microbiota interactions in neuroinflammation. Frontiers in Immunology, 9: 2067.

Javurek A B, Spollen W G, Ali A M M, et al. 2016. Discovery of a novel seminal fluid microbiome and influence of estrogen receptor alpha genetic status. Scientific Reports, 6: 23027.

Jiménez E, Fernández L, Marín M L, et al. 2005. Isolation of commensal bacteria from umbilical cord blood of healthy neonates born by cesarean section. Current Microbiology, 51(4): 270-274.

Jones R M. 2016. The influence of the gut microbiota on host physiology: in pursuit of mechanisms. Yale J Biol Med, 89(3): 285-297.

Kilian M, Chapple I L C, Hannig M, et al. 2016. The oral microbiome - an update for oral healthcare professionals. British Dental Journal, 221(10): 657-666.

Koedooder R, Mackens S, Budding A, et al. 2019. Identification and evaluation of the microbiome in the female and male reproductive tracts. Human Reproduction Update, 25(3): 298-325.

Koh I C C, Badrul Nizam B H, Muhammad Abduh Y, et al. 2019. Molecular characterization of microbiota associated with sperm of Malaysian mahseer tor tambroides. Evol Bioinform Online, 15: 1-7.

Koopman J E, Hoogenkamp M A, Buijs M J, et al. 2017. Changes in the oral ecosystem induced by the use of 8% arginine toothpaste. Arch Oral Biol, 73: 79-87.

Krishnan K, Chen T, Paster B J. 2017. A practical guide to the oral microbiome and its relation to health and disease. Oral Diseases, 23(3): 276-286.

Kriss M, Hazleton K Z, Nusbacher N M, et al. 2018. Low diversity gut microbiota dysbiosis: drivers, functional implications and recovery. Current Opinion in Microbiology, 44: 34-40.

Ladizinski B, McLean R, Lee K C, et al. 2014. The human skin microbiome. International Journal of Dermatology, 53(9): 1177-1179.

Lederberg J. 2000. Infectious history. Science, 288(5464): 287-293.

Lee S H, Sung J Y, Yong D, et al. 2016. Characterization of microbiome in bronchoalveolar lavage fluid of patients with lung cancer comparing with benign mass like lesions. Lung Cancer, 102: 89-95.

Lerner A, Matthias T, Aminov R. 2017. Potential effects of horizontal gene exchange in the human gut. Frontiers in Immunology, 8: 1630.

Li X, Wang E, Yin B, et al. 2017. Effects of *Lactobacillus casei* CCFM419 on insulin resistance and gut microbiota in type 2 diabetic mice. Beneficial Microbes, 8(3): 421-432.

Lim E S, Zhou Y J, Zhao G Y, et al. 2015. Early life dynamics of the human gut virome and bacterial microbiome in infants. Nature Medicine, 21(10): 1228-1234.

LiPuma J J. 2015. Assessing airway microbiota in cystic fibrosis: what more should be done? Journal of Clinical Microbiology, 53(7): 2006-2007.

Lira-Junior R, Bostrom E A. 2018. Oral-gut connection: one step closer to an integrated view of the gastrointestinal tract? Mucosal Immunology, 11(2): 316-318.

Liu X S, Shao L, Liu X, et al. 2019. Alterations of gastric mucosal microbiota across different stomach microhabitats in a cohort of 276 patients with gastric cancer. EBioMedicine, 40: 336-348.

Lynch S V, Pedersen O. 2016. The human intestinal microbiome in health and disease. New England Journal of Medicine, 375(24): 2369-2379.

Makki K, Deehan E C, Walter J, et al. 2018. The impact of dietary fiber on gut microbiota in host health and disease. Cell Host & Microbe, 23(6): 705-715.

Man W H, de Steenhuijsen Piters W A A, Bogaert D. 2017. The microbiota of the respiratory tract: gatekeeper to respiratory health. Nature Reviews Microbiology, 15(5): 259-270.

Manrique P, Bolduc B, Walk S T, et al. 2016. Healthy human gut phageome. Proceedings of the National Academy of Sciences, 113(37): 10400-10405.

Marsh R L, Kaestli M, Chang A B, et al. 2016. The microbiota in bronchoalveolar lavage from young children with chronic lung disease includes taxa present in both the oropharynx and nasopharynx. Microbiome, 4(1): 37.

Marsland B J, Gollwitzer E S. 2014. Host-microorganism interactions in lung diseases. Nature Reviews Immunology, 14(12): 827-835.

Martín R, Langa S, Reviriego C, et al. 2003. Human milk is a source of lactic acid bacteria for the infant gut. The Journal of Pediatrics, 143(6): 754-758.

Mason K L, Erb Downward J R, Falkowski N R, et al. 2012. Interplay between the gastric bacterial microbiota and *Candida albicans* during postantibiotic recolonization and gastritis. Infection and Immunity, 80(1): 150-158.

Maynard C L, Elson C O, Hatton R D, et al. 2012. Reciprocal interactions of the intestinal microbiota and immune system. Nature, 489(7415): 231-241.

Mitchell C M, Haick A, Nkwopara E, et al. 2015. Colonization of the upper genital tract by vaginal bacterial species in nonpregnant women. American Journal of Obstetrics and Gynecology, 212(5): e611-e619.

Moeller A H, Suzuki T A, Phifer-Rixey M, et al. 2018. Transmission modes of the mammalian gut microbiota. Science, 362(6413): 453-457.

Mulder I E, Schmidt B, Lewis M, et al. 2011. Restricting microbial exposure in early life negates the immune benefits associated with gut colonization in environments of high microbial diversity. PLoS One, 6(12): e28279.

Nakayama J, Zhang H P, Lee Y K. 2017. Asian gut microbiome. Science Bulletin, 62(12): 816-817.

Nardone G, Compare D. 2015. The human gastric microbiota: is it time to rethink the pathogenesis of stomach diseases? United European Gastroenterology Journal, 3(3): 255-260.

Neil J A, Cadwell K. 2018. The intestinal virome and immunity. The Journal of Immunology, 201(6): 1615-1624.

Neuman H, Forsythe P, Uzan A, et al. 2018. Antibiotics in early life: dysbiosis and the damage done. FEMS Microbiology Reviews, 42(4): 489-499.

Nomura I, Goleva E, Howell M D, et al. 2003. Cytokine milieu of atopic dermatitis, as compared to psoriasis, skin prevents induction of innate immune response genes. Journal of Immunology, 171(6): 3262-3269.

Noverr M C, Falkowski N R, McDonald R A, et al. 2005. Development of allergic airway disease in mice following antibiotic therapy and fungal microbiota increase: role of host genetics, antigen, and interleukin-13. Infection and Immunity, 73(1): 30-38.

Oh J, Byrd A L, Deming C, et al. 2014. Biogeography and individuality shape function in the human skin metagenome. Nature, 514(7520): 59-64.

Oh J, Byrd A L, Park M, et al. 2016. Temporal stability of the human skin microbiome. Cell, 165(4): 854-866.

Peng X, Zhou X, Xu X, et al. 2018. The oral microbiome bank of China. International Journal of Oral Science, 10(2): 16.

Pragman A A, Lyu T M, Baller J A, et al. 2018. The lung tissue microbiota of mild and moderate chronic obstructive pulmonary disease. Microbiome, 6(1): 7.

Rabesandratana T. 2018. Microbiome conservancy stores global fecal samples. Science, 362(6414): 510-511.

Rath S, Rud T, Karch A, et al. 2018. Pathogenic functions of host microbiota. Microbiome, 6: 174.

Reid G. 2008. Probiotics and prebiotics: progress and challenges. International Dairy Journal, 18(10-11): 969-975.

Ren W, Xun Z, Wang Z C, et al. 2016. Tongue coating and the salivary microbial communities vary in children with halitosis. Scientific Reports, 6: 24481.

Rosier B T, Marsh P D, Mira A. 2018. Resilience of the oral microbiota in health: mechanisms that prevent dysbiosis. Journal of Dental Research, 97(4): 371-380.

Salem I, Ramser A, Isham N, et al. 2018. The gut microbiome as a major regulator of the gut-skin axis. Frontiers in Microbiology, 9: 1459.

Sampaio-Maia B, Caldas I M, Pereira M L, et al. 2016. The oral microbiome in health and its implication in oral and systemic diseases. Adv Appl Microbiol, 97: 171-210.

Savino F, Cordisco L, Tarasco V, et al. 2010. *Lactobacillus reuteri* DSM 17938 in infantile colic: a randomized, double-blind, placebo-controlled trial. Pediatrics, 126(3): e526-e533.

Segal L N, Alekseyenko A V, Clemente J C, et al. 2013. Enrichment of lung microbiome with supraglottic taxa is associated with increased pulmonary inflammation. Microbiome, 1(1): 19.

Sender R, Fuchs S, Milo R. 2016. Revised estimates for the number of human and bacteria cells in the body. PLoS Biology, 14(8): e1002533.

Shekhar S, Schenck K, Petersen F C. 2017. Exploring host–commensal interactions in the respiratory tract. Frontiers in Immunology, 8: 1971.

Shi Y C, Cai S T, Tian Y P, et al. 2019. Effects of proton pump inhibitors on the gastrointestinal microbiota in gastroesophageal reflux disease. Genomics Proteomics & Bioinformatics, 17(1): 52-63.

Smith S B, Ravel J. 2017. The vaginal microbiota, host defence and reproductive physiology. The Journal of Physiology, 595(2): 451-463.

Smits S A, Leach J, Sonnenburg E D, et al. 2017. Seasonal cycling in the gut microbiome of the Hadza hunter-gatherers of Tanzania. Science, 357(6353): 802-806.

Spiljar M, Merkler D, Trajkovski M. 2017. The immune system bridges the gut microbiota with systemic energy homeostasis: focus on TLRs, mucosal barrier, and SCFAs. Frontiers in Immunology, 8: 1353.

Sprockett D, Fukami T, Relman D A. 2018. Role of priority effects in the early-life assembly of the gut microbiota. Nat Rev Gastroenterol Hepatol, 15(4): 197-205.

Sverrild A, Kiilerich P, Brejnrod A, et al. 2017. Eosinophilic airway inflammation in asthmatic patients is associated with an altered airway microbiome. J Allergy Clin Immunol, 140(2): 407-417.

Tamburini S, Shen N, Wu H C, et al. 2016. The microbiome in early life: implications for health outcomes. Nature Medicine, 22(7): 713-722.

Tanaka S, Kobayashi T, Songjinda P, et al. 2009. Influence of antibiotic exposure in the early postnatal period on the development of intestinal microbiota. FEMS Immunology & Medical Microbiology, 56(1): 80-87.

Teng F, Yang F, Huang S, et al. 2015. Prediction of early childhood caries via spatial-temporal variations of oral microbiota. Cell Host & Microbe, 18(3): 296-306.

Thaiss C A, Nobs S P, Elinav E. 2017. NFIL-trating the host circadian rhythm-microbes fine-tune the epithelial clock. Cell Metab, 26(5): 699-700.

Tong J, Li H Y. 2014. The human skin microbiome. In: Marchesi J R. The Human Microbiota and microbiome. Cardiff: CABI Press: 72-89.

van den Bergh M R, Biesbroek G, Rossen J W A, et al. 2012. Associations between pathogens in the upper respiratory tract of young children: interplay between viruses and bacteria. PLoS One, 7(10): e47711.

Venkataraman A, Bassis C M, Beck J M, et al. 2015. Application of a neutral community model to assess structuring of the human lung microbiome. mBio, 6(1): e02284.

Vieira-Silva S, Falony G, Darzi Y, et al. 2016. Species-function relationships shape ecological properties of the human gut microbiome. Nature Microbiology, 1(8): 16088.

Virtanen S M, Takkinen H M, Nwaru B I, et al. 2014. Microbial exposure in infancy and subsequent appearance of type 1 diabetes mellitus-associated autoantibodies a cohort study. JAMA Pediatrics, 168(8): 755-763.

von Mutius E, Braun-Fahrlander C, Schierl R, et al. 2000. Exposure to endotoxin or other bacterial components might protect against the development of atopy. Clinical & Experimental Allergy, 30(9): 1230-1234.

Wang L, Ravichandran V, Yin Y, et al. 2019. Natural products from mammalian gut microbiota. Trends in Biotechnology, 37(5): 492-504.

Wang Y, Zhang J, Chen X, et al. 2017. Profiling of oral microbiota in early childhood caries using single-molecule real-time sequencing. Frontiers in Microbiology, 8: 2244.

Willing B P, Russell S L, Finlay B B. 2011. Shifting the balance: antibiotic effects on host-microbiota mutualism. Nature reviews. Microbiology, 9(4): 233-243.

Willis J R, González-Torres P, Pittis A A, et al. 2018. Citizen science charts two major "stomatotypes" in the oral microbiome of adolescents and reveals links with habits and drinking water composition. Microbiome, 6(1): 218.

Willner D, Haynes M R, Furlan M, et al. 2012. Spatial distribution of microbial communities in the cystic fibrosis lung. The ISME Journal, 6(2): 471-474.

Willyard C. 2018. Could baby's first bacteria take root before birth? Nature, 553(7688): 264-266.

Wu G D, Chen J, Hoffmann C, et al. 2011. Linking long-term dietary patterns with gut microbial enterotypes. Science, 334(6052): 105-108.

Wu J, Peters B A, Dominianni C, et al. 2016. Cigarette smoking and the oral microbiome in a large study of American adults. The ISME Journal, 10(10): 2435-2446.

Xu H, Tian J, Hao W, et al. 2018. Oral microbiome shifts from caries-free to caries-affected status in 3-year-old chinese children: a longitudinal study. Frontiers in Microbiology, 9: 2009.

Yatsunenko T, Rey F E, Manary M J, et al. 2012. Human gut microbiome viewed across age and geography. Nature, 486(7402): 222-227.

York A. 2018. Delivery of the gut microbiome. Nature Reviews Microbiology, 16(9): 520-521.

Yu G Q, Phillips S, Gail M H, et al. 2017. The effect of cigarette smoking on the oral and nasal microbiota. Microbiome, 5(1): 3.

Zheng W W, Zhang Z, Liu C H, et al. 2015. Metagenomic sequencing reveals altered metabolic pathways in the oral microbiota of sailors during a long sea voyage. Scientific Reports, 5: 9131.

第 2 章 人类微生物组研究计划

2.1 人类微生物组计划（HMP）

近年来，人类微生物组学研究已成为各国争相发展的战略性科技领域和各国科学家及政府关注的焦点。众多国家先后采取新的多学科交叉和国际化协作的大科学计划的组织模式，启动了微生物组计划并不同程度地投入了大量科技资源。

2.1.1 HMP 的起源

人类微生物组计划（Human Microbiome Project，HMP）是人类基因组计划逻辑概念和实验的扩展。人类基因组计划（1990 年启动）于 2003 年完成之后，科学家逐渐认识到要想彻底了解并掌握基因与健康的关系，仅了解人类基因组是远远不够的。为了更加科学全面地了解人类微生物组，探究人体微生物与疾病、健康之间的关联，2005 年 10 月，13 个国家的科学家组建了"国际人类微生物组联盟"（The International Human Microbiome Consortium，IHMC），2007 年美国国立卫生研究院联合众多研究机构正式启动人类微生物组项目以及后续项目人类微生物组整合计划（The Integrative Human Microbiome Project，iHMP，https://www.hmpdacc.org/ihmp/），该项目也被认为是人类基因组计划的延伸。除此之外，还有2008 年欧盟的人体肠道微生物组宏基因组计划（Metagenomics of Human Intestinaltract，MetaHIT）以及二期项目 MetaGenoPolis（MGP）、国际人类微生物组标准（The International Human Microbiome Standards，IHMetS）项目、2016 年5 月美国启动的国家微生物组计划（National Microbiome Initiative，NMI）等。这些国际计划的实施有力地推动了微生物与人体疾病关系的研究。

我国也陆续开展了大规模国际合作，倡议进入研究人体共生微生物健康作用的新时代，其中包括 2007 年的中国-法国"人体肠道元基因组科研合作计划"（MetaGUT），2013 年启动的中国-美国"十万食源性病原微生物基因组计划"，2016 年中国科学院组织的以"中国微生物组研究计划"为主题的香山科学会议，以及 2017 年科学家建议启动的"国际华族健康微生物组研究计划"和"中国肠道宏基因组计划"等项目。

在 HMP 发布之前，大众媒体和科学文献中常常报道，人体微生物的数量是人体细胞的 10 倍，微生物基因的数量是人体基因数量的 100 倍。这个数字是基于人类微生物组包含约 100 万亿个细菌来估计的，而成人通常拥有约 10 万亿个体细胞。2014 年，美国微生物学会强调微生物的数量和人体细胞的数量都是估计值，微生物与人体细胞的比例约为 3∶1（Rosner，2014）。而另一组研究发布的比例约为 1∶1（Sender et al.，2016）。近期的研究发现，人肠道中栖居的微生物多达 1000 种（刘双江等，2017），这些微生物与人体的健康密切相关。

尽管人体内和体表微生物的数量惊人，但对它们在维持人类健康或促进疾病发展中的作用还知之甚少。构成人体微生物组的许多物种尚未成功培养、鉴定或以其他方式进行表征。HMP 逐步揭开了人类微生物组的面纱，其研究的部位主要有口腔、皮肤、阴道、胃肠道和呼吸系统等（Proctor et al.，2009）。

HMP 的总体使命旨在提供新资源和新方法，将人类与微生物群之间的相互作用和宿主健康联系起来。人类微生物组的研究成果将帮助人类完成健康评估与监测、新药研发和个体化用药、慢性疾病的早期诊断与治疗等。HMP 可能打破医学微生物学与环境微生物学之间的障碍，证明正常微生物组对健康影响的重要性，甚至推动医学发展（Aagaard et al.，2013；Proctor et al.，2009）。所以 HMP 具有重大的研究意义，在人类对疾病的防治方面将有重要的参考价值。

2.1.2　HMP 的主要内容

HMP 旨在通过对人类微生物遗传和代谢的整体研究，了解其对宿主健康及疾病的影响。HMP 的主要内容包括初始数据采集和分析、选择代表不同聚类的个体实施深度测序、全球人类微生物组多样性项目这三个层次。

2.1.2.1　初始数据采集和分析

参考基因组的深度汇编：选择在给定栖息地中培养的代表性微生物，进行基于 16S rRNA 基因的"全面"调查；创建一个可公开访问的人类 16S rRNA 基因型系统数据库（可称为"虚拟微生物体"），比较个体内部和个体之间以及不同研究组之间的差异；开发更快更好的比对算法来构建系统发育树；从现有的可培养物种中获取感兴趣的种系型，在公共数据库中存储序列数据；改进培养技术培养目前无法培养的生物；选择用于泛基因组（pan-genome，PanGP）分析的"物种"子集（即物种水平种系的多个分离物的表征），并开发更好的检测水平基因转移的方法；通过蛋白质结构确保数据流向和数据捕获；在可以维持和提供微生物的公共培养库中存放已测序分离株及其有关起源栖息地、生长条件和表型等物种身份信息。

获取参考微生物组数据集：专注于同卵双胞胎和异卵双胞胎及其母亲；确定不同 DNA 测序平台的优缺点；在初步水平上表征样品内的多样性和样品间的多样性；确保存放生物医学和环境宏基因组数据集的用户友好型公共数据库的可用

性及样本元数据；开发和优化用于比较 16S rRNA 基因和宏基因组数据集的工具；建立具有传输功能的样本和数据档案；为当前和未来的功能性宏基因组筛选生成大插入微生物组文库；协调环境宏基因组学计划。

从中等数量的样本中获得 16S rRNA 基因和宏基因组数据集：扩大家庭抽样（如父亲、兄弟姐妹和双胞胎兄弟姐妹的孩子），扩大抽样个体的年龄范围，并探索人口、社会经济和文化变量；建立全球样本采集网络，包括社会结构、技术和生活方式正在快速转型的国家；开发和优化用于比较这些不同的多变量数据集的计算工具和度量；开发和优化分析转录组、蛋白质组和代谢组的工具，使用与群体 DNA 测序相同的生物标本，开发和优化高通量分析工具；设计和测试实验模型，用于确定调控微生物组的形成和稳定性的原则。

2.1.2.2 选择代表不同聚类的个体实施深度测序

对取样深度和表征"完整"人类微生物组所需的个体数量进行估算；匹配数据实现表征目的；寻找其他哺乳动物微生物组和环境中人类相关微生物物种与基因谱系的亲属，并对这些微生物的基因组进行测序。

2.1.2.3. 全球人类微生物组多样性项目

在大型微生物组样本库中对来自不同地理位置、不同文化背景的个体进行筛选；选择具有不同临床"参数"的个体，并进行关联研究和生物标志物淘选；并与大规模的微生物和基因库进行比对，并将这些信息与能量、材料、基因和微生物谱系的通量结合到人类微生物组中；应用所获得的知识服务于人类，如开发诊断试剂、改善人类饮食预防某些特定疾病等。

HMP 的实施主要分为两个阶段（Integrative-HMP-Research-Network-Consortium，2019）。HMP 第一阶段（图 2-1，HMP1，2007~2014 年）整合了许多机构的研究工作。HMP1 侧重于识别和表征人类微生物群。HMP1 设定了以下目标：确定一组参考微生物基因组序列并进行人类微生物组的初步表征；探索疾病与人类微生物组变化之间的关系；开发用于计算分析的新技术和工具；建立资源库；研究人类微生物组的伦理、法律和社会影响。HMP1 发现微生物组的分类学组成往往与宿主表型没有很好的相关性，但可以通过流行的微生物分子功能或个性化的特异结构来进行预测。这一发现为 HMP 第二阶段的发展奠定了基础（Integrative-HMP-Research-Network-Consortium，2019）。

HMP 第二阶段（图 2-1，iHMP2014~2016 年）的目的是探究人体在不同健康状态下微生物的特征，阐明微生物在人类健康和疾病状态中的作用（Lloyd-Price et al.，2017）。第二阶段被称为人类微生物组整合计划（The Integrative Human Microbiome Project，iHMP）。其项目任务如下：iHMP 将使用多种"组学"技术

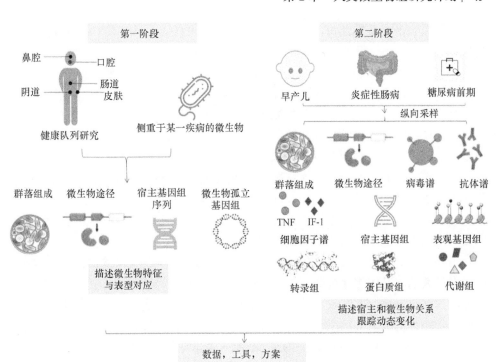

图 2-1　HMP 的第一和第二阶段（Integrative-HMP-Research-Network-Consortium，2019）

从微生物组相关病症的三个不同患者群体研究中创建来自微生物组和宿主的生物学特性的综合纵向数据集，包括妊娠和早产（孕妇阴道微生物群）、炎症性肠病（肠道微生物群）和糖尿病前期（肠道和鼻腔微生物群）三种人群微生物组的分析，该项目包括在多个机构开展的三个子项目。研究方法包括 16S rRNA 基因分析、整个宏基因组鸟枪法测序、全基因组测序、宏转录组学、代谢组学、脂质组学和免疫蛋白质组学（Integrative-HMP-Research-Network-Consortium，2019）。

2.1.3　HMP 的研究进展

在 2007 年 HMP 启动之前，越来越多的证据表明人体内的微生物与健康密切相关。然而，这是一个难以证明的假设。HMP 研究表明，虽然微生物组的构成因人而异，但这些群落的代谢能力可能与健康和疾病有关。为了更好地理解"正常"人类微生物组的表型，研究人员正在探索微生物组的变化如何与疾病相关甚至引起疾病。此外，全球各地正在开发操纵微生物组治疗疾病以及恢复和维持健康的新疗法。

2.1.3.1　第一阶段进展

由于 HMP1 侧重于对健康成人受试者肠道微生物的标准研究，这个阶段的研究表征了来自多个身体部位的微生物组的特征，并包括一组侧重于特定疾病或失调的示范项目。共获得了从人体分离的约 3000 个细菌的参考基因组。研究公布了一批人类微生物组的参考基因组目录（Nelson et al.，2010）。另外，研究表明，对相同物种的不同菌株进行测序可以显著促进新基因的发现，通过对一种长双歧杆菌进行测序，将 640 个新基因添加到该物种的 4 个测序菌株的泛基因组中，相比之下，这些菌株的核心基因组仅包含 1430 个基因。因此，在破解许多肠道细菌物种及其泛基因组之前必须对更多菌株进行测序（Nelson et al.，2010）。

Qin 等（2010）使用新一代测序技术检测收集了 MetaHIT 项目中的 124 个（部分样本）欧洲粪便样本，创建了 330 万个基因的目录；他们发现粪便微生物的全部基因数量至少是人类基因组中基因数量的 100 倍。但要了解微生物组的组成变化如何影响人类健康，需要依靠宏基因组测序。

另外，HMP 共享的数据还包括：来自 300 多名健康人的微生物组的综合概况；世界上最大的宏基因组序列数据；世界上唯一一个来自一类人群的细菌、真菌、病毒的完整数据集；来自多人群组的微生物组、转录组、蛋白质组及代谢组数据；根据微生物组的数据分析所开发的软件协助微生物研究的相关在线资源。

HMP 项目产生的主要资料包括：健康人类微生物组的结构、功能和多样性（Guardeno et al.，2012；Human-Microbiome-Project-Consortium，2012）；扩展的人类微生物组项目中的菌株、功能和动力学（Lloyd-Price et al.，2017）；人类微生物组整合计划：人类健康和疾病状态下微生物组-宿主组学的动态分析（Integrative-HMP-Research-Network-Consortium，2014）。

HMP 特色技术开发软件包括：分析高通量测序数据的 QIIME（quantitative insights into microbial ecology）（Caporaso et al.，2010）；使用独特的进化枝特异性标记基因进行宏基因组微生物组分析（Segata et al.，2012）；使用 16S rRNA 标记基因序列对微生物组进行预测性功能分析（Langille et al.，2013）。

微生物组学之外的其他研究成就还包括：健康成人双链 DNA 病毒的宏基因组分析（Wylie et al.，2014），2017 年，HMP 公布了一期第二波数据，包括来自 265 人的 1631 个全新宏基因组 778 万个基因；采用分析和组装新方法鉴定个体化微生物组特征，并明确拟杆菌门与厚壁菌门的比值不能代表菌群特异性；不同部位的菌株有亚种分化枝特异性，单一基因组中存在系统发育多样性不足的物种；充分鉴定出普遍存在、在特定人/身体部位富集和快速/中速变化、稳定的子群。

2.1.3.2 第二阶段进展

人类微生物组整合计划（iHMP）利用各种组学技术，对三类不同人群的微生物组和宿主进行分析，建立了综合的纵向数据集。

在评估早产风险的孕妇微生物组表征项目研究中，纵向跟踪了 1527 名女性，共收集了 206 437 份样本，包括产妇阴道、口腔、直肠、皮肤和鼻孔拭子、血液、尿液和分娩物，以及婴儿脐带血、胎粪、口腔、皮肤和直肠拭子。对这些特殊人群的亚群进行 16S rRNA 基因分类分析、宏基因组测序分析、细胞因子分析、脂质组学分析和细菌基因组学分析，以研究怀孕期间导致早产的微生物群动态变化及其与宿主的相互作用。多组研究确定了足月妊娠相关的阴道微生物群的时间变化。通常妇女在开始妊娠时，阴道微生态更为复杂，在妊娠中期向以乳酸菌（lactic acid bacteria，LAB）为主的微生物群变化。有趣的是，这种趋势在非洲裔女性中最为明显。尽管从人口统计学来看，总体上产后抑郁的女性是多样化的，但大多数在妊娠不到 37 周时发生自发性早产的妇女都有非洲血统。

正如之前报道的，经历自发性早产的妇女不太可能出现以卷曲乳杆菌（*Lactobacillus crispatus*）为主的阴道微生物群，而更有可能表现为羊水中 *Sneathia amnii*、普氏菌（*Prevotella* spp.）、毛螺菌科（Lachnospiraceae）的 BVAB1 和幽门螺杆菌 TM7-H1 的丰度增加（Brown et al.，2018；Callahan et al.，2017；Kindinger et al.，2017；DiGiulio et al.，2015）。此外，早产风险的相关研究发现了阴道微生物与维生素 D 缺乏之间的联系，如早产与缺乏维生素 D 和妊娠期细菌性阴道病相关，补充维生素可降低早产风险（Jefferson et al.，2019；Zhou et al.，2017）。

"微生物组学研究：怀孕整合"项目（MOMS-PI）发现了阴道微生物群、宿主反应和妊娠之间有趣的关联，这些关联与某些自发性早产病例中阴道微生物的上调一致。下一步必须通过协调一致的大规模研究充分探讨种族和人口背景对妊娠期阴道微生物群与妊娠结局关系的影响（Fettweis et al.，2019）。众所周知，预防和治疗早产是长期的挑战（Romero et al.，2014）。应该探索胎儿和母体遗传学及表观遗传学的相对关系，特别是与先天免疫系统的遗传变异有关的影响。大规模研究将允许利用阴道微生物群概况、遗传和产前（胎儿）遗传筛查的特征、生物标志物（如细胞因子和代谢产物）开发针对人群的风险评估算法，以及经典风险指标的关键临床特征，包括产妇年龄、体重指数、妊娠史（包括早产史）、宫颈长度、压力和其所处环境。微生物组、其他环境因素等多组学新数据的增加，有利于高危患者的识别，有望提高预测妊娠早期早产风险的能力。此外，早产的特征也反映在宏基因组和宏转录组检测中，与阴道促炎性细胞因子［包括 IL-1β、IL-6、巨噬细胞炎性蛋白（MIP）-1β 和嗜酸性粒细胞活化趋化因子-1］及早产类群呈正相关关系。使用最敏感和特异性最高的妊娠 24 周前采集的阴道微生物建立预测早产风险的初步谱图对比发现，有早产经历的母亲阴道微生物群与对照组母亲差异最悬殊（Integrative-HMP-Research-Network-Consortium，2019）。

HMP 中的炎症性肠病多组学（IBDMDB）研究主要对人类肠道微生物组在炎症性肠病成人和儿童中的变化进行分析。炎症性肠病包括克罗恩病（Crohn's disease，CD）和溃疡性结肠炎（ulcerative colitis，UC）等，它一直与人类肠道微生物的整体生态系统相关联。炎症性肠病多组学研究项目提供了迄今为止炎症性肠病中宿主和微生物活动最全面的描述，IBD 发病过程中微生物组和宿主免疫反应的相互作用，也为 IBD 治疗提供了新的方向。

HMP 中炎症性肠病多组学研究项目对来自 5 个临床中心的 132 人进行了为期一年的追踪研究，通过分析 1785 份粪便样本、651 份肠道活组织标本和 529 份季度血液样本，得到了包括粪便宏基因组、宏转录组、宏蛋白质组、宏病毒组、代谢组，以及宿主的表观基因组、转录组和血清数据，这种独特的研究设计使炎症性肠病多组学数据库能够识别疾病过程中微生物组和宿主免疫反应的各种差异。事实上，这些动态变化比以往研究强调的临床表型间的横向差异要大得多（Gevers et al.，2014；Morgan et al.，2012）。由于纵向研究的前瞻性，该研究对克罗恩病或溃疡性结肠炎活跃期和静止期患者身体状况进行监测，结果表明患者体内的微生物组成在静止期往往会恢复到更类似于对照的基线水平。通过确定与基线对照最不同的肠道微生物结构，不考虑特定的疾病状态，该研究定义了一个异常微生物评分，该评分显示出高度不同的微生物成分与整体炎症反应有许多共同的特征。这种生物失调并不是微生物对炎症反应所特有的，它与其他宿主和生化变化有关，这些变化包括酰基肉碱和胆汁酸的大量转移、血清抗体水平的提高，以及几种微生物的转录变化。同时进行的转录组学、16S rRNA 扩增子测序和黏膜组织切片分析也确定了可能形成微生物组的潜在宿主因素，特别是一些趋化因子，它们在疾病期间与微生物有潜在的相互作用（Lloyd-Price et al.，2019）。

该研究的纵向多基因组图谱使研究人员能够进一步描述疾病期间宿主与微生物相互作用的稳定性，需要特别强调的是，与对照组健康人群相比，炎症性肠病患者的整体状态和免疫反应明显不稳定。在许多情况下，炎症性肠病患者的微生物组在短短几周内就发生了颠覆性的变化，而这种变化在没有炎症性肠病的个体中很少见。这些从一个时间点到下一个时间点的大规模转变的主要微生物因素，在很大程度上反映了在肠道失调中观察到的差异，而这种转变往往标志着失调期的开始或结束。最后，该研究长期互补的分子测量使得在炎症性肠病期间构建了一个由 2900 多个宿主和微生物细胞及分子相互作用体组成的网络，相互作用的范围可从特定的微生物类群到人类转录组和小分子代谢产物。这一机制关联网络确定了几个关键的组成部分，对在炎症性肠病中所见的变化至关重要，突出的是辛酰肉碱、几种脂类和短链脂肪酸、粪杆菌属（*Faecalibacterium*）、小球菌属（*Pediococcus*）、罗氏菌属（*Rothia*）、另枝菌属（*Alistipes*）、大肠杆菌（*Escherichia coli*），以及白细胞介素的宿主调节因子。诸如此类的机制关联网络，可能为理清微生物与炎症性肠病或其他微生物相关免疫疾病的关系提供关键参考（Integrative-HMP-Research-Network-Consortium，2019）。

在 2 型糖尿病的研究方面，Michael P. Snyder 小组为了更好地阐明 2 型糖尿病的发病和恶化机制，正在对 2 型糖尿病患者进行纵向剖析，对微生物组和人类宿主发生的生物过程进行详细分析。微生物组和转录组由最先进的组学平台进行分析，这些大规模和多样化的数据集将被整合以确定微生物组和人类宿主随疾病的进展而变化的动态途径，特别是在病毒感染期间（Karczewski and Snyder，2018）。这项纵向研究将更具体详尽地揭示微生物组和宿主的变化，并确定在糖尿病发病和进展中起重要作用的分子与途径。

　　2 型糖尿病具有复杂的宿主-微生物相互作用的特征（Qin et al.，2012），对于微生物对糖尿病患者前期的全身变化、生物过程的影响，特别是在糖尿病前期向成熟 2 型糖尿病的关键转变期的作用，我们知之甚少。糖尿病前期和 2 型糖尿病通常与胰岛素耐受有关，因此一些对糖尿病前期或胰岛素耐受患者的研究为研究糖尿病早期病理机制提供了难得的机会。为了充分了解糖尿病前期和/或胰岛素耐受患者受影响的分子途径，以及这些情况如何影响宿主的微环境（如病毒感染）和 2 型糖尿病发病的生物反应机制，为糖尿病前期患者创建一个宿主生理状态和微生物组同步的个人资料是非常重要的。

　　为了更好地理解 2 型糖尿病的早期阶段，作为 iHMP 的一部分，整合个人组学项目（IPOP）对 106 位参与者（包括健康人、呼吸道病毒感染者和其他症状的患者）进行了长达 4 年的随访（图 2-2），每季度收集一次样品（主要是血液和粪

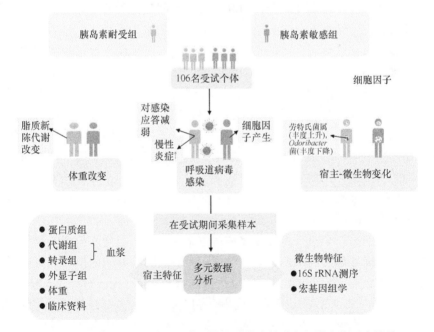

图 2-2　糖尿病前期个体对饮食干扰和传染病的宿主与微生物反应差异
（Integrative-HMP-Research-Network-Consortium，2019）

便），并对这些样品进行测序分析（Zhou et al., 2019）。结果发现，23 个个体出现直接的体重增加和体重减轻现象（Piening et al.，2018）。研究共对所有参与者的 1092 个样本进行了分析。每次调查均进行血液检测、宿主小分子代谢组学分析，并采集鼻拭子和粪便进行微生物分析。每个参与者的外显子测序一次，每次从外周血单核细胞中采集 13 379 个转录样本，分析了血浆中 722 种代谢产物和 302 种蛋白质，以及血清中 62 种细胞因子和生长因子，分析了数千种肠道和鼻腔微生物分类并进行基因预测，所有采集的样本都进行了 51 项临床实验室测试。此外，由于对 2 型糖尿病的关注，还进行了一些葡萄糖异常调节试验，包括测量空腹血糖和糖化血红蛋白水平，以及口服葡萄糖耐量试验和胰岛素耐受试验（Integrative-HMP-Research-Network-Consortium，2019）。

为了对糖尿病前期患者的微生物组进行综合的个体组学分析，对 106 名参与者进行了长达 4 年的追踪调查，每季度收集一次样本（主要是血液和粪便），并在呼吸道病毒感染和其他压力期间收集额外样本。除临床详细资料外，还对参与者的基因组进行了测序，并且每次进行转录组、蛋白质组、代谢组和微生物组的检测分析。在个体中，甚至在很长一段时间内，普通基础测量通常是稳定的，只有一些分析样本随着时间的推移发生了显著的变化（Zhou et al.，2019）。然而，许多分析类型，如临床实验室测量、细胞因子谱和肠道微生物分类群（主要是低丰度的）在个体之间高度可变。最终对胰岛素具有耐受性的参与者与最终对胰岛素敏感的参与者在正常情况下建立了可区分的分子和微生物模式。值得注意的是，有呼吸道病毒感染或体重变化的个体在这些干预期间表现出数千种特定的分子和微生物变化，而胰岛素耐受和胰岛素敏感的个体对干预的反应显著不同。例如，在呼吸道病毒感染期间，胰岛素耐受参与者表现出明显的炎症反应的减少和延迟，与对胰岛素敏感的参与者相比，其肠道微生物也发生了改变[如毛螺菌科和理研菌科（Rikenellaceae）的变化]。胰岛素耐受组鼻腔微生物组的变化较小，而胰岛素敏感组在呼吸道病毒感染期间鼻腔微生物的丰度和多样性均有所下降，而胰岛素耐受组则无明显变化。此外，系统关联分析显示，在数千个分析样本中，胰岛素耐受个体与胰岛素敏感个体之间存在特定的相关性，这表明在两组中，宿主与微生物群相互作用的模式不同。

这项研究的另一个重要目标是评估宿主微生物组多组学和相关的新兴技术如何能够更好地指导患者的早期诊断、治疗和康复。随着时间的推移，对每个个体进行数百万次测量，可以发现潜在的早期疾病状态（Schussler-Fiorenza Rose et al.，2019）。这包括对 2 型糖尿病的早期检测，不同参与者的发病过程是不同的，并且不同检测方法的检测能力也不尽相同。例如，一些人在空腹血糖测试中首次出现糖尿病范围内的测量值，而另一些人则在血红蛋白 A1C、口服葡萄糖耐量试验，甚至是连续血糖监测中检测到血糖偏高。这些结果，以及随着时间的推移葡萄糖失调的具体现象，说明了 2 型糖尿病发生的特异性。总的来说，除了 2 型糖尿病外，这些数据还发现，其他疾病的前期也与微生物相关，这些疾病包括代谢性疾病、心血管疾病、血液学或肿瘤学疾病等领域的数据；这些与微生物相关指标的异常往往在某些疾病临床症状出现之前就出现了，表明利用包括微生物群在内的大数据可以更好地管理人类健康。

　　HMP1 和 HMP2 阶段也产生了一些其他的资源。HMP 计划总共产生了 42TB 的多组数据，这些数据不仅在 HMP 数据协调中心（DCC，https://ihmpdcc.org/）存档和管理，也在公共和/或限制访问存储库（Sequence Read Archive）中存档和管理（SRA；https://www.ncbi.nlm.nih.gov/sra）。产生的资源还包括基因型和表型数据库（dbGaP）及代谢组学工作台（https://www.metabolomicsworkbench.org/）等。DCC 的所有数据都可以不受限使用，在机构审查委员会（IRB）允许的情况下，还可以共享项目元数据子集，以及其他受限制的数据（如人类基因组序列和受保护的元数据）。由 HMP 的所有阶段生成的正式数据模型和关联实体关系模式可以在 https://github.com/ihmpdcc/osdf-schemas 免费获得。DCC 网站允许用户从数千个带有相关元数据的示例中查询、搜索、可视化和下载数据。一旦用户确定了一组感兴趣的文件、条件、主题或表型，就可以将该组添加到操作栏中进行进一步的操作，然后可以直接下载文件，在用户的本地文件或云空间中使用。因此，HMP DCC 是通过与美国国立卫生研究院（USA National Institutes of Health，NIH）规定的目标相一致的设计来实现的，目的是使 NIH 资助产生的所有数据都可查找、可访问、可互操作和可重复利用。这些计划的成功体现在用户对网络资源的访问率始终很高，每月有 9000～12 000 个用户会话，并且预期公布这些资源之后会有更大的流量。

2.1.4　HMP 存在的问题与局限性

　　目前，复杂微生物组的宏基因组在分析时受限于合适的参考基因组，对参考基因组的分析受限于对这些微生物组的鉴定与认识，特别是与人类健康和疾病相关的一些菌株目前还不能被成功培养。早期的研究（Li et al.，2008）表明，通过功能宏基因组学方法获得的肠道微生物组成与尿液代谢物谱的相关变化可用于确定显著影响宿主代谢的物种。因此，一种可能性是开发基因探针，通过显微操作技术的序列引导来收集这些物种的单个细胞。这些细胞可用于全基因组扩增和测序（Marcy et al.，2007）。这种方法可以产生可培养菌株的参考基因组。

　　另一个主要挑战是将基因与生物体联系起来，或者至少与更广泛的分类学联系起来，因为宏基因组数据集在很大程度上由未组装的序列数据组成。因此，开发一种准确且可扩展的方法对大量短序列读取分类是至关重要的。

最终，我们需要将微生物组差异与代谢功能和/或疾病的差异联系起来。其中的一个挑战是目前微生物提供的菌群数量的数据都是相对定量的，而不是细胞的绝对定量，要想精准实现菌群的变化与宿主生理之间的关联，需要一个定量的平台来对微生物类群进行绝对定量。HMP 中的另一个关键挑战是定义群体之间的"距离"概念，并将这些距离与宿主生物学和各种元数据联系起来。此外，新的和更大规模平行测序技术的快速发展，将需要进行系统测试以确定可承受的成本最大化，实现更大的测序覆盖率，同时保持分析和组装基因组片段的能力。

虽然 HMP 从字面上理解是研究人类的肠道微生物组，但仍然需要模型生物和其他实验系统来研究微生物群体及其与宿主的互动，以确定影响其稳定性的决定因素，确定影响其群体组成及表型的生物标志物。基因工程改造的动物以及定向设计的微生物组简化的动物模型对研究微生物组与宿主的互作非常有用，体外模型，包括用于单细胞分选和测量的微流体技术，应该用来定义微生物的生物学特性和发现微生物-微生物相互作用。

随着宏基因组学技术的发展，研究人员可以更准确地确定各种因素对肠道微生物组成的影响，从而确定这些因素对人类健康和疾病的影响。例如，饮食直接影响肥胖、糖尿病和结肠癌等疾病发病率，但是这些疾病可以通过重塑肠道微生态来缓解。

2.1.5 HMP 的意义

HMP 将用于解决21世纪科学中一些最棘手和最基本的健康与疾病关系问题。重要的是，它有望打破医学和环境微生物学之间的人为障碍。除了提供定义健康和疾病偏好的新方法之外，HMP 将为我们提供设计、实施和监控策略所需的参数，以有意操纵我们的微生物群，从而在个体生理环境中优化其性能。我们专注于肠道以说明我们的一些观点，因为肠道栖息地拥有最大的微生物群。

微生物组对健康和疾病的贡献还需要进一步研究。肠道微生物产生的分子可以通过称为肠肝循环的正常解剖学途径，或通过部分损坏的肠道屏障进入血液。有益的肠道微生物可以产生抗炎因子，缓解疼痛、抗氧化而使人体受益。相反，有害微生物可以导致能量代谢的紊乱，产生诱导 DNA 突变的毒素，影响神经和免疫系统，导致各种慢性疾病发生，包括肥胖、糖尿病甚至癌症（Zhao and Shen，2010；Backhed et al.，2007；Cani et al.，2007）。微生物与人体细胞的密切和特异性接触，使二者可以交换营养物质和代谢废物，从而使共生细菌基本上成为人体器官，它们的集体基因组成为人体的第二基因组。人类微生物组研究有望为更好地理解肠道微生物的平衡机制提供新的线索，同时也有助于揭示肠道微生物维持人体健康以及有效抵御机体疾病的机制（Falony et al.，2016）。

来自美国纽约大学朗格尼医学中心（NYU Langone Medical Center）等机构的研究人员发现寄生虫感染能够导致肠道中的微生物组发生有益的变化，这种变化可能能够用来治疗炎症性肠病（Ramanan et al.，2016）。婴儿肠道微生物组会影响自身免疫疾病，细菌菌种之间的相互作用可能在一定程度上能够解释在西方社会发现的免疫疾病增加（Vatanen et al.，2016）。最近一项研究发现，人类肠道中的菌群生态系统复杂多样，不同菌群之间的竞争关系有助于维持肠道生态系统的稳定，这对于保持人类机体健康是必不可少的（Coyte et al.，2015）。英国帝国理工大学教授 Nelson 研究组于 2006 年在 Nature 杂志报道，肠道微生物组的基因组成与个体对药物的敏感性存在密切关系。

这一系列研究大多以动物模型为研究对象，实际应用到人体还有很长的路要走。因此，对人类微生物组进行测序和表征虽然是一项令人生畏的复杂任务，但其对于了解过度营养如何导致慢性疾病可能至关重要，可为攻克这些疾病难题提供新的思路，为有效预防和治疗这些疾病带来希望。这反过来突出了微生物学家和人类遗传学家之间的沟通需求。例如，用于揭示人类疾病遗传基础的全基因组关联研究应该包括微生物组、宏转录组等的分析。破译这些组学数据之间的关联性可以为开发进一步的抗击疾病的药物提供新前景。

2.2　中国微生物组计划实施的必要性和紧迫性

在世界各类微生物组计划的发起和管理中，中国科学家李兰娟院士和赵立平教授曾分别任"国际人类微生物组联盟"的轮值首席与委员会成员，发挥了举足轻重的作用。2008 年发表的关于共生肠道微生物调节人类代谢表型的文章，提出了识别细菌群落结构变化与宿主代谢模式动态之间潜在关联的方法，为功能宏基因组学的发展奠定了基础（Li et al.，2008）。2010 年，深圳华大基因参与合作的项目公布了第一个人类肠道微生物组基因目录（Qin et al.，2010），之后于 2012 年发表了肠道微生物组在 2 型糖尿病中的应用研究（Qin et al.，2012）。2012 年底，上海交通大学研究发现了一株来自肥胖患者肠道的条件致病菌，该菌能在无菌动物中引起肥胖（Fei and Zhao，2013）。2014 年，浙江大学在 Nature 杂志报道了肝硬化患者肠道微生物的改变，揭示了基因和功能水平肝硬化特异的生物标志物（Qin et al.，2014）。另外还有一些关于中药成分对肠道微生物的药效学研究（Xu et al.，2015；Zhang et al.，2012）。

未来将是微生物组学的时代，我国的微生物组学以及研究技术必须走向世界及时代前沿。在当前的国际形势和国家需求下，独立自主地启动微生物组计划，能更好地服务于我国的技术创新和产业升级。目前，美国和日本相继启动了微生物组计划，推动发展中国家的微生物组计划十分必要且更需加快研究步伐。

2.2.1 中国科学院微生物组研究计划

近年来微生物组研究已经成为各国科学家及政府关注的焦点。中国、美国、德国等国科学家在 *Nature* 杂志发文，呼吁开展"国际微生物组计划"（Dubilier et al.，2015），重点针对微生物资源进行研究和应用。目前，微生物组研究已成为新一轮科技革命的战略前沿，并有望为人类健康、农业、环境等重大系统问题提供解决方案。

在十几年前，中国科学家在微生物组领域已经取得了一定的成果。2007 年，973 计划重要传染病基础研究专项包含了"肠道微生态与感染的基础研究"项目，初步将肠道微生物的研究与肝病的发生机制联系在一起（Chen et al.，2011）。该项目首次实现了无菌小鼠的培育，为之后的实验提供了重要的工具。赵立平教授团队研究发现肠道内某些乳酸菌可能与糖尿病的发生发展有关（江海燕等，2013）。

面对国际合作需要，在科技部的支持下，中国微生物组计划应运而生。2016年 12 月，中国科学院刘双江、赵国屏等组织了以"中国微生物组研究计划"为主题的第 582 次香山科学会议（马永慧和杨云生，2017），对我国面临的人口健康、环境生态、工农业发展、海洋战略等问题实现多领域覆盖，认识不同生态位的微生物组结构与功能，研发相应的微生物组学新平台、新方法、新技术（刘双江等，2017）。研究面向人体、环境、农作物、家养动物肠道、工业及海洋等 6 个领域的微生物组，外加微生物组研究方法及应用技术平台和微生物组数据储存及功能挖掘两个方向。

2017 年 12 月 20 日，中国科学院启动了"人体与环境健康的微生物组共性技术研究"暨"中国科学院微生物组计划"项目。该项目由中国科学院微生物研究所牵头，整合了包括中国科学院上海生命科学研究院、生物物理研究所、昆明动物研究所、生态环境研究中心、青岛生物能源与过程研究所，以及北京协和医院在内的 14 家单位共同参与。中国科学院微生物研究所刘双江研究员指出，希望在人类代谢性疾病并发症和中草药调控肠道微生物方面有所突破，相关成果可为人类面临的健康、农业、环境等问题提供解决方案。

"中国科学院微生物组计划"下设 5 个课题，分别聚焦研究人体肠道微生物组、家养动物肠道微生物组、活性污泥微生物组的功能网络解析与调节机制，创建微生物组功能解析技术与计算方法学，以及建设中国微生物组数据库与资源库。

2.2.1.1 计划进展

中国在微生物组研究中虽然整体处于初级阶段，但也取得了重要的成就。首先是中国科学院微生物研究所发现了代谢性疾病新型药物候选分子及机制，刘宏伟研究员团队和刘双江研究员团队前期发现灵芝提取物 Ganomycin I 有良好的降血糖、降血脂效果（Wang et al.，2017），之后以 Ganomycin I 为模板，选出 14 种与 Ganomycin I 分子结构类似的化合物，从中发现了稳定性强、活性显著的候选新药分子。

在活性污泥微生物组研究方面，中国科学院水生生物研究所邱东茹研究组分离和纯化了大量的菌胶团形成菌——动胶菌（*Zoogloea* spp.），对活性污泥微生物宏基因组研究概况进行初步总结，利用分子遗传学和基因组学手段，对活性污泥优势种动胶菌和其他菌胶团形成菌的胶质状胞外多聚物（EPS）生物合成途径及菌胶团形成与调控机制加以研究，鉴定出一个约 40kb 的胞外多糖生物合成大型基因簇和一个由 7 个基因组成的小型基因簇，这些基因簇中除胞外多糖合成相关基因外，还有编码组氨酸激酶 PrsK 和反应调节蛋白 PrsR 双组分系统的基因，动胶菌可激活 RpoNσ 因子调控一类称为 PEP-CTERM 的新型胞外蛋白质的表达，参与菌胶团的形成。PEP-CTERM 富含天冬酰胺（Asn 或 N）残基，可能与胞外多糖通过 *N*-连接的糖基化形成复合物，包裹微生物细胞群体来介导菌胶团的形成。类似的 PEP-CTERM 基因和胞外多糖合成基因簇在许多重要的活性污泥细菌如聚磷菌和全程氨氧化菌中存在，证明这些细菌也是菌胶团形成菌，可通过污泥沉淀和回用在活性污泥中富集（邱东茹等，2019）。目前已经完成多种菌胶团形成菌的基因组测序、注释和比较基因组学分析，成功建立分子遗传学分析手段和研究方法。

单细胞是地球上细胞生命体功能和进化的基本单元，单细胞精度的高通量功能分选技术，是解析生命体系异质性机制、探索自然界微生物暗物质的重要工具。中国科学院青岛生物能源与过程研究所单细胞研究中心马波研究员与徐健研究员团队发明了拉曼激活单细胞液滴分选技术，通过这项技术，可定量评估药物暴露对细胞代谢的抑制作用及抗菌特性，为细菌分类及抗菌药物研究做出了重要贡献（Tao et al.，2017）。

此外，在其他技术方面也取得了巨大进展，如中国科学院北京生命科学研究院在微生物组遗传变异解析技术领域提出了基于降低物种复杂度策略的微生物组结构解析的新技术——MetaSort，通过降低微生物组的复杂性来解析宏基因组数据（Ji et al.，2017）。

2.2.1.2　计划意义

21 世纪以来，生命科学的发展日新月异，人类探索生命奥秘和寻求可持续发展的需求更加迫切，生命科学与其他基础科学如物理、化学、计算科学等融合交叉的步伐越来越快，基因组学、蛋白质组学、代谢组学等各种组学研究体系出现，其是生物学领域重要的研究工具，也是微生物研究中最常用的分析方法。微生物对宿主疾病、环境变化等有重要影响，与多种重要疾病（如糖尿病、炎症性肠病等）关系密切，促进形成多种形式的复杂生态体系，而微生物组计划对这些生态体系及作用机制的研究十分重要（刘双江等，2018）。

中国科学院微生物组计划也将解决许多重要的问题。首先，通过靶向筛选可调控肠道微生物的药物来治疗宿主疾病；其次，通过对细菌的分类鉴定，筛选出细菌功能编码基因，对比在其他菌种中是否存在且可表达，从而得到有特定功能的细菌。此外，对微生物研究技术的革新也是微生物组计划中的重要部分，通过技术的不断发展，可以更便捷、更快速、更精准地检测分析，对抗菌药物的研发、微生物遗传变异的解析等十分有利。

微生物组是在科学蓬勃发展、技术日新月异的背景下提出来的，具有历史意义，有利于推动科学和技术发展，它将革新人体健康、生态环境、工农业生产等领域的发展理念，产生新一代或者颠覆性的技术革命，在人类社会进步和国家发展中发挥重要的作用。微生物组研究给解决人类社会面临的健康、农业和环境等重大系统问题带来了革命性的新思路，而相关的微生物技术革新，又能带来颠覆性的技术手段，提供不同寻常的解决方案。

2.2.2 中国在微生物组研究方面存在的一些问题

中国在开展微生物组研究方面紧随美国、欧盟、日本等发达国家和地区的脚步，启动研究计划基本与国际同步，但是微生物组研究总体发展水平与国际一流水平还有一定的差距。这是因为我国在微生物组研究方面存在组织管理创新的问题并面临突破技术瓶颈等方面的挑战（刘双江等，2017）。

（1）微生物组研究缺乏整体系统设计。中国微生物组计划需要相关专家与国家共同支持与努力。政府领导可以促进计划及项目顺利进行。联合政府机构、院校、医院和企业，共同建设格局宏大、系统复杂的国家微生物组计划。

（2）在关键科学问题上资金投入不足。要想突破技术瓶颈，必须加大对关键科学问题资金的投入。建立研究所和科研中心，对关键问题攻坚克难，由国家科学基金支持微生物组的深入研究。

（3）组织管理缺乏协同创新。存在的问题主要表现在项目组织管理上，微生物组研究需要多领域多团队的通力合作，而我国在微生物组学的研究上还未能实现在重大问题进行跨领域、跨部门的"联合作战"（刘双江等，2017）。

（4）需要鼓励多学科交叉。我国在研究方法和技术创新方面缺乏数学、计算机科学、物理学等学科的交叉合作。在资源与数据方面不能实现真正的共享，而美国在2016年启动国家微生物组计划（National Microbiome Initiative，NMI）后就已经实现了多学科的协作。

（5）技术平台存在短板。我国在微生物组研究方面需要平台技术的开发、实施与完善，并鼓励各高校、企业、医院等共享微生物组研究数据，建成通用的数据库，及时沟通，利用有效信息资源进行深入研究发掘。

（6）缺乏专业人才。在高校和研究所设置专责实验室，培养人才。鼓励专家开展微生物组会议及相关讲座，促进人才交流与培养。

中国微生物组计划不仅需要有大格局，也需要有包容的心态。鼓励创新，提供机会和资金。这些问题需要统筹兼顾，综合解决，需要各行各业共同为微生物组计划的顺利实施提供助力。

中国微生物组计划应该坚持 3 个基本原则：①国家需求导向——多领域（工农医环）覆盖；②科学假说驱动——多学科（数计理化生）交叉；③技术创新支撑——包括研究方法和技术的创新，并在研究成果转化过程中形成颠覆性技术，服务战略性新兴产业（刘双江等，2017）。结合微生物组学国际发展态势和我国具体情况，"中国微生物组计划"应重点开展以下方面的工作：人体微生物组、环境微生物组（土壤、水体、空气）、农作物微生物组、家养动物肠道微生物组、工业微生物组（传统发酵、生物冶金、生物活性物质）、海洋微生物组等组学的研究，微生物组研究方法的创新及应用的新技术平台的开发，微生物组数据存储与功能的挖掘（刘双江等，2017）。

2.2.3　开展中国微生物组计划迫在眉睫

微生物组研究作为国际研究热点，多项研究表明其与心血管疾病、免疫系统疾病、精神疾病及代谢性疾病相关，肠道微生物失调或许是推动肥胖、糖尿病等代谢性疾病发生与发展的重要因素之一。微生物组研究在医疗等多方面的现实意义让微生物组成为必须要研究的重点。而且随着人类微生物组计划的进行，许多具有重要影响的论文和数据发布，中国必须紧跟世界步伐，参与其中，并且力求取得突破性成果。

微生物和多方面相互连接，相互促进，所以开展中国微生物组计划是必需的，并且可以进一步推进多学科交叉研究，通过微生物组计划推进微生物在人类健康、生态环境保护、农作物、药材和动物养殖等方面的应用。

目前的研究结果表明，人体健康与微生物组关系密切，人体微生物组的研究对慢性疾病的预防和控制、亚健康的调理、医疗理念的革命和新技术的发展等具有重要的意义。中国地广人多，人体微生物组特征可能也具有区域性（刘双江等，2017），这对人体微生物组研究来说是一笔宝贵的资源。将微生物组研究与国内外已有研究联系起来可促进相关产业的健康发展。

环境微生物组的研究建立基于微生物对生态环境保护的重要作用，其研究成果可用于污染水体及土壤治理和修复、废弃物综合利用等，开发出利用微生物保护海洋环境的新技术，对城市和海洋文明发展有重要作用。

微生物与农作物生产有很大的联系，对农作物微生物组的研究，可以提高我国农作物的产量及品质，在解决我国基本供应的条件下可以大力推动农作物产品的出口，进一步推动经济发展。

家养动物肠道微生物组研究也十分必要。通过调控家养动物肠道微生物组，可以增强家养动物胃肠道功能、提升养殖环境质量、改善肉、蛋等品质，并减少抗生素及各类激素的使用量，显著提高我国畜禽养殖效益，提升饮食质量，促进人类健康（刘双江等，2017）。

关于工业微生物组，我国自古以来就有利用微生物发酵来获取食材、药材的传统，通过开发混合发酵、转化和生产技术，可以提高酿造和食品发酵等传统发酵工艺的效率与产品质量。

中国微生物组计划的技术创新应该围绕解决实际复杂问题来展开，考虑到我国的研究基础对国计民生的重要作用，应该优先启动具有实际意义的重大科技问题立项，以更好地为国家出力，为科研助力，为人民谋幸福。

参 考 文 献

江海燕, 钱万强, 朱庆平. 2013. 关注正在兴起的人类微生物组研究. 中国科学基金, 27(3): 143-146.

刘双江, 施文元, 赵国屏. 2017. 中国微生物组计划: 机遇与挑战. 中国科学院院刊, 32(3): 241-250.

刘双江, 施文元, 赵国屏. 2018. 中国微生物组计划: 机遇与挑战. 中国农业文摘-农业工程, 30(6): 11-17.

马永慧, 杨云生. 2017. 人体微生态研究伦理: 生命伦理学的新领域. 中国医学伦理学, 30(7): 814-821.

邱东茹, 高娜, 安卫星, 等. 2019. 活性污泥微生物胞外多聚物生物合成途径与菌胶团形成的调控机制. 微生物学通报, 46(8): 2080-2089.

Aagaard K, Petrosino J, Keitel W, et al. 2013. The Human Microbiome Project strategy for comprehensive sampling of the human microbiome and why it matters. The FASEB Journal, 27(3): 1012-1022.

Backhed F, Manchester J K, Semenkovich C F, et al. 2007. Mechanisms underlying the resistance to diet-induced obesity in germ-free mice. Proceedings of the National Academy of Sciences of the United States of America, 104(3): 979-984.

Brown R G, Marchesi J R, Lee Y S, et al. 2018. Vaginal dysbiosis increases risk of preterm fetal membrane rupture, neonatal sepsis and is exacerbated by erythromycin. BMC Medicine, 16(1): 9.

Callahan B J, DiGiulio D B, Goltsman D S A, et al. 2017. Replication and refinement of a vaginal microbial signature of preterm birth in two racially distinct cohorts of US women. Proceedings of the National Academy of Sciences, 114(37): 9966-9971.

Cani P D, Amar J, Iglesias M A, et al. 2007. Metabolic endotoxemia initiates obesity and insulin resistance. Diabetes, 56(7): 1761-1772.

Caporaso J G, Kuczynski J, Stombaugh J, et al. 2010. QIIME allows analysis of high-throughput community sequencing data. Nature Methods, 7(5): 335-336.

Chen R, Mias G I, Li-Pook-Than J, et al. 2012. Personal omics profiling reveals dynamic molecular and medical phenotypes. Cell, 148(6): 1293-1307.

Chen Y E, Yang F L, Lu H F, et al. 2011. Characterization of fecal microbial communities in patients with liver cirrhosis. Hepatology, 54(2): 562-572.

Coyte K Z, Schluter J, Foster K R. 2015. The ecology of the microbiome: Networks, competition, and stability. Science, 350(6261): 663-666.

DiGiulio D B, Callahan B J, McMurdie P J, et al. 2015. Temporal and spatial variation of the human microbiota during pregnancy. Proceedings of the National Academy of Sciences, 112(35): 11060-11065.

Dubilier N, McFall-Ngai M, Zhao L P. 2015. Microbiology: create a global microbiome effort. Nature, 526(7575): 631-634.

Falony G, Joossens M, Vieira-Silva S, et al. 2016. Population-level analysis of gut microbiome variation. Science, 352(6285): 560-564.

Fei N, Zhao L P. 2013. An opportunistic pathogen isolated from the gut of an obese human causes obesity in germfree mice. The ISME Journal, 7(4): 880-884.

Fettweis J M, Serrano M G, Brooks J P, et al. 2019. The vaginal microbiome and preterm birth. Nature Medicine, 25(6): 1012-1021.

Gevers D, Kugathasan S, Denson L, et al. 2014. The treatment-naive microbiome in new-onset Crohn's disease. Cell Host & Microbe, 15(3): 382-392.

Guardeno L M, Hernando I, Llorca E, et al. 2012. Microstructural, physical, and sensory impact of starch, inulin, and soy protein in low-fat gluten and lactose free white sauces. Journal of Food Science, 77(8): 859-865.

Human-Microbiome-Project-Consortium. 2012. Structure, function and diversity of the healthy human microbiome. Nature, 486(7402): 207-214.

Integrative-HMP-Research-Network-Consortium. 2014. The integrative human microbiome project: dynamic analysis of microbiome-host omics profiles during periods of human health and disease. Cell Host Microbe, 16(3): 276-289.

Integrative-HMP-Research-Network-Consortium. 2019. The Integrative Human Microbiome Project. Nature, 569(7758): 641-648.

Jefferson K K, Parikh H I, Garcia E M, et al. 2019. Relationship between vitamin D status and the vaginal microbiome during pregnancy. Journal of Perinatology, 39(6): 824-836.

Ji P, Zhang Y, Wang J, et al. 2017. MetaSort untangles metagenome assembly by reducing microbial community complexity. Nature Communications, 8: 14306.

Karczewski K J, Snyder M P. 2018. Integrative omics for health and disease. Nature Reviews Genetics, 19(5): 299-310.

Kindinger L M, Bennett P R, Lee Y S, et al. 2017. The interaction between vaginal microbiota, cervical length, and vaginal progesterone treatment for preterm birth risk. Microbiome, 5(1): 6.

Langille M G I, Jesse Z, J Gregory C, et al. 2013. Predictive functional profiling of microbial communities using 16S rRNA marker gene sequences. Nature Biotechnology, 31(9): 814.

Li M, Wang B H, Zhang M H, et al. 2008. Symbiotic gut microbes modulate human metabolic phenotypes. Proceedings of the National Academy of Sciences of the United States of America, 105(6): 2117-2122.

Lloyd-Price J, Arze C, Ananthakrishnan A N, et al. 2019. Multi-omics of the gut microbial ecosystem in inflammatory bowel diseases. Nature, 569(7758): 655-662.

Lloyd-Price J, Mahurkar A, Rahnavard G, et al. 2017. Strains, functions and dynamics in the expanded Human Microbiome Project. Nature, 550(7674): 61-66.

Marcy Y, Ouverney C, Bik E M, et al. 2007. Dissecting biological "dark matter" with single-cell genetic analysis of rare and uncultivated TM7 microbes from the human mouth. Proceedings of the National Academy of Sciences of the United States of America, 104(29): 11889-11894.

Morgan X C, Tickle T L, Sokol H, et al. 2012. Dysfunction of the intestinal microbiome in inflammatory bowel disease and treatment. Genome Biology, 13(9): R79.

Nelson K E, Weinstock G M, Highlander S K, et al. 2010. A catalog of reference genomes from the human microbiome. Science, 328(5981): 994-999.

Peterson J, Garges S, Giovanni M, et al. 2009. The NIH human microbiome project. Genome Research, 19(12): 2317-2323.

Piening B D, Zhou W, Contrepois K, et al. 2018. Integrative personal omics profiles during periods of weight gain and loss. Cell Systems, 6(2): 157-170.

Proctor L M, Chhibba S, Mcewen J, et al. 2009. The NIH human microbiome project//Fredricks D N. The Human Microbial: How Microbial Communities Affect Health and Disease. Hoboken: John Wiley & Sons Inc.

Qin J J, Li R Q, Raes J J, et al. 2010. A human gut microbial gene catalogue established by metagenomic sequencing. Nature, 464(7285): 59-65.

Qin J J, Li Y G, Cai Z M, et al. 2012. A metagenome-wide association study of gut microbiota in type 2 diabetes. Nature, 490(7418): 55-60.

Qin N, Yang F, Li A, et al. 2014. Alterations of the human gut microbiome in liver cirrhosis. Nature, 513(7516): 59-64.

Ramanan D, Bowcutt R, Lee S C, et al. 2016. Helminth infection promotes colonization resistance via type 2 immunity. Science, 352(6285): 608-612.

Romero R, Dey S K, Fisher S J. 2014. Preterm labor: one syndrome, many causes. Science, 345(6198): 760-765.

Rosner J L. 2014. Ten times more microbial cells than body cells in humans? Microbe, 9(2): 47.

Schussler-Fiorenza Rose S M, Contrepois K, Moneghetti K J, et al. 2019. A longitudinal big data approach for precision health. Nature Medicine, 25(5): 792-804.

Segata N, Waldron L, Ballarini A, et al. 2012. Metagenomic microbial community profiling using unique clade-specific marker genes. Nat Methods, 9(8): 811-814.

Sender R, Fuchs S, Milo R. 2016. Are we really vastly outnumbered? Revisiting the ratio of bacterial to host cells in humans. Cell, 164(3): 337-340.

Tao Y, Wang Y, Huang S, et al. 2017. Metabolic-activity based assessment of antimicrobial effects by D_2O-labeled Single-Cell Raman Microspectroscopy. Analytical Chemistry, 89(7): 4108.

Vatanen T, Kostic A D, d'Hennezel E, et al. 2016. Variation in microbiome LPS immunogenicity contributes to autoimmunity in humans. Cell, 165(4): 1-12.

Wang K, Bao L, Ma K, et al. 2017. A novel class of alpha-glucosidase and HMG-CoA reductase inhibitors from Ganoderma leucocontextum and the anti-diabetic properties of ganomycin I in KK-A(y) mice. European Journal of Medicinal Chemistry, 127: 1035-1046.

Wang K, Bao L, Zhou N, et al. 2018. Structural modification of natural product ganomycin I leading to discovery of a α-glucosidase and HMG-CoA reductase dual inhibitor improving obesity and metabolic dysfunction *in vivo*. Journal of Medicinal Chemistry, 61(8): 3609-3625.

Wylie K M, Mihindukulasuriya K A, Zhou Y, et al. 2014. Metagenomic analysis of double-stranded

DNA viruses in healthy adults. BMC Biology, 12(1): 71.

Xu J, Lian F M, Zhao L H, et al. 2015. Structural modulation of gut microbiota during alleviation of type 2 diabetes with a Chinese herbal formula. Isme Journal, 9(3): 552-562.

Zhang X, Zhao Y, Zhang M, et al. 2012. Structural changes of gut microbiota during berberine-mediated prevention of obesity and insulin resistance in high-fat diet-fed rats. PLoS One, 7(8): e42529.

Zhao L, Shen J. 2010. Whole-body systems approaches for gut microbiota-targeted, preventive healthcare. Journal of Biotechnology, 149(3): 183-190.

Zhou S S, Tao Y H, Huang K, et al. 2017. Vitamin D and risk of preterm birth: up-to-date meta-analysis of randomized controlled trials and observational studies. Journal of Obstetrics and Gynaecology Research, 43(2): 247-256.

Zhou W, Sailani M R, Contrepois K, et al. 2019. Longitudinal multi-omics of host-microbe dynamics in prediabetes. Nature, 569(7758): 663.

第3章 肠道微生物与生理功能

受遗传、环境和生活方式尤其是饮食结构等因素的影响，肠道微生物在个体发展中具有多样性，肠道微生物通过影响个体的新陈代谢、生理、营养和免疫等功能来维持机体的生态平衡（Huang et al.，2019）。肠道微生物能参与人体营养吸收、物质代谢等重要生理过程，并影响表观遗传、免疫系统、血液系统、呼吸系统，甚至通过肠-脑轴影响外周和中枢神经系统，且与多种疾病的发生和发展有关联，如糖尿病、心脏病、过敏和抑郁等。肠道中这些微小的生命体之所以会对宿主产生如此大的影响，其中一个原因是它们会分泌代谢产物，这些代谢产物可进入血液循环。然而，明确特定微生物产生活性分子的种类及其如何改变健康的机制，一直是个挑战。研究肠道微生物及其代谢产物与宿主的相互作用，以及代谢产物对宿主的生理功能的影响，有着十分重要的意义。

3.1 肠道微生物与免疫系统

肠道微生物组与宿主互利共生的直接后果是，肠道微生物组可以确定宿主肠道的免疫状态，促进和调节天然免疫与适应性免疫。

免疫是人体的重要生理功能。人体依靠这种功能识别"自己"和"非己"成分，抵御微生物或寄生生物的感染；清除进入人体的抗原物质（如病原菌等）或人体本身所产生的损伤细胞和肿瘤细胞等，以维持人体健康。免疫系统包括免疫器官、免疫细胞和免疫分子。免疫器官包括中枢免疫器官（胸腺和骨髓）及外周免疫器官和组织（脾脏、淋巴结和黏膜）。肠道也有自己独立的免疫系统，该系统主要由上皮及固有层内的免疫细胞和免疫分子、派尔集合淋巴结（Peyer's patch）和肠系膜相关淋巴结等组成。

微生物群在提升人体免疫力方面发挥着不可替代的作用。微生物可以通过各种途径来影响宿主的免疫反应，主要从以下三个方面发挥作用。第一是固有免疫系统，又称先天免疫系统，该系统包括对人体表皮及黏膜细胞的保护作用，也有研究表明幼年期先天免疫对菌群塑造有着长期的影响。第二是适应性免疫系统，它们依赖特异性抗体来识别病原体上高度特异的化学结构。第三是微生物免疫，顾名思义，它依赖宿主体内已有的微生物来适当调节与促进/抑制宿主的免疫反应。人体内微生物的一个关键特点在于它们可以抵御入侵者。例如，胃酸是由宿主分泌的，但也受胃中微生物（如幽门螺杆菌）的调控。

机体免疫系统由固有免疫和适应性免疫组成。固有免疫是宿主抵御病原体的第一道防线，适应性免疫涉及感染晚期的病原体的消除，并伴随着免疫记忆的形成。肠道微生物组在影响着免疫系统的同时，免疫系统也影响着肠道微生物组。一方面，肠道微生物与免疫系统的相互作用在免疫系统的早期起着重要作用，微生物是变化的，又具有高度多样化的特点，它们可诱导、训练宿主免疫系统；另一方面，免疫系统在维持与微生物的共生平衡关系中发挥着重要的作用，这种关系一旦中断，将导致潜在、持久的免疫异常，并且由异常免疫功能引起的生理障碍可通过多种机制启动或放大自身免疫。因此，增加早期益生菌的定植有助于提高机体免疫力。机体在幼年阶段所接触的微生物会影响其免疫系统形态和功能的发育，共生菌的定殖有助于黏膜免疫系统的发育，从而直接或间接影响免疫系统的成熟。在无菌小鼠及无特定病原体小鼠的空肠和结肠上的试验研究发现，幼年关键时期没有适当的微生物定殖，将对宿主产生潜在、不可逆的危害，导致动物成年时免疫系统发育不完全。

肠道免疫系统能主动影响微生物的结构与组成。肠道微生物在个体的生命周期内也通过免疫系统不断地对宿主产生影响，在健康或具有自身免疫性疾病的个体中表现出不同的作用。肠道微生物可充当获得性内分泌器官，通过营养物质和化学信号的释放影响宿主的生理功能。免疫系统可控制微生态学，反过来，微生物产生的生物化学活性分子也能影响免疫系统的成熟和功能。微生物能通过合成多种化学信号直接影响宿主，包括血清素和多巴胺等神经递质，以及色氨酸衍生的代谢产物，如吲哚和尿氨酸。人类肠道微生物可以产生多种次级代谢产物并在血液中积累，这些代谢产物也能影响免疫。通过基因工程改造生孢梭菌，人为地调控无菌小鼠代谢产物在血液中的水平的研究发现，微生物代谢产物吲哚丙酸的浓度改变会对肠道通透性及系统免疫产生影响。此外，微生物群体感应可以利用细胞间信号转导小分子激素样化合物来影响宿主。因此，微生物对自身免疫性疾病中免疫耐受性丧失的作用可能是免疫与内分泌通信中断的结果。

除了肠道微生物的直接调节作用外，肠道微生物的代谢产物也可以从肠腔转运到肠黏膜固有层中，影响宿主免疫相关基因的表达。这些产物包括短链脂肪酸、胆汁酸、维生素、多胺和脂质等。这些代谢产物涉及的肠道微生物各不相同，所产生的免疫调节作用也各不相同。

总之，肠道微生物对人体免疫系统有着重要的调节作用，人体免疫系统在维持肠道微生物组稳态方面也发挥着重要作用，从而确保宿主生理功能得以正常发挥，但肠道微生物与宿主免疫系统的相互作用机制目前还尚未真正揭示。

3.1.1 肠道微生物与免疫细胞

肠道微生物与免疫细胞关系密切，它们能与多种类型的免疫细胞相互影响，在适应性免疫的建立中有重要作用。肠道微生物与树突状细胞（dendritic cell，DC）之间的作用：树突状细胞是黏膜和全身免疫反应的主要调节者，尤其在影响效应细胞的反应中起着决定性的作用。肠道微生物可能通过激活视黄酸受体 α（RARα）来调节免疫应答，并形成分化的人单核细胞源性树突状细胞的免疫原性（Bene et al.，2017）。研究还表明，在全反式视黄酸诱导条件下，人单核细胞源性树突状细胞增强了促炎性细胞因子的分泌，同时降低了人单核细胞源性树突状细胞协同刺激和抗原呈递能力，从而降低了 Th1 水平，并对受测的微生物呈现出无法检测到的 Th17 型反应（Bene et al.，2017）。研究表明，视黄酸受体 α 功能的选择性抑制可以抑制这些调控途径。研究也表明，所选的常用细菌菌株能够驱动单核细胞源性树突状细胞的强效应免疫反应，而在全反式视黄酸存在下，它们以视黄酸受体 α 依赖的方式促进耐受性和炎症性单核细胞源性树突状细胞的发展（Bene et al.，2017）。研究证明，肠道微生物对视黄酸受体 α 介导的人树突状细胞的敏感性和耐受性免疫应答均有促进作用。上皮细胞、免疫细胞和微生物之间的紧密联系将形成对抗原的特异性免疫反应、平衡耐受和效应免疫功能（Takiishi et al.，2017）。

肠道微生物在早期的 B 细胞发育和免疫球蛋白多样化中起着至关重要的作用。肠道微生物在婴儿断奶时迅速增殖，表明母体免疫球蛋白可能在限制肠道微生物的增殖扩张中发挥作用。在断奶前，新生儿免疫系统已经发育完全。肠道微生物可以通过多种途径诱导适应性免疫。小鼠 B 细胞的早期发育在肠道黏膜固有层内进行，由共生菌群的胞外信号控制，进而影响肠道免疫蛋白的形成。进一步的研究发现，B 细胞虽然未在回肠内发育但在其中大量存在，表明菌群定植有利于 B 细胞在回肠内生存，并刺激小肠淋巴细胞增殖。有研究显示，给无菌小鼠移植非致病性大肠杆菌 G85-1 和肠出血性大肠杆菌 933D 后，其血清中 IgG、IgA 和 IgM 水平升高，其中定植肠出血性大肠杆菌 933D 的动物血清中总 IgG、IgM 及特异性 IgG 抗体的水平明显高于定植非致病性大肠杆菌 G85-1 的动物血清，表明抗体产生水平受定植细菌的性质的影响。

新生儿免疫细胞与成人免疫细胞在功能方面存在差异，但 T 细胞本质上并无差别，该差异主要是 T 细胞发育环境不同造成的，而 T 细胞发育环境很大一部分取决于微生物环境，共生菌通过产生小分子物质调节宿主与微生物的交互反应，比较经典的例子是肠道微生物产生的短链脂肪酸能调节细胞因子的产生和诱导调节性 T 细胞（Treg）的增殖。特定微生物可以调节固有层内的 T 细胞的稳态。脆弱拟杆菌（*Bacteroides fragilis*）通过激活细菌多糖 A（PSA）影响系统性 Th1 免疫反应；进一步研究发现，细菌多糖 A 的存在可诱导 IL-10 依赖的 T 细胞反应，进而保护小鼠抵御幽门螺杆菌诱导的结肠炎。Eynon 等（2005）研究发现，黄杆菌的存在与固有层内 Th17 细胞的分化及 Foxp3[+] 标记的 T 细胞数量相关，通过 Th17 细胞和调节性 T 细胞的平衡影响肠道免疫、耐受和炎性肠疾病的敏感性。一些研究还发现，单一定植分段丝状细菌（segmented filamentous bacteria，SFB）可增加动物自身抗体的产生，通过形成 Th17 加速疾病治疗进程（Jones，2016）。研究发现，滤泡辅助性 T 细胞（TFH）的这种"辅助"功能需要一种涉及髓样分化初级应答蛋白 88（MyD88）的信号通路。当小鼠 T 细胞中缺失 *Myd88* 基因时，这些 *T-Myd88*[-/-] 小鼠的肠道微生物与野生型小鼠的肠道微生物完全不同，滤泡辅助性 T 细胞不能正常发育并且只产生极少的肠道 IgA。此外，一些细菌，包括生孢梭菌（*Clostridium sporogenes*），能够降解色氨酸，产生吲哚丙酸，吲哚丙酸不仅能够调节肠道壁的完整性，还和免疫细胞相关，其浓度的下降会导致免疫细胞（包括中性粒细胞、单核细胞、记忆 T 细胞）数量的上升（Dodd et al.，2017）。

3.1.2　肠道微生物与免疫器官

肠道是人体与外界环境接触的最大界面，它不仅是人体最大的食品加工厂，还是人体最大的免疫器官，在调节免疫稳态方面起着核心作用，在消除病原体的同时，也使共生微生物得以生存。肠道也是机体免疫系统的一条主要防线，上皮细胞提供物理屏障，与免疫细胞和基质细胞协同工作，以对抗病原体并限制其与上皮细胞的直接接触（Polli et al.，2018）。肠上皮屏障不是静态的物理屏障，而是与肠道微生物和免疫细胞发生强烈相互作用的动态屏障。肠道微生物能影响免疫系统的发育，调节免疫介质，进而影响肠道屏障。肠道细胞和帕内特细胞（Paneth cell，PC）产生的抗菌肽，如 α-防御素、溶菌酶 C、磷脂酶、C 型凝集素和胰岛再生源蛋白 3γ（REG3G），对控制病原体至关重要（Takiishi et al.，2017）。在缺乏微生物的情况下，动物肠黏膜免疫不发达，出现较小的肠系膜淋巴结及免疫细胞数量减少，如产生 IgA 的浆细胞、黏膜固有层 CD4[+] T 细胞，从而削弱了机体抵御致病菌的能力（Bhatti et al.，2018）。微生物对宿主生理调节的机制之一是发酵消化道中的食物，产生多种多样的代谢产物。结肠中的细菌发酵纤维产生的主要产物是短链脂肪酸（包括乙酸、丁酸和丙酸），它们通过肠上皮细胞进入肠道，并与宿主细胞相互作用，从而影响免疫反应和疾病风险（Duffney et al.，2018）。

生命早期微生物的定植是肠屏障免疫和稳态建立的重要事件。最早定植在动物肠道内的微生物源于动物在环境中随机接触的第一类微生物，这类微生物能结合其他环境因素影响后续微生物种类的进入。这种影响正是过去物种迁移的顺序和时间影响种间相互作用的效应，称为优先效应。当微生物抢先占领或改变给定的生态位，从而改变随后而来的微生物的定植能力时，优先效应就会发生。目前的数据显示，肠道微生物、免疫和肠道屏障之间存在着复杂的联系，它们共同作用，在保持机体耐受性和平衡的同时，又能防止病原体的入侵（Takiishi et al.，2017）。肠道微生物在宿主免疫形成方面的重要性在无菌动物模型中得到了充分的验证。比较同卵双胞胎和异卵双胞胎发现，环境（包括微生物）对机体的非遗传影响决定了人类的许多免疫变异（Pollock et al.，2017）。菌群失调是炎症性肠病、癌症、多发性硬化（multiple sclerosis，MS）、哮喘和 1 型糖尿病的危险因素。饮食对微生物组成和代谢产物的产生也有深远影响，这两种因素都会影响宿主的免疫力（Tomkovich and Jobin，2016）。

肠道微生物是调节免疫反应的重要因素，肠道微生物紊乱与异常的免疫反应密切相关。研究发现，在出生后前 2 周内脆弱拟杆菌标准菌株的定植可治疗人工诱导的结肠炎，表明新生儿特定微生物定植在早期就可以调节免疫系统。早在 20 世纪 60 年代，对无菌动物的研究就发现，在淋巴器官发育不良和免疫细胞活性缺乏时，微生物维持免疫稳态是通过抵抗不必要的感染来实现的。无菌小鼠表现出一种"不发达"的先天和适应性免疫系统，如抗菌肽表达减少，IgA 分泌减少，T 细胞类型减少，对微生物感染的风险增加（Ari et al.，2016）。利用无菌小鼠的缺陷恰恰验证了微生物在促使免疫系统进入"战斗准备"模式中发挥的关键作用。

膳食纤维的摄入和肠道微生物的种类能影响结肠中短链脂肪酸的浓度。短链脂肪酸不仅是肠道微生物的重要能量来源，而且对肠上皮细胞有多种调节作用，在宿主生理和免疫方面也有多种调节功能，是一种具有抗炎作用的有益代谢产物（Vinolo et al.，2011）。不同的短链脂肪酸可促进单层肠上皮细胞的紧密连接和长双歧杆菌的定植，产生高水平的乙酸，以防止致死性肠道致病性大肠杆菌 O157：H7 感染，抑制致命毒素从肠道内腔向全身的转移。此外，无菌小鼠结肠腔中的短链脂肪酸可调节结肠 Treg 的发育和功能（Wei et al.，2017；Farrell and O'Keane，2016；Wu et al.，2016b）。短链脂肪酸，特别是丁酸盐，能直接增强 Treg 中 Foxp3 位点的乙酰化作用；梭菌混合物定植的无菌小鼠，其体内乙酸、丙酸、异丁酸和丁酸的含量均升高，从而促进结肠上皮细胞中转化生长因子 β（TGF-β）的产生，间接促进了结肠 Treg 的形成（Meng and Li，2016）。

肠道共生菌群对宿主生理功能的发挥起着关键作用，而抗生素治疗后会使小肠、结肠、肠系膜淋巴结和脾脏中记忆/效应 T 细胞、调节性 T 细胞和活化树突状细胞的百分比降低，同时使用抗生素可降低 CD4$^+$ T 细胞分泌的细胞因子（IFN-γ、IL-17、IL-22 和 IL-10）。缺乏正常微生物的无菌动物具有明显的发育缺陷，其缺陷主要表现在肠道相关淋巴组织（gut associated lymphoid tissue，GALT）、脾脏、胸腺等初级和次级免疫器官上。

3.1.3 肠道微生物与免疫排斥

肠道微生物对实体器官移植（solid organ transplantation，SOT）的影响也逐步被人们揭示。小肠移植（small bowel transplantation，SBT）是延续生命的一种治疗方法，适用于肠外营养不良和严重并发症的患者（Hameed et al.，2018）。一些研究表明，小肠移植中的急性和慢性同种异体排斥反应与肠道微生物形态的改变密切相关。根据世界小肠移植登记处（International Intestine Transplant Registry，ITR）的数据，自 1990 年以来，接受小肠移植的患者数量每年都在增加（Zhu et al.，2013）。与肝、肾和心脏移植相比，由于严重的移植排斥反应，小肠移植的长期存活率仍然不能令人满意（Aller et al.，2018；Tomasiewicz et al.，2018）。

在小肠移植过程中，小肠中微生物的转移对宿主的影响不容忽视。在过去 20 年中，由于免疫抑制策略的提高，急性排斥的发生率在肠道移植中逐渐减少（Kaliora et al.，2019）。然而，同种异体移植物的严重排斥仍然是小肠移植后死亡率高的主要原因（Trovato et al.，2019）。由于不同的个体肠道内存在不同的微生物，同种异体小肠移植的排斥机制可能与其他实体的排斥不同（Haigh et al.，2019）。部分肠道微生物及其代谢产物的组分可引发促炎性或致耐受性免疫应答的信号（Abenavoli et al.，2018），这可能影响到小肠移植急性排斥反应的发展。有研究表明，在排斥反应活跃的患者中，变形菌门，尤其是肠杆菌科的丰度明显上升，而与未排斥的受体相比，共生菌（尤其是乳酸菌属）的丰度显著降低。回肠微生物最显著的变化发生在急性排斥反应期间，大肠杆菌和克雷伯氏菌属的丰度显著增加（Anania et al.，2018）。虽然已经确定了与急性排斥反应相关的重要微生物转移，但仍需要包括更多患者在内的研究来表征与排斥反应相关的微生物的改变以确定这些改变与小肠移植中移植物排斥反应的因果关系。这些发现有望为识别微生物特征奠定基础，以作为器官移植的诊断标志，并开发出以微生物为目标的治疗策略（Zhang et al.，2012）。

慢性排斥反应（chronic rejection，CR）以移植物血管病变、实质纤维化和炎症细胞浸润为特征，是小肠移植晚期功能障碍和移植物最终丧失功能的主要原因，也是肠道微生物对小肠移植术后慢性移植物排斥的最终反应（Poeta and Vajro，2017）。研究发现，慢性排斥的病理生理学反应远远大于急性排斥，提示慢性炎症反应在慢性排斥反应的发展中发挥着重要作用。除了同种抗原依赖的免疫反应外，对肠道微生物的天然免疫和适应性免疫反应可能是小肠移植期间同种异体移植炎症反应的另一个来源（Godos et al.，2017）。对小肠移植模型大鼠慢性排斥反应过程中肠道微生物组成进行分析，发现慢性排斥反应使大鼠回肠微生物组成发生明显变化，主要表现为类杆菌和梭菌明显增加，乳酸菌显著减少（Da Silva et al.，

2018）。基于 LEfSe 分析（linear discriminant analysis effect size），在慢性排斥反应大鼠回肠微生物中鉴定出 69 个特定的细菌类群，表明慢性排斥反应与微生物组成变化有关。慢性排斥反应中的微生物组成改变伴随着移植物肠道和血管的慢性炎症，表明免疫改变与肠道微生物之间存在潜在联系。通过研究富含 *n*-3 多不饱和脂肪酸的鱼油对慢性排斥反应模型肠道微生物组成和慢性移植物炎症的影响（Da Silva et al.，2018），发现鱼油治疗有利于正常微生态的建立，同时可以减轻炎性病症，进而提高同种异体移植物的长期存活率。鱼油治疗结果显示了肠移植中肠道微生物与慢性排斥反应之间的潜在联系，以及移植肠道在慢性排斥反应期间对肠道微生态重构的作用。

肠道内共生微生物的定植可以刺激黏膜免疫系统的发育。同时，免疫系统与定植的微生物一起进化，从而增强了宿主对这种"正常"生物体的耐受性（Velasco et al.，2014）。对炎症性肠病的研究观察到了肠道微生物和黏膜免疫细胞之间的共生关系，并证实这种共生关系导致了慢性肠道炎症的发病（Perez-Guisado and Munoz- Serrano，2011）。在小肠移植后的移植物排斥反应过程中，微生物与宿主免疫系统之间的微妙平衡可能受到干扰。研究表明，移植物抗宿主病（graft versus host disease，GVHD）在骨髓移植受体中引起的肠道炎症与肠道微生物的显著变化密切相关，主要由梭菌数量减少和乳杆菌数量增加导致（Tosti et al.，2018）。肠道微生物 16S rDNA 测序和微生物代谢物组学研究表明，人和小鼠造血细胞移植后肠道微生物多样性的丧失与移植物抗宿主病相关死亡率之间存在显著的相关性（Properzi et al.，2018；Anonye，2017；Salomone et al.，2016；Roopchand et al.，2015）。肠道微生物启动异体基因免疫反应和肠道炎症的作用通常是通过刺激抗原呈递细胞，包括树突状细胞、巨噬细胞和自然杀伤细胞来介导的，这一介导作用在儿童异体基因骨髓移植中得到了证实（Panchal et al.，2018；Sanati et al.，2018）。此外，宿主免疫系统控制肠道微生物，并通过各种机制阻止致病物种的生长。

在小肠移植中，移植物排斥反应的监测始终采取连续的内镜活检方法。大多数接受移植的患者需要进行内镜检查，且至少每周一次，直到小肠移植后几个月才能确定移植物排斥反应（Bratz et al.，2008）。小肠移植中的主动排斥和慢性排斥反应与肠道微生物的特异性转移密切相关，说明肠道微生物可能是监测移植物排斥反应的潜在指标。对接受移植的患者操作特征曲线（receiver operating characteristic curve，简称 ROC 曲线）的分析表明，根据回肠排出物中几种细菌类群的相对变异，可以准确地区分小肠移植受体的非排斥反应和主动排斥反应（Anania et al.，2018）；乳酸菌和肠杆菌的比例可以用来区分急性排斥反应和非排斥反应。这些发现表明，回肠排出物的微生物谱是一种潜在的同种异体移植排斥反应的诊断指标，因此可以与现有的诊断工具一起用于小肠移植的监测。此外，在组织病理学和病理生理变化发生之前，无创评估微生物群变化可用于检测移植物功能。

虽然对微生物改变与特定疾病之间因果关系的探索有限，但可以通过靶向的方式来确定针对小肠移植的移植排斥反应和肠道炎症性疾病的预防或治疗方法。利用肠道微生物与免疫反应之间的关系，可以设计出有效的干预措施，如对移植相关并发症进行微生物学操作，并相应地维持和重塑肠道内动态平衡。用粪菌移植治疗复发的艰难梭菌结肠炎后（Friedman-Moraco et al.，2014），发现移植健康供体粪便菌群后受体微生物群的变化与干细胞移植患者肠道条件的改善和外周效应调节 T 细胞的增加密切相关，因此粪菌移植可能是治疗急性移植物抗宿主病的一种方法（Kakihana et al.，2016）。新的证据支持使用益生菌和益生元治疗微生态失调，以及它们在改善移植物抗宿主病和移植后感染的临床结果方面的潜在作用（Andermann et al.，2016）。将粪菌从健康供体转移到脓毒症患者体内，可纠正受体微生物失调，促进受体免疫系统平衡的恢复，从而改善临床结果（Li et al.，2014，2015）。

除粪菌移植外，结合多种细菌的有益特性，开发具有特定代谢途径的基因工程微生物，可能是小肠移植等靶向治疗研究的一个新方向。这些基于肠道微生物的治疗方法为预防或治疗有关疾病，包括主动排斥、慢性排斥反应和肠道/全身感染提供了一种新方案。虽然肠道微生物工程作为预防或治疗炎症性疾病的工具还处于早期研究阶段，但未来可能会对小肠移植的临床结果产生重大影响。

同种异体移植微生物与免疫系统之间存在着复杂的相互作用。新的证据也表明移植后微生物的改变与移植排斥反应有关，并导致小肠移植受体的临床结果不佳。研究小肠移植患者肠道微生物的综合特征，是探索肠道微生物与宿主免疫系统在特定病理条件下相互联系的第一步，也是最关键的一步。为了确定同种异体移植免疫应答参与生理途径的机制，以及鉴定用于诊断和/或治疗的微生物标志物，有必要超越现有的微生物分类学，将重点转移到小肠移植受体的宏基因组和功能基因分析上。但肠道微生物的变化是否与小肠移植的病理发作有关这一关键问题仍未得到解答。宏基因组分析是研究同种异体移植功能的新工具，并有利于在临床实践中确定新的治疗目标和干预/预防策略。

尽管现有相关研究信息中有移植物排斥反应相关微生物变化的报道，但肠道微生物与宿主免疫系统在移植物排斥反应和移植物抗宿主病发生发展中的确切相互作用仍需进一步阐明。研究单个肠道生物或微生物对局部或全身免疫系统的影响，有助于设计出新的治疗策略，减少同种免疫反应和移植物损伤，促进移植物存活。但由于这些微生物标志物目前尚未用于临床实践，因此需要进一步研究大量涉及同种异体移植排斥反应的患者的肠道微生物，以验证微生物谱作为诊断和监测工具的有效性。

3.1.4 肠道微生物与性别二态性

　　了解男女之间免疫反应差异性的原因，有助于更有效地制订个性化的疾病治疗策略。通常，先天性免疫应答和适应性免疫应答在女性中比在男性中更强。目前已证明了性别二态性在肠道免疫系统中确实存在，并且在派尔集合淋巴结中可视化（Gaudreau et al.，2015）。男性 T 细胞百分比较低，但派尔集合淋巴结中 Th1 细胞百分比较高。此外，与女性相比，男性派尔集合淋巴结中 CD8$^+$树突状细胞和自然杀伤细胞（NK 细胞）的百分比更高。在小鼠实验中，与雌性相比，雄性小鼠显示出肠道先天性免疫增强和适应性免疫减少。在另一项大鼠实验中，与雌性相比，雄性大鼠肠系膜淋巴结中 T 细胞百分比和巨噬细胞百分比较低。此外，还发现了小鼠小肠和结肠中与免疫功能相关的基因的表达具有性别二态性。

　　共生微生物与病原体竞争管腔底物，防止致病菌的生长，从而保护宿主免受病原体感染。微生物或微生物发酵产物，如短链脂肪酸中的丁酸，已经被证明可以影响免疫细胞。例如，发现一些微生物成员，如植物乳杆菌和几种梭菌菌株，在 T 细胞中诱导调节反应。此外，研究已显示丁酸盐可诱导结肠中 Treg 的分化。细菌的数量和多样性沿着胃肠道变化，从胃到结肠远端数量逐渐增加。炎症性肠病和代谢综合征都具有流行性别偏差，这可能是由肠道免疫力和性别之间的微生物差异引起的。

　　通过分析肠道微生物的组成与相关性别差异可解释两性之间肠道免疫力的差异，还可解释外周免疫力的差异。研究发现，与雄性小鼠相比，雌性小鼠具有更丰富的微生物多样性。此外，许多细菌类群的丰度在不同性别中存在差异。在对89 种不同近交系小鼠肠道微生物组成的性别差异研究中，分别对菌株进行分析，发现菌株的组成具有明显的性别差异，并且还发现欧文氏菌属和柔壁菌门在雄性小鼠中比在雌性小鼠中更丰富，而 *Dorea*、粪球菌属和瘤胃球菌属在雌性小鼠中更为丰富（Org et al.，2016）。

　　饮食能干扰小鼠肠道微生物组成，是导致性别差异的重要因素。例如，用高脂肪饮食对 C57BL/6 小鼠进行为期 81 天的干预，可诱导其肠道微生物组成的变化，结果表明菌群在雌鼠和雄鼠间明显不同。在 C57BL/6 小鼠中，西方饮食（4 个月的高脂肪和碳水化合物饮食）显著降低了雄性小鼠中丹毒丝菌科（Erysipelotrichaceae）的丰度，以及雌性小鼠中毛螺菌科（Lachnospiraceae）的丰度（Chassaing et al.，2015）。高脂饮食增加了瘤胃球菌属和毛螺菌科的丰度，但这些细菌家族中受影响的成员在男性和女性中存在差异（Zhang et al.，2014）。

　　与小鼠研究相似，一些人类研究也发现肠道微生物组的性别差异。与女性相比，男性肠道中拟杆菌-普氏菌系统发育的水平较高，而其他研究发现男性肠道中某些梭菌、拟杆菌和变形菌的丰度高于女性。虽然肠道微生物多样性在性别间没有显著差异，但与女性相比，在属的水平上，男性肠道嗜胆菌属的丰度较低，韦荣氏球菌属和甲烷杆菌属的丰度较高。

性别差异研究的挑战是标准化的问题，因为年龄、遗传背景、BMI、饮食和性激素等因素可以影响微生物的性别二态性。人类研究发现男性和女性的饮食效果差异显著。例如，副杆菌属的丰度与女性饱和脂肪酸摄入量呈显著正相关关系，而男性不存在这种影响。此外，女性的生殖状况，如月经周期、使用口服避孕药和更年期可能会影响肠道微生物组，但这些在研究中通常不予考虑。研究还发现，青春期前非肥胖型糖尿病（non-obesity diabetes，NOD）小鼠的肠道微生物在雄性和雌性之间没有差异；然而，在青春期后，雌性和雄性小鼠的肠道微生物多样性显著不同，将雄性小鼠的生殖器切除以后可以逆转这些性别差异。

鉴于肠道微生物和免疫之间的相互作用，肠道微生物的性别差异似乎可能导致免疫反应的性别差异。研究表明，将雄性小鼠的肠道微生物转移到雌性无菌小鼠，或将雌性小鼠的肠道微生物转移到无菌雄性小鼠，肠道微生物转移后 4 周内观察到显著效应和性别差异。例如，在无性别差异的动物中发现，与接受来自雌性小鼠肠道微生物的动物接种者相比，接受来自雄性小鼠肠道微生物的动物接种者在派尔集合淋巴结和肠系膜淋巴结中具有更高百分比的 RORγt+细胞和 Foxp3+细胞。结果表明，一般雄性动物受体的常规 Treg 百分比较高，无论其是否接种自雄性或雌性小鼠肠道微生物。这些性别差异可能是由性激素或 Y 染色体或 X 染色体的存在引起的。

对青春期前非肥胖型糖尿病小鼠的研究表明，雌性小鼠比雄性小鼠自发发展为自身免疫性 1 型糖尿病的机会更高，进一步证明肠道微生物中的性别二态性与免疫效应之间的关系。当小鼠在无菌条件下饲养时，这种性别偏向消失，表明肠道微生物对自身免疫发育的性别差异有影响，从而导致免疫反应的性别差异。将青春期前非肥胖型糖尿病常规雄性小鼠的粪菌移植到青春期前非肥胖型糖尿病无菌雌性小鼠体内的研究表明，肠道微生物和性激素都可能参与这种自身免疫性疾病的性别偏向，从而参与免疫反应。

3.1.5 肠道微生物与免疫性疾病

3.1.5.1 肠道微生物与类风湿关节炎

类风湿关节炎是一种全身性的以 T 细胞介导为主的自身免疫性疾病，其特征是持续的免疫激活反应，导致炎症和关节破坏。类风湿关节炎的病因是多方面的，流行病学研究表明，类风湿关节炎是基因、环境和激素与免疫系统之间复杂相互作用的结果（Wu et al.，2016b）。近年来，在类风湿关节炎发病机制研究方面取得了显著进展。Th17/Treg 细胞失衡在类风湿关节炎发病中起到重要作用，且与疾病活动度等因素相关，肠道微生物在调节 Th17/Treg 细胞平衡、维持免疫耐受及免疫应答中必不可少。研究发现，TLR-2/TLR-4 在类风湿关节炎发病中具有重要作用，其中 TLR-4 尤为重要。例如，单次移植肠道微生物分段丝状细菌至无菌的 *K/BxN* 小鼠诱导功能齐全的 Th17 细胞产生促炎性细胞因子 IL-17，并诱导关节炎的发生（Wu et al.，2010）。在此炎症过程中，分段丝状细菌促进回肠内血清淀粉样蛋白 A（serum amyloid A，SAA）的产生，而血清淀粉样蛋白 A 可作用于小肠固有层的树突状细胞，诱导幼稚的 $CD4^+$ T 细胞分化为 Th17 细胞（Ivanov et al.，2009）。肠道微生物可诱导初始 $CD4^+$ T 细胞的分化。无菌小鼠肠道固有层有较少的 $CD4^+$ T 细胞，肠道共生菌促进肠道 Th17 细胞及 Treg 的分化。研究发现，无菌小鼠免疫耐受丧失，表现为体内 $CD4^+$、$CD25^+$、Foxp3 T 细胞减少，Th17 细胞增加及 IL-10 分泌减少；脆弱拟杆菌的脂多糖 A（SA）可以上调 CD39 的表达以促进 Treg 的分化，进而诱导 IL-10 的产生。乳杆菌在无菌小鼠肠道中的定植可显著增加 TLR-4 的 mRNA 表达水平及相关蛋白的表达量。肠道共生菌诱导 T 细胞分化、免疫反应发生，同时在维持免疫稳态、免疫耐受中具有重要的作用。因此，肠道微生物可以通过多种途径诱导 Th17 细胞分化，这与类风湿关节炎患者循环 Th17 细胞数量增加的报道一致（Zhang et al.，2015b）。Th17 细胞是分泌特异性细胞因子 IL-17，以及多种促炎性细胞因子，如 IL-21、IL-22、粒细胞-巨噬细胞集落刺激因子（granulocyte-macrophage colony stimulating factor，GM-CSF）和肿瘤坏死因子的 T 细胞亚群。这些细胞和细胞因子在类风湿关节炎的发病机制中起着重要的作用，也在改善血管炎、促进滑膜新生血管生成中起着重要的作用。例如，体内和体外实验一致表明，IL-17 和 IL-22 能诱导人滑膜成纤维细胞 RANKL 的表达，导致 RANKL/护骨因子（osteoprotegerin，OPG）平衡丧失，进而增强自身免疫性关节炎的破骨作用和骨侵蚀（Kim et al.，2012；Lubberts et al.，2003）。此外，IL-17 还能促进类风湿性成纤维细胞样滑膜细胞(FLS)血管内皮生长因子(vascular endothelial growth factor，VEGF）的生成，从而促进类风湿滑膜血管生成（Ryu et al.，2006）。此外，IL-17 还能刺激滑膜组织、滑膜成纤维细胞和软骨中各种促炎性细胞因子（如 IL-1β、TNF-α 和 IL-6）和基质降解酶（如基质金属蛋白酶-1、基质金属蛋白酶-2、基质金属蛋白酶-9 和基质金属蛋白酶-13）的表达，从而促进类风湿关节炎发展过程中炎症发生、基质周转和软骨破坏（Jovanovic et al.，1998；Moran et al.，2009）。

动物实验表明，特定的肠道微生物存在于炎症或自身免疫性关节炎患者中，如铜绿假单胞菌（*Pseudomonas aeruginosa*）和分段丝状细菌。因此，肠道内的致病微生物可能有助于类风湿关节炎的发展。在北美人群中，近期发病的类风湿关节炎患者肠道内铜绿假单胞菌丰度增加，拟杆菌丰度降低（Scher et al.，2013）。

此外，在最近发病的类风湿关节炎患者中，大约有 1/3 的患者肠道内的铜绿假单胞菌丰度增加（Maeda et al.，2016）。然而，肠道内铜绿假单胞菌的丰度在发病后的第一年才升高。肠道铜绿假单胞菌的扩张与类风湿关节炎易感性增强有关。铜绿假单胞菌在小鼠肠道的定植可促进实验性右旋糖酐硫酸钠诱导的结肠炎的发生，从而可能在人类关节炎中具有促炎性作用（Scher et al.，2013）。

小鼠关节炎模型显示，腹腔注射化脓性链球菌、干酪乳杆菌和厌氧菌细胞壁碎片可诱发糜烂性关节炎。细菌结构的致畸性取决于细菌种类，来自正常肠道的细菌也会引起动物实验性关节炎。铜绿假单胞菌的过度生长可能在新发未治疗的类风湿关节炎（NORA）患者的发育中起着致病作用。上述研究结果支持了正常肠道微生物及其降解产物可能参与基因易感个体自身免疫性关节炎发展的假设（Toivanen，2003）。一项体内研究表明，肠道微生物与 HLA 基因结合，决定了先天和适应性免疫系统，并参与了关节炎的易感性（Gomez et al.，2012）。

类风湿关节炎患者与非炎性纤维肌痛患者相比，其肠道中卟啉单胞菌、双歧杆菌等的丰度明显降低（Vaahtovuo et al.，2008）。在另一项研究中，研究人员通过比较早期类风湿关节炎者粪便微生物和健康人的粪便微生物，发现早期类风湿关节炎患者肠道中的乳酸菌显著增加（Liu et al.，2013）。对新发未治疗的类风湿关节炎（NORA）患者肠道微生物组的研究发现，类风湿关节炎的发生与铜绿假单胞菌（Pseudomonas aeruginosa）之间存在显著的正相关关系；普氏菌在新发未治疗的类风湿关节炎患者肠道中的表达量过高，且这些患者肠道中铜绿假单胞菌的丰度与共同表位等位基因的存在呈负相关关系，并且研究人员提出类风湿关节炎与特定肠道微生物之间有密切联系（Scher et al.，2013）。

对粪便样品的测序结果表明，早期类风湿关节炎患者肠道存在微生物失调，肠道微生物数量及结构与健康人有显著差异，其差异可能是类风湿关节炎的发病因素之一。唾液乳杆菌在类风湿关节炎个体肠道中的比例过高，在类风湿关节炎活跃期，唾液乳杆菌的数量增加。类风湿关节炎患者的肠道中富集了一大群细菌，包括大头茶杆菌、长尾梭菌和长螺旋藻科细菌，以及含有乳酸菌、双歧杆菌和乳杆菌的小集群。嗜血杆菌在类风湿关节炎患者肠道中消失，但在健康人肠道中富集。肠道微生物失调与免疫球蛋白、自身抗体、抗环瓜氨酸肽（抗CCP）、类风湿因子（rheumatoid factor，RF）等临床指标有关。肠道微生物失调在使用疾病修饰型抗风湿药物（DMARDs）治疗后部分逆转（Zhang et al.，2015a）。此外，肠道微生物之间的共生关系在类风湿关节炎患者中也有改变（Gulneva and Noskov，2011），主要表现为双歧杆菌、类杆菌和乳杆菌的数量减少，机会性致病菌肠杆菌和葡萄球菌的丰度增加。同时，尿液和鼻黏膜中存在机会性致病菌肠杆菌，进一步表明肠道微生物的变化。研究表明，肠道微生物的改变和机会性致病菌的定植可能会增加类风湿关节炎患者发病的风险（Gulneva and

Noskov，2011）。

类风湿关节炎患者肠道微生物成分的改变在一定程度上与临床疗效有关，表明肠道微生物可能含有治疗类风湿关节炎的潜在靶点（Zhang et al.，2015a）。具有抗菌特性的药物，如米诺环素和磺胺嘧啶，已根据美国风湿病学会的指导原则在临床实践中用作抗风湿药物（DMARDs）。磺胺嘧啶主要由活性抗菌剂磺胺吡啶发挥作用（Pullar et al.，1985）。克拉霉素等抗生素可以缓解活动性类风湿关节炎患者的体征和症状，并对那些对抗风湿药物没有反应或不能耐受的类风湿关节炎患者显示出有益的效果（Ogrendik，2007）。然而，在大多数情况下，治疗方案的设计并不直接针对明确界定的肠道微生物或某些种类的细菌。

目前部分用于治疗类风湿关节炎的药物会对肠道微生态产生不良影响。使用抗生素改变肠道微生物可能会加重实验性小鼠的关节炎症状，这可能是因为药物导致部分正常肠道微生物的消失（Dorozynska et al.，2014）。非甾体抗炎药（nonsteroidal anti-inflammatory drug，NSAID）是类风湿关节炎等慢性炎症性疾病的常见用药，是导致类风湿关节炎患者肠黏膜损伤和肠病的主要原因。非甾体抗炎药可改变肠道微生物的组成，从而可能对宿主-肠道微生物的稳态产生意想不到的影响。益生菌，特别是双歧杆菌、乳酸菌和费卡利菌对非甾体抗炎药动物模型有保护作用（Syer et al.，2015）。补充益生菌或微生物衍生分子如多糖 A（PSA）、短链脂肪酸，也可能通过降低血清促炎性细胞因子水平和提高抗炎性细胞因子水平来发挥免疫调节作用（Mazmanian et al.，2008；Smith et al.，2013；So et al.，2008）。

人们正在对肠道微生物、免疫系统和类风湿关节炎之间的潜在关系进行深入研究。虽然肠道微生物在类风湿关节炎病因学中的确切作用还不明确，但目前的证据表明肠道微生物确实通过多种潜在的分子机制参与了类风湿关节炎的发病（Wu et al.，2016b）。对肠道微生物与宿主之间动态相互作用的了解，有助于深入了解不同治疗方案对类风湿关节炎患者肠道微生物的影响，有利于对患者高度个体化的管理，并在临床实践中取得更好的效果。

3.1.5.2 肠道微生物与过敏性疾病

过敏性疾病是 21 世纪的流行病。最新统计显示，过敏性疾病已经成为世界第六大疾病，在近 30 年，过敏性疾病的患病率至少增加了 3 倍，涉及全世界 22% 的人口。中国过敏性疾病患病率超 10%，过敏性鼻炎患病率最高，而且未来 10 年，中国过敏性疾病患病率的增长速度将超过部分发达国家。其中食物过敏可能越来越多，而环境污染也将加重人们的过敏反应。卫生条件改善和过敏性疾病流行的相关性促使研究者提出了一个有趣的理论——"卫生假说"（hygiene hypothesis）：卫生条件越好，幼年时期接触各种微生物/病原体的机会越少，则长大后出现过敏性疾病的概率相应越高。最新研究显示，肠道微生物结构异常与过敏性疾病的发生、发展关系密切，并且生命早期肠道微生物结构异常是其后期发生过敏性疾病的重要影响因素。

胃肠道微生物在宿主免疫应答的发展和调节中起着核心作用，在过去几十年中一直是被研究的对象，同时已知口服微生物可以调节机体微生物群，并对系统免疫应答产生有益作用。卫生假说的进一步发展将病原体暴露与人类过敏风险的降低相关联，并确定了微生物在小鼠口服耐受中的作用，其机制可能是将免疫设定点从辅助性 T 细胞 2（Th2）转变为辅助性 T 细胞 1（Th1）的细胞应答。

Ⅱ型超敏反应是由 IgG 或 IgM 抗体与靶细胞表面相应抗原结合后，在补体、吞噬细胞和 NK 细胞的参与下，引起的以细胞溶解或组织损伤为主的病理免疫反应。微生物对Ⅱ型超敏反应的控制不仅是通过 Treg 介导的，而且可能涉及多种细胞类型，包括上皮细胞、树突状细胞、固有淋巴样细胞（innate lymphoid cell，ILC）等。生命早期的微生物定植对Ⅱ型超敏反应的调节十分重要，在婴儿出生后的第 0~10 天，杯状细胞相关抗原通道（GAP）尚未形成，免疫系统较少暴露于肠道微生物抗原。婴儿出生后第 10~20 天，在乙酰胆碱的刺激下杯状细胞相关抗原通道形成，诱导抗原特异性 Treg 的产生（McCoy et al.，2018）。进一步的研究可能会揭示微生物对 IL-33 和 IL-25 的调节，这将影响黏膜部位的Ⅱ型超敏反应。肠道微生物的早期发育和免疫系统的成熟是同步的，还可交叉地对彼此进行调节，且对外部因素高度敏感（McCoy et al.，2018）。母乳也是抗共生免疫球蛋白的重要来源，这些免疫球蛋白能够抑制新生儿早期 T 细胞的反应（Koch et al.，2016）。母乳还给婴儿提供转化生长因子（transforming growth factor，TGF）-b 和转化生长因子-b1（TGF-b1），对婴儿时期的过敏预防作用显著（Goodrich et al.，2014）。益生菌和母乳喂养之间的相互作用对抗体分泌细胞的数量有影响，这表明母乳喂养期间的益生菌可能会对肠道免疫力产生积极影响。

肠道微生物在宿主免疫系统的形成中起着重要的作用。断奶前用抗生素治疗的无菌小鼠在食物过敏模型中产生了大量的 IgE 和 IgG 抗体，添加梭菌混合物后缓解了这种现象（Liang and FitzGerald，2017）。在此模型中，梭菌能够诱导 IgA 和 IL-22 的分泌，从而增强肠道屏障，减少过敏原进入血液（Liang and FitzGerald，2017）。高纤维饲料能提高哺乳动物体内乙酸和丁酸含量，提高 CD103$^+$ 树突状细胞的视网膜脱氢酶活性，增强 IgA 的分泌、滤泡辅助性 T 细胞和生发中心反应，改善口腔耐受性诱导，防止食物过敏（Rothschild et al.，2018）。在该食物过敏模型中，对食物过敏的保护依赖于维生素 A、Treg 及 G 蛋白偶联受体（G-protein-coupled receptor，GPCR）GPR43 和 GPR109α。这些最新的研究阐明了早期特定的细菌是通过其代谢产物改变免疫环境，导致耐受性、诱导性和食物过敏易感性变化的，微生物通过调节Ⅱ型超敏反应型细胞因子、树突状细胞和调节性 T 细胞来调节Ⅱ型超敏反应应答。在免疫发育的早期和关键时期，肠道、肺和皮肤中的微生物定植对诱导耐受性和调节异常的Ⅱ型超敏反应具有特别重要的意义。

肠道微生物在调节与过敏性哮喘发展相关的免疫反应方面发挥着重要作用。未成年小鼠服用万古霉素会改变其固有的肠道微生物，并提高小鼠对过敏性哮喘的易感性。这种效应在注射链霉素的小鼠模型中没有观察到，并且这些抗生素被注射到成年小鼠身上时也没有观察到这种效应。肠道微生物失调会加重新生儿哮喘相关的免疫反应，这些效应可能是通过血清 IgE 水平升高和调节性 T 细胞数量减少而介导的。

2005 年 6 月 28 日，世界变态反应组织（World Allergy Organization，WAO）联合各国变态反应机构共同发起了对抗过敏性疾病的全球倡议，将每年的 7 月 8 日定为世界过敏性疾病日，旨在通过增强全民对过敏性疾病的认识，共同来预防和控制过敏性疾病。肠道微生物相关研究结果发现了能有效缓解花生过敏的新型抑制剂，同时也发现肠道微生物能够预防食物过敏，阐明了宿主病毒检测系统和肠道微生物组成与皮肤过敏之间的关系，揭示了粪便菌群防治食物过敏的机制等，这些研究结果可能为研究开发基于微生物组的疗法以预防或治疗过敏性疾病带来新的突破。

3.2 肠道微生物与血液系统

人类肠道微生物不但能够在肠道屏障被破坏时作用于宿主的造血系统，促进肠道组织的修复，而且可以产生多种代谢产物进入血液循环系统，影响宿主的免疫和造血等生理功能。此外，肠道致病菌能通过受损肠黏膜进入血液循环，引起肠源性感染等一些血液疾病发生。动物实验结果显示，无菌小鼠中肠道微生物的重新定植，会引起小肠微绒毛的结构改变，使其变得更短更宽，从而防止微生物穿过黏液层。

3.2.1 肠道微生物与造血功能

造血功能是指动物机体本身制造血液的能力，是指造血干细胞（hemopoietic stem cell，HSC）在一定的微环境和某些因素的调节下，增殖分化为各类造血祖细胞（hemopoietic progenitor cell，HPC），进而分化为各种类型的完全成熟血细胞，包括红细胞、白细胞和血小板的能力。造血功能部分受到外在因素的调节，如生长因子和细胞因子，也受到内在表观遗传和转录调节因子的调节。白血病患者骨髓移植过程中造成的骨髓严重损伤能影响造血功能，某些药物的毒性作用和化学毒物也会导致骨髓造血功能的破坏，多种自身免疫性疾病（如再生障碍性贫血、特发性血小板减少性紫癜等血液病，红斑狼疮、多发性硬化等严重免疫性疾病，免疫功能紊乱等）也可引起骨髓造血细胞的破坏，导致患者贫血、出血、易感染，严重时能危及生命。重新建立正常的造血功能和免疫系统是治疗这些疾病的关键，也是目前医学界面临的一大难题。

肠道共生微生物能够调节和维持造血功能的正常稳态。早些时候，为研究肠道正常微生物与机体造血功能的关系，给小鼠服用两种非吸收抗生素——杆菌肽和多黏菌素后，分别造成肠道内革兰氏阴性杆菌的增多和内毒素的减少，静脉注射细胞抑制剂阿糖胞苷后，观察造血干细胞对肠道内革兰氏阴性杆菌的敏感性发现，肠道内革兰氏阴性杆菌的增多减少了细胞抑制剂对脾细胞的抑制，促进了股骨有核细胞的恢复（Daenen et al.，1992）。造血祖细胞培养显示，粒细胞-巨噬细胞集落形成单位（CFU-GM）不仅在数量上增加，增加速度也提高，证明肠道微生物对造血功能的恢复有影响。其可能原因是肠道内革兰氏阴性杆菌对造血干细胞的功能及细胞再生起到了促进作用。在给小鼠口服卡那霉素，破坏小鼠肠道正常微生物后，发现小鼠骨髓和外周血中粒细胞生成减少；对无菌动物的研究也发现，无菌小鼠骨髓粒细胞较无特殊病原小鼠明显减少，外周血和肝脏中的粒细胞也有所减少，证明正常肠道微生物在维持骨髓造血功能方面起到了一定作用（Tada et al.，1996）。有研究从非致病性分枝杆菌中提取出多糖，制成分枝杆菌多糖（MPS）制剂，分枝杆菌多糖除有广泛的免疫调节作用外，还具有增加白细胞的效果，能促进经环磷酰胺处理后小鼠减少的白细胞迅速回升，加强造血祖细胞数量和功能并提高血清粒细胞-巨噬细胞集落刺激因子（GM-CSF）水平，而且分枝杆菌多糖诱导造血祖细胞提高的水平在一定剂量范围内呈剂量-反应关系，即造血祖细胞的水平随分枝杆菌多糖剂量的增加而升高。所以，肠道微生物可直接或间接地影响机体的造血功能。

肠道共生微生物能够刺激淋巴细胞、巨噬细胞和固有层中的树突状细胞，它们对维持造血干细胞、造血祖细胞、淋巴细胞、单核细胞和中性粒细胞的血管紧张性活动具有重要意义。肠道微生物也能促进造血功能稳态及先天性和适应性免疫系统，而对细菌和病毒的感染产生警戒作用。广谱抗生素处理会大幅破坏肠道共生微生物的平衡和多样性，导致造血功能受损，以及对细菌和病毒的易感性增加（Josefsdottir et al.，2017；Theilgaard-Monch，2017）。

造血功能部分受外在调节因子，如生长因子和细胞因子的影响，同时，部分受内在表观遗传和转录调节因子的调节。内在表观遗传和转录调节因子通过一系列造血祖细胞协调造血干细胞分化成成熟的血细胞。研究表明，用广谱抗生素处理小鼠 2 周，小鼠肠道微生物显著减少，骨髓中造血干细胞和造血祖细胞数量减少，并伴随贫血及白细胞和淋巴细胞的显著减少。大量研究证明这些变化不是抗生素对造血细胞的毒性作用，而是抗生素治疗改变了肠道微生物的组成（Theilgaard-Monch，2017）。

研究表明，肠道微生物控制部分免疫功能和造血作用的分子机制部分依赖于微生物化合物，如脂多糖，它们通过 Toll 样受体（TLR）/MyD88 维持中性粒细胞的稳态。研究证明，在 *Stat1* 基因敲除小鼠中，广谱抗生素治疗对造血功能的影响是不显著的，这表明微生物通过激活 *Stat1* 信号转导来维持稳态造血。最新的研究证明肠道微生物是先天性和适应性免疫以及造血功能的关键外在调节因子。短链脂肪酸激活的 G 蛋白偶联受体在肠上皮细胞和大多数造血细胞中均有表达（Pickard et al.，2017）。

3.2.2 肠道微生物与造血干细胞移植

造血干细胞移植（hematopoietic stem cell transplantation，HSCT）是治愈多数恶性血液病的唯一有效手段，但移植后并发症，如移植物抗宿主病（graft versus host disease，GVHD）及感染，是影响其总体疗效及限制其广泛应用的主要因素（Eriguchi et al.，2012；Weber et al.，2015）。肠道微生态失调与 HSCT 相关并发症关系密切且交互影响，肠道微生物多样性水平与移植患者移植物抗宿主病、感染及患者预后密切相关，重塑肠道微生态能够改善 HSCT 相关并发症和移植患者预后，精准调节肠道微生物的策略有望取得更好的效果。肠道微生物在 HSCT 及移植后免疫重建中的更多作用及详细机制有待于进一步探索。

大剂量化疗与全身照射等移植前预处理损伤肠黏膜上皮细胞，使肠黏膜屏障功能受损。肠道微生物通过受损肠黏膜，刺激巨噬细胞及树突状细胞释放促炎性细胞因子，活化 T 细胞，使其增殖并释放一系列炎性细胞因子，最终导致受体肠道等靶器官损伤。此外，肠道致病菌能通过受损肠黏膜进入血液循环，引起肠源性感染发生。既往观点认为，肠道净化及保护性层流隔离能降低移植患者移植物抗宿主病发生率。一项回顾性分析 112 例恶性血液病患者的临床资料显示，肠道净化成功的移植患者急性移植物抗宿主病发生率及严重感染率均明显降低，然而患者 5 年无复发存活及总生存率并未改善（Vossen et al.，2014）。

最近的研究表明，肠道微生物的预调节可以减轻甚至预防造血干细胞移植物抗宿主病（Noor et al.，2019）。健康个体具有多种肠道微生物，主要包括厚壁菌门、拟杆菌门、变形菌门和放线菌门等。在同种异体造血干细胞移植过程中，肠道微生物多样性显著降低。这种变化可能很快，并且被认为是由于使用抗生素、肠道炎症和饮食变化的影响。80 例异源造血干细胞移植受体的研究表明，在造血功能建立的关键时间点，较低的肠道微生物多样性显著增加了移植者的死亡率（Taur et al.，2014）。具体而言，γ-变形杆菌（包括肠杆菌科）的丰度越高，死亡率越高，而毛螺菌科和放线菌科的丰度越高，死亡率越低。对 15 名儿科患者的回顾性研究发现，使用对厌氧菌有效的抗生素可导致移植物抗宿主病发生率显著增加，而导致肠道抗炎梭菌减少（Simms-Waldrip et al.，2017）。

考虑到异基因造血干细胞移植过程中肠道微生物多样性丧失的影响，维持肠道微生物多样性的干预措施可能有助于改善治疗结果。一种可能的方法是通过粪菌移植和来自宿主或第三方的粪便物质移植来恢复肠道微生物多样性。已经有三例针对异基因造血干细胞移植的难治性艰难梭菌相关疾病菌群移植治疗的病例报告，表明该方法具有有效性和安全性。异源菌群移植之前足够的肠道微生物多样性可以防止拟杆菌的丧失。因此对中性粒细胞减少性异体造血干细胞移植接受者使用抗生素要谨慎，以减少对肠道微生物的伤害，从而尽可能降低移植体发生菌血症（bacteremia）或败血症（septicemia）的风险，降低移植物抗宿主病的死亡率（Shono and van den Brink，2018）。

3.2.3　肠道微生物与血液感染

菌血症或血液感染仍然是一种常见的威胁生命的并发症，它增加了癌症患者的发病率和死亡率。细菌从胃肠道进入血液等肠外部位，引起细菌感染，导致肠道黏膜炎症，进而增加了肠道的渗透性，并对肠黏膜屏障产生损害，促进细菌易位（Berg，1999）。一项研究报告表明，在 1000 名中性粒细胞性血液病住院患者中，血液感染的总发病率为 7.48%，其中 11% 的患者需要在重症监护病房住院，30 天的总病死率为 12%（Marin et al.，2014）。此外，由于在造血干细胞移植之前实施了强力化疗方案，血液感染在干细胞移植早期发生概率很大。丰度占总微生物组 30% 以上的单个细菌称为“肠道控制菌”。曾有研究报道，在接受异基因造血干细胞移植的患者中，“肠道控制菌”与血液感染相关（Taur et al.，2012）。

巴氏杆菌（*Pasteurella* spp.）是与血液感染保护相关的重要微生物（Montassier et al.，2016）。对小鼠进行耐万古霉素肠球菌（VRE）定植试验发现，巴氏杆菌的重新定植与耐万古霉素肠球菌的清除相关（Ubeda et al.，2013）。此外，在接受造血干细胞移植的患者中，巴氏杆菌在肠道中的定植可抵抗肠球菌的定植，耐万古霉素肠球菌是血液感染的危险因素（Ubeda et al.，2013；Taur et al.，2012）。耐氧细菌如肠球菌和肠杆菌是接受造血干细胞移植者中最常见的血液病原体（Montassier et al.，2013）。与健康对照组相比，艾滋病患者中的巴恩斯氏菌减少（Mutlu et al.，2014），而巴恩斯氏菌的相对丰度与艾滋病患者全身炎症标志物 TNF-α 水平呈负相关关系（Dinh et al.，2015）。此外，在 IL-22 缺陷小鼠和共同饲养的野生型小鼠出现严重结肠炎时，其肠道中的巴恩斯氏菌减少，表明巴恩斯氏菌属对肠道具有保护作用（Zenewicz et al.，2013）。因此，可以利用患者肠道中的微生物来预测他们在入院以后的感染风险。

研究发现，一种天然独特的微生物组（包括变形菌门的多个成员）可以对血液中的免疫蛋白 A 水平产生重大影响，免疫蛋白 A 抗体可以提供一种非炎症机制从而防止败血症的发生。另外，研究者通过败血症小鼠模型发现，缺乏 TWIK2 的动物炎症水平较低，且穿过 TWIK2 通道的钾离子与巨噬细胞引发的炎症紧密相关。免疫蛋白 A 和关键蛋白 TWIK2 减少败血病发生风险的机制有待进一步的研究，利用这些抗体的特性可开发治疗人类疾病的新方法，也可能为开发抑制大量炎症反应的新药铺平道路。

3.2.4 肠道微生物与自身免疫介导的骨髓衰竭综合征

人体被许多不同的非致病微生物所占据，这些微生物作为一个整体，在人类健康和疾病中起着至关重要的作用。这些微生物对免疫系统的发育和功能有着深远的影响，从而对免疫介导的疾病产生强烈影响（Palm et al.，2015）。骨髓衰竭综合征（bone marrow failure syndrome，BM）是一组疾病，其特征是骨髓中成熟红细胞、粒细胞和血小板的有效生成量减少，在大多数情况下，肠道微生物失调引起的免疫共作用的改变可能是引发自体免疫骨髓衰竭综合征的原因之一（Espinoza et al.，2016）。

研究表明，肠道微生物在肠道 Th17 细胞的发育中起着重要作用。此外，几种常见的微生物及其代谢产物，如丁酸、丙酸和乙酸，可诱导调节性 T 细胞的分化和增殖（Lerner et al.，2016；Palm et al.，2015）。共生微生物或其代谢产物可以直接调节造血（Khosravi et al.，2014）。再生障碍性贫血（aplastic anemia，AA）是骨髓衰竭综合征的典型表现，其特征是在无异常浸润或骨髓纤维化的情况下，外周血全血细胞减少和骨髓发育不良。在大多数再生障碍性贫血患者中都出现了 Treg 减少的现象（Dao et al.，2016）。肠道细菌的代谢产物，特别是梭菌产生的丁酸盐，可以促进结肠、脾脏和淋巴结中 Treg 的分化，从而抑制炎症。与正常人相比，溃疡性结肠炎患者外周血 Th17 细胞增多，IL-17 水平升高，Treg 数量减少。类似的Th17/Treg 失衡也已在再生障碍性贫血患者身上得到证实（Dao et al.，2016）。针对各种自身抗原的抗体在再生障碍性贫血患者中经常被报道，其中有些具有功能性致病作用。例如，从再生障碍性贫血患者中分离出的 Moesin 特异性抗体刺激外周单个核细胞释放骨髓抑制细胞因子 TNF-α 和 IFN-γ（Takamatsu et al.，2009）。TNF-α是溃疡性结肠炎炎症过程中的重要介质，再生障碍性贫血患者血液中可检测到较高水平的 TNF-α（Zeng and Katsanis，2015）。利用共生微生物或其代谢产物或可成为治疗自身免疫介导的骨髓衰竭综合征的一个新方向。

3.3 肠道微生物与神经系统

肠道一直被认为是一个由中枢神经系统控制的被动器官。随着英国学者 Langley 于 1921 年首次提出肠神经系统的概念之后（Wang et al.，2018a），肠-脑轴的概念也被确立。目前认为，肠道的调控是在肠神经系统（enteric nervous system，ENS）、自主神经系统（autonomic nervous system，ANS）和中枢神经系统（central nervous system，CNS）三个层次的相互协调下实现的。此三个层次分别为第一层的局部控制，第二层椎前神经节接受来自肠神经系统和中枢神经系统的信息，第三层脑的中枢和脊髓接受外界环境变化传入的信息并整合后由自主神经系统和神经-内分泌系统将调控信息传到肠神经系统或直接作用于胃肠效应细胞。图 3-1 概述了肠道微生物组与大脑之间各种已知的双向通信途径，包括肝脏和胆囊代谢、免疫调节反应、神经支配、肠内分泌和微生物代谢产物信号转导（Cryan

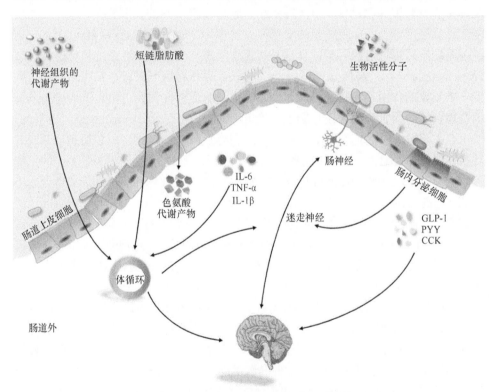

图 3-1 肠道微生物与大脑之间的双向通信

IL-6. 白细胞介素-6；TNF-α. 肿瘤坏死因子-α；IL-1β. 白细胞介素-1β；
GLP-1. 胰高血糖素样肽-1；PYY. 肠激素肽 YY；CCK. 胆囊收缩素

et al.，2019）。不同层次相互联系、相互协调，胃肠道与中枢神经系统紧密联系的内分泌-神经网络称为肠-脑轴（Hubel et al.，2018；Liang and FitzGerald，2017）。

肠神经系统在结构和功能上都很复杂，其位于胃肠道壁内，有"第二大脑"之称（Polli et al.，2018），也被称为"肠胃微脑"（Bhatti et al.，2018），因为它与中枢神经系统一样，具有一些重要特征。例如，它们具有共同的胚胎起源，并且在脑和肠壁中都发现了几种神经递质，如血清素或 5-羟色胺等。在正常情况下，肠神经系统可以独立于中枢神经系统，自主控制肠道功能，如运动、吸收和分泌，但肠神经系统也受中枢神经系统的调节。

人肠壁内的神经节细胞超过 1 亿个，约与脊髓内所含神经元的总数相近。进入肠壁的交感神经节后纤维和副交感神经节前纤维，只能与部分肠神经节细胞形成突触联系，传递中枢神经系统的信息，影响兴奋性或抑制性神经递质的释放，从而调节胃肠道功能。这种在不同层次将胃肠道与中枢神经系统联系起来的内分泌-神经网络是实现微生物-肠-脑轴功能的结构基础，任何一级的神经控制出现紊乱都将影响肠道和脑功能。肠神经系统与肠道黏膜功能的调节有关，可调节的功能包括黏膜通透性、黏膜细胞的增殖和构建等（Chavatte-Palmer et al.，2018）。肠神经系统也可以通过投射神经元向外传递胃肠感觉到中枢神经系统和交感神经节（Keramatinia et al.，2018）。研究表明，肠神经系统在胃肠黏膜正常生理活动中起着非常重要的作用，包括肠黏膜血流、上皮细胞通透性调控、消化道细胞构成及细胞增殖等，而上述因素正是肠道免疫屏障的构成部分（Hartman et al.，2018）。

自主神经系统由交感神经系统和副交感神经系统两部分组成，以肠神经系统为转换神经元并支配胃。两者能直接对胃肠道进行调节而不需要中枢神经系统的支配（Duffney et al.，2018），还能将其信息以神经-免疫-内分泌网络信号的形式通过迷走神经、脊髓上传到大脑的神经中枢，中枢神经系统再对信息进行分析，对胃肠道进行调节。交感神经系统主要起抑制作用，副交感神经系统起源于脑干的迷走神经运动背核（dorsal motor nucleus of the vagus nerve，DMV），迷走神经运动背核主要起促进胃肠道运动的作用。交感及副交感传出神经介导躯体感觉刺激的胃肠道反应，两条传出神经通路靶向目标是肠神经节神经元（Akers et al.，2018）。

胃肠道活动的信息传入中枢神经系统，并由中枢神经系统调控它们之间的相互作用，称为脑-肠互动（Peffers et al.，2018）。中枢神经细胞和胃肠道有着紧密的联系，并且对于调节肠道的功能和稳态有着重要作用。中枢神经系统可将脑的各级中枢和脊髓接收内外环境变化时传入的各种信息整合后通过植物神经系统和神经-内分泌系统将其调控信息传递至肠神经系统或直接作用于胃肠效应细胞，对平滑肌、腺体、血管起调节作用。高级脑中枢来自皮质和皮质下的信息，从基底神经节向下汇集到特定的脑干核团。外界环境的刺激导致内环境改变，此变化信息传递到中枢神经系统，经过整合和处理，中枢神经系统可直接对该变化做出反应，或通过神经-内分泌系统和自主神经系统间接对胃肠道进行调控，影响胃肠道功能，同时调控神经免疫系统，作用于胃肠道，以改变胃肠道黏膜的完整性和屏障作用（Alvarez-Nava and Lanes，2017）。胃肠道接收来自中枢神经系统的调节信号，也反作用于中枢神经系统。肠-脑轴包含着中枢神经系统和胃肠系统之间的传入与传出神经、内分泌、营养和免疫信号（Waye and Cheng，2018）。越来越多的文献支持了肠道微生物组对肠功能的重要性，进一步拓展了微生物组-肠-脑轴的新概念（Provenzi et al.，2018）。

研究表明，肠道微生物能远程控制两种类型神经胶质细胞分子水平上的通信（Guan et al.，2017）。植物性食物经肠道微生物代谢产生色氨酸衍生物可激活芳香烃受体（van Meurs，2017），类似的研究加深了对神经疾病中肠-脑轴的认知。肠道与大脑间的神经交流主要由迷走神经介导，来自肠道的迷走神经信号可促进海马体（hippocampus）介导的记忆功能（Ari et al.，2016），这表明肠-脑轴可能参与记忆调控。研究发现，5XFAD 转基因小鼠（一种阿尔茨海默病模型小鼠）在喂食植物乳杆菌 C29 或其发酵的大豆后，其认知功能增强，脑源性神经营养因子表达增加（Pollock et al.，2017），可见益生菌能通过肠-脑轴缓解记忆障碍。

哈佛医学院专家研究了线虫肠-脑轴参与肠道感染防御的潜在机制（Iranshahi et al.，2016），这一发现为人体肠-脑轴与免疫系统关系的研究提供了新思路。肠道微生物可能在 5-羟色胺调节上和自闭症中起重要作用，有自闭症症状的小鼠存在肠道微生物失调情况，调节 5-羟色胺水平可改善其症状（Wei et al.，2017），这为自闭症治疗提供了新思路。

Hamza 等（2017）研究正常发育的一岁婴儿肠道微生物组成发现，肠道微生物组成不同的婴儿认知能力差异显著，这证明了肠道微生物与脑部发育的潜在相关性。较低的肠道微生物多样性更有利于婴儿生长发育，但肠道微生物多样性低对成人而言却可能存在不良的影响（Malhi and Outhred，2016）。

1880 年，解剖学家 Friedrich S. Merkel 预测，上皮细胞和感觉神经组成感觉系统，将环境信息转化为信号，触发人们奇妙丰富的感官，从而使人们感受奇妙的世界。在这之前，人们认为大脑感知肠道内的情况是通过接收肠道细胞分泌的激素来实现的。目前研究已表明，肠内分泌细胞可以直接与迷走神经形成突触，并以谷氨酸为神经递质，将肠腔内的营养等信息快速传递给大脑（Farrell and O'Keane，2016）。后来对肠嗜铬细胞的研究改变了之前肠内分泌细胞完全通过激素发出信号的认知，补充了人们对肠-脑轴的认知，展示了肠-脑轴真正的作用机制。

外在初级传入神经元在肠道外具有体细胞，而内在初级传入神经元（in-trinsic primary afferent neuron，IPAN）在肠壁内具有体细胞。内在初级传入神经元是肠道运动和分泌反射的主要传入，而外在感觉神经元是对中枢神经系统信号的主要传入。这些感觉系统被认为是分开的，因为人们认为内在初级传入神经元不会突然促成到达大脑的冲动（Ordog et al.，2012；Virani et al.，2012）。许多研究已经表明了对外在和内在肠道感觉系统的反应。了解这些信号到达大脑的神经元投射途径对于理解肠-脑轴是至关重要的，而肠道微生物对神经元发育和健康的重要性日渐凸显（Lovinsky-Desir and Miller，2012；Maric and Svrakic，2012；Thibaut，2012）。研究证明，接受完全截断迷走神经治疗消化性溃疡病的个体到老年时患某些神经系统疾病的风险会降低，如帕金森病（Parkinson's disease，PD）（Heim and Binder，2012）。在一项临床前研究中，用鼠李糖乳杆菌干预的小鼠产生了较低的应激诱导的皮质酮水平，并表现出较少的焦虑和抑郁相关行为。完全截断迷走神经后鼠李糖乳杆菌（Lactobacillus rhamnosus）的干预结果表明迷走神经是肠道微生物与行为效应之间的主要交流途径（Yla-Herttuala and Glass，2011）。然而，在迷走神经切断的小鼠中，当用鼠李糖乳杆菌干预时，小鼠焦虑和抑郁相关的行为没有减少。虽然肠道微生物可以影响迷走神经，但是发生这种情况的机制尚不完全清楚。肠道微生物组影响脑功能的另一条途径可能是通过微生物信号分子，包括由肠道微生物产生的短链脂肪酸（Hanley et al.，2010）。无菌动物的大脑发育存在严重缺陷，包括前额皮质髓鞘改变、血脑屏障（blood brain barrier，BBB）功能缺陷、海马神经发生增加、神经递质和营养因子改变，这些缺陷被认为是缺乏肠道微生物导致的（Hanley et al.，2010）。从神经科学的角度来看，细菌可以产生和释放神经递质（Minarovits，2009）。例如，乳杆菌和双歧杆菌可以合成 γ-氨基丁酸，芽孢杆菌和酵母菌可以合成去甲肾上腺素，芽孢杆菌可以产生多巴胺，而乳酸杆菌可以产生乙酰胆碱，念珠菌、链球菌、大肠杆菌和肠球菌可以产生血清素。微生物产生的神经递质可能穿过肠黏膜层并影响肠神经系统。

肠道微生物对婴儿神经发育具有一定的影响（Yan and Charles，2017）。流行病学研究发现，围产期母亲病原微生物感染会引起胎儿神经发育障碍（Hernandez，2016；Garagnani et al.，2013），这表明母亲肠道的微生物会影响后代神经系统发育。通过检测红外标记免疫球蛋白 G2b 抗体发现，无菌孕鼠胎儿的血脑屏障通透性比无特定病原体孕鼠胎儿的高，表明母亲肠道微生物会影响其胎儿血脑屏障的通透性（Shenderov，2012）。此外，产前焦虑的母鼠阴道中乳酸杆菌数量减少，生产时不能通过阴道把更多的乳酸杆菌传递给后代，这会让后代更容易烦躁和焦虑（Lu and Claud，2018）。肠道微生物与消化、代谢、免疫和各种神经功能都有密切联系（Metzger et al.，2018；Carding et al.，2017）。

随着社会老龄化的加剧，神经系统疾病患病率越来越高。许多动物实验及临床试验都证明肠道微生物的结构及组成与神经系统疾病关系密切，可能通过激素、免疫分子及特定代谢产物影响神经系统。乳酸杆菌和双歧杆菌可产生乙酰胆碱，而乙酰胆碱可充当调节免疫功能的自分泌和/或旁分泌因子而激活 M3 毒蕈碱受体，使细胞内游离 Ca^{2+} 增加，进而明显上调 c-fos 基因表达，从而影响神经系统的发育，并影响局部和中枢神经系统的可塑性（Roshchina，2016）。同时，有研究发现，无菌小鼠的海马神经元和正常小鼠的海马神经元之间存在差异。断奶后微生物定植不会改变海马神经元的数量，证明微生物可能在生命早期影响海马神经元的发育（Ogbonnaya et al.，2015）。此外，肠道微生物也可影响帕金森病、阿尔茨海默病等神经系统疾病的发生发展。

3.3.1　肠道微生物与帕金森病

帕金森病是一种神经退行性疾病，常见于老年人，1817 年被首次报道，至今还没有治愈的有效手段。研究显示，α-突触核蛋白（α-synuclein）的基因点突变和扩增都可能造成帕金森病的发生（Wang et al.，2018b），肠神经系统和副交感神经是最早、最常受 α-突触核蛋白影响的结构之一。近年来，许多研究（Deschasaux et al.，2018；Janakiraman and Krishnamoorthy，2018；Kong et al.，2018；Nagpal et al.，2018）表明，帕金森病早期阶段，肠神经系统损伤先于中枢神经系统。此外，也有报道，在帕金森病患者出现运动症状之前，便有低氧血症、胃肠功能障碍、便秘、心血管和泌尿生殖器异常（de la Cuesta-Zuluaga et al.，2018；Kushugulova et al.，2018；Macpherson and Ganal-Vonarburg，2018）。最近的临床研究表明，70%～100%的帕金森病患者有胃动力障碍，尤其是便秘（Kriss et al.，2018；Walejko et al.，2018；York，2018）。

实验表明，肠道微生物可能影响帕金森病小鼠模型中的肠道炎症和 α-突触核蛋白聚集（de Muinck and Trosvik，2018）。丹麦一项研究通过调查约 15 000 例接受胃迷走神经切断术治疗的患者发现，手术治疗 20 年后，患者发生帕金森病的风险降低了一半（Ayeni et al.，2018）。阑尾黏膜也被认为是潜在的 α-突触核蛋白进入的部位，因为正常人这些部位的 α-突触核蛋白浓度最高（Walsh et al.，2018）。已有许多研究（Tripathi et al.，2018；Yang et al.，2018）表明帕金森病发生与胃肠道的生理生化活动关系密切。肠道微生态失调可导致肠通透性增加，这明显有助于肠道微生物及其衍生物的影响由肠道传递至大脑。对帕金森病患者研究表明，帕金森病患者结肠渗透性的增加和炎症反应有关（Tripathi et al.，2018）。普氏菌作为机体的共生菌在肠黏膜层参与黏蛋白的合成，并且通过发酵分解纤维素合成具有神经活性的短链脂肪酸（Byndloss et al.，2018），因此普氏菌的缺乏可以导致黏蛋白合成的减少，增加小肠屏障的渗透性，增加局部和全身对细菌抗原与内毒素的暴露，从而促使 α-突触核蛋白过度表达，甚至促进其错误折叠（Garcia-Mantrana et al.，2018）。

对 72 名帕金森病患者和 72 名健康对照受试者的研究表明，帕金森病患者粪便中普氏菌属的丰度平均降低了 77.6%，丰度为 6.5% 或更低，肠杆菌科的丰度与患者步伐不稳和步态障碍的严重程度呈正相关关系（Doestzada et al.，2018）。这些结果表明，肠道微生物与帕金森病患者的运动表型有关。

此外，肠道微生物产生氢气的能力也与帕金森病有关，肠道微生物可产生氢气，内源性氢气具有抗氧化、抗凋亡、抗炎症和细胞保护等作用。肠道微生物产生的氢气减少，可能在帕金森病发病中起作用，补充氢气可能是帕金森病的有效疗法之一（Ostojic，2018）。

3.3.2　肠道微生物与阿尔茨海默病

阿尔茨海默病（Alzheimer disease，AD）是老年人常见的中枢神经系统退行性疾病，俗称老年痴呆或认知障碍。阿尔茨海默病是最常见的痴呆类型之一，占所有痴呆症的 60%～80%（Groen et al.，2018）。据估计，2010 年全世界大约有3600 万人患有老年痴呆症，预计这个数字每 20 年翻一番（Hylemon et al.，2018）。随着世界人口老龄化的加速，阿尔茨海默病的发病率逐年上升，严重损害了老年人的身心健康和生活质量，给患者带来了极大的痛苦，给家庭和社会带来了沉重的负担。目前，中国的人口老龄化也达到了前所未有的水平。2010 年，全国人口普查数据显示，我国老年人口占人口总数的 10%以上。阿尔茨海默病的高发病率已成为影响人类健康的主要问题，引起了政府和医学界的广泛关注，成为神经科学研究领域的热点和难点。阿尔茨海默病的神经病理特征包括细胞外 β-淀粉样蛋白（amyloid β-protein，Aβ）老年斑（senile plaque，SP）和细胞内神经纤维缠结（NFT）。目前，人们普遍认为遗传和环境因素的相互作用参与了阿尔茨海默病的发病机制。

尽管家族史和易感基因被认为是导致 AD 最重要的因素，但阿尔茨海默病患者人数的快速增加并不符合哈迪-温伯格定律（Hardy-Weinberg law）。因此，环境因素在阿尔茨海默病发病中比遗传因素更重要。近年来，越来越多的研究表明，人类共生微生物是影响宿主健康的重要环境因素（Gagniere et al.，2016）。

根据阿尔茨海默病的流行病学调查，以及对肠道微生物对脑功能和行为的影响与肠道微生物在自闭症、抑郁症和帕金森病发病机制等方面的相关研究推测，阿尔茨海默病始于肠道，并且与肠道微生物失调有关。研究发现，阿尔茨海默病患者血浆内毒素水平比健康对照高 3 倍（Yan and Charles，2017）。内毒素是革兰氏阴性细菌细胞壁的主要成分，正常的肠道微生物组中存在 50%～70%的革兰氏阴性细菌，如果内毒素进入血液，则会引起严重的全身炎症反应。在健康状态下，由于肠道上皮细胞之间紧密连接蛋白的阻挡作用，内毒素无法通过肠道屏障进入血液。当紧密连接蛋白受损并且渗透性增加时，内毒素将进入血液并引起炎症。因此，血液中内毒素的水平不仅代表炎症，还代表肠道渗漏，内毒素脂多糖通常用于动物模型的建立。向小鼠腹腔注射内毒素可导致海马（海马体是大脑的记忆中枢）β-淀粉样蛋白的积累。内毒素可能在 β-淀粉样蛋白积累和阿尔茨海默病进展中发挥作用。小鼠腹腔注射内毒素改变 β-淀粉样蛋白的血脑屏障转运，通过增加血液到脑的流入、减少脑-血液流出和增加神经元 β-淀粉样蛋白的产生（Ham et al. 2019）。其他研究表明，向小鼠腹腔注射内毒素也可能导致严重的记忆问题。

3.3.3　肠道微生物与精神疾病

越来越多的研究表明，肠道微生物失调可导致神经性精神疾病的发生，如精神分裂症、自闭症、抑郁症等。精神分裂症是所有精神疾病中最复杂的一种，是脑的严重、慢性、致残性疾病。对 64 名精神分裂症患者和 53 名健康对照者之间粪便微生物群的差异调查发现，与健康者对照组相比，精神分裂症患者肠道中变形杆菌门细菌的数量显著增多，其中巨球型菌属、柯林斯菌属、梭菌属、克雷伯氏菌属和甲烷短杆菌属细菌的相对数量显著更高，而劳特氏菌属、粪球菌属、罗斯氏菌属细菌的数量降低（De Ridder et al.，2013）。某些乳酸杆菌和双歧杆菌菌株可以分泌 γ-氨基丁酸（GABA）（Reddy et al.，2000），大肠杆菌、芽孢杆菌和酵母菌可以产生去甲肾上腺素，念珠菌、链球菌、大肠杆菌和肠球菌可以产生血清素，而芽孢杆菌和沙雷氏菌有可能产生多巴胺（Bonilla-Rosso and Engel，2018）。这些神经递质的减少在抑郁症发生和抗抑郁药的作用机制中起主要作用。通过肠道微生物功能预测分析发现，健康对照者和精神分裂症患者之间的几种代谢途径存在显著差异（包括维生素 B_6 和脂肪酸）（De Ridder et al.，2013）。总之，精神分裂症患者和健康对照者之间的肠道微生物群存在差异，该研究结果可用于开发基于微生物群的精神分裂症诊断手段。此外，许多研究表明，精神分裂症患者同时患有肠道炎症和肠道微生物疾病（Coelho et al.，2018；Rabesandratana，2018）。动物研究表明，肠道微生物群可能在压力、情绪调节中发挥重要作用。已经证明，在健康动物体内实验性施用内毒素可能与焦虑和抑郁的发生有关，焦虑和抑郁的发生又与唾液皮质醇、血浆去甲肾上腺素和促炎性细胞因子的增加有关（Namkung et al.，2011）。在同一项研究中发现，内毒素可以以剂量依赖的方式调节情绪、记忆。据报道，严重抑郁症患者胃酸分泌少，与可逆性小肠细菌过度生长（small intestinal bacterial overgrowth，SIBO）、肠屏障通透性增加、吸收不良综合征、腹泻、腹痛和便秘有关（Gantois et al.，2006；Malago et al.，2005）。

孤独症谱系障碍（autism spectrum disorder，ASD）是一组起病于婴幼儿时期的全面性精神发育障碍，原来称为孤独症（也称自闭症）。其主要症状包括语言障碍、社会交往障碍、智力障碍、兴趣范围狭窄及行为刻板。自闭症有可能受肠-脑轴的影响（Shepherd et al.，2018）。有许多临床研究表明自闭症儿童常有肠道不适症状，研究发现 3～17 岁患有腹泻或结肠炎的美国儿童患自闭症的概率比没有胃肠疾病的儿童患病率高 6 倍（Willis et al.，2018；Zhang et al.，2018a）。自闭症患者患肠道疾病的原因尚不清楚，但许多研究表明患病原因可能与肠道细菌有关。研究表明，自闭症患者梭菌属的丰度增加，并且拟杆菌门和厚壁菌门的比例呈现降低的趋势（Gao et al.，2018）。除此之外，Tomova 等（2015）研究发现，乳杆菌和脱硫弧菌数量的增加与自闭症的严重程度有关。研究发现，晚发型自闭症（late-onset/regressive autism）患者肠道微生物明显紊乱，由梭菌产生的破伤风毒素（tetanus antitoxin）的浓度异常高（Chang et al.，2018）。肠道微生物整体的多样性和个体菌属丰度与自闭症相关症状相关，而与自闭症患者的饮食模式没有相关性（Ross et al.，2018）。这表明肠道微生物丰度与自闭症症状联系更紧密，肠道微生物丰度低或肠道微生物紊乱可能导致自闭症。对无菌小鼠进行测试发现，其社交行为减少，社会回避行为增加，新鲜事物好奇度下降，重复动作增加，自我梳理行为增加，之后将正常小鼠的粪便微生物移植至无菌鼠，无菌鼠社交行为增强，社交异常行为得到纠正（Dhariwala and Scharschmidt，2018）。该结果表明肠道微生物可引起小鼠情绪变化，并影响其行为。

研究表明，梭状芽孢杆菌的生长速率是影响自闭症发展的危险因素，大剂量溶菌酶可抑制梭状芽孢杆菌生长，降低患儿发病率（Gimblet et al.，2017）。2 岁前的孤独症谱系障碍患儿大多都有感染病史，其使用抗菌药的频率比正常儿童高（Egert et al.，2017）。肠道微生态平衡被抗菌药破坏后新定植于肠道的微生物产生一种神经毒素，进而可能引发慢性腹泻和自闭症（舒山等，2016）。

重度抑郁症是一种精神障碍，其特征是该类患者对正常愉快的活动失去兴趣且精力减退，绝望无助。这种疾病给整个社会带来了较大的经济负担。重度抑郁症的发病机制尚不清楚，没有客观的诊断方法或百分之百有效的治疗方法（Willyard，2018；Liu et al.，2017a），许多因素，如遗传学、生化或神经生理学变化，以及社会心理学因素，都与重度抑郁症有关。最近，许多研究人员试图用神经解剖学异常、神经传递缺陷和神经营养改变来解释其发病机制。但是，这些理论都没有被普遍接受。因此，迫切需要确定重度抑郁症新的病理生理机制。研究人员发现，肠道微生物通过微生物-肠-脑轴对大脑功能和行为产生影响（Faith et al.，2013；Yatsunenko et al.，2012）。之前的研究证明，肠道微生物群可以影响小鼠海马中基因的表达水平（Escherich，1989）。同时，之前的代谢组学研究显示了一个有趣的现象，重度抑郁症患者中的几种差异代谢产物是肠道微生物组的代谢产物（Perez-Munoz et al.，2017；Escherich，1988）。此外，临床研究（Funkhouser and Bordenstein，2013；Mackie et al.，1999）报道了在抑郁症患者的有限样本中发现肠道微生物组受到了干扰，将来自重度抑郁症患者的粪菌移植入无菌小鼠体内，可导致无菌小鼠抑郁行为改变。基于这些结果，进一步的研究发现肠道微生物群的生态失调可能是重度抑郁症的一个促成因素。在之前的研究中，与健康对照相比，重度抑郁症患者肠道中拟杆菌和放线菌的丰度发生了显著变化（Mackie et al.，1999）。然而，未考虑肠道微生物群可能存在性别差异。实际上，之前的代谢组学研究发现重度抑郁症男性患者和女性患者之间存在不同的代谢表型（Barbonetti et al.，2013）。有研究发现由微生物介导的激素调节可导致男性和女性之间肠道微生物组成的差异（Sivan et al.，2015）。此外，也有研究报告称，人类抑郁症存在性别特异性转录特征（Bertkova et al.，2010）。

双歧杆菌和乳酸杆菌被认为对抗应激反应和抗抑郁症具有有益作用（Ambalam et al.，2016；Zhang et al.，2012）。例如，益生菌制剂（长双歧杆菌 R0175 和瑞士乳杆菌 R0052）的添加与人类下丘脑-垂体-肾上腺（hypothalamic-pituitary-adrenal，HPA）轴的反应呈负相关关系，添加益生菌可改善慢性应激诱导的大脑可塑性异常、神经元发生减少和抑郁症小鼠的过度活动（El-Nezami et al.，2006）。重度抑郁症患者经常出现肠易激综合征，这是胃肠系统中表现出的典型心理痛苦表型（Gagniere et al.，2016），实验证明双歧杆菌和乳酸杆菌对治疗肠易激综合征有积极作用（Eaton et al.，2018）。

3.3.4　肠道微生物与其他神经系统疾病

慢性疲劳综合征（chronic fatigue syndrome，CFS）的主要特点是连续 6 个月以上出现不明原因的疲劳或感觉身体不适，且这种疲劳不能通过休息得到缓解，并伴有头痛、咽喉痛、肌肉关节痛、记忆力下降、注意力不集中等症状，且常规检查没有异常发现。现代社会竞争日趋激烈，随着工作及生活节奏加快，压力较大，慢性疲劳综合征将成为困扰人们的重要问题（Lerner et al.，2017）。此外，肠黏膜屏障功能障碍和肠免疫系统紊乱也可导致慢性疲劳综合征。慢性疲劳综合征患者肠道内双歧杆菌数量显著降低，并且存在小肠细菌过度生长现象。研究发现，慢性疲劳综合征患者肠道内大肠杆菌比例较健康对照组降低 43.2%，而肠球菌和链球菌数量则较健康对照组高（Thaiss et al.，2017）。益生菌制剂除了用于肠道微生物失调、细胞免疫系统破坏和小肠细菌过度生长的治疗外，还能改善慢性疲劳综合征患者的精神情绪症状。一项随机双盲安慰剂对照试验表明，益生菌不仅能对抗慢性疲劳综合征患者的焦虑、抑郁状态，还能提升肠道有益菌群的数量（Spiljar et al.，2017）。慢性疲劳综合征是一种与自身免疫有关的炎症性疾病，其炎症反应是肠道微生物与宿主免疫功能相互作用的结果（Chen et al.，2017b）。病原体相关分子模式（pathogen-associated molecular pattern，PAMP）通过 Toll 样受体启动瀑布式炎症级联反应，进而导致神经炎症和神经退行性病变。Toll 样受体靶向免疫调节剂能有效识别病原微生物，有效对抗中枢神经的炎症反应，已开始用于慢性疲劳综合征、艾滋病等疾病的临床研究。

多发性硬化（multiple sclerosis，MS）是一种慢性炎症反应性脱髓鞘神经系统疾病，病因尚不清楚。有研究在复发多发性硬化的患者体内发现了 B 型产气荚膜梭状芽孢杆菌的植入，而这种病原菌产生的 ε 毒素能够导致血脑屏障的破坏，进而导致神经元等受损害（Gupta et al.，2017），还发现多发性硬化患者肠道中可能存在肠道微生态失调的现象。此外，还发现小儿多发性硬化患者体内脱硫弧菌科细菌增多，毛螺菌科和瘤胃菌科细菌减少（Thursby and Juge，2017）。维持肠道微生物多样性的有效方式是合理膳食及适量的运动，这都有利于延缓多发性硬化的发生（Liu et al.，2017b）。

癫痫（epilepsy）是常见的严重神经系统疾病，也是导致残疾和死亡不可忽视的原因之一。根据流行病学数据，目前全世界有超过 7000 万癫痫患者，预计这一数字会逐渐增加。尽管在临床和科学研究方面已有数十年的广泛研究，但癫痫的病因尚不清楚。在癫痫的发生与疾病治疗方面，流行病学研究表明，癫痫和一些自身免疫性疾病经常同时发生，因此有必要考虑癫痫的自身免疫性（Wang et al.，2012）。已经有研究表明，肠道微生物能通过调节免疫应答从而在自身免疫性疾病的进展中发挥重要作用。某些种类的肠道微生物似乎可以增强疾病，而其他种类则可以预防疾病（Zhang et al.，2012）。例如，补充益生菌如门冬藤菌和拟杆菌可能有助于预防 1 型糖尿病（T1D）（Liu et al.，2019）。另外，多发性硬化和自身免疫性关节炎的动物模型实验表明，用分段丝状细菌（segmented filamentous bacteria）进行肠道定植往往会增加自身免疫性脑脊髓炎（autoimmune encephalo-myelitis，AE）的风险（Chu et al.，2018；Xia et al.，2018）。因此，鉴于癫痫与自身免疫之间的强烈关联，肠道微生物的群落组成很可能影响宿主对癫痫的易感性并调节疾病进展。

3.4　肠道微生物与呼吸系统

随着人们对呼吸系统疾病研究的深入，越来越多的研究证明呼吸系统慢性疾病患者常有肠道微生物和肺部微生物的改变，肠道微生物通过肠-肺轴影响（可溶性微生物组分和代谢产物的循环运输、免疫细胞的直接迁移、肠道炎症介质"外溢"到肺部、"操纵"微生物群以对抗呼吸系统疾病等）呼吸系统免疫及呼吸系统慢性疾病，肺部微生物的改变在导致肺部疾病的同时亦会通过血流引起肠道微生物的变化。近年来，高通量测序及生物信息学技术的发展，将有助于进一步阐明肠道微生物、肺部微生物通过肠-肺轴或直接在肺部免疫及呼吸系统慢性疾病中所起的交互作用，并发现新的和有效的呼吸系统疾病治疗途径。

3.4.1　肠道微生物与呼吸系统疾病

慢性阻塞性肺疾病（chronic obstructive pulmonary disease，COPD）是一种常见的以持续气流受限为特征的可以预防和治疗的疾病，可进一步发展为肺心病和呼吸衰竭的常见慢性疾病。气流受限的进行性发展，与气道和肺脏对有毒颗粒或气体的慢性炎性反应和异常炎症反应有关，致残率和病死率很高，全球 40 岁以上人群的发病率高达 9%～10%。目前关于慢性阻塞性肺疾病患者呼吸道菌群变化的研究一般从疾病状态和吸烟风险因素两个角度展开。

最近的研究表明，细菌在慢性阻塞性肺疾病的发病机制中起重要作用（Pragman et al., 2012）。例如，Hilty 等（2012）研究发现，支气管肺泡灌洗液和支气管中的细菌群落与鼻腔或口咽中的细菌群落不同。此外，他们还指出慢性阻塞性肺疾病患者气道中变形菌增加，而拟杆菌减少。慢性阻塞性肺疾病患者的肺部细菌群落无显著变化，但与正常对照组不同（Pragman et al., 2012），这些研究表明肺中的细菌定植与慢性支气管炎表型、恶化风险增加和肺功能加速丧失有关。

大量研究表明，肠道微生物在慢性阻塞性肺疾病的发病过程中发挥着至关重要的作用，慢性阻塞性肺疾病通常伴随着肠道内变形杆菌丰度的增加及拟杆菌丰度的降低。肠道微生物的失调会导致呼吸道上皮损伤、固有肺部免疫防御损伤及有害菌的定植进而引起肺部炎症，这些均会加重慢性阻塞性肺疾病，同时这些反过来也会进一步加重肠道微生物失调，形成一个恶性循环。肠道微生物代谢产物含有磷脂酰胆碱、食用 L-肉碱后产生的三甲胺，三甲胺被肝脏吸收并被黄素单加氧酶转化成氧化三甲胺（He and Chen, 2017）。研究指出，氧化三甲胺与慢性阻塞性肺疾病患者的死亡率相关，实验选取了 189 名慢性阻塞性肺疾病恶化的患者长期跟踪随访，患者 6 年后的死亡率为 55.6%，相比于生存者，死者表现出更高的氧化三甲胺中位数水平（Ottiger et al., 2017）。说明肠道微生物及其代谢产物可调节慢性阻塞性肺疾病的发展。

吸烟是慢性阻塞性肺疾病最重要的病因之一，烟气中的颗粒及毒素会改变肠道微生物结构，影响黏膜免疫，降低黏膜清除毒素的能力。慢性阻塞性肺疾病患者与健康人群相比，肺部菌群多样性有所降低，变形菌门和放线菌门细菌丰度有所增加，厚壁菌门及拟杆菌门细菌丰度有所降低，并且厚壁菌门与拟杆菌门细菌的比例有所降低。这些菌群的变化可能引起肺部免疫变化，从而损伤细支气管及肺泡组织，减少肺泡表面活性物质的合成，促进肺气肿的发生。流行病学研究发现，慢性阻塞性肺疾病等呼吸系统疾病患者会同时患炎症性肠病（IBD），而 IBD 也是慢性阻塞性肺疾病和哮喘等发病的危险因素之一。事实上，在没有纵向队列和干预性研究的情况下，很难确定是慢性阻塞性肺疾病导致肠道微生物或呼吸道微生物变化，还是微生物变化导致慢性阻塞性肺疾病的发生，很可能这两种情况同时发生、同时进行，并且可能在疾病的不同发生阶段有不同的影响特征和机制，这都有待于结合临床研究进一步深入探索。

肺结核（pulmonary tuberculosis，PTB）是由结核分枝杆菌（简称结核菌）引发的肺部感染性疾病，严重威胁着人类健康。世界卫生组织（World Health Organization，WHO）统计表明，全世界每年有 800 万～1000 万人发生结核病（主要为肺结核），每年约有 300 万人死于结核病，其是造成死亡人数最多的单一传染病。结核菌主要通过呼吸道传染，活动性肺结核患者咳嗽、喷嚏或大声说话时，会形成以单个结核菌为核心的飞沫核悬浮于空气中，从而感染新的宿主。此外，患者咳嗽排出的结核菌干燥后附着在尘土上，形成带菌尘埃，带菌尘埃亦可侵入人体形成感染。

研究表明，结核菌感染会导致肠道微生物组的变化（Hu et al.，2019），研究观察到了结核菌的感染会使肠道微生物组的 OTU 数、Shannon 指数和 Pielou 均匀度指数发生变化，使肺结核菌感染者肠道微生物的 α 多样性略有降低。抗结核处理的结核病患者肠道微生物也发生了变化，厚壁菌门的梭菌属细菌、瘤胃球菌（39BFAA）、活泼瘤胃球菌（*Ruminococcus gnavus*）、粪杆菌属（*Faecalibacterium*）细菌的丰度明显降低。相比之下，属于拟杆菌门的拟杆菌（OTU230 和 OTU1513）、脆弱拟杆菌、*Bacteroides plebeius*、*Bacteroides coprophilus*，在给予抗结核处理的结核病患者肠道中丰度明显增加。此外，结核病患者使用一线结核菌抗生素 1 周后，其厚壁菌门肠球菌科、丹毒丝菌科（Erysipelotrichaceae）及肠球菌 OTU8 和 OTU2972 明显增加，多枝梭菌（*Erysipelatoclostridium ramosum*）明显减少，而活动性肺结核治愈患者组的双歧杆菌属细菌明显丰富。研究表明，传统的抗结核药物治疗可能导致肠道微生物的多样性和群落结构与组成的显著改变。

研究发现，无论在结核菌感染前还是感染后，使用抗生素破坏肠道微生物都会显著增加肺部结核杆菌的增殖，并促进其向肝脏和脾脏的传染。当将正常小鼠的粪菌移植给抗生素处理的动物重建其肠道微生物后，可明显降低结核分枝杆菌感染的严重性，并阻止疾病的传染。这一发现意味着肠道微生物群的改变可能导致结核病进展。鉴于该研究中发现的肠道微生物与结核分枝杆菌感染之间的关系，干预和调节肠道微生物的平衡将是未来治疗疾病的新方向。进一步了解肠道微生物如何调节结核病的发病过程，将为结核病的治疗提供新的干预手段。

据统计，目前全球有 22% 的人患有哮喘和过敏性鼻炎等过敏性疾病，即每 5个人当中就有 1 个人存在过敏现象。其中呼吸道过敏是最重要的过敏性疾病。儿童早期发育期间肠道微生物的组成可能在哮喘的发展中起关键作用，而特定的气道微生物群与成人的慢性哮喘相关。对基因-基因和基因-环境相互作用进行研究发现，预防过敏性疾病必须适应个体遗传易感性（"基因谱分析"）和环境因素

（Hamelmann et al.，2008）。多年来，人们已经认识到儿童期发生率降低与哮喘和过敏症发病率增加之间存在关联，从而产生这样的假设：生命早期感染性暴露的减少导致黏膜耐受性变差和自身免疫性疾病增加（Risnes et al.，2011）。早期细菌刺激似乎通过帮助免疫系统对无害抗原产生终生耐受性来降低对哮喘的易感性。

与非哮喘患者相比，哮喘患者呼吸道中细菌多样性增加，其中变形菌丰度显著增加（哮喘患者的变形菌丰度为 37%，非哮喘患者为 15%）（Marri et al.，2013）。肺部免疫耐受的发展与哮喘发病的相关机制有关（Ly et al.，2011）。在晚期哮喘患者呼吸道中发现了微生物多样性的增加，以及黏液产生的增加。黏液产生和血管通透性改变增加了局部营养供应，选择性地促进特定肺病原体的生长（Schmidt et al.，2014）。呼吸道微生物群是炎症和宿主免疫应答中的重要辅因子，可能导致肺功能下降和疾病的加重。

相比之下，抗生素的使用对微生物组的干扰可能会增加哮喘发展的风险（Marc and Antonio，2015；Han et al.，2012）。影响免疫系统早期成熟的因素可能对随后的哮喘发展尤为重要（Prescott，2003）。简而言之，生命第一个月内肠道微生物较低的多样性与儿童时期的哮喘有关。益生菌可以影响早期免疫发育，为慢性肺病的治疗和预防提供了新的潜在途径。

流行病学说（Maizels，2009）及实验研究（Björkstén et al.，2001）表明，肠道免疫应答的改变可以直接影响肺部的过敏反应。也有研究表明过敏是肠道微生物改变导致的。抗生素治疗的小鼠单次给予口服剂量的白色念珠菌，肠道微生物的组成发生了显著改变，与具有正常肠道微生物的小鼠相比，抗生素治疗的小鼠在通过雾化剂引入过敏原后，在肺中产生了更强的 CD4 细胞介导的炎症反应（Noverr and Huffnagle，2004），这表明肠道微生物组成的改变可能促进了易呼吸道过敏的小鼠的免疫反应。此外，Vital 等（2015）用尘螨致敏的幼鼠和老年鼠研究了肠道微生物组和过敏性气道疾病的联系，他们发现肠道微生物组结构随着年龄改变和过敏的发展而变化，这种肠道微生物的改变还与血清中 IL-17A 的增加有关，IL-17A 也可能参与了过敏反应。而且，与幼鼠相比，老年鼠会产生更严重的过敏反应。

呼吸道感染性疾病（如肺炎、流感等）每年导致 300 多万人死亡，是全世界致死率排在第三位的一种疾病，仅次于心血管疾病和肿瘤。目前治疗呼吸道感染性疾病的大多数方法是使用抗生素，但抗生素的使用存在疗效差、具有毒性等问题（Keely et al.，2012）。近些年发现肠道微生物及其代谢产物能通过肠-肺轴影响肺部疾病及其治疗效果。

肠道微生物可诱导针对细菌攻击的肺部炎症反应并通过 TLR-4 增强小鼠的中性粒细胞浸润（Tsay et al.，2011）。此外，肠源性的 Th17 细胞对于通过募集中性粒细胞和支气管上皮细胞分泌抗菌因子来保护黏膜至关重要。口服灭活的不可分型流感嗜血杆菌（nontypeable *Haemophilus influenzae*，NTHi），可以使大鼠肠系膜淋巴结和气道中的特异性 Th17 细胞增加（McAleer and Kolls，2014）。总之，肠道中的共生微生物在肺部防御细菌入侵中起关键作用。

急性肺损伤是各种直接和间接致伤因素导致肺泡上皮细胞及毛细血管内皮细胞损伤，造成弥漫性肺间质及肺泡水肿，最终表现为急性低氧性呼吸功能不全，以肺容积减小、肺顺应性降低、通气/血流比例失调为病理生理特征，临床上表现为进行性低氧血症和呼吸窘迫，肺部影像学表现为非均一性的渗出性病变，其发展至严重阶段（氧合指数<200mmHg[①]）称为急性呼吸窘迫综合征。严重感染时急性肺损伤或急性呼吸窘迫综合征发病率可高达 25%-50%，大量输血时其发病率可达 40%，多发性创伤时其发病率达 11%～25%。同时存在 2 个或 3 个危险因素时，急性肺损伤或急性呼吸窘迫综合征发病率进一步升高。另外，危险因素持续作用时间越长，急性肺损伤或急性呼吸窘迫综合征的发病率越高，危险因素持续 24h、48h 及 72h 时，急性呼吸窘迫综合征发病率分别为 76%、85%和 93%。

肠缺血再灌注损伤后会造成肠屏障功能障碍，引起肠道细菌和内毒素移位，它们会大量侵入肺及其他组织造成组织损伤，Souza 等（2004）的一项研究比较了无菌和常规小鼠对肠缺血再灌注损伤的反应能力（肠缺血再灌注损伤会造成肺内中性粒细胞增多，并释放氧自由基，导致肺毛细血管通透性增加，引起肺结构损伤），结果表明，在常规小鼠中，存在明显的局部（肠）和远端（肺）器官的水肿、中性粒细胞浸润、出血和肿瘤坏死因子-α（TNF-α）的产生，此外，血清 TNF-α 浓度也会升高，致死率高达 100%。而在无菌小鼠中，缺血再灌注损伤后没有出现局部（肠）、远端（肺）或全身性炎症反应，且无致死性，与常规小鼠相比，无菌小鼠能够分泌更多的抗炎因子（IL-10）。这表明肠道微生物在急性肺损伤中发挥着重要作用。

在气管内给予细菌细胞壁内毒素诱导的急性肺损伤小鼠模型中，实验组微生物群的病态转化归因于在肺炎环境中繁殖的先天性机会性病原体，而不是外部感染因子（Poroyko et al.，2015）。与经口气管相比，经气管内滴注促进内毒素诱导的细胞损伤，更容易引发中性粒细胞浸润和肺水肿。经口气管内滴注进行的内毒素诱导的病理学变化以肺间质水肿为特征，但经气管内滴注表现为渗出性肺水肿（Zou et al.，2014；Ling et al.，2012）。任何最终导致肺循环中产生大量内毒素的过程都可能导致肺损伤的发展。

在肠缺血再灌注（I/R）后，TLR-4 突变小鼠的肺组织损伤显著减轻，caspase-3 裂解水平降低，和 Bcl-xL 与 Bax 蛋白比例增加相关的上皮细胞凋亡明显减少。肺血管通透性和肺髓过氧化物酶（myeloperoxidase，MPO）活性大幅降低（Ben et al.，2012）。肺泡巨噬细胞和 TLR-4 参与肺损伤的早期炎症反应（Sze et al.，2014）。

---

① 1mmHg=1.333 22×10²Pa。

用肠内局部抗生素治疗小鼠，肺炎症标志物显著减少，肺中浸润细胞和水肿的组织学证据减少。与对照小鼠相比，来自抗生素治疗小鼠的肺泡巨噬细胞在用 TLR 激动剂刺激时离体产生更少的细胞因子，表明炎症反应受肠道微生物组的强烈影响（Wang et al.，2013）。肠道微生物组对肺损伤的影响，可能由内毒素及其配体 TLR-4 诱导。

3.4.2　肠道微生物影响呼吸系统疾病的潜在机制

研究表明，肺部疾病（哮喘、慢性阻塞性肺疾病等）通常伴随着慢性肠道疾病（炎症性肠病或肠易激综合征）的发生。大约 50%患有炎症性肠病和 33%患有肠易激综合征的成人存在肺部炎症或肺功能损伤等，这些人中的大部分都没有急、慢性呼吸系统疾病的病史。而且，慢性阻塞性肺疾病患者比正常人患炎症性肠病的危险性高 2～3 倍，哮喘患者常伴有肠黏膜结构和功能的变化，慢性阻塞性肺疾病患者常出现肠黏膜通透性增加的症状。此外，还有大量研究表明，肠道微生物可以影响肺部免疫，很多肺部疾病往往伴随着肠道微生物的改变。

慢性肺病与炎症性肠病的恶化有很多关键机制是相似的，慢性肺病是另一种急性临床恶化的黏膜表面慢性炎症。两种疾病都与严重的细菌性生态失调有关，会诱导宿主发生炎症反应，其作用机制是破坏常驻微生物和宿主免疫之间的稳态平衡；两种疾病都没有急性感染的标志，抗生素治疗的机制不是通过根除特定的病原体，而是通过操纵细菌群落组成或抗生素的间接免疫调节作用实现的。据报道，大环内酯类抗生素在两种疾病的急性加重期都有效，具有抗菌和免疫调节作用（Huffnagle and Dickson，2015）。肺部微生物与其他器官（特别是肠道）微生物的免疫有一定的相关性，最常见的是胃肠道与呼吸道之间的黏膜免疫传播。大量证据表明肠道微生物有助于这种黏膜免疫稳态的维持。成人肠道黏膜含有约 80%的全身活化 B 细胞，B 细胞分化为分泌 IgA 抗体的浆细胞（plasma cell，PC）。抗原主要通过内分泌型 IgA 结合被免疫排除（Brandtzaeg，2009）。在肠道中，黏膜免疫的诱导和调节主要发生在肠相关淋巴组织中，特别是在旁氏斑块及肠系膜淋巴结中。B 细胞终止向浆细胞的分化是在固有层中完成的，活化的记忆/效应 T 细胞和 B 细胞归巢（Brandtzaeg，2003）。

肠道浆细胞主要来自最初在肠相关淋巴组织中激活的 B 细胞，且产生的抗体，主要是 IgA 二聚体（pIgA），由靶向黏膜抗原刺激的局部浆细胞产生。对缺乏 pIgR 的小鼠研究表明，pIgR 是自上皮输出到肠道的唯一受体（Suzuki et al.，2007）。共生菌定植诱导的信号对于调节 IgA 的免疫应答至关重要，新生儿和无菌动物中产生 IgA 的浆细胞数量显著减少（Gommerman et al.，2014）。免疫接种会诱导全身和远端部位的黏膜免疫反应。人类临床、流行病学及动物实验数据表明，呼吸道中特异性抗体的产生与肠道对抗原暴露的反应同时发生（Kang and Kudsk，2007）。因此，根据常见黏膜免疫系统的概念，实际上是淋巴管和血流将肠道初次免疫部位与肺部作用部位联系起来的。

肠道微生物对肺部免疫调节的作用包括对 TLR 的激活、对肠道微生物代谢产物短链脂肪酸的作用，以及 T 细胞和 B 细胞的归巢。肠道免疫系统通过肠道微生物群与固有免疫系统的 TLR 的相互作用引发免疫信号。TLR 能够识别微生物的组成并引发炎症反应。不同的细菌产物，如内毒素、脂磷壁酸等会刺激 TLR 信号，TLR 信号传递的一个下游效应是激活转录因子 NF-κB（许多调节固有免疫和基因表达所必需的）（Abreu，2010）。因此，肠道微生物对维持正常的 TLR 信号至关重要（Fagundes et al.，2012）。微生物以 TLR 依赖的方式介导抗原特异性 CD4 和 CD8 T 细胞及病原特异性抗体的激活，增强了促 IL-1β 和促 IL-18 mRNA 表达的稳定，使炎性体细胞激活和树突状细胞从肠道组织迁移到淋巴结引起正常的 T 细胞反应。此外，Ichinohe 等（2010）研究表明，直肠给予单剂量内毒素可以恢复流感小鼠肺部的免疫应答，这证明了刺激肠道中的 TLR 信号可以诱导肺的免疫反应。

肠道微生物发酵各种膳食纤维时会产生短链脂肪酸，短链脂肪酸可以调节免疫细胞（如单核细胞）的生成，这些单核细胞迁移到肺部可以分化成树突状细胞，抑制初始 T 细胞分化成 Th2 细胞，同时还可以促进幼稚 T 细胞分化成调节性 T 细胞，哮喘和过敏反应被认为是 Th2 细胞过度活跃和调节性 T 细胞（Treg）抑制的结果，Th2 细胞过度活跃会引发针对过敏原的抗体细胞因子的大量释放，而 Treg 细胞的抑制，会导致对过敏原的免疫反应的失控。因此，利用短链脂肪酸抑制 Th2 细胞群数量并增加体内 Treg 细胞数量，可以缓解哮喘和过敏反应（Tamburini and Clemente，2017）。肠道微生物与肠道树突状细胞之间的互相作用会介导肠道 IL-22+ILC3 选择性地进入肺部，肺上皮细胞表达的趋化因子 CCL17 激活 CCR4 受体，促进 IL-22+ILC3 进入新生小鼠肺部，而肺中高水平的 IL-22 会抑制病原体的增殖（Niess and Reinecker，2005）。因此，T 细胞和 B 细胞的归巢可抑制肺部病原体的增殖，以缓解肺部疾病。

肺部微生物和肠道微生物能通过循环系统进行交流。Sze 等（2014）建立了内毒素的急性肺损伤模型，观察到血液和盲肠中细菌总负荷显著增加，内毒素滴注后支气管肺泡灌洗液中细菌总数略有下降，同时细菌总负荷增加。血液和中性粒细胞涌入肺部（Perrone et al.，2012），表明细菌从肺部转移到血液中。脓毒症最常见的感染部位是肺（尽管很少发现假定的生物）（Coopersmith et al.，2003）。肺部微生物群可能通过血液引起肠道微生物群的变化。研究发现，虽然肺炎始于肺部，但肺外表现如 MRSA 肺炎通过线粒体和受体介导的途径诱导肠损伤也很常见（Vital et al.，2015）。由铜绿假单胞菌引起的肺炎可以诱导肠上皮细胞增殖减少和细胞周期阻滞，细胞在 M 期累积（Abreu，2010）。研究发现，来自发炎的肺的信号能直接改变肠道细菌群落结构（Fagundes et al.，2012）。肠道中的刺激被转移到肺部，从而向肠道提供反馈，并再次发送（改变的）信号。

益生菌制剂已经用作药物治疗多种病症，如腹泻、绞痛、尿路感染和炎症性肠病，此外，有研究也在探究它对结肠癌、肠易激综合征和肺部疾病的影响（Izadjoo et al.，2004）。对肥胖小鼠的研究表明肠道微生物可以影响肺部健康，其作用机制主要是控制肺部炎症。此外，喂食热灭活的加氏乳杆菌的小鼠，其肺中的细胞因子和其他免疫分子的 mRNA 表达显著增加（Yoda et al.，2012），这表明加氏乳杆菌能够刺激小鼠肺部的免疫反应，并通过增加炎症信号增强宿主防御以对抗肺部感染。此外，鼠李糖乳杆菌作为一种益生菌可以刺激免疫系统反应以增强宿主抗感染能力。鼠李糖乳杆菌还可以对抗肺炎链球菌的感染，抑制其在血液的传播，并增加支气管灌洗液中的干扰素 γ（interferon γ，INF-γ）、IL-6、IL-4 和 IL-10 的浓度，提高机体抗感染能力（Salva et al.，2010）。

3.5　肠道微生物与表观遗传

表观遗传是指在基因的核苷酸序列不发生改变的情况下发生可遗传的表型变化。涉及表观遗传变化的单因素和多因素疾病包括代谢综合征、2 型糖尿病、精神分裂症、自身免疫性疾病、癌症、孤独症等。肠道微生物是影响表观基因组的一个重要环境因素（Januar et al.，2015），其潜在机制之一是肠道微生物能诱导宿主细胞的表观遗传变化，改变染色质及基因表达的平衡性。

研究表明，肠道微生物能改变宿主表观遗传学并能影响肥胖和癌症。目前已经发现，细菌在感染宿主时通常可通过表观遗传修饰改变宿主的基因表达，这些表观遗传修饰包括 DNA 甲基化、组蛋白修饰、染色质重塑等（Pereira et al.，2016）。某些食物代谢产物可以通过影响肠道微生物的结构，进而作为影响表观遗传修饰酶的辅助因素，从而调控表观基因表达。因为表观遗传过程可以被恢复，所以消除引起病理-表观遗传变化的微生物或可阻止疾病的发展。因此阐明肠道微生物-宿主相互作用的表观遗传后果具有重要意义。

3.5.1　肠道微生物与 DNA 甲基化

表观遗传修饰的一个突出例子是 DNA 甲基化，其表现为 DNA 甲基转移酶（DNA methyltransferase，DNMT）在胞嘧啶的 5 号碳原子上增加了一个甲基（—CH₃），该甲基通常存在于 CpG 二核苷酸中。DNA 甲基化对癌症发展的影响已经陆续被证实，且大部分研究都集中在结直肠癌上，低甲基化和高甲基化都与结直肠癌的发展有关，其中 *MLH1*、*RARB2*、*CDKN2A* 和其他基因的 CpG 岛高甲基化与肿瘤形成和生长有关（Okugawa et al.，2015；Esteller，2008）。

Pan 等（2018）使用猪模型，在其出生后立即给予抗生素，以研究早期细菌在肠道中定植对 DNA 甲基化的影响。他们在远端小肠中发现了 80 多个差异性甲基化区域（differentially methylated region，DMR），并将这些区域与参与吞噬作用、先天免疫反应和其他途径的基因联系起来。Cortese 等（2016）使用成熟或未成熟的人结肠上皮细胞系来研究特定微生物对 DNA 甲基化状态的影响。该研究表明，用益生菌（嗜酸乳杆菌和婴儿双歧杆菌）或克雷伯氏菌处理这些细胞会导致数百个目的基因的甲基化变化。

已有小鼠试验揭示了肠道微生物组和结肠上皮细胞 DNA 甲基化状态之间的关系。Yu 等（2015）发现，肠道微生物的存在导致特定基因的 3′ CpG 岛甲基化增加，这与基因表达增加相关，表明这些变化具有功能性作用。当使用粪便微生物移植使无菌小鼠常规化并且检查两个基因（*B4galnt1* 和 *Phospho1*）的 3′ CpG 岛甲基化状态时，证实了该结果。一项类似的研究表明，无菌小鼠结肠上皮细胞的 DNA 甲基化状态与传统小鼠不同，并且许多受影响的基因在结直肠癌中经常发生突变。例如，原癌基因 *Bcl3* 在低甲基化的常规小鼠中表达增加，而肿瘤抑制基因 *Rb1* 在常规小鼠中显示出降低的基因表达。尽管随着小鼠衰老，无菌小鼠和常规小鼠之间 DNA 甲基化状态的差异似乎减弱，但基因表达和甲基化状态发生变化的基因数量增加，表明肠道微生物对 DNA 甲基化的总体影响随时间延长而降低，但其功能可能随时间延长而增加。

对孕妇肠道内主要的微生物及其产后 DNA 甲基化状况的分析发现，血液 DNA 甲基化模式与肠道微生物有关。在直肠弯曲菌（*Campylobacter rectus*）感染小鼠的胎盘中，胰岛素样生长因子-2（IGF-2）基因启动子区域 P0 可能导致 DNA 甲基化（Bobetsis et al.，2007），引起 *IGF-2* 转录的下调；由于缺失 *IGF-2* 启动子区域 P0 的小鼠阻断了胎盘 *IGF-2* 的表达，导致胎盘生长减慢，随后胎儿生长受限（Constancia et al.，2002），表明细菌能够在感染的小鼠胎盘中引起表观遗传学的改变，从而对胎儿造成影响，导致早产风险增加。

肠道微生物的组成不仅与心血管疾病相关基因启动子 DNA 甲基化的状态有关，而且与脂质代谢、肥胖和炎症相关基因的启动子 DNA 甲基化状态有关（Januar et al.，2015）。一系列研究表明，肠道微生物影响基因组重编程（Minarovits，2009；Shenderov，2012；Berni Canani et al.，2012）。此外，还发现 *Flavinofractor* 细菌的丰度与结直肠癌发生第一步的 DNA 甲基化成反向关系，而消化链球菌属（*Peptostreptococcus*）和施氏菌属（*Schwartzia*）细菌的丰度则与结直肠癌发生的相关 DNA 甲基化成正向关系（Scarpa et al.，2014）。幽门螺杆菌（*Helicobacter pylori*）感染可引起祖细胞、干细胞等的暂时性与永久性 DNA 甲基化，干细胞部分 DNA 甲基化已被证明与胃癌发生风险成正比（Ushijima，2013）。胃炎患者根除了胃肠道的幽门螺杆菌后，一些 DNA 甲基化模式发生了改变（Miyazaki et al.，2007）。

肠道微生物产生的脂肪酸可通过影响宿主 DNA 的三维结构来调节基因的表达。微生物定植能调节多种宿主组织的组蛋白乙酰化和甲基化。喂食短链脂肪酸的无菌小鼠不仅可以重现与微生物定植相关的染色体修饰状态与转录反应，还能恢复微生物对 DNA 的影响（Krautkramer et al.，2016）。

3.5.2　肠道微生物与组蛋白修饰

组蛋白修饰是指组蛋白在相关酶作用下发生乙酰化、甲基化等修饰的过程。组蛋白修饰也是肠道微生物影响表观遗传变化的重要机制之一。组蛋白是染色质的主要成分，能将 DNA 包裹到核小体中并将其折叠成更高级的结构。组蛋白可以通过翻译后修饰（post-translational modification，PTM）进行修饰，称为"组蛋白代码"，其决定抑制或激活基因表达（Jenuwein and Allis，2001）。组蛋白乙酰化主要由组蛋白乙酰转移酶（histone acetyltransferase，HAT）催化，该酶将乙酰基从乙酰辅酶 A 转移至赖氨酸残基（Roth et al.，2001）。与组蛋白乙酰转移酶相比，组蛋白脱乙酰酶（histone deacetylase，HDAC）具有相反的功能，因为它们从赖氨酸残基中除去乙酰基部分。组蛋白甲基化也是一个重要的表观遗传过程，它将某些转录因子募集到染色质中。催化表观遗传修饰的酶对内源性代谢产物敏感（Fan et al.，2015）。例如，组蛋白脱乙酰酶可被丁酸盐和丙酸盐抑制，丁酸盐和丙酸盐由肠道微生物发酵膳食纤维产生（Verma et al.，2018）。

厚壁菌门的前叶假单胞菌和真核菌是丁酸盐的主要生产者，它们通过调节组蛋白修饰来调控基因表达。组蛋白修饰中的乙酰化与去乙酰化是通过肠道微生物代谢产丁酸的细菌来调节的。在许多研究中已经探讨了丁酸盐对结直肠癌的影响。接种产生丁酸盐的细菌（溶纤维丁酸弧菌）并给予高纤维饮食的无菌小鼠大多数没有肿瘤形成。但单独接种产丁酸的细菌或单独使用高纤维饮食对小鼠肿瘤形成没有保护作用，而接种产生较低水平丁酸盐和溶纤维丁酸弧菌突变株对小鼠在肿瘤形成方面表现出中度保护水平。此外，给予溶纤维丁酸弧菌和高纤维饮食的小鼠肿瘤组蛋白亚基 H3 乙酰化水平更高，表明丁酸盐可起到组蛋白去乙酰化酶抑制剂的作用（Donohoe et al.，2013；De Robertis et al.，2011）。

对肠道微生物组通过组蛋白修饰影响染色质结构的研究发现，数百种宿主基因启动子和增强子在抗生素治疗后的小鼠体内丧失了节律性，并且几乎相同数量的基因启动子和增强子获得了新的节律行为（Thaiss et al.，2016）。对无菌和常规小鼠的近端结肠组织进行检查，确定肠道微生物的存在导致组蛋白乙酰化和甲基化的多种变化。例如，与常规小鼠相比，无菌小鼠的近端结肠组织中组蛋白亚基

H3 上单个乙酰化赖氨酸水平升高，而双乙酰化赖氨酸水平降低（Krautkramer et al.，2016）。用含有几种短链脂肪酸（乙酸盐、丙酸盐和丁酸盐）的饲料饲喂无菌小鼠，结果发现其组蛋白特征更接近正常小鼠，表明肠道微生物的这些代谢产物诱导了组蛋白修饰。此外，研究还发现肠道微生物组与其他组蛋白修饰之间有关联性，如具有 H3K4 甲基化标记的组蛋白通过肠道微生物来修饰。目前的分析方法能够实现对组蛋白 H3 亚基的位置及 K4 甲基化标记的检测，将这些变化与特定基因相关联，发现了大量与炎症性肠病相关的途径及基因。同时，这些基因和途径（参与维持先天黏膜屏障、活性氧生成等）大多与癌症有关，对这些基因及途径的发现，可以帮助人们更好地了解已知肠道微生物如何影响大肠癌中的组蛋白修饰（Kelly et al.，2018）。

染色质的结构及功能受 DNA 甲基化和组蛋白修饰的串扰调节。染色质修饰在基因表达调节中具有重要作用，并具有"记忆"功能，可将初次因环境暴露所产生的免疫应答等储存下来，在同种因素再次干扰时快速做出应答。用 DNA 酶 I 超敏位点测序技术（DNase I hypersensitive site sequencing，DNase-seq）对无菌和常规培养小鼠的肠上皮细胞进行鉴定，发现两者之间染色质构象具有微小差异（Semenkovich et al.，2016），验证了微生物影响肠上皮细胞的染色质构象。肠道微生物发酵产生了大量的产物，它们协助微生物产生大量的叶酸和维生素 B_{12}，叶酸和维生素 B_{12} 是 DNA 甲基化必需的甲基供体。此外，肠道细菌合成氨基酸，如色氨酸，可以通过刺激 IGF-1/p70s6k/mTor 途径激活基因表达。动物模型研究显示，慢性排斥反应诱导的寿命延长伴随着肠道微生物的结构调节（Gadecka and Bielak-Zmijewska，2019）。

3.5.3　肠道微生物与非编码 RNA

非编码 RNA（ncRNA）是从 DNA 转录但不翻译成蛋白质的 RNA 分子。它们通常分为两组：非编码核小 RNA（snRNA）和长链非编码 RNA（lncRNA）（Kita et al.，2016）。最常研究的 snRNA 是 microRNA（miRNA），其长约 22 个核苷酸（Eulalio et al.，2012）。迄今为止，大多数研究使用无菌和常规小鼠来确定在肠道微生物存在下长链非编码 RNA 和 miRNA 表达的差异。Liu 等（2016）使用 NanoString 技术检测无菌小鼠、常规小鼠和抗生素治疗小鼠的粪便 miRNA 谱，结果表明，肠道微生物的存在与粪便 miRNA 表达减少有关，尽管没有检查特定的 miRNA。Moloney 等（2018）研究表明，常规小鼠比无菌小鼠产生更高水平的 4 种 miRNA 中的三种（*let-7b*、*miR-141* 和 *miR-200a*）。有趣的是，当利用抗生素治疗大鼠模型时，所有 4 种 miRNA 在抗生素治疗 6 周后表达水平较低，但在 2 周时，一半上调，一半下调，表明抗生素对 miRNA 表达的影响具有时间性质。这些变化的潜在功能后果未被检查并且难以预测，因为 *let-7b* 起到抗 oncomiRNA（抑制原癌基因的 miRNA）的作用，*miR-141* 和 *miR-200a* 作为结直肠癌中的 oncomiRNA 起作用（To et al.，2018；Strubberg and Madison，2017；Cekaite et al.，2016）。

　　Liu 等（2016）揭示了 miRNA 差异是由肠道微生物对上皮细胞的影响引起的。Nakata 等（2017）使用微阵列和 qPCR 数据研究表明，*miR-21-5p* 在常规小鼠的小肠和大肠中的表达水平高于无菌小鼠。其研究还表明将 HT-29 和 SW480 细胞（两种结直肠癌细胞系）暴露于热灭活的 A43 型酸性拟杆菌和约氏乳杆菌 129 导致 *miR-21-5p* 表达上调，表明来自这些细菌的代谢产物（而不是单独的活细菌）可以直接调节 oncomiRNA 的表达（Nakata et al.，2017）。矛盾的是，这两种细菌都被认为是益生菌而不是致癌细菌，这表明需要依据微生物的代谢功能来评判其"好坏"（Bereswill et al.，2017；Yang et al.，2017）。Peck 等（2017）的研究证明，miRNA 在功能不同的小鼠空肠上皮细胞中有显著差异，miRNA 对微生物群的反应具有高度的细胞类型特异性。miR-375 在肠上皮干细胞（intestinal epithelial stem cell，IESC）中被微生物显著抑制。尽管与无菌小鼠相比，常规小鼠中大多数 miRNA 表达增加，但 IESC 中表达最高的 miRNA（miR-375-3p）表达量降低，并且这种特定 miRNA 在肠上的敲除导致细胞增殖（Peck et al.，2017），且 miR-375-3p 在结直肠癌组织中表达下调（Xu et al.，2014）。一些研究表明，肠道微生物可以改变 miRNA 的表达，特别是那些与结直肠癌发展有关的 miRNA，但很少有研究证明这些表达变化对结直肠癌模型中肿瘤发展的影响。根据这一想法，Yu 等（2017b）使用全 miRNA 表达谱研究了几种在复发性结直肠癌患者富含具核酸杆菌的肿瘤样本中表达下调的 miRNA。

　　关于长链非编码 RNA（lncRNA）与肠道微生物组之间的相互作用知之甚少，这是因为大多数 lncRNA 的功能难以鉴定。Dempsey 等（2018）发现，在没有肠道微生物的情况下，lncRNA 在小鼠十二指肠、空肠、回肠和结肠中的表达发生了改变。编码这些 lncRNA 的大多数 DNA 序列位于基因间区域或蛋白质编码基因的内含子中，并且预测 lncRNA 在调节这些基因的表达中起作用。特别是在结肠中，他们发现了与转化生长因子（TGF）信号转导和 G 蛋白偶联受体信号转导相关的 lncRNA。Liang 等（2015）研究了用正常小鼠微生物群或仅用大肠杆菌重建无菌小鼠肠道微生物时 lncRNA 表达的变化。有趣的是，两种不同类型的重建导致 lncRNA 特征有显著的差异性，仅有 8%的重叠（6 个 lncRNA）。这 6 个 lncRNA 与基因无关，但它们在胸腺和脾脏中高度表达，表明其在提高免疫中有潜在作用。

3.5.4 以肠道微生物为靶向的结直肠癌治疗

大多数抗结直肠癌的化学药物可抑制癌细胞的生长或彻底消除癌细胞,然而,这些药物会产生严重的毒副作用。某些有益微生物虽然显示出抗肿瘤活性,但它们产生的毒性作用比化学抗肿瘤药物小得多。有证据表明,某些微生物群体可有效预防或治疗癌症,如双歧杆菌和拟杆菌。细胞毒性 T 细胞相关蛋白 4(CTLA-4)又称为 CD152,参与免疫反应负调节,CTLA-4 抗体已成功用于癌症免疫疗法。CTLA-4 抗体抗肿瘤作用取决于特定的拟杆菌属物种。在肿瘤小鼠和患者中,由特异性多形类杆菌或脆弱拟杆菌诱导的 T 细胞与 CTLA-4 阻断的免疫治疗功效相关。抗生素治疗或无菌小鼠中的肿瘤对 CTLA-4 阻断没有反应。用脆弱拟杆菌灌胃、用脆弱拟杆菌多糖免疫或通过脆弱拟杆菌诱导的 T 细胞的过继转移,均可以弥补抗生素处理无菌小鼠对 CTLA-4 阻断没有反应的缺陷(Vétizou et al.,2015)。有研究比较了不同微生物定植时小鼠黑色素瘤的生长情况,并研究了自发抗肿瘤免疫力的差异。在微生物或粪菌移植后,自发抗肿瘤免疫力差异减小。上述研究进一步确定了双歧杆菌与抗肿瘤活性之间的联系。双歧杆菌协助程序性死亡受体-配体 1(PD-L1)的特异性抗体联合治疗时,几乎完全抑制了肿瘤生长(Sivan et al.,2015)。因此,控制微生物群可以有效协助癌症的免疫治疗。

肠道微生物群通过直接或间接的方式对结直肠癌发生过程中的表观遗传修饰起着至关重要的作用。有两个关键的间接方式,第一个是肠道微生物诱导促致癌性炎症反应的能力(Chen et al.,2017b;Francescone et al.,2014;Irrazábal et al.,2014),第二个是肠道微生物产生的代谢产物(Bhat and Kapila,2017;Ye et al.,2017;Mischke and Plösch,2016)。黏膜炎症、屏障功能受损和生态失调可能是由宿主和微生物群之间的表观遗传串扰失调引起的。已有研究揭示了宿主-微生物群相互作用的新方法(Mischke and Plösch,2016;O'Keefe,2016;Paul et al.,2015;Petra et al.,2014),然而,我们对表观遗传修饰如何参与这些相互作用的理解才刚刚开始。短链脂肪酸、硫化氢(H_2S)、二级胆汁酸和许多其他代谢产物影响结肠上皮细胞基因组或表观基因组的次级胆汁酸和许多其他代谢产物,改变结直肠癌进展的速率,这对结直肠癌的预防或治疗非常重要(Petra et al.,2014)。

肠道微生物诱导的遗传或表观遗传变化也可能为开发新的治疗策略提供信息。Bullman 等(2017)发现,梭杆菌属和其他相关的肠道微生物组物种存在于原发性和转移性人类结直肠癌中。具核梭杆菌促进了结直肠癌细胞对化疗的耐药性,其在化疗后复发患者的结直肠癌组织中含量丰富,具核梭杆菌靶向 TLR-4 和 MYD88 先天免疫信号及特异性 miRNA 以激活自噬途径,从而改变结直肠癌的化学治疗反应。

　　肠道微生物诱导的遗传或表观遗传变化也用于早期检测结直肠癌。一些研究已经开始评估将肠道微生物作为检测方法筛查结直肠癌的有效性，但迄今为止，这些方法的性能指标限制了它们用于临床相关筛查策略的效用（Yu et al.，2017a，2015；Baxter et al.，2016；Liang et al.，2016；Zackular et al.，2014）。相比之下，利用血液检测癌症中突变基因（包括结直肠癌）的筛选策略正在迅速发展成潜在可行的检测方法（Cohen et al.，2018），目前 miRNA 和其他表观遗传变化是否可以作为一种检测手段用于结直肠癌筛查也被科学家纳入研究范围（Hibner et al.，2018）。未来有可能通过引发表观遗传变化的特定肠道微生物，或已知与结直肠癌相关的肠道微生物来增强传统癌症筛查方式的敏感性和特异性。

参 考 文 献

舒山, 程楠, 韩咏竹. 2016. 肠道菌群与中枢神经系统疾病. 医学综述, 22(10): 1891-1894.

Abenavoli L, Di Renzo L, Boccuto L, et al. 2018. Health benefits of Mediterranean diet in nonalcoholic fatty liver disease. Expert Review of Gastroenterology & Hepatology, 12(9): 873-881.

Abreu M T. 2010. Toll-like receptor signalling in the intestinal epithelium: how bacterial recognition shapes intestinal function. Nature reviews. Immunology, 10(2): 131-144.

Akers K G, Cherasse Y, Fujita Y, et al. 2018. Concise review: regulatory influence of sleep and epigenetics on adult hippocampal neurogenesis and cognitive and emotional function. Stem Cells, 36(7): 969-976.

Alkhawaja S, Martin C, Butler R J, et al. 2015. Post-pyloric versus gastric tube feeding for preventing pneumonia and improving nutritional outcomes in critically ill adults. Cochrane Database of Systematic Reviews, (8): CD008875.

Aller R, Fernandez-Rodriguez C, Lo Iacono O, et al. 2018. Consensus document. Management of non-alcoholic fatty liver disease (NAFLD). Clinical practice guideline. Gastroenterología y Hepatología, 41(7): 475-476.

Alvarez-Nava F, Lanes R. 2017. GH/IGF-1 signaling and current knowledge of epigenetics; a review and considerations on possible therapeutic options. International Journal of Molecular Sciences, 18(10): 1624.

Ambalam P, Raman M, Purama R K, et al. 2016. Probiotics, prebiotics and colorectal cancer prevention. Best Practice & Research in Clinical Gastroenterology, 30(1): 119-131.

An R, Wilms E, Masclee A, et al. 2018. Age-dependent changes in GI physiology and microbiota: time to reconsider? Gut, 67(12): 2213-2222.

Anania C, Perla F M, Olivero F, et al. 2018. Mediterranean diet and nonalcoholic fatty liver disease. World Journal of Gastroenterology, 24(19): 2083-2094.

Andermann T M, Rezvani A, Bhatt A S. 2016. Microbiota manipulation with prebiotics and probiotics in patients undergoing stem cell transplantation. Current Hematologic Malignancy Reports, 11(1): 19-28.

Anonye B O. 2017. Commentary: dietary polyphenols promote growth of the gut bacterium Akkermansia muciniphila and attenuate high-fat diet-induced metabolic syndrome. Frontiers in Immunology, 8: 850.

Ari G, Cherukuri S, Namasivayam A. 2016. Epigenetics and periodontitis: a contemporary review. Journal of Clinical and Diagnostic Research, 10(11): ZE07-ZE09.

Ayeni F A, Biagi E, Rampelli S, et al. 2018. Infant and adult gut microbiome and metabolome in rural bassa and urban settlers from Nigeria. Cell Reports, 23(10): 3056-3067.

Barbonetti A, Vassallo M, Cinque B, et al. 2013. Soluble products of *Escherichia coli* induce mitochondrial dysfunction-related sperm membrane lipid peroxidation which is prevented by Lactobacilli. PLoS One, 8(12): e83136.

Baxter N T, Ruffin M T, Rogers M A, et al. 2016. Microbiota-based model improves the sensitivity of fecal immunochemical test for detecting colonic lesions. Genome Medicine, 8(1): 37.

Ben D F, Yu X Y, Ji G Y, et al. 2012. TLR4 mediates lung injury and inflammations in intestinal ischemia-reperfusion. Journal of Surgical Research,174(2): 326-333.

Bene K, Varga Z, Petrov V O, et al. 2017. Gut microbiota species can provoke both inflammatory and tolerogenic immune responses in human dendritic cells mediated by retinoic acid receptor alpha ligation. Frontiers in Immunology, 8: 427.

Bereswill S, Ekmekciu I, Escher U, et al. 2017. *Lactobacillus johnsonii* ameliorates intestinal, extraintestinal and systemic pro-inflammatory immune responses following murine *Campylobacter jejuni* infection. Scientific Reports, 7(1): 2138.

Berg R D. 1999. Bacterial translocation from the gastrointestinal tract. Advances in Experimental Medicine and Biology, 473: 11-30.

Berni Canani R, Di Costanzo M, Leone L. 2012. The epigenetic effects of butyrate: potential therapeutic implications for clinical practice. Clinical Epigenetics, 4(1): 4.

Bertkova I, Hijova E, Chmelarova A, et al. 2010. The effect of probiotic microorganisms and bioactive compounds on chemically induced carcinogenesis in rats. Neoplasma, 57(5): 422-428.

Bhat M I, Kapila R. 2017. Dietary metabolites derived from gut microbiota: critical modulators of epigenetic changes in mammals. Nutrition Reviews, 75(5): 374-389.

Bhatti M U, Riaz H A, Tabassum B, et al. 2018. Mini Review - Epigenetics: quest for no-escape to HIV, a persistent pathogen. Pakistan Journal of Pharmaceutical Sciences, 31(5): 2011-2016.

Björkstén B, Sepp E, Julge K, et al. 2001. Allergy development and the intestinal microflora during the first year of life. Journal of Allergy and Clinical Immunology, 108(4): 516-520.

Bobetsis Y A, Barros S P, Lin D M, et al. 2007. Bacterial infection promotes DNA hypermethylation. Journal of Dental Research, 86(2): 169-174.

Bonilla-Rosso G, Engel P. 2018. Functional roles and metabolic niches in the honey bee gut microbiota. Current Opinion in Microbiology, 43: 69-76.

Brandtzaeg P. 2003. Mucosal immunity: integration between mother and the breast-fed infant. Vaccine, 21(24): 3382-3388.

Brandtzaeg P. 2009. Mucosal immunity: induction, dissemination, and effector functions. Scandinavian Journal of Immunology, 70(6): 505-515.

Bratz I N, Dick G M, Tune J D, et al. 2008. Impaired capsaicin-induced relaxation of coronary arteries in a porcine model of the metabolic syndrome. American Journal of Physiology-Heart and Circulatory Physiology, 294(6): H2489-H2496.

Bronner D N, Faber F, Olsan E E, et al. 2018. Genetic ablation of butyrate utilization attenuates gastrointestinal *Salmonella* disease. Cell Host & Microbe, 23(2): 266-273.

Bullman S, Pedamallu C S, Sicinska E, et al. 2017. Analysis of *Fusobacterium* persistence and antibiotic response in colorectal cancer. Science, 358(6369): 1443.

Byndloss M X, Pernitzsch S R, Baumler A J. 2018. Healthy hosts rule within: ecological forces shaping the gut microbiota. Mucosal Immunology, 11(5): 1299-1305.

Carding S R, Davis N, Hoyles L. 2017. Review article: the human intestinal virome in health and disease. Alimentary Pharmacology & Therapeutics, 46(9): 800-815.

Cekaite L, Eide P W, Lind G E, et al. 2016. MicroRNAs as growth regulators, their function and biomarker status in colorectal cancer. Oncotarget, 7(6): 6476-6505.

Cerisuelo A, Marin C, Sanchez-Vizcaino F, et al. 2014. The impact of a specific blend of essential oil components and sodium butyrate in feed on growth performance and *Salmonella* counts in experimentally challenged broilers. Poultry Science, 93(3): 599-606.

Chang H W, Yan D, Singh R, et al. 2018. Alteration of the cutaneous microbiome in psoriasis and potential role in Th17 polarization. Microbiome, 6(1): 154.

Chassaing B, Koren O, Goodrich J K, et al. 2015. Dietary emulsifiers impact the mouse gut microbiota promoting colitis and metabolic syndrome. Nature, 519(7541): 92-96.

Chavatte-Palmer P, Velazquez M A, Jammes H, et al. 2018. Review: epigenetics, developmental programming and nutrition in herbivores. Animal, 2018: 1-9.

Chen C, Song X, Wei W, et al. 2017a. The microbiota continuum along the female reproductive tract and its relation to uterine-related diseases. Nature Communications, 8(1): 875.

Chen J, Pitmon E, Wang K. 2017b. Microbiome, inflammation and colorectal cancer. Seminars in Immunology, 32: 43.

Chen Y C, Greenbaum J, Shen H, et al. 2017c. Association between gut microbiota and bone health: Potential mechanisms and prospective. The Journal of Clinical Endocrinology & Metabolism, 102(10): 3635-3646.

Chu H, Williams B, Schnabl B. 2018. Gut microbiota, fatty liver disease, and hepatocellular carcinoma. Liver Research, 2(1): 43-51.

Coelho L P, Kultima J R, Costea P I, et al. 2018. Similarity of the dog and human gut microbiomes in gene content and response to diet. Microbiome, 6(1): 72.

Cohen J D, Li L, Wang Y, et al. 2018. Detection and localization of surgically resectable cancers with a multi-analyte blood test. Science, 359(6378): 926-930.

Constancia M, Hemberger M, Hughes J, et al. 2002. Placental-specific IGF-II is a major modulator of placental and fetal growth. Nature, 417(6892): 945-948.

Coopersmith C M, Stromberg P E, Davis C G, et al. 2003. Sepsis from *Pseudomonas aeruginosa* pneumonia decreases intestinal proliferation and induces gut epithelial cell cycle arrest. Critical Care Medicine, 31(6): 1630-1637.

Cortese R, Lu L, Yu Y, et al. 2016. Epigenome-microbiome crosstalk: a potential new paradigm influencing neonatal susceptibility to disease. Epigenetics, 11(3): 205-215.

Cryan J F, O'Riordan K J, Cowan C S M, et al. 2019. The microbiota-gut-brain axis. Physiological Reviews, 99(4): 1877-2013.

Da Silva H E, Teterina A, Comelli E M, et al. 2018. Nonalcoholic fatty liver disease is associated with dysbiosis independent of body mass index and insulin resistance. Scientific Reports, 8(1): 1466.

Daenen S, Goris H, de Boer F, et al. 1992. Influence of high versus low intestinal concentration of Gram-negative bacteria and endotoxin on the susceptibility of murine myelopoiesis in bone marrow and spleen to cytostatic treatment with Ara-C. Leukemia Research, 16(10): 985-991.

Dao A T, Yamazaki H, Takamatsu H, et al. 2016. Cyclosporine restores hematopoietic function by compensating for decreased Tregs in patients with pure red cell aplasia and acquired aplastic anemia. Annals of Hematology, 95(5): 771-781.

de la Cuesta-Zuluaga J, Corrales-Agudelo V, Velasquez-Mejia E P, et al. 2018. Gut microbiota is associated with obesity and cardiometabolic disease in a population in the midst of westernization. Scientific Reports, 8(1): 11356.

de Muinck E J, Trosvik P. 2018. Individuality and convergence of the infant gut microbiota during the first year of life. Nature Communications, 9(1): 2233.

De Ridder L, Maes D, Dewulf J, et al. 2013. Effect of a DIVA vaccine with and without in-feed use of coated calcium-butyrate on transmission of *Salmonella typhimurium* in pigs. BMC Veterinary Research, 9: 243.

De Robertis M, Massi E, Poeta M L, et al. 2011. The AOM/DSS murine model for the study of colon carcinogenesis: from pathways to diagnosis and therapy studies. Journal of Carcinogenesis, 10: 9.

Dempsey J, Zhang A, Cui J Y. 2018. Coordinate regulation of long non-coding RNAs and protein-coding genes in germ-free mice. BMC Genomics, 19(1): 834.

Deschasaux M, Bouter K E, Prodan A, et al. 2018. Depicting the composition of gut microbiota in a population with varied ethnic origins but shared geography. Nature Medicine, 24(10): 1526-1531.

Dhariwala M O, Scharschmidt T C. 2018. Skin commensal antigens: taking the road less traveled. Trends in Immunology, 39(4): 259-261.

Dickson R P, Erb-Downward J R, Huffnagle G B. 2013. The role of the bacterial microbiome in lung disease. Expert Review of Respiratory Medicine, 7(3): 245-257.

Dinh D M, Volpe G E, Duffalo C, et al. 2015. Intestinal microbiota, microbial translocation, and systemic inflammation in chronic HIV infection. Journal of Infectious Diseases, 211(1): 19-27.

Dodd D, Spitzer M H, van Treuren W, et al. 2017. A gut bacterial pathway metabolizes aromatic amino acids into nine circulating metabolites. Nature, 551(7682): 648-652.

Doestzada M, Vila A V, Zhernakova A, et al. 2018. Pharmacomicrobiomics: a novel route towards personalized medicine? Protein Cell, 9(5): 432-445.

Donohoe D, Montgomery S, Collins L, et al. 2013. Metaboloepigenetic effects of microbial-produced butyrate in cancer prevention. Cancer Research, 73(8): SY08-03-SY08-03.

Dorozynska I, Majewska-Szczepanik M, Marcinska K, et al. 2014. Partial depletion of natural gut flora by antibiotic aggravates collagen induced arthritis (CIA) in mice. Pharmacological Reports, 66(2): 250-255.

Duffney L J, Valdez P, Tremblay M W, et al. 2018. Epigenetics and autism spectrum disorder: a report of an autism case with mutation in H1 linker histone *HIST1H1E* and literature review. American Journal of Medical Genetics Part B Neuropsychiatric Genetics, 177(4): 426-433.

Eaton K, Pirani A, Snitkin E S, et al. 2018. Replication study: intestinal inflammation targets cancer-inducing activity of the microbiota. eLife, 7: e34364.

Egert M, Simmering R, Riedel C U. 2017. The association of the skin microbiota with health, immunity, and disease. Clinical Pharmacology & Therapeutics, 102(1): 62-69.

El-Nezami H S, Polychronaki N N, Ma J, et al. 2006. Probiotic supplementation reduces a biomarker for increased risk of liver cancer in young men from Southern China. The American Journal of Clinical Nutrition, 83(5): 1199-1203.

Eriguchi Y, Takashima S, Oka H, et al. 2012. Graft-versus-host disease disrupts intestinal microbial ecology by inhibiting Paneth cell production of alpha-defensins. Blood, 120(1): 223-231.

Escherich T. 1988. The intestinal bacteria of the neonate and breast-fed infant. 1884. Clinical Infectious Diseases, 10(6): 1220-1225.

Escherich T. 1989. The intestinal bacteria of the neonate and breast-fed infant. 1885. Clinical Infectious Diseases, 11(2): 352-356.

Espinoza J L, Elbadry M I, Nakao S. 2016. An altered gut microbiota may trigger autoimmune-mediated acquired bone marrow failure syndromes. Clinical Immunology, 171: 62-64.

Esteller M. 2008. Epigenetics in cancer. New England Journal Of Medicine, 358(11): 1148-1159.

Eulalio A, Schulte L, Vogel J. 2012. The mammalian microRNA response to bacterial infections. RNA Biology, 9(6): 742-750.

Eynon E E, Zenewicz L A, Flavell R A. 2005. Sugar-coated regulation of T cells. Cell, 122(1): 2-4.

Fagundes C T, Amaral F A, Vieira A T, et al. 2012. Transient TLR activation restores inflammatory response and ability to control pulmonary bacterial infection in germfree mice. Journal of Immunology, 188(3): 1411-1420.

Faith J J, Guruge J L, Charbonneau M, et al. 2013. The long-term stability of the human gut microbiota. Science, 341(6141): 1237439.

Fan J, Krautkramer K A, Feldman J L, et al. 2015. Metabolic regulation of histone post-translational modifications. Acs Chemical Biology, 10(1): 95-108.

Farrell C, O'Keane V. 2016. Epigenetics and the glucocorticoid receptor: a review of the implications in depression. Psychiatry Research, 242: 349-356.

Fogliano V, Vitaglione P. 2005. Functional foods: planning and development. Molecular Nutrition & Food Research, 49(3): 256-262.

Francescone R, Hou V, Grivennikov S I. 2014. Microbiome, inflammation, and cancer. Cancer Journal, 20(3): 181-189.

Friedman-Moraco R J, Mehta A K, Lyon G M, et al. 2014. Fecal microbiota transplantation for refractory *Clostridium difficile* colitis in solid organ transplant recipients. American Journal of Transplantation, 14(2): 477-480.

Funkhouser L J, Bordenstein S R. 2013. Mom knows best: the universality of maternal microbial transmission. PLoS Biology, 11(8): e1001631.

Gadecka A, Bielak-Zmijewska A. 2019. Slowing down ageing: the role of nutrients and microbiota in modulation of the epigenome. Nutrients, 11(6): 1251.

Gagniere J, Raisch J, Veziant J, et al. 2016. Gut microbiota imbalance and colorectal cancer. World Journal of Gastroenterology, 22(2): 501-518.

Gantois I, Ducatelle R, Pasmans F, et al. 2006. Butyrate specifically down-regulates salmonella pathogenicity island 1 gene expression. Applied and Environmental Microbiology, 72(1): 946-949.

Gao L, Xu T, Huang G, et al. 2018. Oral microbiomes: more and more importance in oral cavity and whole body. Protein & Cell, 9(5): 488-500.

Garagnani P, Pirazzini C, Franceschi C. 2013. Colorectal cancer microenvironment: among nutrition, gut microbiota, inflammation and epigenetics. Current Pharmaceutical Design, 19(4): 765-778.

Garcia-Mantrana I, Selma-Royo M, Alcantara C, et al. 2018. Shifts on gut microbiota associated to Mediterranean diet adherence and specific dietary intakes on general adult population. Frontiers in Microbiology, 9: 890.

Gaudreau M C, Johnson B M, Gudi R, et al. 2015. Gender bias in lupus: does immune response initiated in the gut mucosa have a role? Clinical and Experimental Immunology, 180(3): 393-407.

Gimblet C, Meisel J S, Loesche M A, et al. 2017. Cutaneous leishmaniasis induces a transmissible dysbiotic skin microbiota that promotes skin inflammation. Cell Host & Microbe, 22(1): 13-24.

Godos J, Federico A, Dallio M, et al. 2017. Mediterranean diet and nonalcoholic fatty liver disease: molecular mechanisms of protection. International Journal of Food Sciences and Nutrition, 68(1): 18-27.

Gomez A, Luckey D, Yeoman C J, et al. 2012. Loss of sex and age driven differences in the gut microbiome characterize arthritis-susceptible 0401 mice but not arthritis-resistant 0402 mice. PLoS One, 7(4): e36095.

Gommerman J L, Rojas O L, Fritz J H. 2014. Re-thinking the functions of IgA(+) plasma cells. Gut Microbes, 5(5): 652-662.

Gonzalez F J, Jiang C, Patterson A D. 2016. An intestinal microbiota-farnesoid X receptor axis modulates metabolic disease. Gastroenterology, 151(5): 845-859.

Goodrich J K, Waters J L, Poole A C, et al. 2014. Human genetics shape the gut microbiome. Cell, 159(4): 789-799.

Goto T, Itoh M, Suganami T, et al. 2018. Obeticholic acid protects against hepatocyte death and liver fibrosis in a murine model of nonalcoholic steatohepatitis. Scientific Reports, 8(1): 8157.

Groen R N, de Clercq N C, Nieuwdorp M, et al. 2018. Gut microbiota, metabolism and psychopathology: a critical review and novel perspectives. Critical Reviews in Clinical Laboratory Sciences, 55(4): 283-293.

Guan W, Jing Y, Yu L. 2017. Prognostic value of recurrent molecular genetics and epigenetics abnormity in T lymphoblastic lymphoma/leukemia-review. Journal of Experimental Hematology, 25(2): 587-591.

Gulneva M, Noskov S M. 2011. Colonic microbial biocenosis in rheumatoid arthritis. Klinicheskaia Meditsina, 89(4): 45-48.

Gupta V K, Paul S, Dutta C. 2017. Geography, ethnicity or subsistence-specific variations in human microbiome composition and diversity. Frontiers in Microbiology, 8: 1162.

Haigh L, Bremner S, Houghton D, et al. 2019. Barriers and facilitators to mediterranean diet adoption by patients with nonalcoholic fatty liver disease in northern Europe. Clinical Gastroenterology and Hepatology, 17(7): 1364-1371.

Hom H J, Han J H, Lee Y S, et al. 2019. viaBee venom soluble phospholipase A2 exerts ne uroprotective effects in a Lipopolysacch aride-induced mouse model of Alzheimer's disease in hibition of nuclear factor- kappa B. Aging Neuroscience, 11: 287. Frontiersin

Hameed B, Terrault N A, Gill R M, et al. 2018. Clinical and metabolic effects associated with weight changes and obeticholic acid in non-alcoholic steatohepatitis. Alimentary Pharmacology & Therapeutics, 47(5): 645-656.

Hamelmann E, Herz U, Holt P, et al. 2008. New visions for basic research and primary prevention of pediatric allergy: an iPAC summary and future trends. Pediatric Allergy and Immunology, 19 (Suppl 19): 4-16.

Hamza M, Halayem S, Mrad R, et al. 2017. Epigenetics' implication in autism spectrum disorders: a review. Encephale-revue De Psychiatrie Clinique Biologique Et Therapeutique, 43(4): 374-381.

Han M K, Huang Y J, Lipuma J J, et al. 2012. Significance of the microbiome in obstructive lung disease. Thorax, 67(5): 456-463.

Hanley B, Dijane J, Fewtrell M, et al. 2010. Metabolic imprinting, programming and epigenetics - a review of present priorities and future opportunities. British Journal of Nutrition, 104 (S1): S1-S25.

Hartman R J G, Huisman S E, den Ruijter H M. 2018. Sex differences in cardiovascular epigenetics-a systematic review. Biology of Sex Differences, 9(1): 19.

He Z, Chen Z Y. 2017. What are missing parts in the research story of trimethylamine-N-oxide (TMAO)? Journal of Agricultural and Food Chemistry, 65(26): 5227-5228.

Heim C, Binder E B. 2012. Current research trends in early life stress and depression: review of human studies on sensitive periods, gene-environment interactions, and epigenetics. Experimental Neurology, 233(1): 102-111.

Hernandez D L. 2016. Letter to the editor: use of antibiotics, gut microbiota, and risk of type 2 diabetes: epigenetics regulation. The Journal of Clinical Endocrinology and Metabolism, 101(5): L62-L63.

Hibner G, Kimsa-Furdzik M, Francuz T. 2018. Relevance of microRNAs as potential diagnostic and prognostic markers in colorectal cancer. International Journal of Molecular Sciences, 19(10):

2944.

Hilty M, Burke C, Pedro H, et al. 2012. Disordered microbial communities in asthmatic airways. PLoS One, 5(1): e8578.

Hu Y, Yang Q, Liu B, et al. 2019. Gut microbiota associated with pulmonary tuberculosis and dysbiosis caused by anti-tuberculosis drugs. Journal of Infection, 78(4): 317-322.

Huang W C, Chen Y H, Chuang H L, et al. 2019. Investigation of the effects of microbiota on exercise physiological adaption, performance, and energy utilization using a gnotobiotic animal model. Frontiers in Microbiology, 10: 1906.

Hubel C, Marzi S J, Breen G, et al. 2018. Epigenetics in eating disorders: a systematic review. Molecular Psychiatry, 24(6): 901-915.

Huffnagle G B, Dickson R P. 2015. The bacterial microbiota in inflammatory lung diseases. Clinical Immunology, 159(2): 177-182.

Hylemon P B, Harris S C, Ridlon J M. 2018. Metabolism of hydrogen gases and bile acids in the gut microbiome. FEBS Letters, 592(12): 2070-2082.

Ichinohe T, Pang I, Iwasaki A. 2010. Influenza virus activates inflammasomes via its intracellular M2 ion channel. Nature immunology, 11(5): 404-410.

Integrative-HMP-Research-Network-Consortium. 2019. The integrative human microbiome project. Nature, 569(7758): 641-648.

Iranshahi N, Zafari P, Yari K H, et al. 2016. The most common genes involved in epigenetics modifications among Iranian patients with breast cancer: a systematic review. Cellular and Molecular Biology, 62(12): 116-122.

Irrazábal T, Belcheva A, Girardin S, et al. 2014. The multifaceted role of the intestinal microbiota in colon cancer. Molecular Cell, 54(2): 309-320.

Ivanov II, Atarashi K, Manel N, et al. 2009. Induction of intestinal Th17 cells by segmented filamentous bacteria. Cell, 139(3): 485-498.

Izadjoo M, Bhattacharjee A, Paranavitana C, et al. 2004. Oral vaccination with Brucella melitensis WR201 protects mice against intranasal challenge with virulent Brucella melitensis 16M. Infection and Immunity, 72(7): 4031-4039.

Janakiraman M, Krishnamoorthy G. 2018. Emerging role of diet and microbiota interactions in neuroinflammation. Frontiers in Immunology, 9: 2067.

Januar V, Saffery R, Ryan J. 2015. Epigenetics and depressive disorders: a review of current progress and future directions. International Journal of Epidemiology, 44(4): 1364-1387.

Jennings S, Prescott S L. 2010. Early dietary exposures and feeding practices: role in pathogenesis and prevention of allergic disease? Postgraduate Medical Journal, 86(1012): 94-99.

Jenuwein T, Allis C D. 2001. Translating the histone code. Science, 293(5532): 1074.

Jiao N, Baker S S, Chapa-Rodriguez A, et al. 2018. Suppressed hepatic bile acid signalling despite elevated production of primary and secondary bile acids in NAFLD. Gut, 67(10): 1881-1891.

Jones R M. 2016. The influence of the gut microbiota on host physiology: in pursuit of mechanisms. Yale Journal of Biology and Medicine, 89(3): 285-297.

Josefsdottir K S, Baldridge M T, Kadmon C S, et al. 2017. Antibiotics impair murine hematopoiesis by depleting the intestinal microbiota. Blood, 129(6): 729-739.

Jovanovic D V, Di Battista J A, Martel-Pelletier J, et al. 1998. IL-17 stimulates the production and expression of proinflammatory cytokines, IL-beta and TNF-alpha, by human macrophages. Journal of Immunology, 160(7): 3513-3521.

Kakihana K, Fujioka Y, Suda W, et al. 2016. Fecal microbiota transplantation for patients with steroid-resistant acute graft-versus-host disease of the gut. Blood, 128(16): 2083-2088.

Kaliora A C, Gioxari A, Kalafati I P, et al. 2019. The effectiveness of mediterranean diet in nonalcoholic fatty liver disease clinical course: an intervention study. Journal of Medicinal Food, 22(7): 729-740.

Kang W, Kudsk K A. 2007. Is there evidence that the gut contributes to mucosal immunity in humans? Jpen Journal of Parenteral & Enteral Nutrition, 31(3): 246-258.

Keely S, Talley N J, Hansbro P M. 2012. Pulmonary-intestinal cross-talk in mucosal inflammatory disease. Mucosal Immunology, 5(1): 7-18.

Kelly D, Kotliar M, Woo V, et al. 2018. Microbiota-sensitive epigenetic signature predicts inflammation in Crohn's disease. JCI Insight, 3(18): e122104.

Keramatinia A, Ahadi A, Akbari M E, et al. 2018. The roles of DNA epigenetics and clinical significance in Chronic Myeloid Leukemia: a review. Cellular and Molecular Biology, 64(9): 58-63.

Khosravi A, Yanez A, Price J G, et al. 2014. Gut microbiota promote hematopoiesis to control bacterial infection. Cell Host & Microbe, 15(3): 374-381.

Kim K W, Kim H R, Park J Y, et al. 2012. Interleukin-22 promotes osteoclastogenesis in rheumatoid arthritis through induction of RANKL in human synovial fibroblasts. Arthritis & Rheumatism, 64(4): 1015-1023.

Kim Y J, Choi J Y, Ryu R, et al. 2016. Platycodon grandiflorus root extract attenuates body fat mass, hepatic steatosis and insulin resistance through the interplay between the liver and adipose tissue. Nutrients, 8(9): 532.

Kita Y, Yonemori K, Osako Y, et al. 2016. Noncoding RNA and colorectal cancer: its epigenetic role. Journal of Human Genetics, 62(1): 41.

Koch M A, Reiner G L, Lugo K A, et al. 2016. Maternal IgG and IgA antibodies dampen mucosal T helper cell responses in early life. Cell, 165(4): 827-841.

Kong F, Deng F, Li Y, et al. 2018. Identification of gut microbiome signatures associated with longevity provides a promising modulation target for healthy aging. Gut Microbes, 10(2): 210-215.

Krautkramer K, Kreznar J, Romano K, et al. 2016. Diet-microbiota interactions mediate global epigenetic programming in multiple host tissues. Molecular Cell, 64(5): 982-992.

Kriss M, Hazleton K Z, Nusbacher N M, et al. 2018. Low diversity gut microbiota dysbiosis: drivers, functional implications and recovery. Current Opinion in Microbiology, 44: 34-40.

Kumar N, Forster S C. 2017. Genome watch: Microbiota shuns the modern world. Nature Reviews Microbiology, 15(12): 710.

Kushugulova A, Forslund S K, Costea P I, et al. 2018. Metagenomic analysis of gut microbial communities from a Central Asian population. BMJ Open, 8(7): e021682.

Lerner A, Aminov R, Matthias T. 2016. Dysbiosis may trigger autoimmune diseases via inappropriate post-translational modification of host proteins. Frontiers in Microbiology, 7: 84.

Lerner A, Matthias T, Aminov R. 2017. Potential effects of horizontal gene exchange in the human gut. Frontiers in Immunology, 8: 1630.

Li Q, Wang C, Tang C, et al. 2014. Therapeutic modulation and reestablishment of the intestinal microbiota with fecal microbiota transplantation resolves sepsis and diarrhea in a patient. American Journal of Gastroenterology, 109(11): 1832-1834.

Li Q, Wang C, Tang C, et al. 2015. Successful treatment of severe sepsis and diarrhea after vagotomy utilizing fecal microbiota transplantation: a case report. Critical Care, 19: 37.

Liang J Q, Chiu J, Chen Y, et al. 2016. Fecal bacteria act as novel biomarkers for noninvasive diagnosis of colorectal cancer. Clinical Cancer Research, 150(4): S69.

Liang L X, Ai L Y, Qian J, et al. 2015. Long noncoding RNA expression profiles in gut tissues constitute molecular signatures that reflect the types of microbes. Scientific Reports, 5: 11763.

Liang X, FitzGerald G A. 2017. Timing the microbes: the circadian rhythm of the gut microbiome. Journal of Biological Rhythms, 32(6): 505-515.

Liang Y, Lin C, Zhang Y, et al. 2018. Probiotic mixture of *Lactobacillus* and *Bifidobacterium* alleviates systemic adiposity and inflammation in non-alcoholic fatty liver disease rats through Gpr109a and the commensal metabolite butyrate. Inflammopharmacology, 26(4): 1051-1055.

Ling L, Gao Z, Xia C, et al. 2012. Comparative study of trans-oral and trans-tracheal intratracheal instillations in a murine model of acute lung injury. Anatomical Record-advances in Integrative Anatomy & Evolutionary Biology, 295(9): 1513-1519.

Liu H N, Wu H, Chen Y Z, et al. 2017a. Altered molecular signature of intestinal microbiota in irritable bowel syndrome patients compared with healthy controls: a systematic review and Meta-analysis. Digestive and Liver Disease, 49(4): 331-337.

Liu J D, Bayir H O, Cosby D E, et al. 2017b. Evaluation of encapsulated sodium butyrate on growth performance, energy digestibility, gut development, and *Salmonella* colonization in broilers. Poultry Science, 96(10): 3638-3644.

Liu Q, Li F, Zhuang Y, et al. 2019. Alteration in gut microbiota associated with hepatitis B and non-hepatitis virus related hepatocellular carcinoma. Gut Pathogens, 11: 1.

Liu S, da Cunha A, Rezende R, et al. 2016. The host shapes the gut microbiota via fecal microRNA. Cell Host & Microbe, 19(1): 32-43.

Liu X, Zou Q, Zeng B, et al. 2013. Analysis of fecal *Lactobacillus* community structure in patients with early rheumatoid arthritis. Current Microbiology, 67(2): 170-176.

Lovinsky-Desir S, Miller R L. 2012. Epigenetics, asthma, and allergic diseases: a review of the latest advancements. Current Allergy & Asthma Reports, 12(3): 211-220.

Lu L, Claud E C. 2018. Intrauterine inflammation, epigenetics, and microbiome influences on preterm infant health. Current Pathobiology Reports, 6(1): 15-21.

Lubberts E, van den Bersselaar L, Oppers-Walgreen B, et al. 2003. IL-17 promotes bone erosion in murine collagen-induced arthritis through loss of the receptor activator of NF-kappa B ligand/osteoprotegerin balance. Journal of Immunology, 170(5): 2655-2662.

Ly N P, Litonjua A, Gold D R, et al. 2011. Gut microbiota, probiotics, and vitamin D: interrelated exposures influencing allergy, asthma, and obesity? Journal of Allergy and Clinical Immunology, 127(5): 1087-1094.

Mackie R I, Sghir A, Gaskins H R. 1999. Developmental microbial ecology of the neonatal gastrointestinal tract. American Journal of Clinical Nutrition, 69(5): 1035S-1045S.

Macpherson A J, Ganal-Vonarburg S C. 2018. Checkpoint for gut microbes after birth. Nature, 560(7719): 436-438.

Maeda Y, Kurakawa T, Umemoto E, et al. 2016. Dysbiosis contributes to arthritis development via activation of autoreactive T cells in the intestine. Arthritis Rheumatol, 68(11): 2646-2661.

Maizels R M. 2009. Exploring the immunology of parasitism - from surface antigens to the hygiene hypothesis. Parasitology, 136(12): 1549-1564.

Malago J J, Koninkx J F, Tooten P C, et al. 2005. Anti-inflammatory properties of heat shock protein 70 and butyrate on *Salmonella*-induced interleukin-8 secretion in enterocyte-like Caco-2 cells. Clinical and Experimental Immunology, 141(1): 62-71.

Malhi G S, Outhred T. 2016. Opportunities for translational research in the epigenetics of mood disorders: a comment to the review by Robert M. Post. Bipolar Disord, 18(5): 460-461.

Marc M, Antonio A. 2015. Role of infection in exacerbations of chronic obstructive pulmonary disease. Current Opinion in Pulmonary Medicine, 21(3): 278-283.

Maric N P, Svrakic D M. 2012. Why schizophrenia genetics needs epigenetics: a review. Psychiatria

Danubina, 24(1): 2-18.

Marin M, Gudiol C, Ardanuy C, et al. 2014. Bloodstream infections in neutropenic patients with cancer: differences between patients with haematological malignancies and solid tumours. Journal of Infection, 69(5): 417-423.

Marlicz W, Loniewski I. 2015. The effect of exercise and diet on gut microbial diversity. Gut, 64(3): 519-520.

Marri P R, Stern D A, Wright A L, et al. 2013. Asthma-associated differences in microbial composition of induced sputum. Journal of Allergy and Clinical Immunology, 131(2): 346-352.

Martin C, Burgel P R, Lepage P, et al. 2015. Host-microbe interactions in distal airways: relevance to chronic airway diseases. European Respiratory Review, 24(135): 78-91.

Mazmanian S K, Round J L, Kasper D L. 2008. A microbial symbiosis factor prevents intestinal inflammatory disease. Nature, 453(7195): 620-625.

McAleer J P, Kolls J K. 2014. Directing traffic: IL-17 and IL-22 coordinate pulmonary immune defense. Immunological Reviews, 260(1): 129-144.

McCoy K D, Ignacio A, Geuking M B. 2018. Microbiota and type 2 immune responses. Current Opinion in Immunology, 54: 20-27.

Membrez M, Blancher F, Jaquet M, et al. 2008. Gut microbiota modulation with norfloxacin and ampicillin enhances glucose tolerance in mice. The FASEB Journal, 22(7): 2416-2426.

Meng Z, Li Y H. 2016. One of the mechanisms in blastic transformation of chronic myeloid leukemia: epigenetics abnormality-review. Journal of Experimental Hematology, 24(1): 250-253.

Metzger R N, Krug A B, Eisenacher K. 2018. Enteric virome sensing-its role in intestinal homeostasis and immunity. Viruses, 10(4): 146.

Minarovits J. 2009. Microbe-induced epigenetic alterations in host cells: the coming era of patho-epigenetics of microbial infections. A review. Acta Microbiologica et Immunologica Hungarica, 56(1): 1-19.

Mischke M, Plösch T. 2016. The gut microbiota and their metabolites: potential implications for the host epigenome. Oxygen Transport to Tissue XXXIII, 902: 33-44.

Miyazaki T, Murayama Y, Shinomura Y, et al. 2007. E-cadherin gene promoter hypermethylation in *H. pylori*-induced enlarged fold gastritis. Helicobacter, 12(5): 523-531.

Moloney G M, Viola M F, Hoban A E, et al. 2018. Faecal microRNAs: indicators of imbalance at the host-microbe interface? Beneficial Microbes, 9(2): 175-183.

Montassier E, Al-Ghalith G A, Ward T, et al. 2016. Pretreatment gut microbiome predicts chemotherapy-related bloodstream infection. Genome Medicine, 8(1): 49.

Montassier E, Batard E, Gastinne T, et al. 2013. Recent changes in bacteremia in patients with cancer: a systematic review of epidemiology and antibiotic resistance. European Journal of Clinical Microbiology & Infectious Diseases, 32(7): 841-850.

Moran E M, Mullan R, McCormick J, et al. 2009. Human rheumatoid arthritis tissue production of IL-17A drives matrix and cartilage degradation: synergy with tumour necrosis factor-alpha, oncostatin M and response to biologic therapies. Arthritis Research & Therapy, 11(4): R113.

Mutlu E A, Keshavarzian A, Losurdo J, et al. 2014. A compositional look at the human gastrointestinal microbiome and immune activation parameters in HIV infected subjects. PLoS Pathogens, 10(2): e1003829.

Nagpal R, Wang S, Ahmadi S, et al. 2018. Human-origin probiotic cocktail increases short-chain fatty acid production via modulation of mice and human gut microbiome. Scientific Reports, 8(1): 12649.

Nakata K, Sugi Y, Narabayashi H, et al. 2017. Commensal microbiota-induced microRNA modulates intestinal epithelial permeability through the small GTPase ARF4. Journal of Biological Chemistry, 292(37): 15426-15433.

Namkung H, Yu H, Gong J, et al. 2011. Antimicrobial activity of butyrate glycerides toward *Salmonella typhimurium* and *Clostridium perfringens*. Poultry Science, 90(10): 2217-2222.

Ngalamika O, Zhang Y, Yin H, et al. 2012. Epigenetics, autoimmunity and hematologic malignancies: a comprehensive review. Journal of Autoimmunity, 39(4): 451-465.

Niess J H, Reinecker H C. 2005. Lamina propria dendritic cells in the physiology and pathology of the gastrointestinal tract. Current Opinion in Gastroenterology, 21(6): 687-691.

Noor F, Kaysen A, Wilmes P, et al. 2019. The gut microbiota and hematopoietic stem cell transplantation: challenges and potentials. Journal of Innate Immunity, 11(5): 405-415.

Noverr M C, Huffnagle G B. 2004. Does the microbiota regulate immune responses outside the gut? Trends in Microbiology, 12(12): 562-568.

O'Keefe S J. 2016. Diet, microorganisms and their metabolites, and colon cancer. Nature Reviews Gastroenterology & Hepatology, 13(12): 691-706.

Ogbonnaya E S, Clarke G, Shanahan F, et al. 2015. Adult hippocampal neurogenesis is regulated by the microbiome. Biological Psychiatry, 78(4): E7-E9.

Ogrendik M. 2007. Effects of clarithromycin in patients with active rheumatoid arthritis. Current Medical Research and Opinion, 23(3): 515-522.

Okugawa Y, Grady W M, Goel A. 2015. Epigenetic alterations in colorectal cancer: emerging biomarkers. Gastroenterology, 149(5): 1204.

Ordog T, Syed S A, Hayashi Y, et al. 2012. Epigenetics and chromatin dynamics: a review and a paradigm for functional disorders. Neurogastroenterol & Motility, 24(12): 1054-1068.

Org E, Mehrabian M, Parks B W, et al. 2016. Sex differences and hormonal effects on gut microbiota composition in mice. Gut Microbes, 7(4): 313-322.

Ostojic S M. 2018. Inadequate production of H2 by gut microbiota and parkinson disease. Trends in Endocrinology and Metabolism, 29(5): 286-288.

Ottiger M, Nickler M, Steuer C, et al. 2017. Gut microbiota-dependent trimethylamine-N-oxide (TMAO) is associated with long-term all-cause mortality in patients with exacerbated chronic obstructive pulmonary disease. Nutrition, 45: 135-141.

Palm N W, de Zoete M R, Flavell R A. 2015. Immune-microbiota interactions in health and disease. Clinical Immunology, 159(2): 122-127.

Palou A, Pico C, Bonet M L. 2004. Food safety and functional foods in the european union: obesity as a paradigmatic example for novel food development. Nutrition Reviews, 62(s2): S169-S181.

Pan X, Gong D, Nguyen D N, et al. 2018. Early microbial colonization affects DNA methylation of genes related to intestinal immunity and metabolism in preterm pigs. DNA Research, 25(3): 287-296.

Panchal S K, Bliss E, Brown L. 2018. Capsaicin in metabolic syndrome. Nutrients, 10(5): 630.

Paul B, Barnes S, Demark-Wahnefried W, et al. 2015. Influences of diet and the gut microbiome on epigenetic modulation in cancer and other diseases. Linical Epigenetics, 7(1): 112.

Peck B C, Mah A T, Pitman W A, et al. 2017. Functional transcriptomics in diverse intestinal epithelial cell types reveals robust microRNA sensitivity in intestinal stem cells to microbial status. Journal of Biological Chemistry, 292(7): 2586-2600.

Peffers M J, Balaskas P, Smagul A. 2018. Osteoarthritis year in review 2017: genetics and epigenetics. Osteoarthritis Cartilage, 26(3): 304-311.

Pereira J M, Hamon M A, Cossart P. 2016. A lasting impression: epigenetic memory of bacterial infections? Cell Host & Microbe, 19(5): 579-582.

Perez-Guisado J, Munoz-Serrano A. 2011. The effect of the Spanish Ketogenic Mediterranean diet on nonalcoholic fatty liver disease: a pilot study. Journal of Medicinal Food, 14(7-8): 677-680.

Perez-Munoz M E, Arrieta M C, Ramer-Tait A E, et al. 2017. A critical assessment of the "sterile womb" and "in utero colonization" hypotheses: implications for research on the pioneer infant microbiome. Microbiome, 5(1): 48.

Perrone E E, Jung E, Breed E, et al. 2012. Mechanisms of methicillin-resistant *Staphylococcus aureus* pneumonia-induced intestinal epithelial apoptosis. Shock, 38(1): 68-75.

Petra L, Hold G L, Flint H J. 2014. The gut microbiota, bacterial metabolites and colorectal cancer. Nature Reviews Microbiology, 12(10): 661-672.

Pickard J M, Zeng M Y, Caruso R, et al. 2017. Gut microbiota: role in pathogen colonization, immune responses, and inflammatory disease. Immunological Reviews, 279(1): 70-89.

Poeta M, Vajro P. 2017. Mediterranean diet to prevent/treat nonalcoholic fatty liver disease in children: a promising approach. Nutrition, 43-44: 98-99.

Polli A, Ickmans K, Godderis L, et al. 2018. When environment meets genetics: a clinical review on the epigenetics of pain, psychological factors, and physical activity. Arch Phys Med Rehabil, 100(6): 1153-1161.

Pollock R A, Abji F, Gladman D D. 2017. Epigenetics of psoriatic disease: a systematic review and critical appraisal. Journal of Autoimmunity, 78: 29-38.

Poroyko V, Meng F, Meliton A, et al. 2015. Alterations of lung microbiota in a mouse model of LPS-induced lung injury. American Journal of Physiology Lung Cellular & Molecular Physiology, 309(1): L76-L83.

Porras D, Nistal E, Martinez-Florez S, et al. 2017. Protective effect of quercetin on high-fat diet-induced non-alcoholic fatty liver disease in mice is mediated by modulating intestinal microbiota imbalance and related gut-liver axis activation. Free Radical Biology and Medicine, 102: 188-202.

Pragman A A, Kim H B, Reilly C S, et al. 2012. The lung microbiome in moderate and severe chronic obstructive pulmonary disease. PLoS One, 7(10): e47305.

Prakash A, Sundar S V, Zhu Y G, et al. 2015. Lung ischemia-reperfusion is a sterile inflammatory process influenced by commensal microbiota in mice. Shock, 44(3): 272-279.

Prescott S L. 2003. Early origins of allergic disease: a review of processes and influences during early immune development. Current Opinion in Allergy and Clinical Immunology, 3(2): 125-132.

Properzi C, O'Sullivan T A, Sherriff J L, et al. 2018. Ad libitum, mediterranean and low-fat diets both significantly reduce hepatic steatosis: a randomized controlled trial. Hepatology, 68(5): 1741-1754.

Provenzi L, Guida E, Montirosso R. 2018. Preterm behavioral epigenetics: a systematic review. Neuroscience & Biobehavioral Reviews, 84: 262-271.

Pullar T, Hunter J A, Capell H A. 1985. Which component of sulphasalazine is active in rheumatoid arthritis? British Medical Journal (Clinical Research Ed.), 290(6481): 1535-1538.

Rabesandratana T. 2018. Microbiome conservancy stores global fecal samples. Science, 362(6414): 510-511.

Reddy C M, Bhat V B, Kiranmai G, et al. 2000. Selective inhibition of cyclooxygenase-2 by C-phycocyanin, a biliprotein from *Spirulina platensis*. Biochemical and Biophysical Research Communications, 277(3): 599-603.

Risnes K R, Belanger K, Murk W, et al. 2011. Antibiotic exposure by 6 months and asthma and allergy at 6 years: Findings in a cohort of 1, 401 US children. American Journal of Epidemiology, 173(3): 310-318.

Rivera-Chavez F, Zhang L F, Faber F, et al. 2016. Depletion of butyrate-producing clostridia from the gut microbiota drives an aerobic luminal expansion of *Salmonella*. Cell Host & Microbe, 19(4): 443-454.

Roopchand D E, Carmody R N, Kuhn P, et al. 2015. Dietary polyphenols promote growth of the gut bacterium *Akkermansia muciniphila* and attenuate high-fat diet-induced metabolic syndrome. Diabetes, 64(8): 2847-2858.

Roshchina V V. 2016. New trends and perspectives in the evolution of neurotransmitters in microbial, plant, and animal cells. Advances in Experimental Medicine and Biology, 874: 25-77.

Ross A A, Muller K M, Weese J S, et al. 2018. Comprehensive skin microbiome analysis reveals the uniqueness of human skin and evidence for phylosymbiosis within the class Mammalia. Proceedings of the National Academy of Sciences, 115(25): E5786-E5795.

Roth S Y, Denu J M, Allis C D. 2001. Histone acetyltransferase. Annual Review of Biochemistry, 70(1): 81-120.

Rothschild D, Weissbrod O, Barkan E, et al. 2018. Environment dominates over host genetics in shaping human gut microbiota. Nature, 555(7695): 210-215.

Ryu S, Lee J H, Kim S I. 2006. IL-17 increased the production of vascular endothelial growth factor in rheumatoid arthritis synoviocytes. Clinical Rheumatology, 25(1): 16-20.

Salomone F, Godos J, Zelber-Sagi S. 2016. Natural antioxidants for non-alcoholic fatty liver disease: molecular targets and clinical perspectives. Liver International, 36(1): 5-20.

Saltzman E T, Palacios T, Thomsen M, et al. 2018. Intestinal microbiome shifts, dysbiosis, inflammation, and non-alcoholic fatty liver disease. Frontiers in Microbiology, 9: 61.

Salva S, Villena J, Alvarez S. 2010. Immunomodulatory activity of *Lactobacillus rhamnosus* strains isolated from goat milk: impact on intestinal and respiratory infections. International Journal of Food Microbiology, 141(1-2): 82-89.

Sanati S, Razavi B M, Hosseinzadeh H. 2018. A review of the effects of *Capsicum annuum* L. and its constituent, capsaicin, in metabolic syndrome. Iranian Journal of Basic Medical Science, 21(5): 439-448.

Scarpa M, Scarpa M, Barzon L, et al. 2014. Mo1791 colonic microbiota and gene methylation in colonic carcinogenesis. Gastroenterology, 146(5): S-1072.

Scher J U, Sczesnak A, Longman R S, et al. 2013. Expansion of intestinal *Prevotella copri* correlates with enhanced susceptibility to arthritis. Elife, 2: e01202.

Schmidt A, Belaaouaj A, Bissinger R, et al. 2014. Neutrophil elastase-mediated increase in airway temperature during inflammation. Journal of Cystic Fibrosis, 13(6): 623-631.

Schmitt J, Kong B, Stieger B, et al. 2015. Protective effects of farnesoid X receptor (FXR) on hepatic lipid accumulation are mediated by hepatic FXR and independent of intestinal FGF15 signal. Liver International, 35(4): 1133-1144.

Semenkovich N P, Planer J D, Ahern P P, et al. 2016. Impact of the gut microbiota on enhancer accessibility in gut intraepithelial lymphocytes. Proceedings of the National Academy of Sciences, 113(51): 14805-14810.

Shenderov B A. 2012. Gut indigenous microbiota and epigenetics. Microbial Ecology in Health and Disease, 23.

Shepherd E S, DeLoache W C, Pruss K M, et al. 2018. An exclusive metabolic niche enables strain engraftment in the gut microbiota. Nature, 557(7705): 434-438.

Shono Y, van den Brink M R M. 2018. Gut microbiota injury in allogeneic haematopoietic stem cell transplantation. Nature Reviews Cancer, 18(5): 283-295.

Simms-Waldrip T R, Sunkersett G, Coughlin L A, et al. 2017. Antibiotic-induced depletion of anti-inflammatory Clostridia is associated with the development of graft-versus-host disease in pediatric stem cell transplantation patients. Biology of Blood and Marrow Transplantation, 23(5): 820-829.

Sivan A, Corrales L, Hubert N, et al. 2015. Commensal *Bifidobacterium* promotes antitumor immunity and facilitates anti-PD-L1 efficacy. Science, 350(6264): 1084-1089.

Smith P M, Howitt M R, Panikov N, et al. 2013. The microbial metabolites, short-chain fatty acids, regulate colonic Treg cell homeostasis. Science, 341(6145): 569-573.

So J S, Kwon H K, Lee C G, et al. 2008. *Lactobacillus casei* suppresses experimental arthritis by down-regulating T helper 1 effector functions. Molecular Immunology, 45(9): 2690-2699.

Souza D G, Vieira A T, Soares A C, et al. 2004. The essential role of the intestinal microbiota in facilitating acute inflammatory responses. Journal of Immunology, 173(6): 4137.

Spiljar M, Merkler D, Trajkovski M. 2017. The immune system bridges the gut microbiota with systemic energy homeostasis: focus on TLRs, mucosal barrier, and SCFAs. Frontiers in Immunology, 8: 1353.

Spiridonov V K, Tolochko Z S, Ovcjukova M V, et al. 2015. Role of capsaicin-sensitive nerves in the regulation of dehydroepiandrosterone sulfate blood content under normal and fructose-induced metabolic syndrome. Rossiĭskii Fiziologicheskiĭ Zhurnal Imeni I.m.sechenova, 101(8): 936-948.

Strubberg A M, Madison B B. 2017. MicroRNAs in the etiology of colorectal cancer: pathways and clinical implications. Disease Models & Mechanisms, 10(3): 197-214.

Sun D, Chen Y, Fang J Y. 2018. Influence of the microbiota on epigenetics in colorectal cancer. National Science Review, (6): 6.

Sun R, Yang N, Kong B, et al. 2017. Orally administered berberine modulates hepatic lipid metabolism by altering microbial bile acid metabolism and the intestinal FXR signaling pathway. Molecular Pharmacology, 91(2): 110-122.

Suzuki K, Ha S A, Tsuji M, et al. 2007. Intestinal IgA synthesis: a primitive form of adaptive immunity that regulates microbial communities in the gut. Seminars in Immunology, 19(2): 127-135.

Syer S D, Blackler R W, Martin R, et al. 2015. NSAID enteropathy and bacteria: a complicated relationship. Journal of Gastroenterology, 50(4): 387-393.

Sze M A, Dimitriu P A, Hayashi S, et al. 2012. The lung tissue microbiome in chronic obstructive pulmonary disease. American Journal of Respiratory and Critical Care Medicine, 185(10): 1073-1080.

Sze M A, Tsuruta M, Yang S W J, et al. 2014. Changes in the bacterial microbiota in gut, blood, and lungs following acute LPS instillation into mice lungs. PLoS One, 9(10): e111228.

Tada T, Yamamura S, Kuwano Y, et al. 1996. Level of myelopoiesis in the bone marrow is influenced by intestinal flora. Cellular Immunology, 173(1): 155-161.

Takamatsu H, Espinoza J L, Lu X Z, et al. 2009. Anti-moesin antibodies in the serum of patients with aplastic anemia stimulate peripheral blood mononuclear cells to secrete TNF-alpha and IFN-gamma. Journal of Immunology, 182(1): 703-710.

Takiishi T, Fenero C I M, Camara N O S. 2017. Intestinal barrier and gut microbiota: shaping our immune responses throughout life. Tissue Barriers, 5(4): e1373208.

Tamburini S, Clemente J C. 2017. Gut microbiota: Neonatal gut microbiota induces lung immunity against pneumonia. Nature Reviews Gastroenterology & Hepatology, 14(5): 263-264.

Taur Y, Jenq R R, Perales M A, et al. 2014. The effects of intestinal tract bacterial diversity on mortality following allogeneic hematopoietic stem cell transplantation. Blood, 124(7): 1174-1182.

Taur Y, Xavier J B, Lipuma L, et al. 2012. Intestinal domination and the risk of bacteremia in patients undergoing allogeneic hematopoietic stem cell transplantation. Clinical Infectious Diseases, 55(7): 905-914.

Thaiss C A, Levy M, Korem T, et al. 2016. Microbiota diurnal rhythmicity programs host transcriptome oscillations. Cell, 167(6): 1495-1510.

Thaiss C A, Nobs S P, Elinav E. 2017. NFIL-trating the host circadian rhythm-microbes fine-tune the epithelial clock. Cell Metabolism, 26(5): 699-700.

Theilgaard-Monch K. 2017. Gut microbiota sustains hematopoiesis. Blood, 129(6): 662-663.

Thibaut F. 2012. Why schizophrenia genetics needs epigenetics: a review. Psychiatria Danubina, 24(1): 25-27.

Thursby E, Juge N. 2017. Introduction to the human gut microbiota. Biochemical Journal, 474(11): 1823-1836.

To K K, Tong C W, Wu M, et al. 2018. MicroRNAs in the prognosis and therapy of colorectal cancer: from bench to bedside. World Journal of Gastroenterology, 24(27): 2949-2973.

Toivanen P. 2003. Normal intestinal microbiota in the aetiopathogenesis of rheumatoid arthritis. Annals of the Rheumatic Diseases, 62(9): 807-811.

Tomasiewicz K, Flisiak R, Halota W, et al. 2018. Recommendations for the management of non-alcoholic fatty liver disease (NAFLD). Clinical and Experimental Hepatology, 4(3): 153-157.

Tomkovich S, Jobin C. 2016. Microbiota and host immune responses: a love-hate relationship. Immunology, 147(1): 1-10.

Tomova A, Husarova V, Lakatosova S, et al. 2015. Gastrointestinal microbiota in children with autism in Slovakia. Physiology & Behavior, 138: 179-187.

Tosti V, Bertozzi B, Fontana L. 2018. Health benefits of the mediterranean diet: metabolic and molecular mechanisms. Journals of Gerontology Series A-Biological Sciences and Medical Sciences, 73(3): 318-326.

Tripathi A, Debelius J, Brenner D A, et al. 2018. Publisher correction: the gut-liver axis and the intersection with the microbiome. Nature Reviews Gastroenterology & Hepatology, 15(12): 785.

Trovato F M, Castrogiovanni P, Malatino L, et al. 2019. Nonalcoholic fatty liver disease (NAFLD) prevention: role of Mediterranean diet and physical activity. Hepatobiliary Surgery And Nutrition, 8(2): 167-169.

Tsay T B, Yang M C, Chen P H, et al. 2011. Gut flora enhance bacterial clearance in lung through toll-like receptors 4. Journal of Biomedical Science, 18: 68.

Ubeda C, Bucci V, Caballero S, et al. 2013. Intestinal microbiota containing *Barnesiella* species cures vancomycin-resistant *Enterococcus* faecium colonization. Infection and Immunity, 81(3): 965-973.

Ushijima T. 2014. Epigenetic field for cancerization: its cause and clinical implications. BMC Proceedings, 7(supplz): K22.

Vaahtovuo J, Munukka E, Korkeamaki M, et al. 2008. Fecal microbiota in early rheumatoid arthritis. Journal of Rheumatology, 35(8): 1500-1505.

van Meurs J B. 2017. Osteoarthritis year in review 2016: genetics, genomics and epigenetics. Osteoarthritis Cartilage, 25(2): 181-189.

van Nood E, Vrieze A, Nieuwdorp M, et al. 2013. Duodenal infusion of donor feces for recurrent *Clostridium difficile*. New England Journal of Medicine, 368(5): 407-415.

Velasco N, Contreras A, Grassi B. 2014. The Mediterranean diet, hepatic steatosis and nonalcoholic fatty liver disease. Current Opinion in Clinical Nutrition and Metabolic Care, 17(5): 453-457.

Verma M S, Fink M J, Salmon G L, et al. 2018. A common mechanism links activities of butyrate in the colon. ACS chemical biology, 13(5): 1291-1298.

Vétizou M, Pitt J, Daillère R, et al. 2015. Anticancer immunotherapy by CTLA-4 blockade relies on the gut microbiota. Science, 350(6264): 1079-1084.

Vinolo M A, Rodrigues H G, Hatanaka E, et al. 2011. Suppressive effect of short-chain fatty acids on production of proinflammatory mediators by neutrophils. Journal of Nutritional Biochemistry, 22(9): 849-855.

Virani S, Colacino J A, Kim J H, et al. 2012. Cancer epigenetics: a brief review. Ilar Journal, 53(3-4): 359-369.

Vital M, Harkema J R, Rizzo M, et al. 2015. Alterations of the murine gut microbiome with age and allergic airway disease. Journal of Immunology Research, 2015: 1-8.

Vossen J M, Guiot H F, Lankester A C, et al. 2014. Complete suppression of the gut microbiome prevents acute graft-versus-host disease following allogeneic bone marrow transplantation. PLoS One, 9(9): e105706.

Vrieze A, Out C, Fuentes S, et al. 2014. Impact of oral vancomycin on gut microbiota, bile acid metabolism, and insulin sensitivity. Journal of Hepatology, 60(4): 824-831.

Walejko J M, Kim S, Goel R, et al. 2018. Gut microbiota and serum metabolite differences in African Americans and White Americans with high blood pressure. International Journal of Cardiology, 271: 336-339.

Walia K, Arguello H, Lynch H, et al. 2016. Effect of feeding sodium butyrate in the late finishing period on *Salmonella* carriage, seroprevalence, and growth of finishing pigs. Preventive Veterinary Medicine, 131: 79-86.

Walsh J, Griffin B T, Clarke G, et al. 2018. Drug-gut microbiota interactions: implications for neuropharmacology. British Journal of Pharmacology, 175(24): 4415-4429.

Wang J, Chen L, Zhao N, et al. 2018a. Of genes and microbes: solving the intricacies in host genomes. Protein Cell, 9(5): 446-461.

Wang J, Li F, Sun R, et al. 2013. Bacterial colonization dampens influenza-mediated acute lung injury via induction of M2 alveolar macrophages. Nature Communications, 4: 2106.

Wang L, Ravichandran V, Yin Y, et al. 2018b. Natural products from mammalian gut microbiota. Trends in Biotechnology, 37(5): 492-504.

Wang T, Cai G, Qiu Y, et al. 2012. Structural segregation of gut microbiota between colorectal cancer patients and healthy volunteers. The ISME Journal, 6(2): 320-329.

Wang W, Zhao J, Gui W, et al. 2018c. Tauroursodeoxycholic acid inhibits intestinal inflammation and barrier disruption in mice with non-alcoholic fatty liver disease. British Journal of Pharmacology, 175(3): 469-484.

Waye M M Y, Cheng H Y. 2018. Genetics and epigenetics of autism: a review. Psychiatry and Clinical Neurosciences, 72(4): 228-244.

Weber D, Oefner P J, Hiergeist A, et al. 2015. Low urinary indoxyl sulfate levels early after transplantation reflect a disrupted microbiome and are associated with poor outcome. Blood, 126(14): 1723-1728.

Weber P, Fluhmann B, Eggersdorfer M. 2006. Development of bioactive substances for functional foods-scientific and other aspects. Forum of Nutrition, 59: 171-181.

Wei J W, Huang K, Yang C, et al. 2017. Non-coding RNAs as regulators in epigenetics (Review). Oncology Reports, 37(1): 3-9.

West C E, D'Vaz N, Prescott S L. 2011. Dietary immunomodulatory factors in the development of immune tolerance. Current Allergy & Asthma Reports, 11(4): 325-333.

Willis J R, Gonzalez-Torres P, Pittis A A, et al. 2018. Citizen science charts two major "stomatotypes" in the oral microbiome of adolescents and reveals links with habits and drinking water composition. Microbiome, 6(1): 218.

Willyard C. 2018. Could baby's first bacteria take root before birth? Nature, 553(7688): 264-266.

Wong S, Zhao L, Zhang X, et al. 2017. Gavage of fecal samples from patients with colorectal cancer promotes intestinal carcinogenesis in germ-free and conventional mice. Gastroenterology, 153(6): 1621-1633.

Wu H J, Ivanov I I, Darce J, et al. 2010. Gut-residing segmented filamentous bacteria drive autoimmune arthritis via T helper 17 cells. Immunity, 32(6): 815-827.

Wu H, Zhao M, Yoshimura A, et al. 2016a. Critical link between epigenetics and transcription factors in the induction of autoimmunity: a comprehensive review. Clinical Reviews in Allergy & Immunology, 50(3): 333-344.

Wu X, He B, Liu J, et al. 2016b. Molecular insight into gut microbiota and rheumatoid arthritis. Int J Mol Sci, 17(3): 431.

Xia H, Liu C, Li C C, et al. 2018. Dietary tomato powder inhibits high-fat diet-promoted hepatocellular carcinoma with alteration of gut microbiota in mice lacking carotenoid cleavage enzymes. Cancer Prevention Research, 11(12): 797-810.

Xu L L, Li M Z, Wang M, et al. 2014. The expression of microRNA-375 in plasma and tissue is matched in human colorectal cancer. Bmc Cancer, 14(1): 714.

Yamakuni T, Nakajima A, Ohizumi Y. 2008. Pharmacological action of nobiletin, a component of AURANTII NOBILIS PERICARPIUM with anti-dementia activity, and its application for development of functional foods. Folia Pharmacologica Japonica, 132(3): 155-159.

Yan J, Charles J F. 2017. Gut microbiome and bone: to build, destroy, or both? Current Osteoporosis Reports, 15(4): 376-384.

Yang J Y, Lee Y S, Kim Y, et al. 2017. Gut commensal *Bacteroides acidifaciens* prevents obesity and improves insulin sensitivity in mice. Mucosal Immunology, 10(1): 104-116.

Yang T, Richards E M, Pepine C J, et al. 2018. The gut microbiota and the brain-gut-kidney axis in hypertension and chronic kidney disease. Nature Reviews Nephrology, 14(7): 442-456.

Yatsunenko T, Rey F E, Manary M J, et al. 2012. Human gut microbiome viewed across age and geography. Nature, 486(7402): 222-227.

Ye J, Wu W, Li Y, et al. 2017. Influences of the gut microbiota on DNA methylation and histone modification. Digestive Diseases Sciences, 62(5): 1-10.

Yla-Herttuala S, Glass C K. 2011. Review focus on epigenetics and the histone code in vascular biology. Cardiovascular Research, 90(3): 402-403.

Yoda K, He F, Miyazawa K, et al. 2012. Orally administered heat-killed *Lactobacillus gasseri* TMC0356 alters respiratory immune responses and intestinal microbiota of diet-induced obese mice. Journal of Applied Microbiology, 113(1): 155-162.

York A. 2018. Delivery of the gut microbiome. Nature Reviews Microbiology, 16(9): 520-521.

Yu D H, Gadkari M, Zhou Q, et al. 2015. Postnatal epigenetic regulation of intestinal stem cells requires DNA methylation and is guided by the microbiome. Genome Biology, 16(1): 211.

Yu J, Feng Q, Wong S H, et al. 2017a. Metagenomic analysis of faecal microbiome as a tool towards targeted non-invasive biomarkers for colorectal cancer. Gut, 66(1): 70-78.

Yu T, Guo F, Yu Y, et al. 2017b. *Fusobacterium nucleatum* promotes chemoresistance to colorectal cancer by modulating autophagy. Cell, 170(3): 548-563.

Zackular J P, Rogers M A M, Ruffin M T, et al. 2014. The human gut microbiome as a screening tool for colorectal cancer. Cancer Prevention Research, 7(11): 1112-1121.

Zenewicz L A, Yin X C, Wang G Y, et al. 2013. IL-22 deficiency alters colonic microbiota to be transmissible and colitogenic. Journal of Immunology, 190(10): 5306-5312.

Zeng Y, Katsanis E. 2015. The complex pathophysiology of acquired aplastic anaemia. Clinical and Experimental Immunology, 180(3): 361-370.

Zhang F M, Cui B T, He X X, et al. 2018a. Microbiota transplantation: concept, methodology and strategy for its modernization. Protein & Cell, 9(5): 462-473.

Zhang H L, Yu L X, Yang W, et al. 2012. Profound impact of gut homeostasis on chemically-induced pro-tumorigenic inflammation and hepatocarcinogenesis in rats. Journal of Hepatology, 57(4): 803-812.

Zhang H, Liao X, Sparks J B, et al. 2014. Dynamics of gut microbiota in autoimmune lupus. Applied and Environmental Microbiology, 80(24): 7551-7560.

Zhang X, Zhang D, Jia H, et al. 2015a. The oral and gut microbiomes are perturbed in rheumatoid arthritis and partly normalized after treatment. Nature Medicine, 21(8): 895-905.

Zhang Y, Li Y, Lv T T, et al. 2015b. Elevated circulating Th17 and follicular helper CD4(+) T cells in patients with rheumatoid arthritis. APMIS, 123(8): 659-666.

Zhang Y, Pan T, Fang G, et al. 2009. Development of a solid-phase extraction-enzyme-linked immunosorbent assay for the determination of 17β-19-nortestosterone levels in antifatigue functional foods. Journal of Food Science, 74(8): T67-T74.

Zhang Y, Wu B, Zhang H, et al. 2018b. Inhibition of MD2-dependent inflammation attenuates the progression of non-alcoholic fatty liver disease. Journal of Cellular and Molecular Medicine, 22(2): 936-947.

Zheng X, Huang F, Zhao A, et al. 2017. Bile acid is a significant host factor shaping the gut microbiome of diet-induced obese mice. BMC Biology, 15(1): 120.

Zhu L, Baker S S, Gill C, et al. 2013. Characterization of gut microbiomes in nonalcoholic steatohepatitis (NASH) patients: a connection between endogenous alcohol and NASH. Hepatology, 57(2): 601-609.

Zou T T, Zhang C, Zhou Y F, et al. 2018. Lifestyle interventions for patients with nonalcoholic fatty liver disease: a network meta-analysis. European Journal of Gastroenterology & Hepatology, 30(7): 747-755.

Zou Y, Dong C, Yuan M, et al. 2014. Instilled air promotes lipopolysaccharide-induced acute lung injury. Experimental & Therapeutic Medicine, 7(4): 816-820.

第 4 章　肠道微生物与慢性疾病

　　肠道微生物的组成、代谢及其与宿主的相互作用影响着人体的健康，不仅如此，肠道微生物的构成和功能的改变与肥胖、糖尿病和心血管疾病等也有着密切关联。不同个体由于肠道微生物组成具有差异，对某些饮食可能产生不同的代谢反应（Cotillard et al.，2013）。一方面，微生物代谢产物能改善新陈代谢，如细菌发酵膳食纤维产生的代谢产物短链脂肪酸（short-chain fatty acid，SCFA），一方面不仅参与能量代谢，参与改善肥胖、糖尿病和结肠炎等疾病；另一方面，某些微生物代谢产物也参与疾病的发生发展，如氧化三甲胺（TMAO）是一种微生物依赖的代谢产物，在小鼠模型中参与动脉硬化的发生，在人体中与心血管疾病相关（Koeth et al.，2013）。

　　以高通量测序技术和生物信息学分析为基础的宏基因组学、宏转录组学、宏蛋白质组学和宏代谢组学，不仅极大地推动了人们对肠道微生物的整体认识，还促进了微生物与微生物、微生物与肠道的相互作用以及肠道微生物在慢性疾病发生发展中的机制研究；另外，在动物实验中用益生菌、益生元及粪菌移植对微生物失调进行治疗，对疾病有所缓解。这些研究都为肠道炎症、代谢性疾病和癌症等慢性疾病的诊断与治疗提供了新思路。

4.1　肠道微生物与代谢性疾病

　　随着现代经济的快速发展和人们生活方式的改变，特别是膳食结构与营养状况的变迁，肥胖的发生率逐年上升，在发达国家和发展中国家均呈流行态势（Pan et al.，2019；倪国华等，2013）。肥胖与超重是一种低度的系统性炎症状态，是导致代谢紊乱的主要病因，具有促进包括代谢综合征（metabolic syndrome，MetS）、慢性心血管疾病和 2 型糖尿病在内的各种慢性疾病发生的倾向，也可以引起其他系统疾病的发生，如引起肌肉骨骼相关的疾病（Collins et al.，2018），导致大脑生理变化异常，引起焦虑和抑郁等精神疾病（Schachter et al.，2018），增加患多种癌症的风险（Robado et al.，2018）等。

4.1.1　肠道微生物与肥胖

　　关于人和动物肠道微生物与肥胖关系的研究已有多年。2004 年，科学家将多形拟杆菌（*Bacteroides thetaiotaomicron*）VPI-5482 接种至无菌小鼠肠道后，发现其体重增加了 23%，并出现胰岛素抵抗，说明多形拟杆菌有促进脂肪积累的作用，这可能与"引发禁食脂肪细胞因子"（fasting-induced adipocyte factor，Fiaf）有关，高表达的引发禁食脂肪细胞因子能够抑制脂蛋白脂肪酶（lipoprotein lipase，LPL）的活性，而 LPL 具有减少脂肪积累、促进脂肪消耗的作用（Backhed et al.，2004）。一项对汉族肥胖儿童的研究发现，肥胖儿童肠道微生物的分类和功能组成与健康对照组（正常体重）儿童存在差异。肥胖儿童肠道微生物中，厚壁菌门丰度最高，尤其是肠球菌属和布劳特氏菌属，其中变形菌门中的萨特菌属、克雷伯氏菌属，放线菌门中的柯林斯菌属，以及拟杆菌属中的拟杆菌和狄氏副拟杆菌的丰度高于健康对照组（Hou et al.，2017）。肥胖儿童控制体重后，肠道双歧杆菌和乳酸杆菌数量增加。我国另一项对年轻成人肥胖者肠道微生物组成的研究发现，这些肥胖者拥有丰度显著异于正常人群的肠道共生菌，如肥胖者肠道多形拟杆菌丰度显著低于正常人，并且多形拟杆菌与血清谷氨酸浓度呈负相关关系（Liu et al.，2017a）。给小鼠进行多形拟杆菌灌胃可以降低其血清谷氨酸浓度，促进脂肪细胞的脂肪分解和脂肪酸氧化，从而减少脂肪堆积，达到减重效果。不仅如此，近期对超重/肥胖的胰岛素抵抗志愿者进行了一项随机、双盲、安慰剂对照研究，结果表明，志愿者持续每日口服 10 种活的或巴氏灭活的嗜黏蛋白艾克曼氏菌 3 个月耐受良好。与安慰剂对照组相比，志愿者口服巴氏灭活的嗜黏蛋白艾克曼氏菌后提高了对胰岛素的敏感性，降低了血浆胰岛素和血浆总胆固醇水平，并且降低了体重、脂肪含量和臀围。补充嗜黏蛋白艾克曼氏菌 3 个月后，志愿者的肝功能障碍缓解，炎症相关血液标志物的水平降低，然而肠道微生物结构并未受到影响（Depommier et al.，2019）。总之，某些特定的门、科或种的菌群或细菌的代谢活性可能对肥胖的发生起着促进或抑制的作用。

肥胖就是脂肪组织过度膨胀，脂肪组织是肠道微生物在肠道外的主要靶点，越来越多的证据显示肠道微生物通过与脂肪组织的交互作用促进代谢性疾病的发生。细菌的脂多糖（lipopolysaccharide，LPS）是脂肪组织胰岛素抵抗的触发因素，LPS 与脂肪含量成比例并主动转运进入细胞，随后其他脂蛋白才被转位酶转运进入细胞。因此，影响肠道微生物而导致 LPS 增加的因素可能导致肥胖，另外，肠道微生物可通过影响肠道-大脑神经调节（de Clercq et al.，2017）和肠道免疫等因素导致肥胖。

对啮齿类动物的研究也表明，肥胖可能从肠道微生物开始，无菌小鼠脂肪吸收不良，特别是小肠内脂类物质的消化和吸收受损，可以抵抗饮食诱导的肥胖。当无菌小鼠定植了高脂饮食诱导的空肠微生物后，即使饲喂的是低脂饮食，其脂类吸收也增加。来自特定细菌菌株的产物可以直接上调小鼠近端小肠上皮类器官脂类吸收的基因表达。这些结果提示，近端小肠肠道微生物通过影响脂类消化和吸收而在宿主适应脂类饮食的变化中起着关键的作用，这些功能可能引起营养过度或营养不良（Martinez-Guryn et al.，2018）。热量限制（caloric restriction，CR）能够重塑肠道微生物结构和功能，刺激米色脂肪褐化、抑制肥胖、改善血糖水平等（Fabbiano et al.，2018）。小肠微生物通过促进小肠中脂肪酶活性、系统性调控肠内分泌信号和影响局部脂肪酸转运等机制，调控肠道上皮对脂质的消化和吸收（Martinez-Guryn et al.，2018）。一项研究发现，肥胖者肠道微生物具有从食物中获取能量的能力，研究者提取了 4 对人类双胞胎（一胖一瘦）的肠道微生物样品，分别移植到无菌小鼠的肠道中，发现移植肥胖个体肠道细菌的无菌小鼠体重增加更多，并且会积累更多的脂肪（Turnbaugh et al.，2006）。这说明肥胖可随着肠道微生物的转移而在个体间转移。

研究发现，肠道组蛋白脱乙酰酶 3（histone deacetylase 3，HDAC3）可以促进饮食诱导的肥胖，而丁酸可以显著降低肠道上皮 HDAC3 的活性，肥胖者肠道产生丁酸的细菌减少，这说明肠道微生物能够影响肥胖（Whitt et al.，2018）。4 型血管生成素样蛋白（angiopoietin-like 4，ANGPTL4）是甘油三酯代谢重要的调节因子，它主要通过抑制脂蛋白脂肪酶和胰脂肪酶起作用。最近的一项研究发现，缺乏 4 型血管生成素样蛋白虽然可以增加饮食诱导的肥胖小鼠的内脏脂肪含量，但也可以改善胰岛素抵抗，这种作用是通过肠道微生物介导的（Janssen et al.，2018）。因此，肥胖不是胰岛素抵抗的必需因素。体内和体外实验表明，特定菌株（如双酶梭菌等）及其活性代谢产物可提高小肠中与脂质吸收相关的 *Dgat2* 基因的表达水平（Martinez-Guryn et al.，2018）。

肠道可以通过免疫系统影响整个机体代谢，尤其是高脂饮食诱导的肥胖者的肠道微生物和饮食因素，可以影响肠道免疫系统的先天性和获得性免疫，进而又影响肠道屏障、系统炎症和葡萄糖代谢（Winer et al.，2017）。研究发现，高脂饮食在使小鼠变得肥胖的同时，还可以影响其小肠 CD4$^+$ Th 细胞的分布。肥胖小鼠肠道组织与非肥胖小鼠相比，Th17 细胞比例显著降低，而 Th1 细胞比例增加（Hong et al.，2017）。Th17/Th1 比例的降低与更多的体重增加、葡萄糖不耐受恶化和胰岛素抵抗相关。给肥胖小鼠过继输入体外分化的肠嗜性 Th17 细胞可以减轻这种代谢缺陷，但这个过程需要整合素 β7 亚单位和 IL-17 的参与。向小鼠肠道输入 Th17 细胞可以引起与减肥相关的共生菌的扩增。因此，肠道免疫系统可能成为对胰岛素抵抗和肥胖伴随的系统性炎症的新的治疗靶点（Winer et al.，2016）。

抗生素的应用不但可以影响宿主肠道微生物的组成和个体的健康状况，而且可以改变细菌、病毒和真菌之间的平衡。抗生素的应用也与儿童肥胖率的逐年增加和成人肥胖相关。抗生素用于促进家畜和家禽体重增加已有很多年，人类摄入残余抗生素可能已经有几十年了。近年来产前应用低剂量的抗生素对新生儿以后健康生活的影响受到了关注。动物研究发现，产前给母鼠应用低剂量的抗生素，幼鼠粪便中的厚壁菌门和梭菌属Ⅳ和Ⅺ Va 的丰度增加，且产前滥用抗生素与所有小鼠的体脂百分比及粪便中梭菌属Ⅳ和Ⅺ Va 的丰度相关（Yoshimoto et al.，2018）；小鼠幼龄时期使用低剂量抗生素或脉冲抗生素治疗的结果显示，其肠道微生态被显著破坏，抗生素介导的治疗，使乳杆菌、肠杆菌和酵母菌的丰度降低，并且肠内分段丝状细菌会导致 Th17 细胞在结肠中反应钝化；使用抗生素治疗的新生小鼠对食物过敏原致敏性增强。一项包含 21 714 例儿童的回顾性研究发现，2 岁前应用抗生素 3 次或以上与儿童早期(4 岁)发生肥胖的危险性增加相关（Scott et al.，2016）。另一项研究也得出了相似的结论，强调应用广谱抗生素是早发肥胖的危险因素，而应用具有选择性的窄谱抗生素也可能具有潜在的危险性（Bailey et al.，2014）。一项系统评价和 Meta 分析研究发现，在出生早期使用抗生素增加了儿童超重和肥胖发生的危险（Shao et al.，2017）。抗生素的应用使胃肠道真菌（如白色念珠菌）的丰度增加，从而促使由过敏反应引起的气道疾病发展，这是小鼠体内肥大细胞、IL-5、IL-13 和其他炎症介质被诱导，以及人类抗病毒免疫应答受损造成的。

此外，肠-脑轴调节宿主代谢功能失调也能引起肥胖。胃肠道和大脑之间存在双向交互作用的信号，称为肠-脑轴，其在宿主代谢和摄食行为等方面起着重要的作用，因此与代谢综合征有着密切的关系（Fabbiano et al.，2018）。越来越多的证据显示肠道微生物可以调节与摄食行为相关的各个方面，如影响食欲，肠道微生物可以直接影响宿主对营养的感知、食欲与饱腹感调节系统等。这种作用主要是源于微生物产生的神经生物活性物质，如神经肽 Y、YY 肽和短链脂肪酸等（van de Wouw et al.，2017）。肥胖患者虽然血液中瘦素浓度高，但因瘦素抵抗现象的存在而没有起到降低食欲的作用。研究发现，在大鼠和小鼠中，高脂饮食会使其下丘脑中基质金属蛋白酶-2（MMP-2）活性上升，分析多种小鼠遗传模型表明，基质金属蛋白酶-2 可切割瘦素受体的胞外结构域，从而破坏瘦素信号通路，促进瘦素抵抗、食物摄入和肥胖。另外，NF-κB 活化可诱导基质金属蛋白酶-2 表达，提示基质金属蛋白酶-2 参与慢性炎症引发的肥胖，下丘脑中星形胶质细胞和刺豚鼠基因相关蛋白（agouti-related protein，AgRP）神经元是基质金属蛋白酶-2 的主要来源。抑制基质金属蛋白酶-2 的活性以逆转瘦素抵抗，或许是治疗肥胖的新策略（Mazor et al.，2018）。

饮食与肠道微生物组成及功能、肠道屏障和身体低度炎症状态之间存在关联，饮食在肥胖和代谢紊乱中的特征性作用使得饮食成为调节肠道环境的重要因素。哺乳动物的肠道微生物组成受饮食影响非常大，饮食可以通过为肠道微生物提供特定的能量来源和诱导肠道环境的变化（如 pH 和胆汁酸）而影响哺乳动物肠道微生物组成。长期和短期的饮食干预都可以诱导肠道微生物结构和功能的改变。而宿主与肠道微生物相互作用引起的代谢的改变最终可以影响宿主的生理功能

（Portune et al.，2017）。丁酸是一种四碳短链脂肪酸，通常在结肠下端由微生物发酵膳食纤维产生。内源性丁酸的产生、运输和吸收是经结肠细胞完成的，在细胞能量代谢和肠道内环境稳定方面发挥重要作用。丁酸在抗炎、维持肠黏膜屏障及肠黏膜免疫方面发挥有益作用，但其在肥胖中的作用存在两面性，一方面能缓解肥胖，另一方面能促进能量的吸收（Liu et al.，2018），这可能与丁酸通过肠-脑轴调控糖脂代谢有关（de Vadder and Mithieux，2018）。不论是在人类、鸟类还是爬行动物中，饮食都是影响产丁酸菌群的主要因素（Vital et al.，2015），补充外源性丁酸可以预防和逆转肥胖及胰岛素抵抗（McNabney and Henagan，2017）。

　　不恰当的饮食可通过打破能量平衡和改变代谢及过氧化应激导致肥胖相关的代谢性疾病。地中海饮食富含植物性食物，其与减少多种慢性疾病的发生和延长寿命相关，具有多方面的有益作用，如降血脂，对抗过氧化应激、炎症和血小板聚集，修正与癌症产生相关的激素和生长因子等，其中重要的一点是通过影响肠道微生物产生的代谢产物来影响代谢（Tosti et al.，2018）。饮食中的植物多酚和多糖能够通过调节细胞关键靶分子或通过表观遗传修饰保护宿主而对抗代谢综合征的发生。研究发现，葡萄多酚（Roopchand et al.，2015）、火龙果 β 花青苷（Song et al.，2016）、辣椒素（Shen et al.，2017）等可以增加肠道中艾克曼氏菌的丰度，降低厚壁菌门细菌的丰度，进而减轻高脂饮食诱导的体重增加、肥胖、血清炎症标志物（如 TNF-α、IL-6、LPS 等）和葡萄糖不耐受等的有害影响，还可以降低肠道炎症标志物（如 TNF-α、IL-6、iNOS 等）相关基因和葡萄糖吸收基因（*Glut2*）的表达，增加肠道屏障功能（如肠道屏障功能的标志物紧密连接蛋白 occludin 等）相关基因的表达，保护小鼠不发生饮食诱导的肥胖和代谢相关的疾病。辣椒素还可诱导产丁酸的瘤胃菌科和毛螺菌科细菌丰度增加（Kang et al.，2017）。石榴提取物能降低肥胖者的炎症指标，如血浆脂多糖结合蛋白（LBP）和超敏 C 反应蛋白水平，并使肠道微生物中拟杆菌属、栖粪杆菌属、臭气杆菌属和 *Butyricimonas* 细菌增加，促炎症的小单胞菌属、甲烷短杆菌属和甲烷球形菌属细菌减少（Gonzalez-Sarrias et al.，2018）。姜烯酮 A 是存在于生姜中的多酚，可以抑制高脂饮食小鼠肥胖和脂肪组织炎症（Suk et al.，2017）。给高脂高糖喂养的小鼠补充卡姆果（亚马孙流域的一种水果）粗提物，显著预防了小鼠发生肥胖和代谢综合征（脂肪组织炎症、脂肪肝），并改变了肠道微生物（艾克曼氏菌增加，乳杆菌减少），微生物的变化至少部分介导了卡姆果增加能耗、抑制肥胖的作用（Anhe et al.，2019）。其他如玫瑰茄多酚（María et al.，2017）、绿茶多糖、多酚和咖啡因等在高脂饮食大鼠中均具有抗肥胖的作用（Xu et al.，2015b）。

　　诱导能量负平衡的饮食可能是治疗肥胖的关键，但长期能量负平衡也会对机体产生不利影响。许多研究发现，功能性食品和天然保健品（如海带多糖、大豆蛋白、绿茶、植物甾醇等）具有直接或间接调节肠道微生物、对宿主健康产生有益作用的功能（Hunter et al.，2017）。功能性食品通过调节肠道健康，改善系统性炎症，促进机体健康，减轻体重。功能性食品也可以增加饱腹感，减少人们对食物的欲望，从而减轻体重（Rebello et al.，2014）。功能性食品可以在不显著减轻体重的情况下，改善许多代谢指标如血清总胆固醇、低密度脂蛋白（LDL）胆固醇、甘油三酯、低密度脂蛋白胆固醇/高密度脂蛋白（HDL）胆固醇值和 ApoB/ApoA1值（Tovar et al.，2016）。

对动物和人类的研究显示益生菌制剂可以双向调节体重。一项纳入 21 项研究的荟萃分析表明（John et al.，2018），益生菌的使用与成人体重指数（BMI）、体重和脂肪量的显著下降有关，而合生元制剂则效果不明显。总体而言，相比于安慰剂，使用肠道微生物调节性膳食制剂（益生元、益生菌、合生元制剂）的成人受试者体重指数、体重和脂肪量显著下降。发酵的人参、长双歧杆菌及副干酪乳杆菌的混合制剂具有抗肥胖的作用，可以抑制脂肪在肝脏和脂肪组织的沉积（Kang et al.，2018）。单纯补充外源性丁酸也可以改善外周组织的胰岛素抵抗和减轻肥胖（McNabney and Henagan，2017）。动物研究发现，马里乳杆菌 APS1 与饮食干预联合通过调节小鼠肠道微生物可提高肥胖治疗的效果，马里乳杆菌 APS1主要调节肠道微生物肥胖相关的代谢，其次调节脂质代谢、增加能量的消耗和抑制食欲，并经肠-肝轴改善肥胖小鼠的脂肪肝。给予马里乳杆菌 APS1 能否作为肥胖患者长期体重管理的辅助干预方法，还需人体研究检验（Chen et al.，2018）。植物乳杆菌 HAC01 虽然可以降低脂肪的量，但可诱导脂质过氧化基因表达水平上调。植物乳杆菌 HAC01 和鼠李糖乳杆菌显著影响了肠道微生物在科水平的变化，如毛螺菌科和疣微菌科，它们可通过调节肠道微生物改善小鼠的肥胖（Park et al.，2017）。研究发现，益生元可以恢复小鼠肠道艾克曼氏菌属细菌的丰度，改善代谢状况，用活的艾克曼氏菌治疗可以逆转高脂饮食诱导的代谢异常，包括抑制脂肪量的增加、脂肪组织炎症和胰岛素抵抗，增加了与肠道内炎症、肠道肽类分泌和肠屏障完整性相关的内源性大麻素的水平（Everard et al.，2013）。动物研究发现，给小鼠长期饲喂高脂的西方饮食，当小鼠出生后早期给予含有短链半乳糖寡糖、长链果糖寡聚糖和短双歧杆菌 M-16V 的合生元干预，可降低高脂饮食带来的整个生命周期肥胖的风险（Mischke et al.，2018）。人体研究发现，有的合生元制剂[含 7 个益生菌菌株和低聚果糖（fructo oligosaccharide，FOS）]搭配减肥饮食持续 3 个月可以有效控制体重（Rabiei et al.，2019）。

但有少数的研究得出了不同的结论，如一项西班牙为期 16 周的随机对照研究发现补充益生菌 VSL#3 可以使肥胖的拉丁美洲裔青少年体重增加，但对肝脏脂肪、肠道微生物和食欲调节激素无明显影响（Jones et al.，2018）。总体来说，益生元、益生菌、合生元制剂是安全有效的膳食制剂，因此是通过调节肠道微生物治疗肥胖的必要工具，可降低体重指数、体重和脂肪量，但不同菌株的益生菌对特定病症的治疗效果可能存在很大差异，而且目前的益生元、益生菌和合生元制剂的临床试验主要是小规模初步试验，相应研究结论仍需谨慎看待，仍需进一步研究来确定制剂的理想剂量和补充时长，以及效果的持久性。

运动作为一种健康的生活方式，对肠道微生物的多样性有诸多益处（Clarke et al.，2014）。运动能够降低炎症状态对肠道微生物组成产生的影响，炎症状态的减轻与细胞因子的改变相关。运动还能预防高脂饮食对肠道微生物的影响，并与骨骼健康指标相关（Greenhill，2018），可预防骨髓脂肪变（McCabe et al.，2019）。肠道微生物的改变可能是运动和饮食共同作用的结果。特别微生物种类的改变会导致多种代谢产物含量的改变，进而对宿主产生系统性的影响（Marlicz and Loniewski，2015）。

生命早期经常接触宠物对婴儿有保护作用，这是通过增加接触有助于增强免疫耐受性的微生物而实现的。不论产前还是产后接触宠物均可以增加婴幼儿瘤胃球菌属和颤螺菌属（*Oscillosporia*）细菌的丰度到 2 倍以上，且这些细菌的丰度与儿童过敏和肥胖的发生率呈负相关关系。在母亲分娩期预防性抗生素暴露，经阴道生产的婴儿，接触宠物可以显著降低其肠道中链球菌科细菌的丰度（Tun et al.，2017）。已知剖宫产可以增加儿童发生肥胖的危险，主要是剖宫产与出生后早期肠道特定的微生物定植相关，这些微生物能促进肥胖的发生（Cassidy-Bushrow et al.，2015）。

越来越多的报道提示，某些中药很可能通过肠道微生物而发挥药理作用，如灵芝水提物能通过调节肠道微生物结构谱而缓解小鼠肥胖，而且，其功效成分可能是分子量大于 300kDa 的多糖组分，灵芝水提物不仅可以降低高脂饮食小鼠体重、减轻炎症和胰岛素抵抗，还可以降低肠道微生物中厚壁菌门/拟杆菌门比值（该比值升高是肥胖人群和高脂饮食小鼠肠道微生物的典型特征）和内毒素含量，同时维持肠屏障的完整性。有研究显示，添加 4%和 8%灵芝水提物的高脂饮食处理组，小鼠肠道中厚壁菌门/拟杆菌门的比例降低，并且添加灵芝水提物使高脂饮食小鼠肠道中变形菌门细菌含量降低到正常饲料喂养小鼠水平（Chang et al.，2015）。槲皮素和白藜芦醇作为次生代谢产物，广泛分布在各种食物中，如水果、蔬菜和饮料。越来越多的证据表明，槲皮素和白藜芦醇可以防治肥胖及代谢综合征（Zhao et al.，2017）。

对于已经发生肥胖的个体，有人试图通过服用抗生素来干预肠道微生物从而治疗肥胖，结果发现，服用抗生素虽然对体重无明显影响，但改善了胰岛素抵抗，可能是由于通过干预肠道微生物，减少了革兰氏阴性菌数量，改善了肠道屏障，减少了对免疫系统的刺激（dos Reis et al.，2018）。研究发现，用减肥手术进行减重干预可以部分逆转肥胖个体相关的肠道微生物和代谢改变，主要为多形拟杆菌丰度增加（Liu et al.，2017a）。一项系统综述发现，实施减肥手术后，肥胖者肠道中 4 个门——拟杆菌门、梭杆菌门、疣微菌门和变形菌门细菌丰度增加，厚壁菌门中的乳杆菌和肠球菌丰度增加，变形菌门中的丙型变形杆菌纲肠杆菌目肠杆菌科中的几个属和种丰度增加；梭菌属、布劳特氏菌属、多尔氏菌属细菌的丰度降低（Guo et al.，2018）。随着肥胖流行率的增加，减肥手术的开展增加，其相关的并发症，如骨折的风险增加等也需要引起关注（Fashandi et al.，2018）。

总之，肠道微生物与肥胖的关系已从相关到因果，以肠道微生物为靶点，预防和治疗肥胖、糖尿病的新方法方兴未艾。尽管目前报道有些细菌能单独改善肠道功能（如双歧杆菌和某些艾克曼氏菌），但微生物之间的相互作用、微生物对肠道上皮表观遗传学及信号途径的影响、肠道微生物与其他系统的相互作用，以及肠道微生物在肥胖发生和发展中的作用还知之不多（Qin et al.，2018）。饮食均衡是维护肠道微生物多样性最简单的办法，并且需要谨慎使用抗生素。重度肥胖者可通过减肥手术，选择合适的益生菌、益生元、合生元制剂和中药提取物等进一步调节肠道微生物，联合饮食调整来控制体重，减少代谢性异常及相关疾病的发生。

4.1.2 肠道微生物与 2 型糖尿病

以内分泌代谢紊乱为代表的 2 型糖尿病已成为继心血管疾病和肿瘤之后的第三大威胁人类健康的非传染性疾病。国际糖尿病联合会预估，到 2035 年糖尿病患病率将增加到 5.92 亿人，其中 85%～95% 为 2 型糖尿病，这将成为一个日益严峻的全球性公共卫生问题。2 型糖尿病病因和发病机制非常复杂，近年来，肠道微生物被认为是 2 型糖尿病病理生理学的一个新的潜在驱动因素，主要机制有能量存储假说和炎症假说。肠道微生物可通过影响宿主体重、胆汁酸盐代谢、自身免疫反应等参与宿主 2 型糖尿病的发生发展，糖尿病患者同时使用益生菌及其前体物质、使用抗生素和进行粪菌移植等可调节肠道的措施可以影响糖代谢，改善胰岛素抵抗，提高胰岛素的敏感性。这方面研究的飞速进展不仅有助于阐明代谢性疾病的发病机制，而且可为探索新的治疗靶点和途径提供方向。

糖尿病患者在出现临床检测指标阳性之前，往往有长期饮食不均衡现象，即碳水化合物和脂肪摄入增多、膳食纤维摄入相对不足，长期的饮食结构改变，会导致肠道微生物的失调，肠道微生物失调则会导致肠黏膜通透性改变、诱导肠道免疫及糖脂代谢的异常，出现高血糖临床症状。在此时间窗内，肠道中的优势菌会发生变化，如双歧杆菌和拟杆菌减少，革兰氏阴性菌相对增多。一项对 345 例中国人的宏基因组关联分析（metagenome-wide association study，MGWAS）结果显示，2 型糖尿病患者均有中度的肠道微生物失调，表现为产丁酸的菌群丰度降低，机会致病菌丰度增加，具硫酸盐还原和过氧化应激抵抗功能的微生物丰度增加，这些微生物可能用来对 2 型糖尿病进行分类（Qin et al.，2012）。

2 型糖尿病是肠道微生物失调、肠道上皮通透性增加发生渗漏、自身免疫和脂肪组织慢性炎症、肥胖和胰岛素抵抗综合的结果。肠道微生物多样性的改变及肠道微生物失调可以改变食物在肠道发酵的特征和肠壁完整性，引起代谢性内毒素血症、低度炎症、自身免疫和其他附属的代谢性疾病（Sohail et al.，2017）。肠道微生物改变触发的肠道紧密连接蛋白的改变和肠道微环境中碱性磷酸酶的变化使肠道通透性增加，导致胰岛素抵抗，促进糖尿病的发生（Everard and Cani，2013）。

2 型糖尿病相关的肠道微生物失调的特征为微生物数量的减少和多样性的降低。研究发现，2 型糖尿病患者产丁酸菌缺失，从而引起肠道微生物功能的改变（Sohail et al.，2017）。2 型糖尿病患者肠道中变形菌明显增多，而双歧杆菌、厚壁菌门细菌和梭菌属细菌明显减少，拟杆菌和厚壁菌门细菌的比例、普氏菌群和球形梭菌属细菌的比例与血糖浓度呈正相关关系，从而证明它们与糖耐量降低显著相关。另有研究证明，柔嫩梭菌、双歧杆菌属细菌和肠球菌属细菌数量在 2 型糖尿病患者肠道中显著增加，而拟杆菌属细菌显著减少。研究者发现，在那些胰岛素抵抗的个体中，代谢组学显示其血液中的支链氨基酸（branched chain amino acid，BCAA）水平升高了，血液支链氨基酸水平的升高与肠道微生物的构成及其功能有关，而肠道中的普氏菌和普通拟杆菌是促进胰岛素抵抗和支链氨基酸水平升高的主要菌群。2 型糖尿病患者不仅有肠道微生物结构和组成的改变，也有肠屏障的破坏。研究发现，代谢综合征小鼠模型也有同样细菌入侵结肠黏液层深处，且与低度的肠道炎症相关，也与血糖异常相关，是胰岛素抵抗相关的血糖异常者的一个特征性表现（Chassaing et al.，2017）。因此，对糖尿病患者靶向肠道微生物的治疗可能会降低胰岛素抵抗，进而控制糖尿病并减缓其进展（Pedersen et al.，2016）。

高脂饮食啮齿类动物小肠上段加氏乳酸杆菌丰度影响长链脂酰辅酶 A 合成酶 3（long-chain acyl-CoA synthetase，ACSL3）依赖的脂肪酸感知通路，调节机体整体的葡萄糖稳定（Bauer et al.，2018）。GLP-1 和 YY 肽的分泌可以抑制食物的摄入，促进回肠的闸门作用，具有一种肠降血糖素的作用。结肠微生物产物丙酸的增加有助于糖异生介导主动代谢作用（Lehmann and Hornby，2016）。

研究发现，富含膳食纤维的饮食可以纠正肠道微生物失调，帮助糖尿病患者更好地控制血糖、减轻体重和降低血脂。上海交通大学生命科学技术学院赵立平教授团队发现，通过提供丰富多样的膳食纤维可以使人体肠道内特定有益菌群增加，进而改善 2 型糖尿病的临床症状，他们发现相比于常规阿卡波糖组，阿卡波糖+高膳食纤维组患者的糖化血红蛋白等指标改善得更快更好，通过粪菌移植，在接受了阿卡波糖组、阿卡波糖+高膳食纤维组患者粪便的小鼠中也观察到了类似的现象（Zhao et al.，2018）。微生物发酵膳食纤维产生的短链脂肪酸，如丙酸和丁酸可以激活肠道的糖异生作用，在控制血糖稳定中起重要作用，这种促进糖异生的作用是因其具有从肠道向大脑传递信号的能力而产生的（de Vadder and Mithieux，2018）。细菌对膳食纤维的发酵也可以产生大量的琥珀酸，琥珀酸是丙酸的前体，也具有产生这种信号的能力，可通过激活肠道糖异生作用而改善血糖水平（Vadder et al.，2016）。

功能性食品含有对人体健康有益的生物活性成分，可用于预防和改善某些慢性疾病。例如，2型糖尿病患者定期食用功能性食品可以提高自身抗氧化、抗炎症、增加胰岛素敏感性和抗高胆固醇的功能，食用功能性食品是预防和治疗2型糖尿病不可或缺的一部分。地中海饮食中包含的多酚类、萜类化合物、黄酮类、生物碱类、甾醇类、色素和不饱和脂肪酸，可以降低胆固醇和空腹血糖水平，在2型糖尿病高危患者中具有抗炎症和抗氧化作用（Alkhatib et al.，2017）。

肠道微生物与饮食之间的相互作用也影响2型糖尿病。2型糖尿病患者的肠道微生物与组氨酸的代谢有关，其中组氨酸主要来源于饮食。2型糖尿病患者的肠道微生物通过丙氨酸-尿苷酸酯途径产生丙酸咪唑，产生丙酸咪唑的菌株含量在2型糖尿病患者的肠道中比正常人多。丰度升高的丙酸咪唑可通过激活p38γ/p62/mTORC1通路抑制胰岛素受体底物（IRS）功能，并影响胰岛素通路信号的转导，造成葡萄糖耐受损伤。临床上有多种以咪唑为靶点的药物研究，提示这些药物可能会触发其他潜在功能的改变。因此，进一步探究丙酸咪唑关联的信号通路或许可以为肠道微生物代谢紊乱相关疾病的防治提供新的药物研发靶点（Koh et al.，2018）。

通过补充益生菌和益生元，可以改善胰岛素抵抗和糖尿病临床症状。益生元和益生菌可以增加肠道双歧杆菌的丰度，且与葡萄糖耐受改善呈显著正相关关系。基因工程改造的肠道共生菌可以将肠道细胞重新编程为对葡萄糖敏感的可分泌胰岛素的细胞，用于治疗糖尿病（Duan et al.，2015）。一项随机对照研究发现，在怀孕早期的第14～16周补充鼠李糖乳杆菌HN001可以降低妊娠糖尿病的发生率，尤其是对既往有妊娠糖尿病史的高龄孕妇（Wickens et al.，2017）。通过膳食补充丁酸可以减轻糖尿病前期小鼠高脂饮食诱导的代谢性异常改变，包括脂肪肝、胰岛β细胞和肠道屏障功能异常（Matheus et al.，2017）。

二甲双胍是2型糖尿病最常用的治疗药物，但其作用机制尚未明确。最近的研究发现，肠道微生物可能是二甲双胍的作用靶点，该药物可通过提高可降解黏蛋白的艾克曼氏菌及产多种短链脂肪酸的细菌的丰度来改变肠道微生物的组成（de la Cuesta-Zuluaga et al.，2017）。另一项研究发现，二甲双胍可以通过改善肠道微生物来提高部分患者的药物疗效，这种作用与以上研究结果类似，二甲双胍是通过可降解黏蛋白的艾克曼氏菌及产多种短链脂肪酸的细菌，如丁酸弧菌属、双歧杆菌属、巨球菌属和普氏菌属中的某些细菌来起作用的，而未服用二甲双胍的患者，其肠道内梭菌属和特定的普氏菌属细菌丰度相对增加，而肠球菌属细菌丰度降低（Wu et al.，2017）。但是不是这种改变介导了二甲双胍降血糖和抗炎症作用还需要进一步研究确定。另外，二甲双胍可以通过增加高脂饮食大鼠小肠上段乳酸杆菌丰度以及影响钠-葡萄糖协同转运蛋白 1（SGLT1）-感受轴的葡萄糖调节途径，来增加肠道对葡萄糖的感知能力。虽然二甲双胍能够控制部分 2 型糖尿病患者的血糖，但是对另一些糖尿病患者的治疗效果则不佳，这可能是个体之间肠道微生物组构成的差异造成的。此外，二甲双胍具有一定的副作用，如腹泻和腹痛。研究发现，二甲双胍产生的副作用由肠杆菌科细菌的增加所致（Forslund et al.，2015）。

　　某些中药或复方制剂可以通过改善肠道微生物来改善 2 型糖尿病。从植物中分离的多糖类物质具有潜在抗糖尿病作用，且多糖生产成本低、副作用小。研究发现，葛根芩连汤可以通过改变肠道微生物缓解 2 型糖尿病病情，其他研究发现金银花与二甲双胍在改善脂肪肝、胰岛素耐受和调节肠道微生物中具有协同作用（Xu et al.，2015）。车前草是一种传统中药，从车前草种子中可以分离纯化出车前草多糖，车前草多糖黏度高，富含木糖（60%）和阿拉伯糖（32%），车前草多糖可显著降低正常大鼠血清总甘油三酯、胆固醇水平和动脉粥样硬化指数，并改善结肠微生物结构。在高脂饮食诱导的肥胖小鼠中，车前草籽提取物可以改善葡萄糖和脂质的聚集（Yang et al.，2017），车前草多糖能显著提高结肠细菌多样性和普通拟杆菌（*Bacteroides vulgatus*）、发酵乳杆菌（*Lactobacillus fermentum*）、洛氏普氏菌（*Prevotella loescheii*）和卵形拟杆菌（*Bacteroides ovatus*）的丰度（Diez et al.，2017）。利用 16S rRNA 高通量测序技术，阐明了褐藻来源的岩藻聚糖硫酸酯（fucoidan）具有抗小鼠代谢综合征活性，该活性与增加小鼠肠道嗜黏蛋白艾克曼氏菌（*Akkermansia muciniphila*）的含量密切相关（Shang et al.，2016）；绿藻来源的浒苔多糖（ECP）具有肠道微生物调节作用，并且证明 ECP 可以促进肠道内乳酸杆菌及双歧杆菌的生长，并显著提高肠道抗炎细菌 *A. muciniphila* 的含量，降低肠道内毒素入血，减轻炎症反应（Shang et al.，2018）；红藻来源的琼脂糖（agarose）及其寡糖，可促进拟杆菌（*B. uniformis* L8）和多种双歧杆菌（*B. adolescentis* 1.2190、*B. infantis* 1.2202、*B. longum* 1.2186、*B. bifidum* 1.221）的增长，增加肠道丁酸、丙酸含量，该结果为将琼胶及其寡糖作为新一代益生元提供了理论依据（Li et al.，2014）。研究发现，褐藻胶（alginate）及其寡糖可以促进人体肠道卵形拟杆菌（*Bacteroides ovatus* G19）和多形拟杆菌（*Bacteroides thetaiotaomicron* A12）的大量增殖，重塑肠道微生态，为将褐藻胶寡糖用于抗老年痴呆（如 2019 年上市的褐藻胶寡糖药物 GV-971）提供了理论参考（Li et al.，2016；Li et al.，2017）。

　　另外，海藻胶寡糖可能通过增加嗜黏蛋白艾克曼氏菌、罗伊氏乳杆菌和加氏乳杆菌的丰度及短链脂肪酸的产生和内毒素血症的降低来改善高脂饮食诱导的血脂代谢紊乱，降低甘油三酯和低密度脂蛋白胆固醇的水平，抑制脂肪生成基因的表达（Wang et al.，2020）。此外，菊粉可以通过提高双歧杆菌和乳酸杆菌的丰度来改善高脂饮食引发的内毒素血症和炎症 (Li et al. 2020)。

目前减肥外科手术是治疗肥胖和 2 型糖尿病有力的武器，外科手术对代谢作用的调节机制主要是影响组织特异性胰岛素敏感性 β-细胞的功能和肠降血糖素的反应，影响胆汁酸组成和胆汁流，改变肠道微生物，影响肠道葡萄糖代谢以及增加褐色脂肪组织的代谢活性（Koliaki et al.，2017）。腹腔镜套管胃切除术加十二指肠旁路手术（laparoscopic sleeve gastrectomy with duodenojejunal bypass，LSG-DJB）是一种新的减肥外科手术方法，该手术对 2 型糖尿病的缓解率在第 1、3 和 5 年分别达到 63.6%、55.3%和 63.6%（Seki et al.，2017），优于腹腔镜 Roux-en-Y 胃肠短路术（laparoscopic Roux-en-Y gastric bypass，LRYGB）（Kim et al.，2017）。

4.2　肠道微生物与心血管疾病

在世界范围内，心血管疾病（cardiovascular disease，CVD）的患病率及死亡率均呈逐年上升趋势，已成为重大的公共卫生问题。心血管疾病是由遗传因素、环境因素及二者共同作用产生的一系列疾病的统称，但其具体发病机制仍未完全明了。越来越多的证据表明，肠道微生物群参与了心血管疾病的发生和发展。人类和动物的实验都表明，肠道微生物组成和功能的改变，即肠道微生物失调与肠道炎症和肠黏膜屏障的完整性降低有关，进而增加了血液循环中的细菌结构成分和微生物代谢产物的水平，促进心血管疾病的发展。此外，肠道微生物将宿主摄取的食物代谢成一系列产物，包括氧化三甲胺、短链脂肪酸、次级胆汁酸（secondary bile acid，BAS）和硫酸吲哚酚，这些代谢产物通过激活多种信号通路而影响宿主的生理过程，在心血管疾病（包括冠心病、高血压和心力衰竭）发病机制中起着重要的作用（Jin et al.，2019）。此外，支链氨基酸、谷氨酸等经细菌代谢后也可能产生潜在的致病因子（Pedersen et al.，2016），已经有研究表明肠道微生物可以将芳香族氨基酸代谢成具有调节生物功能的化合物（Dodd et al.，2017）。因此，肠道微生物可能是心血管疾病潜在的治疗靶点。

4.2.1　肠道微生物与动脉粥样硬化

动脉粥样硬化被认为是一种慢性、低水平的炎症，近年来研究证明肠道微生物与动脉粥样硬化之间有很强的相关性。人的肠道微生物群可直接影响动脉粥样硬化斑块的形成，进而影响动脉粥样硬化的发生和发展。研究发现，肠道中变形菌门、放线菌门、厚壁菌门、拟杆菌门等的比例失调与冠状动脉粥样硬化有关（Jonsson and Backhed，2017）。在心血管疾病患者肠道中，包括大肠杆菌、克雷伯氏菌和产气肠杆菌在内的肠杆菌科细菌的丰度高于健康人群，拟杆菌和普氏菌相对减少，链球菌和大肠杆菌增多（Jie et al.，2017）。对微生物血浆代谢产物的检测表明，晚期动脉粥样硬化组与对照组血浆代谢产物浓度差异显著。这些代谢产物包括吲哚、色氨酸、吲哚-3-丙酸和吲哚-3-醛的水平与晚期动脉粥样硬化的发生率呈负相关关系，吲哚-3-醛和犬尿氨酸（Kyn）/色氨酸比值与晚期动脉粥样硬化的发生率呈负相关（Cason et al.，2017）。

包括 19 项前瞻性研究在内的系统性综述发现，在调整心血管危险因素后，与低水平的氧化三甲胺（TMAO）和 TMAO 前体（左旋肉碱、胆碱或甜菜碱）相比，高水平的 TMAO 和 TMAO 前体均与重大不良心血管事件的相对风险显著增加有关（Heianza et al.，2017）。粪菌移植动物实验证明含有胆碱利用基因的微生物能产生三甲胺（TMA）/氧化三甲胺，这些物质具有在宿主中造成更高的血小板反应和血栓形成的潜力（Skye et al.，2018）。一项研究发现女性肠道微生物多样性与动脉粥样硬化的发生率呈负相关关系。肠道微生物组成对动脉壁硬度的影响仅很少一部分是由代谢综合征介导的（Menni et al.，2018）。

肠道微生物失调不仅影响动脉粥样硬化的发生，也影响其进展和结局。肠道微生物代谢产物被认为是心血管事件和患者过早死亡的新的危险因素。一项 Meta 分析发现，血浆 TMAO 水平与心血管疾病危险性和患者死亡率增加呈正相关关系（Schiattarella et al.，2017）。心肌梗死（myocardial infarction，MI）小鼠模型研究显示，左心室功能减退和肠灌注不足，使紧密连接蛋白表达下降、肠黏膜受损，导致肠道通透性升高，而抗生素治疗消除了肠道细菌移位，可缓解模型小鼠的系统性炎症与心肌细胞损伤（Tang et al.，2019a）。而缺乏肠道微生物，使小鼠短链脂肪酸水平和髓系细胞比例降低，心肌梗死后围梗死区 CX3CR1[+]单核细胞浸润减少，致心肌梗死后心脏修复受损。采用粪菌移植、单核细胞移植、补充短链脂肪酸的方法均可显著改善口服抗生素小鼠心肌梗死后的生理和生存情况。产生短链脂肪酸的益生菌混合物（嗜酸乳杆菌、双歧杆菌、干酪乳杆菌、副乳杆菌和鼠李糖乳杆菌）虽然对心肌梗死后的存活没有影响，但增加了抗生素处理鼠的射血分数。研究发现，ST 段抬高心肌梗死（ST segment elevation myocardial infarction，STEMI）后，患者的血液微生物丰度和多样性升高，超过 12%的血液细菌来自肠道微生物。血液中肠道微生物代谢产物显著增加，与 ST 段抬高心肌梗死后的系统性炎症和不良心血管事件相关（Zhou et al.，2018）。缺血/再灌注损伤前口服万古霉素或益生菌（含植物乳杆菌 299v 和乳酸双歧杆菌 Bi-07）均可显著缩小大鼠心肌梗死范围，改善其心肌功能（Lam et al.，2012）。依据胸痛患者血浆 TMAO

水平可预测心血管事件的近期和远期风险，可在临床上对可疑急性冠脉综合征（acute coronary syndrome，ACS）患者（Li et al.，2017）进行危险分层。由于肠道微生物很容易通过各种措施进行干预，因此可以利用肠道微生物有针对性地调节宿主参与炎症和心肌梗死发病的信号通路。共生细菌可减轻缺血/再灌注损伤和炎症，调节脂质代谢、血压、细胞凋亡、心肌梗死和心脏整体存活率（Vahed et al.，2017）。

　　肠道微生物中的双歧杆菌属、乳酸杆菌属、拟杆菌属、梭菌属等与胆固醇代谢有关，且双歧杆菌属细菌丰度与高密度脂蛋白水平呈正相关关系（Hayashi et al.，2005）。肠道微生物通过影响肥胖、2型糖尿病、脂代谢和血压等动脉粥样硬化风险因素而促进动脉粥样硬化的发生，另外，肠道微生物失调引起的肠漏症和系统性炎症可触发胰岛素抵抗，同时微生物还可直接影响动脉粥样硬化斑块的形成，包括引起慢性炎症、影响内皮细胞功能和 TMAO 水平等。三甲胺 N-氧化物的积累和促进动脉粥样硬化的机制涉及一系列复杂的因素，包括饮食与肠道微生物的相互作用，以及血液循环中的蛋白质、代谢产物和肾脏功能等全身性因素（Manor et al.，2018）。

　　肠道微生物通过促进系统性炎症而促进动脉粥样硬化。低度炎症作用于脂肪组织、肌肉和肝脏，可诱发代谢失调，促进动脉粥样硬化性心血管疾病的发生（vad den Munckhof et al.，2018）。此外，一些研究还发现了存在于斑块内的肠道细菌的DNA，这可能会引发斑块内的炎症（Li et al.，2016）。一项纳入 14 项研究的 Meta 分析显示，肠道微生物多样性与白细胞计数和血浆 C 反应蛋白（high sensitive C-reactive protein，hs-CRP）水平呈负相关关系；双歧杆菌、栖粪杆菌、瘤胃球菌和普氏菌等丰度与超敏 C 反应蛋白和 IL-6 等炎症标志物水平负相关；微生物可能通过病原体相关分子模式、微生物代谢产物短链脂肪酸和衍生物 TMAO、胆汁酸代谢、影响肠肽分泌和肠道通透性等机制，调节炎症状态。脂多糖是大多数革兰氏阴性（致病）细菌外膜的主要成分，在血液中，脂多糖被转移到白细胞表面的 CD14 分子上，然后脂多糖被呈递给 TLR-4 和淋巴细胞髓样分化蛋白-2（MD-2）形成的复合物，这种复合物激活强烈的先天性免疫反应，导致促炎性细胞因子如 IL-1 和 IL-18 的释放。在实验模型中，脂多糖可加速不稳定斑块的形成，与人类动脉粥样硬化有关。血液中的脂多糖水平与对地中海饮食的依从性呈负相关关系（Marques et al.，2018），LPS 是冠心病（coronary artery heart disease，CHD）的生物标志物。另外，研究发现 TMAO 相关的促炎症单核细胞的增加可使 TMAO 升高、患者发生心血管事件的危险性增加（Haghikia et al.，2018）。取自 *Caspase1*−/− 小鼠的致炎症性肠道微生物可使 *Ldlr*−/− 小鼠血液循环中单核细胞和中性粒细胞的数量增加，促炎性细胞因子水平升高，小鼠主动脉根部中性粒细胞聚集，加重动脉粥样硬化，同时使可产生短链脂肪酸的艾克曼氏菌属、克里斯滕森菌科、松菌属和气味杆菌属细菌显著减少（Brandsma et al.，2019）。

在啮齿类动物和人类中，肠道微生物酶将食物中的胆碱和左旋肉碱转化为三甲胺（TMA）。TMA 通过门静脉循环进入肝脏，在那里被转化为 TMAO。TMAO可增加血小板的高反应性和促进斑块内泡沫细胞的形成。TMAO 还可诱导多种炎症蛋白，如白细胞介素-6、环氧化酶 2、E-选择素和细胞间黏附分子的产生。用抗生素消除肠道细菌可以显著降低血液中 TMAO 的含量。TMAO 可激活血管平滑肌细胞与内皮细胞的促分裂原活化的蛋白激酶（MAPK）及 NF-κB 信号通路，导致炎性基因表达与内皮细胞黏附白细胞（Seldin et al.，2016）。同时，TMAO 可激活炎症小体（Sun et al.，2019；Boini et al.，2017；Chen et al.，2017）。在动物实验中，TMAO 可增加清道夫受体 CD36 与 SR-A1 的表达，导致巨噬细胞摄取修饰后的低密度脂蛋白（LDL）而转变为泡沫细胞（Wang and Zhao，2018）。另外，TMAO 可抑制胆汁酸生物合成的两个关键酶 CYP7A1 与 CYP27 的表达，还可抑制肝脏中多种胆汁酸转运酶（OATP1、OATP4、MRP2 和 NTCP）的表达，进而降低胆汁酸及其相关衍生物的含量，导致反向胆固醇的转运减少（Koeth et al.，2013）。TMAO 还可导致血小板的内质网钙离子释放，进而导致血小板凝集与血栓形成。膳食胆碱转化为 TMA 和 TMAO 的能力，以及血小板反应性和血栓形成潜力，均依赖于肠道微生物中胆碱利用 C 基因（*CutC*）的存在和表达。研究发现，给无菌小鼠定植 TMA 和 TMAO 生成能力不同的人体粪菌，以及胆碱利用 C 基因功能水平不同的特定菌群或菌种（生孢梭菌），上述功能便可通过粪菌移植传递给受体小鼠。因此，肠道微生物的胆碱 TMA 裂解酶途径，是治疗动脉粥样硬化性心脏病的分子靶点，抑制细菌胆碱利用 C 基因或是有效的治疗策略（Skye et al.，2018）。肠道微生物群与炎症小体、先天性免疫系统、胆汁酸、肠道通透性、内毒素系统和 TMAO 之间有密切的关系（vad den Munckhof et al.，2018）。在改善动脉粥样硬化病变的靶点中，诱导胆汁酸的合成以消除体内过多的胆固醇是一种有效的途径。TMAO 对胆汁酸谱有显著影响，尤其是在血清中，对牛磺胆酸、脱氧胆酸和胆酸的影响最为显著。TMAO 抑制肝脏胆汁酸合成的机制可能是通过激活小异二聚体伴侣受体（SHP）和法尼醇 X 受体（FXR）而实现的（Ding et al.，2018）。

除了前述的 TMAO 和 LPS，肠道微生物来源的与心血管疾病相关的代谢产物还包括短链脂肪酸、尿毒素、植物雌激素、花色素苷和胆汁酸等，这些产物都参与了心脏代谢（Wang and Zhao，2018）。D-乳酸与全身炎症及预测不良心血管事件相关（Zhou et al.，2018）。短链脂肪酸主要包括乙酸、丙酸与丁酸，以及相对低含量的戊酸与己酸，肠道微生物产生的短链脂肪酸主要来自膳食纤维。产生乙酸的细菌包括醋杆菌科（Acetobacteraceae），细分为 10 个属，其可在发酵过程中氧化糖类或乙醇。目前已鉴定的至少有 33 种 225 个菌株，其可通过发酵膳食纤维而产生丙酸与丁酸。膳食纤维的摄入能使宿主产生更多的产短链脂肪酸的细菌

（Reichardt et al.，2014；Vital et al.，2014）。短链脂肪酸的多种受体已被鉴定为 G 蛋白偶联受体 41（GPR41）、GPR43、Gpr109a 和嗅觉受体 78，它们存在于肠上皮细胞、免疫细胞和脂肪细胞中，它们在不同的组织和细胞类型中的表达水平不同。短链脂肪酸，尤其是丁酸，在包括动脉粥样硬化等慢性炎症中具有重要的作用。短链脂肪酸可能通过减少免疫细胞的迁移和增殖、减少多种细胞因子的产生和诱导凋亡来抑制炎症（Ohira et al.，2017）。

氨基酸途径中色氨酸的降解和吲哚的产生可以通过抑制 IL-10 的表达来维持免疫刺激作用。此外，吲哚衍生的代谢产物犬尿酸（kynurenic acid，KNA）可抑制 IL-10 的表达，促进动脉粥样硬化发生。在人类动脉粥样硬化病变中，犬尿酸水平的升高与不稳定的斑块表型有关，其血液水平可预测冠心病患者的死亡率和再发心肌梗死的概率（Metghalchi et al.，2015）。

西方高热量饮食可显著降低粪便中黏蛋白降解细菌——艾克曼氏菌的丰度，补充艾克曼氏菌可以在不影响高胆固醇血症的情况下逆转西方饮食引起的动脉粥样硬化的恶化。黏液细胞可以防止西方饮食引起的血液炎症和局部动脉粥样硬化，表现为巨噬细胞浸润减少，促炎性细胞因子和趋化因子的表达减少，因此代谢性内毒素血症的发生减少。由于紧密连接蛋白-1（zona occludens protein-1，ZO-1）和闭合蛋白（occludin）的表达降低了黏蛋白介导的循环内毒素水平，因此逆转了西方饮食引起的肠黏膜通透性增加。*APOE$^{-/-}$*小鼠长期输注内毒素可逆转嗜黏蛋白艾克曼氏菌对动脉粥样硬化的保护作用（Li et al.，2016）。地中海饮食指含较多水果、蔬菜、海鲜和坚果等清淡营养食物的饮食，临床追踪试验也发现地中海饮食或者素食有助于减少心脏代谢性疾病（cardiometabolic disease，CMD）的发生，这种饮食方式有助于肠道微生物产生短链脂肪酸，减少 TMA 及次级胆汁酸生成，这对维持肠道微生物平衡和预防心脏代谢性疾病都显示出良好的效果（Tindall et al.，2018）。

长期服用益生菌对血脂影响的 Meta 分析显示，益生菌产品对血清总胆固醇、低密度脂蛋白胆固醇和高密度脂蛋白胆固醇的影响具有统计学意义，而对甘油三酯浓度无显著影响。因此，通过调节肠道微生物可以调节血脂浓度，可能对心血管有保护作用（Deng et al.，2019）。非酒精性脂肪性肝病（non-alcoholic fatty liver disease，NAFLD）与血脂异常、炎症和肾素-血管紧张素系统（renin-angiotensin system，RAS）失衡有关，这些异常与失衡可进一步导致动脉粥样硬化病变。一项对含姜黄素、水飞蓟素、鸟苷、绿原酸和菊糖的天然膳食补充剂对高脂饮食小鼠非酒精性脂肪性肝病和动脉粥样硬化的影响的研究发现，添加天然膳食补充剂组未见脂肪变性、主动脉病变或颈动脉增厚，且 PCR 芯片显示参与脂质代谢和抗炎活性的基因（*Cpt2*、*IFNG*）表达上调，参与促炎症反应和摄取游离脂肪酸的基因（*Fabp5*、*SOCS3*）表达下调（Amato et al.，2017）。

普通拟杆菌（*Bacteroides vulgatus*）和多氏拟杆菌（*Bacteroides dorei*）对动脉有保护作用，提示这些细菌在肠道中的数量增加可能有助于对冠心病患者的治疗。研究发现，抗性淀粉可显著增加冠心病患者肠道中拟杆菌和多氏拟杆菌的绝对数量与丁酸含量，但增加的水平在每个患者中均不同（Yoshida et al.，2019）。中草药和功能性食品都含有纤维、多酚和多糖，在心脏代谢性疾病的预防和治疗中发挥着类似于益生元的作用。中草药和功能性食品的使用增加了人类肠道拟杆菌门拟杆菌属、厚壁菌门乳杆菌属和放线菌门双歧杆菌属的数量。某些中草药和功能性食品与肠道微生物相互作用，改变了微生物代谢产物（包括短链脂肪酸、胆汁酸、LPS 和 TMAO 等）的信号转导途径，有望成为一种新的心脏代谢性疾病的治疗药物（Lyu et al.，2017）。

已知 TMAO 可增加动脉粥样硬化发生的风险，且血栓形成是心脏病的一种重要的不良并发症。肠道微生物中三甲胺生成酶胆碱利用 C 基因的功能水平可通过粪菌移植传递给受体小鼠，同时传递的还有将膳食胆碱转化为 TMA 和 TMAO 的能力，以及血小板反应性和血栓形成潜力（Skye et al.，2018）。C 基因和胆碱利用 D 基因（*CutC/CutD*）抑制剂的治疗结果表明，单次口服 *CutC/CutD* 抑制剂可显著降低小鼠血浆 TMAO 水平，并可抑制饮食诱导的血小板聚集增强和血栓形成，逆转高胆碱食物诱导的肠道微生物变化，增加嗜黏蛋白艾克曼氏菌的丰度，且无明显毒性或增加出血风险。

利用加替沙星治疗急性冠脉综合征患者不良心血管事件发生概率的评估发现，抗生素对心血管事件和死亡率均无影响（Cannon et al.，2005）。随机干预试验发现，给予 ST 段抬高心肌梗死和左心室功能不全患者多西环素治疗（持续 7 天），以及标准治疗和标准护理，干预 6 个月后，多西环素对患者左心室舒张末期容积指数、梗死范围和严重程度均有明显改善。其有利的机制是多西环素的基质金属蛋白酶抑制特性可能减轻了不利的心室重构（Cerisano et al.，2014）。如前所述，缺血再灌注损伤前，口服万古霉素或益生菌 Goodbelly（含植物乳杆菌 299v 和乳酸双歧杆菌 Bi-07）均可显著缩小大鼠心肌梗死范围，改善心肌功能（Lam et al.，2012）。动物模型研究表明，在缺血再灌注损伤后需要一个完整的肠道微生物组，以进行适当的心肌修复（Tang et al.，2019a）。

运动能够降低心血管疾病的发病率和死亡率，但最新的研究结果表明，大量的有氧运动对于心血管疾病的结果并无明显益处，运动者发生心血管疾病的风险与不运动者相当。最近的研究报告表明，运动改变了肠道微生物的组成，肠道微生物组成和功能的改变可以影响心脏功能。运动训练可抑制心肌梗死后小鼠心输出量和每搏输出量的下降。此外，有研究显示运动增加了 *Butyricimona* 和艾克曼氏菌属细菌的丰度。此外，研究还确定了与运动和心脏功能密切相关的 24 个操作分类单元（主要来自拟杆菌门、*Barnesiella*、幽门螺杆菌属、*Parabacteroides*、紫单胞菌科、瘤胃菌科）。这些结果表明，运动在改变肠道微生物组成的同时，在一定程度上也改善了心脏功能，从而为运动治疗心血管疾病提供了新的思路（Liu et al.，2017b）。不过目前运动对心血管疾病的影响都是观察性的，缺乏大规模的随机临床试验。

4.2.2 肠道微生物与高血压

高血压（BP）是世界范围内流行率最高的心血管疾病，是中风、心肌梗死、充血性心力衰竭、主动脉瘤等心脑血管疾病最主要的危险因素，发病机制复杂。高血压的发生发展受多因素影响，包括遗传和环境因素等，其中生活方式如饮食等是重要影响因素。越来越多的证据表明肠道微生物在血压调节过程中起作用，饮食主要通过改变肠道微生物的组成和代谢功能影响高血压的发生。目前研究结果阐述了异常的肠道微生物在促进高血压发生方面的因果作用，这有助于理解高血压的发病机制，对早期干预高血压具有重要意义，并有望针对肠道微生物这一新的干预靶点采取有针对性的干预措施，从而改善健康及预防高血压的发生。

在自发性高血压大鼠（SHR）和血管紧张素Ⅱ（AngⅡ）诱导的高血压大鼠中，其肠道微生物结构发生显著改变，表现为丰度、多样性、均一度降低，而厚壁菌门/拟杆菌门比例升高，该结果在小样本的高血压患者中也得到了验证（Yang et al.，2015）。同时，也有学者利用盐敏感型高血压大鼠模型初步证明了肠道微生物与血压之间可能具有相关性。动物模型证明了肠道微生物群对血压的调节作用，自发性高血压大鼠的肠道微生物能够引起其他血压正常的大鼠的收缩压升高。接受高血压患者粪菌的无菌小鼠较接受血压正常者粪菌的小鼠血压更高，且伴有肠道屏障损害（Jama et al.，2019b）。人群研究发现高血压患者的粪便微生物组成及功能发生显著变化，高血压患者收缩压与肠道微生物 α 多样性（包括丰富度和Shannon 多样性指数）呈负相关关系（Sun et al.，2019）。高血压患者粪便中丁酸盐的含量也显著降低，较多的产丁酸菌与较低的收缩压相关；高血压患者血浆中肠道脂肪酸结合蛋白（I-FABP）、脂多糖和增强的肠道靶向性促炎 T 细胞（Th17）显著增加，提示高血压与肠道炎症和肠道通透性增加有关。肠上皮紧密连接蛋白调节因子 Zonlin 显著增加，进一步支持高血压时肠屏障功能障碍（Kim et al.，2018）。有研究发现，与健康对照组相比，高血压前期和高血压人群的肠道微生物丰富度和多样性显著降低，以普氏菌属肠型为主，在健康人群肠道富集的如粪杆菌属（*Faecalibacterium*）、罗斯氏菌属（*Roseburia*）和颤杆菌属（*Oscillibacter*）等细菌在高血压前期和高血压组中明显减少；普氏菌属（*Prevotella*）和克雷伯氏菌属（*Klebsiella*）细菌、与疾病相关的细菌过度生长（Jing et al.，2016）。患有阻塞性睡眠呼吸暂停（obstructive sleep apnea，OSA）的个体患系统性高血压的风险增加。在阻塞性睡眠呼吸暂停大鼠模型中，已经证明肠道微生物失调在高血压的发生发展中起着重要的作用。将高脂饮食的高血压阻塞性睡眠呼吸暂停大鼠微生物失调的盲肠内容物移植到正常饮食（显示为正常血压）的阻塞性睡眠呼吸暂停受体大鼠中，导致受体大鼠产生与供体相似的高血压（Durgan et al.，2016）。阻塞性睡眠呼吸暂停可使盲肠内乙酸浓度降低 48%，如果在阻塞性睡眠呼吸暂停发生的 2 周内将乙酸盐长期注入盲肠，恢复盲肠乙酸浓度，则可预防阻塞性睡眠呼吸暂停所致的肠道炎症和高血压（Ganesh et al.，2018）。

肠道微生物可能介导高盐饮食对高血压的影响。肠道乳酸菌是阻断高盐导致高血压的枢纽和关键的调控环节，高盐饮食可以减少肠道乳酸菌的数量，并使免疫细胞 Th17 的数量增加，这种细胞会促进炎症并导致高血压，但益生菌可以使这种平衡有利于抗炎细胞增加。肠道微生物群的一个重要作用是消化膳食纤维使宿主吸收营养和能量，一种称为抗性淀粉的益生元可传递到结肠，在那里它们被共生细菌代谢产生短链脂肪酸而为宿主提供能量。因此，这些肠道细菌与宿主共生来提供能量、代谢产物和维生素。有研究发现粪便短链脂肪酸浓度与微生物多样性呈负相关关系，较高的短链脂肪酸浓度与肠道通透性、代谢紊乱、肥胖和高血压相关（de la Cuesta-Zuluaga et al.，2018）。高血压前期和高血压患者的肠道微生物失调均与宿主的代谢变化紧密相关（Jing et al.，2016）。缺乏纤维或高盐和高脂肪的饮食，如西方饮食，降低了肠道共生微生物的流行率，并支持致病和形成促炎性环境，包括释放促进动脉粥样硬化的 TMAO。研究发现自发性高血压大鼠的基础血压和门脉血三甲胺水平高于同源正常血压大鼠（wistar-Kyoto，WKY）。说明高血压大鼠结肠对三甲胺的通透性增加，同时伴随着结肠形态学和血流动力学的改变（Jaworska et al.，2017）。

有研究得出了相反的结论，慢性低剂量 TMAO 治疗尽管可将高血压大鼠血浆 TMAO 水平提高 4～5 倍，但其降低了高血压大鼠血浆促 B 型利钠肽和血管升压素水平、左心室舒张末期压并导致心脏纤维化（Huc et al.，2018）。因此，TMAO 对血压的影响还需要进一步深入研究。

肠道微生物通过影响免疫和炎症影响高血压的发生。免疫系统已成为高血压病因研究的重要组成部分。持续的免疫系统激活在各种形式的高血压发生发展中起着重要的作用。先天性免疫系统的激活、炎症和随后的适应性免疫系统反应导致终末器官损伤和功能障碍，最终导致高血压及其相关后遗症（Gelston and Mitchell，2017）。动脉高血压及其器官后遗症具有 T 细胞介导的炎症性疾病的特点。临床模型表明，Th1 细胞、Th2 细胞、Th17 细胞和调节性 T 细胞（Treg）等淋巴细胞亚群参与血压的波动及终末器官损伤的调节（Marques et al.，2018）。Treg 和效应 T 细胞的平衡在高血压及高血压终末器官损伤中起着至关重要的作用。Treg 可以限制高血压靶器官的损伤，因为 Treg 的过继转移抑制了 Ang II 引起的心脏和血管损伤。Treg 可以抵消 AngⅡ引起的效应细胞 Th17 反应。肠道微生物群是免疫和炎症反应的重要调节剂。例如，无菌小鼠的 Th17 细胞和 Treg 比常规饲养的小鼠更少（Bartolomaeus et al.，2019）。免疫细胞释放的介质，包括活性氧、金属蛋白酶、细胞因子和抗体，促进靶器官发生功能障碍并受到损害。在血管中，这些因素会促进血管收缩、重塑，同时这些介质促进钠转运体的表达和激活，引起间质纤维化和肾小球损伤，促进高血压发生（Norlander et al.，2018）。肠道微生物来源的 TMAO 和短链脂肪酸可引起肾脏血管的改变而引起血压的改变（Antza et al.，2018）。正常肠道微生物定植于无菌小鼠后，可诱导淋巴组织 T 细胞中 T-box 的 mRNA 转录表达，并导致轻度内皮功能障碍。与输注 AngⅡ的正常小鼠相比，输注 AngⅡ的无菌小鼠 Ly6G（+）中性粒细胞和 Ly6C（+）单核细胞较少浸润到主动脉血管壁，对肾脏有保护作用，使血管内皮细胞功能障碍和 AngⅡ引起的血压升高减弱（Karbach et al.，2016）。因此，肠道微生物群通过单核细胞趋化蛋白-1（MCP-1）/IL-17 驱动的血管免疫细胞浸润和炎症，促进 AngⅡ诱导血管功能障碍和高血压。肠道代谢产物，如短链脂肪酸对免疫、血压和心脏有保护作用。短链脂肪酸在宿主细胞进行信号转导中的作用是复杂的。丙酸是已知与 GPR41 和 GPR43 结合的化合物，具有组蛋白去乙酰化抑制作用，这种作用可解释丙酸对免疫细胞的作用（Bartolomaeus et al.，2019）。

肠道微生物通过影响神经调节和肠-脑轴进而影响血压。交感神经系统对炎症的控制在高血压中起着中心作用，肠道接受重要的交感神经支配，并且含有免疫细胞，这些免疫细胞极大地影响了整个炎症内环境的稳定。自发性高血压大鼠和慢性 AngⅡ灌注会影响大鼠肠上皮的完整性和肠壁病理改变，包括肠道通透性增加和紧密连接蛋白减少，这与血压控制相关的肠道微生物改变有关。肠道微生物的变化会改变肠道-大脑的相互作用，从而引起血压的变化，接受自发性高血压大鼠粪菌的小鼠脑室旁核内 NADPH 氧化酶驱动的活性氧生成和促炎性细胞因子产生均增加，血浆去甲肾上腺素（noradrenaline，NA）水平升高（Toral et al.，2019）。有研究发现，高血压患者中起源于下丘脑室旁核的肠道神经元通信增强，表现为肠道交感神经活动增加。血管紧张素转化酶抑制剂（angiotensin converting enzyme inhibitor，ACEI）可以使血压恢复正常，并逆转肠道病理（Santisteban et al.，2017）。停用血管紧张素转化酶抑制剂后，自发性高血压大鼠血压仍持续下降，肠道微生物改变，肠道病理和通透性改善，垂体后叶神经元活动减弱，提示血管紧张素转化酶抑制剂可影响肠-脑轴，维持血管紧张素转化酶抑制剂停药后的持续降压作用。自主神经脑区内小胶质细胞的激活和神经炎症的增加与持续性高血压有关，在自发性高血压大鼠侧脑室灌注四环素-3（CMT-3）可明显抑制 AngⅡ诱导的下丘脑室旁核小胶质细胞数量增加、小胶质细胞活化和促炎性细胞因子的增加，减轻 AngⅡ大鼠和自发性高血压大鼠平均动脉压的升高、交感神经活动和左心室肥厚,恢复 Ang II 改变的某些肠道微生物,减轻肠壁的病理改变(Sharma et al.,2019)。肠道微生物失调可通过血管纤维化和血管张力改变促进高血压的发生及发展(Lau et al.,2017)。因此,通过新的益生菌、抗生素和粪菌移植来靶向干预肠道微生物,并结合药物治疗,可能是一种治疗高血压的新策略。

流行病学研究表明,大量摄入水果和蔬菜与降低血压和降低心血管疾病死亡率有关。增加膳食纤维总摄入量可显著降低高血压患者的收缩压和舒张压。高纤维的饮食,如地中海饮食,可以增加保护性的产生短链脂肪酸的肠道微生物的数量(Jama et al.,2019a)。临床随机对照与啮齿类动物模型的病因研究表明,短链脂肪酸对血压有关键性的调节作用(Marques et al.,2018)。其中乙酸盐、丙酸盐和丁酸盐占肠道微生物群产生短链脂肪酸总量的 80%。例如,丁酸盐在结肠内容物中的浓度约为 20mmol/L,但在外周血中约为 3μmol/L。丁酸盐主要被结肠细胞利用,而剩余的短链脂肪酸和较少的丁酸盐通过静脉输送至肝脏。丙酸对动物模型的心肌肥厚、心肌纤维化、血管功能障碍和高血压均有明显的抑制作用。丙酸处理的 Ang II 灌注 WT 小鼠对室性心律失常的易感性明显降低。丙酸处理后 $ApoE^{-/-}$ 小鼠主动脉粥样硬化斑块面积明显缩小。丙酸治疗可减轻全身炎症,使脾效应记忆 T 细胞和 Th17 细胞减少,WT 小鼠局部心脏免疫细胞浸润减少。丙酸对 Ang II 缺乏小鼠的心脏有保护作用,这种保护作用依赖于 Ang II。这些研究表明,生活方式的改变导致短链脂肪酸产生增加可能是预防高血压及心血管疾病的一种有益策略(Bartolomaeus et al.,2019)。高盐饮食(HSD)会引起肠道微生态失衡和高血压等健康问题。研究发现添加乳果糖的高盐(HSLD)组小鼠血压明显低于高盐饮食组。高盐饮食提高了肠道瘤胃菌科 UCG_009 菌的丰度,降低了乳酸杆菌的丰度,而添加乳果糖则增加了双歧杆菌、*Alloprevotella* 和 *Subdoligranulum* 的丰度。粪便代谢图谱显示,与高盐饮食组小鼠相比,添加乳果糖的高盐组小鼠参与 ATP 结合和转运体通路的代谢产物的含量显著增加,乳果糖通过改善糖脂代谢,降低了小肠中 IL-17a 和 IL-22 mRNA 水平,降低了血清中 IL-17a 和 IL-22 水平,减轻了便秘,增加了粪便中钠含量,降低了肠道通透性,维持了高盐饮食小鼠肠道微环境健康(Zhang et al.,2019)。

乙酸是一种短链脂肪酸,高纤维饮食可以改变肠道微生物组成,增加产乙酸盐细菌的数量。以厚壁菌门/拟杆菌门的比值来衡量,高纤维和乙酸盐均能抑制肠道微生物的失调,增加拟杆菌门细菌的比例。与正常饮食相比,高纤维饮食和补充乙酸盐均能显著降低收缩压与舒张压,减轻心肌纤维化和左心室肥厚,并能明显减轻肾脏纤维化。转录组分析表明,高纤维饮食和乙酸盐的保护作用,会引发心脏和肾脏 Egr1 表达的下调。Egr1 是参与心脏肥大、心肾纤维化和炎症的主要心血管调节因子(Marques et al.,2017)。

研究显示,益生菌对收缩压和舒张压均有影响。与单一种类的益生菌相比,拥有多种益生菌的个体收缩压和舒张压均有较大的下降。对基线血压≥收缩压130mmHg-舒张压85mmHg 与<130mmHg-85mmHg 的试验进行的亚组分析发现，舒张压的改善更为显著。益生菌可通过改变肠道微生物，改善慢性肾脏疾病而调节血压，这为高血压患者的早期治疗提供了一个新的治疗靶点（Antza et al.，2018）。有研究发现鼠李糖乳杆菌（*Lactobacillus rhamnosus*，LGG）可通过降低 TMAO 水平，调节 Th1/Th2 细胞因子失衡，抑制细胞外调节蛋白激酶 1/2（ERK1/2）和哺乳动物雷帕霉素靶蛋白（mammalian target of rapamycin，mTOR）磷酸化水平，以及预防高盐饮食诱导的高血压的加重（Liu et al.，2019）。摄入适量的膳食多酚或益生菌可以改善血压，但效果不同。益生菌可通过与摄入的多酚相互作用，以控制它们的生物利用度（Alves et al.，2016）。有研究发现益生菌干酪乳杆菌和益生元菊粉（inulin）的早期肠道微生物靶向治疗可以预防由高果糖饮食引起的程序性高血压，并且两者的作用相似（Hsu et al.，2018）。益生菌可以促进肠道健康，降低致敏性，增加食物中脂肪/蛋白质的生物可及性，其含有的多胺和生物活性肽可以降低血压（Ahtesh et al.，2018）。但有些益生菌对血压无影响，如发酵乳杆菌CECT5716 可改变肠系膜淋巴结（MLN）中的 Th17/Treg 平衡、血管氧化应激和炎症，轻微改善内皮功能障碍，但不能抑制 N^G-硝基-L-精氨酸甲酯（L-NAME）所致高血压的发展。所以，慢性发酵乳杆菌 CECT5716 治疗可减少参与动脉粥样硬化发展的早期事件（Robles-Vera et al.，2018）。

一项利用 3 种不同抗生素（新霉素、米诺环素和万古霉素）对盐敏感大鼠和自发性高血压大鼠（SHR）的血压与微生物学作用影响的研究发现，口服抗生素能提高大鼠的收缩压，而米诺环素和万古霉素能降低自发性高血压大鼠的收缩压，但新霉素不能降低其收缩压（Galla et al.，2018）。有报道，一位高血压患者因感染而应用抗生素治疗，静脉滴注万古霉素（1250mg，每 12h 一次）、利福平（600mg，每 12h 一次）和环丙沙星（750mg，每 12h 一次）共 42 天，抗生素应用期间血压正常，抗生素治疗后血压下降持续数月（Qi et al.，2015）。米诺环素除了能降低高血压患者的血压外，还能通过降低厚壁菌门/拟杆菌门的比例来重新平衡高血压患者失调的肠道微生物（Yang et al.，2015）。高血压患者使用抗生素治疗应遵循个体化方法，因为他们的血压可能因为个体遗传和肠道微生物组成不同而受到不同的影响。

目前，肠道微生物对抗高血压药物代谢影响的数据有限。常用的抗高血压药物如 ACE 抑制剂、β-受体阻滞剂和 Ang II 受体拮抗剂的体内代谢与人类肠道微生物的个体差异有关。美国黑人比白人有更高的高血压发病率、严重程度和对治疗的抵抗力。肠道微生物及其代谢产物可能与此有关。对功能性肠道代谢途径和代谢组学数据的综合分析表明，高血压患者可能具有更高的血浆氧化应激标志物、更大的肠道微生物组群的炎症潜能，以及肠道微生物相关的代谢产物的改变，并因此提示胰岛素抵抗作用的发生。更全面地了解这些潜在的差异可能会有利于基于肠道微生物的高血压治疗（Walejko et al.，2018）。

适当的运动通常被认为对心血管具有保护作用，运动可以塑造肠道微生物群，如运动可以增加 *Butyricimona* 和艾克曼氏菌属细菌的丰度。研究发现运动可以改变肥胖和高血压大鼠肠道微生物（Petriz et al.，2014）。另外，肠道微生物的改变是导致老年高血压患者运动能力下降的一个潜在因素，在运动能力低的患者中，β-变形菌纲（Betaproteobacteria），伯克氏菌目（Burkholderiales），产碱菌科（Alcaligenaceae），瘤胃菌科（Ruminococcaceae）和柔嫩梭菌属（*Faecalibacterium*）细菌几乎消失，而大肠杆菌丰度则增加（Yu et al.，2018）。

4.2.3 肠道微生物与心力衰竭

心力衰竭（heart failure，HF）是当今世界人类死亡的主要原因之一。慢性心力衰竭（chronic heart failure，CHF）是许多心血管疾病的终末期综合征，心脏的结构和/或功能发生异常，导致血液灌注不足，不能满足机体的需要。全世界大约有 2300 万人患有心力衰竭，这给全球带来了沉重的经济负担。尽管过去几十年人们对心力衰竭病理生理的认识有了很大的进展，但大多数患者的疾病进展仍不可避免，而且也缺乏有效的方法来预防心力衰竭。其中，肠道微生物与心力衰竭关系的研究尤为引人注目。目前认为心力衰竭与肠道屏障功能受损和细菌移位导致炎症和免疫反应有关。反过来，心力衰竭导致内脏循环充血、肠壁水肿和肠屏障功能受损，受损的肠道又可以通过增加细菌移位和细菌产物在全身血液循环中的存在来加重整体炎症状态，促进心力衰竭的进展（Tang et al.，2019a）。肠-心轴新概念的提出使其在心力衰竭诊断和治疗方法方面具有很大的潜力。

心力衰竭患者肠道微生物的 α 多样性显著低于健康对照组。β 多样性显示，心力衰竭患者肠道微生物与健康对照组差异很大。在科水平上，红蜻菌科（Coriobacteriaceae）、丹毒丝菌科（Erysipelotrichaceae）和瘤胃菌科细菌增加，在属水平上，布劳特氏菌属（*Blautia*）、柯林斯氏菌属（*Collinsella*）细菌显著减少（Luedde et al.，2017）。有研究发现，年轻的心力衰竭患者较老年心力衰竭患者肠道的拟杆菌比例降低，变形杆菌的数量增加。在老年心力衰竭患者的肠道微生物中，*Faecalibacillus* 被耗尽，而乳杆菌属细菌富集。这表明，心力衰竭患者的肠道微生物发生了明显的改变，并因年龄的不同而进一步变化（Kamo et al.，2017）。对 53 名慢性心力衰竭患者和 41 名健康对照者的粪便样品进行的宏基因组分析、粪便和血浆样品代谢组学分析，发现普氏粪杆菌（*Faecalibacterium prausnitzii*）减少和 *Ruminococcus gnavus* 增加是心力衰竭患者肠道微生物的特征表现。代谢产物丁酸水平降低和有害代谢产物如 TMA、TMAO 水平升高是心力衰竭患者体内的重要变化。心力衰竭患者的粪便和血浆样品的代谢特征也发生了显著变化，这些改变与肠道微生物失调有关（Cui et al.，2018），在犬类心力衰竭模型中也得到了相同的结论（Karlin et al.，2019）。膳食补充牛磺酸可促进脂肪酸氧化和葡萄糖摄取，引起能量供应和明显的心肌收缩功能改变。有研究发现，粪便中烟酸、肉桂酸和牛磺酸等代谢产物水平与心力衰竭富集型细菌 *Veillonella* 含量呈负相关关系，而与 *Faecalibacterum*、*Butyricicoccus* 等在对照组富集的细菌含量呈正相关关系。心力衰竭患者富集的肠道微生物与其体内 C 反应蛋白（CRP）和肌酐水平呈正相关关系，而高密度脂蛋白与对照组富集的肠道微生物呈正相关关系。无论心力衰竭患者是否使用质子泵抑制剂（PPI）或他汀类药物，β 多样性在两者之间均有显著差异（Kummen et al.，2018）。一项研究发现，与正常对照组相比，心力衰竭患者肠道中的致病微生物的数量明显增多，如念珠菌、弯曲菌、志贺氏菌、沙门氏菌、小肠结肠炎耶尔森菌，肠道通透性、右心房压力（RAP）和 C 反应蛋白水平增加，且肠道通透性、右心房压力和 C 反应蛋白水平相互关联（Pasini et al.，2016）。

代谢和炎症障碍可能在心力衰竭的发生和发展中起作用。心力衰竭患者的肠道结构和功能发生了改变，肠上皮屏障的破坏可能导致微生物代谢产物进入全身循环，可能通过诱导炎症反应而加重心力衰竭。肠道微生物代谢途径，TMA、TMAO、短链脂肪酸和次级胆汁酸的产生，似乎参与了心力衰竭的发生和发展（Tang et al.，2019b）。肠道微生物代谢产物，特别是那些来自膳食营养素的代谢产物，可以产生旁分泌和内分泌效应，从而导致机体对心力衰竭的易感性增加（Kitai and Tang，2018）。添加 TMAO 或胆碱饲料的小鼠与正常对照组相比，肺水肿、心脏增大明显，左室射血分数显著降低，心肌纤维化程度明显增加（Organ et al.，2016）。TMAO 途径还可能直接导致心室重塑不良和心力衰竭。有临床研究表明血清 TMAO 的水平与心力衰竭的发展和患者不良预后有关。另外，TMAO 可直接导致进行性肾小管间质纤维化和功能障碍，这可能是加重慢性心力衰竭进展的潜在机制之一（Cui et al.，2018）。

"心衰肠道假说"认为，肠道的结构和功能及肠道内物质在心力衰竭的发病机制中起着重要作用。该假说认为心输出量减少和交感神经刺激了体循环的适应性再分配，引起包括肠壁在内的多端器官的缺血和水肿，导致肠道微生物易位及循环内毒素水平增加，从而诱导炎症相关细胞因子生成，而激活的细胞因子反过来促进机体发生炎症反应、诱发纤维化及微血管和心肌功能障碍，从而加重心力衰竭。灌注量的减少会影响肠黏膜的绒毛结构，可观察到心力衰竭患者肠壁增厚伴水肿，肠壁增厚与体循环中的 C 反应蛋白、白细胞及肠道通透性增加的标志物直接相关。在心力衰竭过程中，肠道内毒素的吸收是全身炎性细胞因子升高的重要刺激因素。在心力衰竭患者中，多种细胞因子，如 TNF-α、IL-1 和 IL-6 的升高与临床症状严重有关，并可预测患者预后。例如，射血分数降低的心力衰竭（HfrEF）是一种全身性炎症状态，可能是微生物代谢产物通过受损的肠道屏障进入血液而触发的（Katsimichas et al.，2018）。

肠道和肝脏来源的胆汁酸（BAS）可作为旁分泌和内分泌信号分子影响与炎症，宿主脂质、胆固醇和葡萄糖代谢密切相关的通路。法尼醇 X 受体也通过 TGR5上调刺激 GLP-1 的分泌，从而改善小鼠的脂质代谢，减轻动脉粥样硬化斑块炎症，调节心肌细胞功能，具有心脏保护作用（Ryan et al.，2017）。与对照组相比，心力衰竭患者血浆初级胆汁酸水平降低，次级胆汁酸与初级胆汁酸比值升高。

靶向肠道微生物代谢途径和/或代谢产物以及改变肠道微生物组成具有调节心血管疾病易感性和防止进展为心力衰竭的潜力，是治疗心力衰竭的新策略。用新生大鼠心室肌细胞进行的实验表明，活的和失活的鼠李糖乳杆菌 GR-1 可抑制α1-肾上腺素能受体激动剂（如苯肾上腺素）诱导的心肌肥厚，改善左心室收缩和舒张功能，对心力衰竭具有治疗作用（Ettinger et al.，2017；Gan et al.，2014）。研究发现，新的丁酸衍生物苯丙氨酸丁酰胺（FBA）与阿霉素（Doxo）合用可防止左心室扩张、心肌纤维化及心肌细胞凋亡。降低心钠素、脑利钠肽、结缔组织生长因子水平和基质金属蛋白酶-2 转录水平，而且 FBA 和 Doxo 合用的小鼠也表现出较高的硝基酪氨酸水平和诱导型一氧化氮合酶的表达水平。苯丙氨酸丁酰胺还可以防止阿霉素诱导的心脏细胞内过氧化氢酶水平降低，预防阿霉素引起线粒体超氧化物歧化酶（SOD）活性的增加和 H_2O_2 的产生（Russo et al.，2019）。在载脂蛋白 E 缺陷型小鼠模型中，黏液乳杆菌 DPC6426 表现为可纠正血脂异常和高胆固醇血症，可通过调节胆汁成分和免疫系统张力的方式增强对心脏的保护作用（Ryan et al.，2019）。

4.3 肠道微生物与非酒精性脂肪性肝病

近年来非酒精性脂肪性肝病的发病率在全球呈升高趋势，正在成为最常见的慢性肝病。非酒精性脂肪性肝病患者全因死亡率、肝病相关死亡率、肝细胞癌发生率均升高，肥胖和胰岛素抵抗（insulin resistance，IR）是非酒精性脂肪性肝病的两大独立危险因素。近年来，越来越多的研究聚焦于肠道微生物在非酒精性脂肪性肝病的发生发展中所起的重要作用。

肠道和肝脏通过胆管、门静脉和体循环进行紧密的双向连接与交流（Tripathi et al.，2018）。肝脏通过胆管将胆汁盐、免疫球蛋白 A（IgA）和血管生成素-1 等抗微生物分子运输到肠腔，该过程通过控制不受限制的细菌过度生长来维持肠道微生物平衡（图 4-1）。胆汁盐还通过核受体作为重要的信号分子，这些核受体包括法尼醇 X 受体、G 蛋白偶联胆汁酸受体（GPBAR1，也称为 TGR5）等，它们可以调节肝脏胆汁酸合成、葡萄糖代谢、脂质代谢和能量饮食的利用。相反，宿主和/或微生物代谢产物可通过门静脉易位至肝脏并影响肝功能。体循环通过肝脏代谢饮食，另外，内源或异生物质（如游离脂肪酸、胆碱代谢产物和乙醇代谢产物）通过毛细血管系统输送到肠来延伸肠-肝轴功能。由于这种运输介质和全身介质易于扩散穿过毛细血管，这些因子可以正面（如丁酸盐）或负面（如乙醛）影响肠屏障，包括三甲胺（TMA）、氧化三甲胺（TMAO）等。肝脏和肠道的这种双向交流在维持机体健康的过程中发挥着重要的作用。肝脏产物主要影响肠道微生物组成和肠道屏障完整性，而肠道因素调节肝脏中的胆汁酸合成及葡萄糖和脂质代谢。因此，肠道微生物的稳态能影响肝脏的健康。

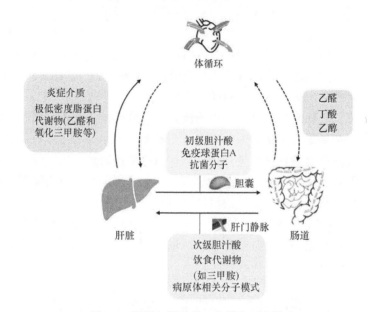

图 4-1　肠道与肝脏的双向通信示意图

4.3.1　肠道微生物与非酒精性脂肪性肝病概述

　　非酒精性脂肪性肝病是代谢综合征的明显特征之一，其与酒精性脂肪性肝病的进展路径趋同，肝脏和肠道中的促炎变化介导纤维化、肝硬化和最终肝细胞癌的发展。目前已观察到非酒精性和酒精性脂肪性肝病具有关键特征，如肠道微生态失调、肠道通透性升高，以及胆汁酸、乙醇和胆碱代谢产物水平发生变化（Tripathi et al.，2018）。非酒精性脂肪性肝病被预测是将来慢性肝病和肝细胞癌的主要病因（Michelotti et al.，2013），主要包括单纯性脂肪肝、非酒精性脂肪性肝炎（nonalcoholic steatohepatitis，NASH）及其相关肝硬化和肝细胞癌。10%～20%的单纯性脂肪肝可进展为非酒精性脂肪性肝炎。非酒精性脂肪性肝炎与发生肝硬化和肝细胞癌的危险性增加相关。非酒精性脂肪性肝病的发病机制复杂，包括遗传和环境因素，可能是脂肪酸供应过多导致毒性脂质形成及堆积，触发内质网应激、氧化应激和炎症小体活化，激活星状细胞，导致纤维形成、胰岛素抵抗等。

近年来，肠道微生物在非酒精性脂肪性肝病的发生和发展中的作用逐渐被重视，成为临床研究的热点。肠道微生物多样性和丰度是宿主健康的标志，肠道微生物紊乱也在发病机制中起重要作用，肠道微生物紊乱及肠黏膜屏障功能障碍可引起肠源性内毒素吸收入肝增加。通过激活 Toll 样受体、核苷酸结合寡聚化结构域（NOD）样受体等途径，可诱发慢性炎症，促进非酒精性脂肪性肝病的发生与发展。肠道微生物紊乱还会影响肠道内营养物质的吸收，改变机体的能量代谢，造成体内脂肪过度积累，促进肥胖与非酒精性脂肪性肝病的发生与发展（Friedman et al.，2018；Cui et al.，2016）。研究发现，无菌小鼠即使摄入高脂饮食，体重增加也不明显，无肝脏脂肪变性，与体重无关的果糖诱导的脂肪肝在无菌小鼠中也不会发生（Kaden-Volynets et al.，2018）。而肠道微生物通过增加肠道屏障通透性、促进肝脏炎症反应、影响能量代谢与脂肪沉积和改变体内某些物质代谢水平，在非酒精性脂肪性肝病的发生和发展中发挥重要作用。

4.3.2　肠道微生物失调在非酒精性脂肪性肝病发病机制中的作用

非酒精性脂肪性肝病与肠道微生物及其代谢产物紧密相关。非酒精性脂肪性肝病患者肠道内拟杆菌门细菌丰度可以增加、降低或无改变，大肠杆菌属和拟杆菌属细菌增加，某些特定的菌类减少，如普氏菌属和柔嫩梭菌属细菌（de Faria Ghetti et al.，2018）。肠道微生物能通过产生代谢产物（如短链脂肪酸）来调节宿主的能量获得，或通过调节宿主的能量代谢信号通路在肥胖和肥胖相关的代谢性疾病中起着关键的作用。肝脏作为人体较为重要的代谢器官，肠道微生物同样可以通过多种信号分子参与肝脏能量的代谢。肠道微生物对宿主代谢产生的最大作用在于影响能量的吸收和储存。研究发现，肠道微生物通过促进肠道单糖的吸收而加速肝脏脂肪的从头合成，并抑制禁食诱导的脂肪因子的产生，从而导致甘油三酯在脂肪细胞聚集。肠道微生态失调已被证明与血清代谢产物水平的变化有关，包括支链氨基酸（BCAA）和芳香族氨基酸（AAA）。初步研究的结果表明，非酒精性脂肪性肝病肝纤维化的易感性、3-(4-羟基苯基)乳酸(芳香族氨基酸代谢的产物)代谢通路与肠道微生物之间存在相关性（Caussy and Loomba，2018）。肠道微生物能调节宿主代谢通路，通过代谢组学的方法确定了非酒精性脂肪性肝病患者独特的代谢特征，这种代谢类型的改变可以作为疾病的标志物。

除了能量代谢，肠道微生物与非酒精性脂肪性肝病的相关性还可能与内毒素血症、内源性乙醇的产生及胆汁酸、胆碱代谢的改变等因素相关。胆碱是细胞膜磷脂不可或缺的成分，在脂质代谢中起着重要的作用。胆碱可以促进肝细胞脂质的转运，预防脂质在肝脏的聚集，磷脂的缺乏通常可引起肝脏脂肪变性。肠道中一些微生物可以将胆碱转化为 TMA，TMA 被转运到肝脏，再转化成 TMAO，这两者都可以诱导肝损伤导致肝脏脂肪变性和脂肪性肝炎。饮食中胆碱的含量也可以影响肠道微生物的组成和丰度，因而与非酒精性脂肪性肝病的发生相关。肠道微生物与胆碱代谢的密切关系表明了靶向肠道微生物疗法在治疗非酒精性脂肪性肝病方面的合理性。

非酒精性脂肪性肝病被认为是胰岛素依赖途径的功能失调在肝脏的表现，胰岛素抵抗加速脂肪和炎症在肝脏细胞的聚集，肠-肝轴在非酒精性脂肪性肝病发病中起着关键作用（Bibbo et al.，2018）。研究发现，非酒精性脂肪性肝病患者的肠道微生物失调，小肠细菌过度生长（small intestinal bacterial overgrowth，SIBO），触发肠道炎症及损害肠道屏障，使得肠道屏障通透性增加，定植于肠道内的细菌、细菌成分及其代谢产物发生移位，如革兰氏阴性菌细胞壁的主要成分内毒素，通过门静脉进入肝脏，激活肝脏固有免疫，诱导肝脏炎症发生，进而促进非酒精性脂肪性肝病发生。代谢性内毒素血症是指代谢性疾病患者血液中内毒素水平增加，从而导致胰岛素抵抗和非酒精性脂肪性肝病（Vespasiani-Gentilucci et al.，2018）。用遗传学或药物手段抑制内毒素-Toll 样受体（TLR）通路，或移植敲除 TLR-4 基因的骨髓造血细胞，可促进脂肪褐化，缓解高热量饮食诱导的脂肪肝（Fabbiano et al.，2018）。某些细菌，如变形菌门细菌的增加可促使体内乙醛含量升高，乙醛可破坏细胞间的紧密连接，进而增加肠道通透性，细菌代谢产生的大量内源性乙醇也可以使肠道通透性增加（Bibbo et al.，2018）。小肠细菌过度生长可以诱导肝脏 TLR-4 表达增加。脂多糖与脂多糖结合蛋白（LPS binding protein，LBP）结合，再与 CD14-TLR-4 复合体结合触发炎症反应和胰岛素抵抗。胰岛素抵抗和慢性炎症形成恶性循环，促进非酒精性脂肪性肝病的发生和发展，而且非酒精性脂肪性肝病患者肠道微生物失调也可独立于体重及胰岛素抵抗而存在（Da Silva et al.，2018）。

肠道微生物可参与 TLR 信号通路的调控。肠道微生物释放的病原体相关分子模式（pathogen-associated molecular pattern，PAMP）是 TLR 的配体，在人体中 TLR-2、TLR-4 和 TLR-9 参与了非酒精性脂肪性肝病的发病机制。肠道微生物失调会伴有内毒素血症、肠道屏障功能异常和肠-肝轴的改变，随后发生炎症基因的过表达。肠道微生物失调相关的 TLR-核因子-κB（NF-κB）信号途径的激活与炎症小体起始反应和网状激活通路诱导相关，导致脂质代谢基因表达失调。过氧化物酶体增殖物激活受体（peroxisome proliferator-activated receptor，PPAR）是核受体，参与脂质代谢、能量平衡和炎症过程的调节，PPARγ 参与胰岛素抵抗的过程（Silva and Peixoto，2018）。细胞因子信号传送阻抑物 3（suppressor of cytokine signaling 3，SOCS3）在非酒精性脂肪性肝病中对胰岛素抵抗具有调节作用，PPARγ的激动剂罗格列酮（ROZ）可以通过抑制肝细胞的 JAK2/STAT3 通路降低信号转导抑制分子的表达，减轻肝脏脂肪变（Liss and Finck，2017；Cave et al.，2016）。如前所述，内毒素在胰岛素抵抗发生中起着重要的作用，当内毒素结合到内毒素结合蛋白复合体时，位于肝巨噬细胞表面的 TLR-4 和 CD14 会触发细胞内的炎症反应，激活 NF-κB 和相关的通路，诱导促炎性细胞因子如 TNF-α、IL-1 和 IL-6的产生，TNF-α 基因表达上调，血浆中内毒素结合蛋白水平升高。TLR-4 也可以位于肝星状细胞（hepatic stellate cell，HSC）表面，内毒素通过 TLR-4 依赖的信号通路激活肝星状细胞产生内毒素血症相关的肝外基质的沉积（Borrelli et al.，2018）。

　　肠道微生物可通过法尼醇 X 受体介导信号通路。胆汁酸自胆固醇合成，具有广泛的生理功能。胆汁酸不仅可以促进脂溶性食物的消化和吸收，也有助于维持肠道屏障和预防细菌移位。而且胆汁酸可以作为信号分子，通过与法尼醇 X 受体和 G 蛋白偶联受体 5（TGR5）结合而调节胆汁酸代谢的平衡。法尼醇 X 受体和TGR5 在肠道内分泌细胞 L 细胞上共表达。胆汁酸可以通过法尼醇 X 受体信号途径减轻高脂饮食诱导的非酒精性脂肪性肝病的发生。研究发现，肥胖 ob/ob 小鼠较野生型瘦小鼠粪便中牛磺结合胆酸显著减少，法尼醇 X 受体 mRNA 表达则显著升高，而肝脏胆固醇 7α 羟化酶 1（CYP7A1）和小异二聚体伴侣受体的表达则显著降低。肠道微生物失调可阻断肝脏法尼醇 X 受体-小异二聚体伴侣受体通路增加脂肪的合成而诱导非酒精性脂肪性肝病的发生（Park et al.，2016）。

　　胆汁酸可以激活法尼醇 X 受体和 G 蛋白偶联受体 5（TGR5）调节胆汁酸代谢和葡萄糖代谢及肌肉和脂肪组织对胰岛素的敏感性。目前的研究证明，法尼醇 X 受体激动剂（Fexaramine，FEX）显著增加了牛磺石胆酸水平，促进了成纤维细胞生长因子 15（fibroblast growth factor 15，FGF15）、成纤维细胞生长因子 21 及 GLP-1的表达，改善了胰岛素和葡萄糖耐受。但是抗生素治疗可以逆转这些法尼醇 X 受体在肥胖和糖尿病小鼠中的有益代谢作用（Pathak et al.，2018）。半合成胆酸、奥贝胆酸（INT-747，也称为 OCA）是法尼醇 X 受体强有力的激动剂，对非酒精性脂肪性肝病表现出有益的作用，可以使非酒精性脂肪性肝病患者体重减轻最高达44%，奥贝胆酸治疗和体重减轻对血清转氨酶和组织学具有显著的有益作用（Hameed et al.，2018）。

　　肠道微生物、氧化应激和线粒体损伤的相互作用，在非酒精性脂肪性肝病发病机制中也起着重要作用。肠道上皮细胞和肠道微生物之间的相互作用可以诱导快速产生活性氧（reactive oxygen species，ROS）自由基。非酒精性脂肪性肝病患者内源性乙醇水平增加。非酒精性脂肪性肝病患者产乙醇细菌丰度的增加可以提升其血液中乙醇的浓度。乙醇代谢在氧化应激、肝脏炎症中的作用已经确定，间接揭示了产乙醇细菌在非酒精性脂肪性肝病发病机制中的作用（Zhu et al.，2013）。

4.3.3 靶向肠道微生物治疗非酒精性脂肪性肝病

目前，越来越多的证据表明肠道微生物失调在非酒精性脂肪性肝病的发生和发展中起着重要作用。然而，益生菌的活菌移植或补充益生元等经典疗法效果有限。虽然粪菌移植在非酒精性脂肪性肝病治疗中有一定的效果，但因存在细菌的定植抵抗、个体差异等因素，且其长期疗效和安全性还有待深入探究，故其应用前景受限。鉴于许多与人类健康有关的微生物-宿主相互作用是由肠道微生物代谢产物介导的，所以，基于肠道微生物分泌、修饰和降解代谢产物，靶向肠道微生物代谢产物可能是有希望的治疗策略，从而可能实现特异性和整合性的精准治疗。通过生活方式减轻体重是非酒精性脂肪性肝病治疗的主要方向。例如，低热量的地中海饮食和每周 200min 的有氧锻炼。对非酒精性脂肪性肝病有/无肝纤维化者及对体重控制措施无反应者可用药物干预（Aller et al.，2018）。

饮食是维持肠道健康特别是肠道微生物多样性的关键。饮食多样性与肠道微生物多样性之间存在着一定的联系，饮食越多样化，肠道微生物越丰富。地中海饮食包括水果、蔬菜、鱼类、橄榄油和坚果，是功能性食品的一个模式，其营养制品的自然成分包括多酚类、萜类化合物、黄酮类、生物碱类、甾醇类、色素和不饱和脂肪酸等。地中海饮食中的多酚类和富含多酚类的植物，如咖啡、绿茶、黑茶和马黛茶具有抗氧化与抗炎症作用（Anania et al.，2018；Alkhatib et al.，2017）。地中海饮食有多方面的有益作用，主要包括降血脂，对抗氧化应激、炎症和血小板聚集，通过特定的氨基酸限制阻断营养感受信号通路和通过肠道微生物介导产生的代谢产物影响代谢健康（Tosti et al.，2018），因此其对代谢和微血管活性具有有益的临床意义。虽然地中海饮食和低脂饮食都可以显著减轻肝脏脂肪变和肝脏酶学水平，但人们对地中海饮食的依从性更高（Properzi et al.，2018），因此地中海饮食更适于非酒精性脂肪性肝病的预防和治疗。

功能性食品有力地推动了肠道微生物的研究进展，功能性食品具有提高抗氧化性、抗炎症、增加胰岛素敏感性和抗胆固醇功能，可考虑用于预防和治疗非酒精性脂肪性肝病（Mitsuoka，2014）。功能性食品中含有乳酸发酵产物，根据它们的作用机制可以分成益生菌、益生元和生物活性物质。益生菌是一群对宿主代谢具有广泛有益作用的细菌，乳酸杆菌、双歧杆菌和链球菌是最常用的益生菌，用来抑制革兰阴氏性致病菌的扩增。乳酸杆菌是革兰氏阳性菌，可以将糖转化成乳酸。有研究发现，补充干酪乳杆菌可以改善甲硫氨酸-胆碱缺乏饮食造成的肠道中乳酸杆菌和双歧杆菌的减少，且改善肝脏脂肪变及血清胆固醇、甘油三酯水平。乳酸杆菌可能也具有抗肝纤维化的作用，因为其可以降低 α-平滑肌肌动蛋白

（α-SMA）和基质金属蛋白酶组织抑制因子（TIMP-1）的表达（Okubo et al.，2013）。补充植物乳杆菌可以改善肝脏功能，减少肝脏脂质的聚集（Li et al.，2014）。鼠李糖乳杆菌可以增加肠道益生菌的数量、改善肠道屏障功能、减轻肝脏炎症（Ritze et al.，2014），通过抑制法尼醇 X 受体和成纤维细胞生长因子 15（fibroblast growth factor 15，FGF15）等来降低胆固醇水平而对肝脏起保护作用（Kim et al.，2016a）。其他乳杆菌也有相似的作用。嗜黏蛋白艾克曼氏菌被认为是具有多重有益作用的细菌，研究发现，活的菌株或巴氏消毒的菌株对小鼠肠道能量的吸收作用相同，而巴氏消毒后的菌株，其减少脂肪形成、改善胰岛素抵抗和降低血脂的作用更强（Plovier et al.，2017）。这项研究为用多种益生菌制剂治疗非酒精性脂肪性肝病提供了依据。

与单株益生菌相比，益生菌合剂 VSL#3 含有 8 种益生菌，包含嗜热链球菌、短双歧杆菌、长双歧杆菌、婴儿双歧杆菌、嗜酸乳杆菌、植物乳杆菌、干酪乳杆菌和德氏乳杆菌保加利亚亚种，对多种疾病具有有益的作用。一项随机对照研究显示，补充益生菌合剂 VSL#3 三四个月后改善了儿童非酒精性脂肪性肝病严重程度（Alisi et al.，2014）。其主要的作用机制是调节了宿主的肠道微生物、改善了肠道屏障功能、调节了免疫系统（Arthur et al.，2013）。实验证明益生菌合剂 VSL#3 可以通过调节 NF-κB 信号通路而减轻肝脏炎症（Esposito et al.，2009）、减少脂肪聚集、降低谷丙转氨酶（ALT）水平、改善胰岛素抵抗和预防非酒精性脂肪性肝炎患者肝纤维化的发生（Velayudham et al.，2009）。我国的一项研究显示，另一种益生菌合剂（双歧三联活菌+枯草杆菌肠球菌二联活菌）可通过改善非酒精性脂肪性肝病患者肠道微生态失调，辅助降低血液中 TNF-α 水平，提升血液中脂联素水平，改善血糖、血脂代谢，并改善非酒精性脂肪性肝病患者的肝脏损伤（王薇等，2018）。

益生元是非吸收的寡聚糖类物质，可以到达结肠，用来作为微生物的底物产生宿主需要的能量、代谢产物和微量营养物质，另外，它们还可以刺激肠道微生物中某些有益菌株（主要是双歧杆菌和乳酸杆菌）的生长（Roberfroid et al.，2010）。菊粉是一种常见的益生元，有研究发现对高脂饮食大鼠补充菊粉 8 周可以抑制其血清甘油三酯、脂肪酸和血糖的升高，抑制肝脏甘油三酯和脂肪酸的聚集而减轻高甘油三酯血症和肝脏脂肪变，可以预防苯巴比妥和地塞米松诱导的肝损伤（Sugatani et al.，2006），也可以改善高脂饮食大鼠模型的代谢综合征（Kumar et al.，2016）。另外，菊粉类果聚糖可以改善内皮功能，对肠道微生物和消化道主要肽类具有短期的适应性，对心血管疾病具有有益的作用（Catry et al.，2018）。

通过在饮食中添加益生元可以增加肠道中某些有益细菌如嗜黏蛋白艾克曼氏菌或普氏粪杆菌的数量。但是益生菌和益生元并不是治疗非酒精性脂肪性肝病的万能药，可以将其作为辅助治疗方法，作为改善生活方式的策略来减轻非酒精性脂肪性肝病（Saltzman et al.，2018）。目前多数研究用混合益生菌和/或益生元制剂进行干预，尚未对肠道微生物失调做精准评估，从而选择最合适的人群进行治疗。

天然多酚类化合物是一种非常重要的活性物质，它具有抗代谢综合征、抗纤维化和抗肿瘤的作用。例如，葡萄多酚可以减轻高脂饮食诱导的多种作用，促进肠道内益生菌嗜黏蛋白艾克曼氏菌的生长，降低厚壁菌门/拟杆菌门的比例，进而减缓体重的增加，降低肥胖、血清炎症标志物（如 TNF-α、IL-6 和内毒素）的水平，改善葡萄糖不耐受性，还可以降低肠道炎症标志物（如 TNF-α、IL-6 和 iNOS）的水平和葡萄糖吸收基因（*GLUT2*）的表达，增加肠道屏障功能相关基因的表达（Roopchand et al.，2015）。几种多酚类，包括花青素、姜黄素和白藜芦醇存在于咖啡、茶和豆类中，它们通过饮食可以获得，也能作为健康饮食的一部分。其他的多酚类化合物，如水飞蓟素，在世界范围内可以作为营养保健品和膳食补充剂（Salomone et al.，2016）。瞬时受体电位香草酸亚型 1（也称为辣椒素受体，TRPV1）存在于许多代谢活性组织中，使得其可能成为干预代谢的靶点。辣椒素是其激动剂，可以激活代谢调节因子，如 AMP 激活的蛋白激酶（AMPK）和 PPARα（过氧化物酶体增殖物激活受体α）等，辣椒素通过调节这个通路增加脂肪的氧化，改善胰岛素敏感性，降低个体脂肪量，改善心脏和肝脏功能。辣椒素激活辣椒素受体的作用将有利于其在临床代谢性疾病中的应用（Panchal et al.，2018）。从非酒精性脂肪性肝炎、肝硬化和肝细胞癌相关角度考虑，多酚类具有重要的临床应用价值。

肠道微生物的代谢产物丁酸可以减轻系统性肥胖和炎症（Liang et al.，2018）。丁酸钠可以通过改善肠道微生物和肠道屏障功能减轻高脂饮食诱导的小鼠非酒精性脂肪性肝炎。适当补充丁酸钠可以改善高脂饮食诱导的小鼠肠道微生物失调，显著提高有益菌 Christensenellaceae、*Blautia* 和乳酸菌的丰度，这些细菌可以产生丁酸，形成良性循环。且丁酸盐可以恢复高脂饮食诱导的肠道黏膜损伤，增加小肠 ZO-1 的表达，进一步降低血清和肝脏中内毒素水平。丁酸钠干预后内毒素相关的基因，如 *TLR-4* 和 *Myd88*，以及促炎症基因 *MCP-1*、*TNF-α*、*IL-1*、*IL-2*、*IL-6* 和 *IFN-γ* 的表达在肝脏与附睾脂肪中显著下调；肝脏炎症和脂肪变性显著减轻，肝脏甘油三酯和胆固醇水平显著降低，脂肪肝指标——非酒精性脂肪性肝病活动积分（NAS）显著降低。代谢指标如空腹血糖（FBG）、胰岛素抵抗指数（HOMA-IR）和肝功能指标谷丙转氨酶、谷草转氨酶（AST）得到改善（Zhou et al.，2017b）。益生菌与其他物质的混合制剂也显示对非酒精性脂肪性肝病具有有益的作用，如鼠李糖乳杆菌、植物乳杆菌和取自决明子的蒽醌类混合制剂可以有效降低非酒精性脂肪性肝病大鼠的血脂水平和胰岛素抵抗（Mei et al.，2015）。

中草药能够改变肠道微生物的组成。肠道微生物与中草药间存在着复杂的相互作用，主要表现为协同、拮抗两种形式。例如，中草药中的多糖可以促进益生菌生长，进而调节肠道微生态的平衡，表现为协同作用。中草药中结构相似的多糖成分通过酶的竞争性抑制，降低肠道微生物的代谢能力，表现为拮抗作用。目前有多种中草药对非酒精性脂肪性肝病的治疗作用引起了人们的重视，了解肠道微生物与中草药的相互作用对于理解中草药在非酒精性脂肪性肝病治疗中如何发挥疗效具有重要的意义。

　　研究发现，桔梗根乙醇提取物（PGE）可以显著抑制小鼠体重的增加和白色脂肪组织的重量，并刺激产热基因（如 SIRT1、PPARα、PGC1α 和 UCP1）的表达，伴有脂肪酸过氧化和能量输出的改变。桔梗根乙醇提取物可以通过激活 PPARγ 的表达改善胰岛素敏感性，PPARγ 可以上调脂肪细胞脂联素基因的表达，同时抑制瘦素基因的表达。而且，桔梗根乙醇提取物还可以通过抑制肝脏脂肪的形成改善肝脏脂肪变，同时增加长链脂肪醇氧化酶（long-chain fatty alcohol oxidase，FAO）相关基因如 PGC1α 的表达（Kim et al.，2016b）。补充槲皮黄酮可以减轻胰岛素抵抗和非酒精性脂肪性肝病活动积分（NAS），槲皮黄酮通过调节脂质代谢基因的表达、细胞色素（CYP450 及 CYP2E1）依赖的脂质过氧化和相关的脂毒性作用减轻肝内脂质的聚集。宏基因组研究显示，高脂饮食可以在门、纲和属水平引起肠道微生物失调，特点是厚壁菌门/拟杆菌门比例和革兰氏阴性菌增加，同时螺杆菌属细菌丰度显著增加。槲皮黄酮可以逆转肠道微生物失调激活内毒素血症介导的 TLR-4 通路，随后抑制炎症小体和网状应激通路的激活，导致脂质代谢基因表达失调的抑制（Porras et al.，2017）。研究发现，黄连素（又称小檗碱）具有降血脂作用，其主要是在消化道中调节胆汁酸的更新和随后的回肠法尼醇 X 受体信号通路。对野生型和敲除肠道特异性法尼醇 X 受体基因小鼠的研究发现，黄连素可以预防高脂饮食诱导的野生小鼠的肥胖，减轻甘油三酯在肝脏的聚集，而在法尼醇 X 受体基因敲除小鼠中未观察到这种效果。黄连素可以增加血清中结合型胆汁酸的量，促进其通过粪便排出。黄连素还可以抑制肠道细菌胆盐水解酶（bile salt hydrolase，BSH）的活性，增加肠道中牛磺结合型胆汁酸的量，特别是牛磺胆酸的量。用黄连素和牛磺胆酸处理都可以激活肠道中法尼醇 X 受体信号通路，降低脂肪酸移位酶 Cd36 在肝脏的表达（Sun et al.，2017）。用大剂量黄连素喂养小鼠可以增加胆汁酸合成酶（Cyp7a1 和 Cyp8b1）和摄取转运体（Ntcp）在肝脏的表达，从而影响肝脏胆汁酸的合成。用黄连素处理的小鼠，其回肠末端和大肠内拟杆菌的丰度增加（Guo et al.，2016）。

　　中草药以外的抗生素药物治疗结果显示，氨苄西林和诺氟沙星通过影响肠道微生物来改善小鼠和大鼠非酒精性脂肪性肝病的胰岛素抵抗，增强了葡萄糖耐受（Membrez et al.，2008）。代谢综合征个体通过口服万古霉素可以降低肠道微生物的多样性、胆汁酸的脱羟基作用和外周胰岛素敏感性而对宿主的生理产生显著的影响（Vrieze et al.，2014）。动物实验显示，万古霉素可以降低高脂饮食诱导的肥胖小鼠肠道中厚壁菌门和拟杆菌门细菌的丰度，同时改善机体葡萄糖不耐受、高胰岛素血症及胰岛素抵抗（Hwang et al.，2015）。另外，有研究显示用辣椒素联合抗生素处理的动物具有最小的体重增加量和脂肪垫指数，以及最少的肝脏脂肪的聚集。联合治疗也可以最大限度改善胰岛素响应。这意味着辣椒素和抗生素对高脂饮食诱导的肥胖小鼠脂肪肝和代谢性疾病的减轻具有协同作用（Hu et al.，2017）。其他常用的药物，如吡格列酮和他汀类制剂对肠道微生物的影响有待进一步研究。

有氧运动可有效改善胰岛素敏感性和体重指数（BMI）（Zou et al.，2018）。其中，耐力训练与胃肠道血流减少、组织过热和低氧相关，可能导致肠道微生物和肠道屏障功能的改变，细菌内毒素进入循环系统对健康的影响比菌群组成本身更重要（Marlicz and Loniewski，2015），其在剧烈运动后的组织或器官恢复活力中起着重要的作用。有研究发现某些特定菌种的丰度在跑步前后有显著的差异，红椿菌科被认为是运动改善健康的标志物，跑步后肠道微生物的运动功能被显著激活（Zhao et al.，2018b）。虽然研究结果显示运动对肠道微生物多样性有益处，但是也提示这种关系比较复杂，可能伴有饮食的协同作用（Clarke et al.，2014）。

此外，粪菌移植可以改善代谢综合征患者肝脏和外周组织胰岛素抵抗。接受粪菌移植的移植者胰岛素敏感性在移植 6 周后增加，同时产丁酸细菌丰度增加，因此粪菌移植可以作为一种改善胰岛素抵抗、增加胰岛素敏感性的措施（Vrieze et al.，2012）。粪菌移植后高脂饮食小鼠肠道微生物紊乱被纠正，有益菌 Christensenellaceae 和乳酸杆菌的丰度增加，粪菌移植也可以增加盲肠内容物中丁酸的浓度和肠道紧密连接蛋白 ZO-1 的水平，减轻高脂饮食小鼠的内毒素血症。非酒精性脂肪性肝病在粪菌移植后也减轻，表现为肝内脂质聚集的显著减少（油红 O 染色肝内甘油三酯和胆固醇减少）、肝内促炎性细胞因子和 NAS 积分减少。相应的粪菌移植干预后肝内 IFN-γ 和 IL-17 减少，Foxp3、IL-4 和 IL-22 增加。这些证据提示粪菌移植可以通过对肠道微生物的有益作用而减轻高脂饮食诱导的小鼠非酒精性脂肪性肝病（Zhou et al.，2017a）。

4.4 肠道微生物与消化道疾病

肠道是肠道微生物直接接触的一个器官，因此肠道微生物结构和功能的变化也最容易影响肠道。目前的研究已经表明，一些肠道疾病诸如肠易激综合征（irritable bowel syndrome，IBS）、炎症性肠病（inflammatory bowel disease，IBD）、结直肠癌（colorectal cancer，CRC）等与肠道微生物的关系密切。肠腔内微生物生态系统的失调、微生物与宿主间不良的相互作用，可使肠道屏障功能受损、肠道天然抵抗力下降，最终导致疾病的发生和发展。随着对肠道微生物功能的不断挖掘，肠道微生物失调与肠道疾病发生之间的机制也逐渐得到了阐释。

4.4.1 肠道微生物与炎症性肠病

炎症性肠病包括溃疡性结肠炎（ulcerative colitis，UC）和克罗恩病（Crohn's disease，CD），是一种慢性复发性非特异性肠道炎性疾病，发病特征是肠道微生物失调及肠黏膜屏障功能受损，发病因素包括环境、遗传、感染和免疫等，目前比较公认的观点是遗传易感个体受到肠道微生物刺激后，引发对肠道共生菌的异常免疫应答，从而造成了肠道损伤。目前在临床上，通过测序的方法，研究者观察到炎症性肠病患者肠道微生物发生了明显变化，与正常人相比，炎症性肠病患者肠道微生物的多样性降低，厚壁菌门细菌的丰度降低，克罗恩病患者肠道中存在普拉梭杆菌（*Fusobacterium prausnitzii*）、*Blautia faecis*、*Roseburia inulinivorans*、扭链瘤胃球菌（*Ruminococcus torques*）和 *Clostridium lavalense* 减少的现象（Nishida et al.，2018）。多项肠道微生物或粪便菌群研究发现，炎症性肠病患者的肠道微生物构成及代谢较正常人群发生了明显变化：乳杆菌、双歧杆菌减少，放线菌、变形菌、拟杆菌等增加，菌群多样性、稳定性降低，尤以克罗恩病患者表现更明显；但个体间菌群差异较大，未发现特异性致病菌（Walker et al.，2011；Martinez et al.，2008）。最近对炎症性肠病患者的长期研究表明，拟杆菌门、厚壁菌门和变形菌门是区别炎症性肠病患者与健康人群的主要细菌（Yilmaz et al.，2019），肠道微生物在炎症性肠病的发病机制和整个发病过程中发挥着重要作用。

肠道微生态紊乱所产生的代谢产物与炎症性肠病的发病有关。炎症性肠病患者体内微生物多样性降低，造成了上皮细胞生长和分化中能量来源减少。产生短链脂肪酸的细菌减少，而短链脂肪酸在维持肠内稳态中起重要作用，其减少影响了 Treg 细胞的分化和扩增以及上皮细胞的生长。具有黏附肠上皮细胞能力的病原菌的增加会影响肠道的通透性，改变肠道微生物的多样性和组成，并通过调节炎症基因的表达诱导炎症反应，从而导致肠道炎症的产生。同时，炎症性肠病患者体内硫酸盐还原菌增加，这会增强上皮细胞损伤，诱导黏膜炎症（Nishida et al.，2018）。

维持肠道微生物稳态、保护肠黏膜屏障完整性成为炎症性肠病预防和治疗的关键及目前各国学者研究的热点（谭蓓和钱家鸣，2015）。人为改变肠道微生物群对治疗炎症性肠病有一定的效果，如粪菌移植、益生菌及益生元干预等（Serban，2015）。在粪菌移植治疗方面，多数临床试验证明粪菌移植对治疗炎症性肠病有效，但需要严格筛选供体，制定标准化的流程，以确保粪菌移植的安全性。通过补充益生菌，特别是丁酸盐产生菌，也能起到很好的治疗效果（Goncalves et al.，2018）。益生元可选择性地刺激一种或几种有益大肠杆菌的生长和/或活性，改善宿主健康，在炎症性肠病治疗，尤其是在短链脂肪酸的生产中发挥着重要的作用（Serban，2015）。

4.4.2 肠道微生物与大肠癌

大肠癌又名结直肠癌，是大肠黏膜上皮恶性肿瘤，其发生与遗传和环境因素密切相关。肠道微生物作为重要的环境因素，可通过代谢途径影响宿主的代谢表型，从而影响大肠癌的发生和发展（Tilg et al.，2018）。研究发现，与正常对照相比，结肠肿瘤组织中具核梭杆菌（*Fusobacterium nucleatum*）显著富集，且与淋巴结转移呈正相关关系，为肠道共生菌在结直肠癌发生和发展中的重要作用提供了有力证据（Castellarin et al.，2012；Kostic et al.，2012；Hooper et al.，2002）。目前尚未发现某种特定细菌与大肠癌的发生和发展具有因果关系，但有研究发现，除具核梭杆菌外，大肠杆菌（*Escherichia coli*）、拟杆菌属（*Bacteroides*）、牛链球菌（*Streptococcus boris*）、乳杆菌属（*Lactobacillus*）、多瘤病毒（polyoma virus）JC/SV40、人乳头瘤病毒（human papilloma virus）、EB 病毒（Epstein-Barr virus）、巨细胞病毒（cytomegalovirus，CMV）（Manzat-Saplacan et al.，2015；Liang et al.，2014）也与大肠癌的发生密切相关。

（1）肠道微生物失调可能导致大肠癌的发生。宿主因素、饮食因素及抗生素的应用等均可改变大肠内环境，进而破坏宿主与微生物之间的稳态，引起微生物失调。而肠道内环境如 pH 的改变，可进一步促进肠道微生物失调、炎症及细胞转化的发生。肠道微生物会通过影响人体的代谢和免疫过程来影响结直肠乃至整个消化系统的生理状态和功能，进一步影响大肠癌的发生风险。

（2）肠道微生物的代谢活化作用与大肠癌相关。肠道微生物的代谢活化作用与宿主的健康密切相关，目前已证实其主要机制是参与致癌物、共致癌物或致癌物前体及 DNA 损伤因子的产生，直接影响结肠上皮代谢，在大肠癌发生的起始阶段发挥作用。致癌物主要由肠道中前致癌物在肠道细菌酶 7-α 脱羟基酶、β-葡糖醛酸糖苷酶、β-葡糖苷酶和偶氮还原酶等的作用下转化而来。次级胆汁酸是一类具有促癌作用的细菌代谢产物，其合成依赖于肠道内 7-α 脱羟基细菌产生的 7-α 脱羟基酶，该酶能将肠道内残留的胆汁酸分解转化为次级胆汁酸。通过分离和培养粪便菌群的研究表明，结直肠癌的高风险人群——在美国生活的非洲后裔人群，其肠道内 7-α 脱羟基细菌的数量显著高于低风险人群——非洲本土居民。某些肠道细菌的 β-葡糖醛酸糖苷酶可水解食物烹饪过程中产生的杂环芳香胺类致癌物，产生能损伤结肠黏膜及上皮细胞 DNA 的活性物质。硫酸盐还原菌（sulfate-reducing bacteria，SRB）是一类常见的肠道细菌，属于梭菌属（*Clostridium*），其通过还原硫酸根离子（SO_4^{2-}）而降解食物中的有机物并产生对肠壁细胞有毒性的 H_2S，肠

道内较高浓度的 H_2S 会促进肠道炎症和大肠癌的发生与发展，且与大肠癌的调节通路有关。Huycke 等（2002）发现，粪肠球菌（*Enterococcus faecalis*）在人体肠道内产生大量细胞外过氧化物和氧化自由基（如过氧化氢等），引起肠道细胞 DNA 损伤及染色体不稳定性增加，并最终导致腺瘤甚至恶性肿瘤的发生。肠道中某些细菌能产生 β-葡糖苷酶和偶氮还原酶，这些酶能促进致癌物如二甲基肼和亚硝酸盐的形成，诱导肠道肿瘤的发生（Huycke et al.，2002）。此外，肠道微生物还参与一些化学致癌剂和诱变剂，如乙醛、多胺类物质、酚类及烷基化合物等在人体内的代谢。

（3）肠道微生物介导的炎症和免疫对大肠癌有影响。近年来，肠道里一些微生物引起的炎症与大肠癌的关系越来越引起研究者的关注。无论是炎症相关性大肠癌，还是散发性大肠癌（sporadic colorectal cancer），其发展均伴随着炎症反应的渗透及促炎性细胞因子的表达（Terzic et al.，2010）。肠道微生物在保持人体免疫稳态方面具有重要的作用，而病原菌的入侵或某些条件致病菌在肠道中的大幅度增加，会导致肠道微生态系统的失衡，肠道微生物会由对肠壁起保护作用的正常组成结构变为对宿主健康具有攻击性、促进炎症和损伤乃至引起肿瘤发生的异常结构。病原菌可能通过激活识别受体或细胞吞噬作用、黏附作用、分泌毒素等方式来引发肠道的炎症反应，进而在大肠癌的发生过程中起作用。通过动物实验发现，一种能产肠毒素的脆弱拟杆菌在小鼠肠道内定植可导致肠道内组织损伤，进而激活小鼠体内转录激活因子 STAT3，诱导 IL-17 的产生，促进大肠肿瘤的形成，并且还会引发肠道细胞不断地出现损伤和修复，两者共同作用导致了肠道肿瘤的发生和发展（Wu et al.，2009）。革兰氏阴性菌产生的脂多糖，能与细胞表面受体 TLR-4 结合，激活转录因子 NF-κB 和蛋白激酶 p38 激酶等，从而有效激发免疫细胞。TLR-4 在人体大肠癌细胞上表达，在炎症性肠病相关的大肠癌发生、发展中起到重要作用。香港中文大学于君团队还研究了厌氧菌对小鼠结直肠癌自发形成和发展的影响及其分子机制。对 $Apc^{Min/+}$ 小鼠（一个自发性大肠癌的小鼠模型）的研究发现，厌氧菌能通过其表面蛋白 PCWBR2 直接与小鼠上皮细胞受体整合素 α 作用，启动 PI3K-Akt-NF-κB 形成级联信号通路，从而介导小鼠结直肠癌的发生（Long et al.，2019）。

在以肠道微生物为靶向的饮食干预中，不同种类的益生菌在肿瘤的不同发展阶段可能起到一定的抗肿瘤作用。一些以大肠肿瘤形成或变异结肠腺窝病灶（aberrant crypt foci，ACF）的出现为终点的动物模型研究发现，乳酸杆菌、双歧杆菌、链球菌等乳酸产生菌（lactic acid-producing bacteria，LAB），可增强宿主免疫反应，抵抗有害菌在肠道的定植，还可通过影响结肠代谢、免疫、保护功能及参与多环芳香族碳氢化合物和杂环芳香胺等致癌物的解毒作用，而抑制大肠肿瘤的发生。益生菌可能通过抑制致病菌在肠道内的定植，维持肠道微生物平衡；改变宿主结肠的生理环境，如产乳酸菌可产生乳酸等有机酸，降低肠道 pH，有利于宿主健康状态；改变微生物的代谢活性，肠道 pH 下降可降低细菌酶如 β-葡糖醛酸糖苷酶和偶氮还原酶的活性，进一步减少致癌物或致癌物前体的产生；结合次级胆汁酸等致癌物，降低其对肠黏膜细胞的毒性作用，干预肿瘤形成的起始阶段；产生具有抗肿瘤活性的代谢产物，最主要的是短链脂肪酸；促进肠道蠕动，减少条件致病菌和致癌物在肠道内的停留时间，减少其与肠黏膜的接触，促进致癌物排泄；增强宿主免疫反应，影响宿主的生理功能；抑制肿瘤细胞中的线粒体跨膜，诱导细胞发生凋亡；维持宿主基因组的稳定性，还可能通过调节肿瘤相关基因的表达来发挥抗肿瘤作用（Kostic et al.，2012；Vannucci et al.，2008）。

4.4.3 肠道微生物与肠易激综合征

肠易激综合征是一种以腹部不适或腹痛伴有排便习惯改变为特征的功能性肠病，是最常见的功能性胃肠病之一，其病因及发病机制目前还不清楚。近年来，随着微生态学的发展，大量对肠易激综合征患者肠道微生物的临床试验表明，肠易激综合征患者存在肠道微生物失调现象，与健康者相比，肠易激综合征患者肠道内的双歧杆菌比例显著降低，肠杆菌比例升高（Pittayanon et al.，2019）。对瑞典 65 名肠易激综合征患者和 21 名健康对照者的研究发现，肠易激综合征患者与健康人群在毛螺菌科（Lachnospiraceae）、梭菌属ⅩⅣa（*Clostridium* ⅩⅣa）及粪球菌属丰度上差别最大（Labus et al.，2019）。比较肠易激综合征患者与健康对照者的粪便菌群组成发现，与健康对照者相比，肠易激综合征患者肠道微生物中肠杆菌科、乳杆菌科和拟杆菌属细菌增加，而不可培养的粪杆菌属[包括普氏粪杆菌（*Faecalibacterium prausnitzii*）]和双歧杆菌属细菌减少（Pittayanon et al.，2019）。无菌小鼠体内定植肠易激综合征患者的肠道微生物后，也能观察到肠易激综合征类似症状（Collins et al.，2018）。对 149 名受试者（110 名患有肠易激综合征和 39 名健康受试者）的粪便比较分析表明，肠易激综合征症状严重程度与患者肠道微生物丰度、呼出的甲烷、产甲烷菌的丰度负相关（Tap et al.，2017）。有研究还观察到肠易激综合征患者尤其是腹泻型肠易激综合征（IBS-D）患者肠道内拟杆菌增多，这可能是由于一些微生物类群[包括脆弱拟杆菌（*Bacteroides fragilis*）的肠毒性菌株]产生毒素而引起低级炎症。脆弱毒素能溶解黏膜糖蛋白，影响微环境、结肠黏膜生成和肠道运动，引起腹痛和腹泻（Pittayanon et al.，2019）。这些研究都表明肠道微生物或在肠易激综合征患者病情发展中起着重要作用。

肠易激综合征的症状产生和持续可能与肠道微生态失衡有关，其导致肠易激综合征的可能机制如下。①破坏肠黏膜屏障。病原菌及其内毒素可直接侵袭肠黏膜，导致肠黏膜通透性增高。②激活肠道免疫。肠黏膜通透性增高，导致致病菌及其抗原易于通过肠黏膜发生免疫反应,使多种炎症细胞及免疫细胞增加和活化,同时释放多种炎症因子,使肠黏膜处于持续性低度炎症状态。③诱发神经-内分泌网络异常。肠道肥大细胞为连接肠黏膜免疫系统和神经系统的纽带,分泌炎性介质并作用于邻近内分泌细胞和神经纤维,微生态失衡使之释放一系列神经肽,影响肠道动力,并将信息传递至神经中枢,导致中枢敏感性增高,引发肠功能紊乱和各种肠易激综合征症状(Collins et al.,2011)。

通过改善肠道微生物来减缓肠易激综合征患者症状的疗法有很多。益生菌疗法为临床治疗肠易激综合征提供了新思路,但目前不同研究对于益生菌治疗肠易激综合征的效果评价存在差异,可能与不同研究采用的益生菌种类、剂量、剂型、使用方法及效果评价标准各不相同有关。根据《2011 年 WGO 益生菌和益生元全球指南》,益生菌治疗可以缓解腹胀、胃肠胀气,一些菌株还可缓解疼痛,并使整体症状得到缓解(Guarner et al.,2012)。益生菌疗法中选取的益生菌为乳杆菌、双歧杆菌等较为安全有效的人体原籍菌,同时根据病情适当调整益生菌剂量,才能达到缓解和治疗肠易激综合征的目的。研究显示,美常安(一种益生菌药物,主要成分为粪肠球菌和枯草杆菌)在改善肠易激综合征腹痛和腹泻方面均较安慰剂有显著性效果(Kajander et al.,2005)。美常安治疗腹泻型肠易激综合征患者 2 周,其腹痛、腹胀、排便异常症状得到不同程度的缓解,停止给药 1 周后疗效持续存在。另外,也有实验表明,梭状芽孢杆菌、凝结芽孢杆菌、丁酸梭菌等益生菌对肠易激综合征具有明显的改善作用(Sun et al.,2018)。也有研究显示,替加色罗联合美常安按需给药治疗便秘型肠易激综合征具有与系统给药治疗相同的疗效,并具有临床可行性(冯华等,2007)。Moser 等(2018)让 10 名腹泻型肠易激综合征患者连续口服合生元制剂 4 周,结果显示服用合生元制剂后患者胃和十二指肠黏膜的微生物多样性显著增加,病情得到了明显的好转。这些研究都说明益生菌或合生元可作为肠易激综合征治疗的辅助手段,但作为主要治疗药物加以推荐还需要更充分的临床证据。粪菌移植对治疗肠易激综合征的效果还存在争议,有实验表明粪菌移植能显著改善肠易激综合征的临床症状(Holvoet et al.,2017),但大多实验结果并不明显(Xu et al.,2019)。

越来越多的研究证明,肠道微生物与肠道疾病关系密切,并且肠道微生物对肠道疾病的影响具有复杂性和高度动态性。肠道微生物的组成及丰度变化与肠道健康相关,未来还需对肠道微生物进行更细致、更深入的研究,以便为精准医学的发展铺平道路。

参 考 文 献

冯华, 倪瑾, 李延青. 2007. 替加色罗联合微生态制剂对便秘型肠易激综合征的疗效. 胃肠病学和肝病学杂志, 16(5): 424-426.

倪国华, 张璁, 郑凤田. 2013. 中国肥胖流行的现状与趋势. 中国食物与营养, 19(10): 70-74.

谭蓓, 钱家鸣. 2015. 炎症性肠病与肠道菌群. 中华内科杂志, 54(5): 399-402.

王薇, 史林平, 石蕾, 等. 2018. 肠道益生菌辅助治疗非酒精性脂肪肝病的临床研究. 中华内科杂志, 57(2): 101-106.

Ahtesh F B, Stojanovska L, Apostolopoulos V. 2018. Anti-hypertensive peptides released from milk proteins by probiotics. Maturitas, 115: 103-109.

Alisi A, Bedogni G, Baviera G, et al. 2014. Randomised clinical trial: the beneficial effects of VSL#3 in obese children with non-alcoholic steatohepatitis. Alimentary Pharmacology & Therapeutics, 39(11): 1276-1285.

Alkhatib A, Tsang C, Tiss A, et al. 2017. Functional foods and lifestyle approaches for diabetes prevention and management. Nutrients, 9(12): 1310.

Aller R, Fernandez-Rodriguez C, Lo Iacono O, et al. 2018. Consensus document. Management of non-alcoholic fatty liver disease (NAFLD). Clinical practice guideline. Gastroenterología y Hepatología, 41(5): 328-349.

Alves J L D, de Sousa V P, Neto M P C, et al. 2016. New insights on the use of dietary polyphenols or probiotics for the management of arterial hypertension. Frontiers in Physiology, 7: 448.

Amato A, Caldara G F, Nuzzo D, et al. 2017. NAFLD and atherosclerosis are prevented by a natural dietary supplement containing curcumin, silymarin, guggul, chlorogenic acid and inulin in mice fed a high-fat diet. Nutrients, 9(5): 492.

Anania C, Perla F M, Olivero F, et al. 2018. Mediterranean diet and nonalcoholic fatty liver disease. World Journal of Gastroenterology, 24(19): 2083-2094.

Anhe F F, Nachbar R T, Varin T V, et al. 2019. Treatment with camu camu (Myrciaria dubia) prevents obesity by altering the gut microbiota and increasing energy expenditure in diet-induced obese mice. Gut, 68(3): 453-464.

Antza C, Stabouli S, Kotsis V. 2018. Gut microbiota in kidney disease and hypertension. Pharmacol Res, 130: 198-203.

Arthur J C, Gharaibeh R Z, Uronis J M, et al. 2013. VSL#3 probiotic modifies mucosal microbial composition but does not reduce colitis-associated colorectal cancer. Scientific Reports, 3: 2868.

Backhed F, Ding H, Wang T, et al. 2004. The gut microbiota as an environmental factor that regulates fat storage. Proceedings of the National Academy of Sciences of the United States of America, 101(44): 15718-15723.

Bailey L C, Forrest C B, Zhang P X, et al. 2014. Association of antibiotics in infancy with early childhood obesity. JAMA Pediatrics, 168(11): 1063-1069.

Bartolomaeus H, Balogh A, Yakoub M, et al. 2019. Short-chain fatty acid propionate protects from hypertensive cardiovascular damage. Circulation, 139(11): 1407-1421.

Bauer P V, Duca F, Waise T M Z, et al. 2018. Lactobacillus gasseri in the upper small intestine impacts an ACSL3-dependent fatty acid sensing pathway that regulates whole-body glucose homeostasis. Cell Metabolism, 27(3): 572-587.

Bibbo S, Ianiro G, Dore M P, et al. 2018. Gut microbiota as a driver of inflammation in nonalcoholic eatty liver disease. Mediators of Inflammation, 2018: 1-7.

Boini K M, Hussain T, Li P L, et al. 2017. Trimethylamine-N-oxide instigates NLRP3 inflammasome activation and endothelial dysfunction. Cell Physiol Biochem, 44(1): 152-162.

Borrelli A, Bonelli P, Tuccillo F M, et al. 2018. Role of gut microbiota and oxidative stress in the progression of non-alcoholic fatty liver disease to hepatocarcinoma: current and innovative therapeutic approaches. Redox Biology, 15: 467-479.

Brandsma E, Kloosterhuis N J, Koster M, et al. 2019. A proinflammatory gut microbiota increases systemic inflammation and accelerates atherosclerosis. Circulation Research, 124(1): 94-100.

Cannon C P, Braunwald E, McCabe C H, et al. 2005. Antibiotic treatment of *Chlamydia pneumoniae* after acute coronary syndrome. New England Journal of Medicine, 352(16): 1646-1654.

Cason C A, Dolan K T, Sharma G, et al. 2017. Plasma microbiome-modulated indole- and phenyl-derived metabolites associate with advanced atherosclerosis and postoperative outcomes. Journal of Vascular Surgery, 68(5): 1552-1562.

Cassidy-Bushrow A E, Wegienka G, Havstad S, et al. 2015. Does pet-keeping modify the association of delivery mode with offspring body size? Maternal and Child Health Journal, 19(6): 1426-1433.

Castellarin M, Warren R L, Freeman J D, et al. 2012. Fusobacterium nucleatum infection is prevalent in human colorectal carcinoma. Genome Research, 22(2): 299-306.

Catry E, Bindels L B, Tailleux A, et al. 2018. Targeting the gut microbiota with inulin-type fructans: preclinical demonstration of a novel approach in the management of endothelial dysfunction. Gut, 67(2): 271-283.

Caussy C, Loomba R. 2018. Gut microbiome, microbial metabolites and the development of NAFLD. Nature Reviews Gastroenterology & Hepatology, 15(12): 719-720.

Cave M C, Clair H B, Hardesty J E, et al. 2016. Nuclear receptors and nonalcoholic fatty liver disease. Biochimica et Biophysica Acta-Gene Regulatory Mechanisms, 1859(9): 1083-1099.

Cerisano G, Buonamici P, Valenti R, et al. 2014. Early short-term doxycycline therapy in patients with acute myocardial infarction and left ventricular dysfunction to prevent the ominous progression to adverse remodelling: the TIPTOP trial. European Heart Journal, 35(3): 184-191.

Chang C J, Lin C S, Lu C C, et al. 2015. Ganoderma lucidum reduces obesity in mice by modulating the composition of the gut microbiota. Nature Communications, 6: 7489.

Chassaing B, Raja S M, Lewis J D, et al. 2017. Colonic microbiota encroachment correlates with dysglycemia in humans. Cellular and Molecular Gastroenterology and Hepatology, 4(2): 205-221.

Chen M L, Zhu X H, Ran L, et al. 2017. Trimethylamine-N-oxide induces vascular inflammation by activating the NLRP3 inflammasome through the SIRT3-SOD2-mtROS signaling pathway. Journal of the American Heart Association, 6(9): e006347.

Chen Y T, Yang N S, Lin Y C, et al. 2018. A combination of *Lactobacillus mali* APS1 and dieting improved the efficacy of obesity treatment via manipulating gut microbiome in mice. Scientific Reports, 8(1): 6153.

Clarke S F, Murphy E F, O'Sullivan O, et al. 2014. Exercise and associated dietary extremes impact on gut microbial diversity. Gut, 63(12): 1913-1920.

Collins D, Hogan A M, Winter D C. 2011. Microbial and viral pathogens in colorectal cancer. The Lancet Oncology, 12(5): 504-512.

Collins K H, Herzog W, MacDonald G Z, et al. 2018. Obesity, metabolic syndrome, and musculoskeletal disease: common inflammatory pathways suggest a central role for loss of muscle integrity. Frontiers in Physiology, 9: 112.

Cui J, Chen C H, Lo M T, et al. 2016. 947 shared genetic effects between hepatic steatosis and fibrosis: a prospective twin study. Gastroenterology, 150(4): 1547-1558.

Cui X, Ye L, Li J, et al. 2018. Metagenomic and metabolomic analyses unveil dysbiosis of gut microbiota in chronic heart failure patients. Scientific Reports, 8(1): 635.

Da Silva H E, Teterina A, Comelli E M, et al. 2018. Nonalcoholic fatty liver disease is associated with dysbiosis independent of body mass index and insulin resistance. Scientific Reports, 8(1): 1466.

de Clercq N C, Frissen M N, Groen A K, et al. 2017. Gut microbiota and the gut-brain axis: new insights in the pathophysiology of metabolic syndrome. Psychosomatic Medicine, 79(8): 874-879.

de la Cuesta-Zuluaga J, Mueller N T, Álvarez-Quintero R, et al. 2018. Higher fecal short-chain fatty acid levels are associated with gut microbiome dysbiosis, obesity, hypertension and cardiometabolic disease risk factors. Nutrients, 11(1): 51.

de la Cuesta-Zuluaga J, Mueller N T, Corrales-Agudelo V, et al. 2017. Metformin is associated with higher relative abundance of mucin-degrading *Akkermansia muciniphila* and several short-chain fatty acid-producing microbiota in the gut. Diabetes Care, 40(1): 54-62.

de Faria Ghetti F, Oliveira D G, de Oliveira J M, et al. 2018. Influence of gut microbiota on the development and progression of nonalcoholic steatohepatitis. European Journal of Nutrition, 57(3): 861-876.

de Vadder F, Mithieux G. 2018. Gut-brain signaling in energy homeostasis: the unexpected role of microbiota-derived succinate. J Endocrinol, 236(2): R105-R108.

Deng X, Ma J, Song M, et al. 2019. Effects of products designed to modulate the gut microbiota on hyperlipidaemia. European Journal of Nutrition, 58(7): 2713-2729.

Depommier C, Everard A, Druart C, et al. 2019. Supplementation with *Akkermansia muciniphila* in overweight and obese human volunteers: a proof-of-concept exploratory study. Nature Medicine, 25(7): 1096.

Diez R, Garcia J J, Diez M J, et al. 2017. Influence of *Plantago ovata* Husk (dietary fiber) on the bioavailability and other pharmacokinetic parameters of metformin in diabetic rabbits. BMC Complementary and Alternative Medicine, 17(1): 298.

Ding L, Chang M R, Guo Y, et al. 2018. Trimethylamine-N-oxide (TMAO)-induced atherosclerosis is associated with bile acid metabolism. Lipids in Health and Disease, 17: 286.

Dodd D, Spitzer M H, van Treuren W, et al. 2017. A gut bacterial pathway metabolizes aromatic amino acids into nine circulating metabolites. Nature, 551(7682): 648-652.

dos Reis S A, Peluzio M D G, Bressan J. 2018. The use of antimicrobials as adjuvant therapy for the treatment of obesity and insulin resistance: Effects and associated mechanisms. Diabetes/Metabolism Research and Reviews, 34(6): e3014.

Duan F F, Liu J H, March J C. 2015. Engineered commensal bacteria reprogram intestinal cells into glucose-responsive insulin-secreting cells for the treatment of diabetes. Diabetes Care, 64(5): 1794-1803.

Durgan D J, Ganesh B P, Cope J L, et al. 2016. Role of the gut microbiome in obstructive sleep apnea–induced hypertension. Hypertension, 67(2): 469-474.

Esposito E, Iacono A, Bianco G, et al. 2009. Probiotics reduce the inflammatory response induced by a high-fat diet in the liver of young rats. Journal of Nutrition, 139(5): 905-911.

Ettinger G, Burton J P, Gloor G B, et al. 2017. *Lactobacillus rhamnosus* GR-1 attenuates induction of hypertrophy in cardiomyocytes but not through secreted protein MSP-1 (p75). PLoS One, 12(1): e0168622.

Everard A, Belzer C, Geurts L, et al. 2013. Cross-talk between *Akkermansia muciniphila* and intestinal epithelium controls diet-induced obesity. Proceedings of the National Academy of Sciences of the United States of America, 110(22): 9066-9071.

Everard A, Cani P D. 2013. Diabetes, obesity and gut microbiota. Best Practice & Research Clinical Gastroenterology, 27(1): 73-83.

Fabbiano S, Suarez-Zamorano N, Chevalier C, et al. 2018. Functional gut microbiota remodeling contributes to the caloric restriction-induced metabolic Improvements. Cell Metabolism, 28(6): 907-921.

Fashandi A Z, Mehaffey J H, Hawkins R B, et al. 2018. Bariatric surgery increases risk of bone fracture. Surgical Endoscopy and Other Interventional Techniques, 32(6): 2650-2655.

Forslund K, Hildebrand F, Nielsen T, et al. 2015. Disentangling type 2 diabetes and metformin treatment signatures in the human gut microbiota. Nature, 528(7581): 262-266.

Friedman S L, Neuschwander-Tetri B A, Rinella M, et al. 2018. Mechanisms of NAFLD development and therapeutic strategies. Nature Medicine, 24(7): 908-922.

Galla S, Chakraborty S, Cheng X, et al. 2018. Disparate effects of antibiotics on hypertension. Physiol Genomics, 50(10): 837-845.

Gan X T, Ettinger G, Huang C X, et al. 2014. Probiotic administration attenuates myocardial hypertrophy and heart failure after myocardial infarction in the rat. Circulation: Heart Failure, 7(3): 491-499.

Ganesh B P, Nelson J W, Eskew J R, et al. 2018. Prebiotics, probiotics, and acetate supplementation prevent hypertension in a model of obstructive sleep apnea. Hypertension, 72(5): 1141-1150.

Gelston C A L, Mitchell B M. 2017. Recent advances in immunity and hypertension. American Journal of Hypertension, 30(7): 643-652.

Goncalves P, Araujo J R, Di Santo J P. 2018. A cross-talk between microbiota-derived short-chain fatty acids and the host mucosal immune system regulates intestinal homeostasis and inflammatory bowel disease. Inflammatory Bowel Diseases, 24(3): 558-572.

Gonzalez-Sarrias A, Romo-Vaquero M, Garcia-Villalba R, et al. 2018. The endotoxemia marker lipopolysaccharide-binding protein is reduced in overweight-obese subjects consuming pomegranate extract by modulating the gut microbiota: a randomized clinical trial. Molecular Nutrition & Food Research, 62(11): e1800160.

Greenhill C. 2018. Exercise affects gut microbiota and bone. Nature Reviews Endocrinology, 14(6): 322.

Guarner F, Khan A G, Garisch J, et al. 2012. World Gastroenterology Organisation Global Guidelines: probiotics and prebiotics October 2011. Journal of Clinical Gastroenterology, 46(6): 468-481.

Guo Y, Huang Z P, Liu C Q, et al. 2018. Modulation of the gut microbiome: a systematic review of the effect of bariatric surgery. European Journal of Endocrinology, 178(1): 43-56.

Guo Y, Zhang Y, Huang W, et al. 2016. Dose-response effect of berberine on bile acid profile and gut microbiota in mice. BMC Complementary and Alternative Medicine, 16(1): 394.

Haghikia A, Li X S, Liman T G, et al. 2018. Gut microbiota-dependent TMAO predicts risk of cardiovascular events in patients with stroke and is related to proinflammatory monocytes. Arteriosclerosis Thrombosis and Vascular Biology, 38(9): 2225-2235.

Hameed B, Terrault N A, Gill R M, et al. 2018. Clinical and metabolic effects associated with weight changes and obeticholic acid in non-alcoholic steatohepatitis. Alimentary Pharmacology & Therapeutics, 47(5): 645-656.

Hayashi H, Takahashi R, Nishi T, et al. 2005. Molecular analysis of jejunal, ileal, caecal and recto sigmoidal human colonic microbiota using 16S rRNA gene libraries and terminal restriction fragment length polymorphism. Journal of Medical Microbiology, 54(11): 1093-1101.

Heianza Y, Ma W, Manson J E, et al. 2017. Gut microbiota metabolites and risk of major adverse cardiovascular disease events and death: a systematic review and Meta-analysis of prospective studies. Journal of the American Heart Association, 6(7): e004947.

Holvoet T, Joossens M, Wang J, et al. 2017. Assessment of faecal microbial transfer in irritable bowel syndrome with severe bloating. Gut, 66(5): 980-982.

Hong C P, Park A, Yang B G, et al. 2017. Gut-specific delivery of T-helper 17 cells reduces obesity and insulin resistance in mice. Gastroenterology, 152(8): 1998-2010.

Hooper L V, Midtvedt T, Gordon J I. 2002. How host-microbial interactions shape the nutrient environment of the mammalian intestine. Annual Review of Nutrition, 22: 283-307.

Hou Y P, He Q Q, Ouyang H M, et al. 2017. Human gut microbiota associated with obesity in Chinese children and adolescents. BioMed Research International, 2017: 1-8.

Hsu C N, Lin Y J, Hou C Y, et al. 2018. Maternal administration of probiotic or prebiotic prevents male adult rat offspring against developmental programming of hypertension induced by high fructose consumption in pregnancy and lactation. Nutrients, 10(9): 1229.

Hu J, Luo H, Jiang Y, et al. 2017. Dietary capsaicin and antibiotics act synergistically to reduce non-alcoholic fatty liver disease induced by high fat diet in mice. Oncotarget, 8(24): 38161-38175.

Huc T, Drapala A, Gawrys M, et al. 2018. Chronic, low-dose TMAO treatment reduces diastolic dysfunction and heart fibrosis in hypertensive rats. American Journal of Physiology-Heart and Circulatory Physiology, 315(6): 1805-1820.

Hunter, Paola M, Hegele, et al. 2017. Functional foods and dietary supplements for the management of dyslipidaemia. Nature Reviews Endocrinology, 13(5): 278-288.

Huycke M M, Abrams V, Moore D R. 2002. *Enterococcus faecalis* produces extracellular superoxide and hydrogen peroxide that damages colonic epithelial cell DNA. Carcinogenesis, 23(3): 529-536.

Hwang I, Park Y J, Kim Y R, et al. 2015. Alteration of gut microbiota by vancomycin and bacitracin improves insulin resistance via glucagon-like peptide 1 in diet-induced obesity. The FASEB Journal, 29(6): 2397-2411.

Jama H A, Beale A, Shihata W A, et al. 2019a. The effect of diet on hypertensive pathology: is there a link via gut microbiota-driven immunometabolism? Cardiovascular Research, 115(9): 1435-1447.

Jama H A, Kaye D M, Marques F Z. 2019b. The gut microbiota and blood pressure in experimental models. Current Opinion in Nephrology & Hypertension, 28(2): 97-104.

Janssen A W F, Katiraei S, Bartosinska B, et al. 2018. Loss of angiopoietin-like 4 (ANGPTL4) in mice with diet-induced obesity uncouples visceral obesity from glucose intolerance partly via the gut microbiota. Diabetologia, 61(6): 1447-1458.

Jaworska K, Huc T, Samborowska E, et al. 2017. Hypertension in rats is associated with an increased permeability of the colon to TMA, a gut bacteria metabolite. PLoS One, 12(12): e0189310.

Jie Z, Xia H, Zhong S L, et al. 2017. The gut microbiome in atherosclerotic cardiovascular disease. Nature Communications, 8(1): 845.

Jin M C, Qian Z Y, Yin J Y, et al. 2019. The role of intestinal microbiota in cardiovascular disease. Journal of Cellular and Molecular Medicine, 23(4): 2343-2350.

Jing L, Zhao F, Wang Y, et al. 2016. Gut microbiota dysbiosis contributes to the development of hypertension. Microbiome, 5(1): 14.

John G K, Wang L, Nanavati J, et al. 2018. Dietary alteration of the gut microbiome and its impact on weight and fat mass: a systematic review and meta-analysis. Genes, 9(3): 167.

Jones R B, Alderete T L, Martin A A, et al. 2018. Probiotic supplementation increases obesity with no detectable effects on liver fat or gut microbiota in obese Hispanic adolescents: a 16-week, randomized, placebo-controlled trial. Pediatric Obesity, 13(11): 705-714.

Jonsson A L, Backhed F. 2017. Role of gut microbiota in atherosclerosis. Nature Reviews Cardiology, 14(2): 79-87.

Kaden-Volynets V, Basic M, Neumann U, et al. 2018. Lack of liver steatosis in germ-free mice following hypercaloric diets. European Journal of Nutrition, 58(5): 1933-1945.

Kajander K, Hatakka K, Poussa T, et al. 2005. A probiotic mixture alleviates symptoms in irritable bowel syndrome patients: a controlled 6-month intervention. Alimentary Pharmacology &

Therapeutics, 22(5): 387-394.

Kamo T, Akazawa H, Suda W, et al. 2017. Dysbiosis and compositional alterations with aging in the gut microbiota of patients with heart failure. PLoS One, 12(3): e0174099.

Kang C, Wang B, Kaliannan K, et al. 2017. Gut microbiota mediates the protective effects of dietary capsaicin against chronic low-grade inflammation and associated obesity induced by high-fat diet. MBio, 8(3): e00470.

Kang D, Li Z, Ji G E. 2018. Anti-obesity effects of a mixture of fermented ginseng, *Bifidobacterium longum* BORI, and *Lactobacillus paracasei* CH88 in high-fat diet-fed mice. Journal of Microbiology and Biotechnology, 28(5): 688-696.

Karbach S H, Schonfelder T, Brandao I, et al. 2016. Gut microbiota promote angiotensin Ⅱ –induced arterial hypertension and vascular dysfunction. Journal of the American Heart Association, 5(9): e003698.

Karlin E T, Rush J E, Freeman L M. 2019. A pilot study investigating circulating trimethylamine N-oxide and its precursors in dogs with degenerative mitral valve disease with or without congestive heart failure. Journal of Veterinary Internal Medicine, 33(1): 46-53.

Katsimichas T, Ohtani T, Motooka D, et al. 2018. Non-ischemic heart failure with reduced ejection fraction is associated with altered intestinal microbiota. Circulation Journal, 82(6): 1640.

Kim B, Park K Y, Ji Y, et al. 2016a. Protective effects of *Lactobacillus rhamnosus* GG against dyslipidemia in high-fat diet-induced obese mice. Biochem Biophys Res Commun, 473(2): 530-536.

Kim D J, Paik K Y, Kim M K, et al. 2017. Three-year result of efficacy for type 2 diabetes mellitus control between laparoscopic duodenojejunal bypass compared with laparoscopic Roux-en-Y gastric bypass. Annals of Surgical Treatment and Research, 93(5): 260-265.

Kim S, Goel R, Kumar A, et al. 2018. Imbalance of gut microbiome and intestinal epithelial barrier dysfunction in patients with high blood pressure. Clinical Science, 132(6): 701-718.

Kim Y J, Choi J Y, Ryu R, et al. 2016b. Platycodon grandiflorus root extract attenuates body fat mass, hepatic steatosis and insulin resistance through the interplay between the liver and adipose tissue. Nutrients, 8(9): 532.

Kitai T, Tang W H W. 2018. Gut microbiota in cardiovascular disease and heart failure. Clinical Science, 132(1): 85-91.

Koeth R A, Wang Z E, Levison B S, et al. 2013. Intestinal microbiota metabolism of L-carnitine, a nutrient in red meat, promotes atherosclerosis. Nature Medicine, 19(5): 576-585.

Koh A, Molinaro A, Stahlman M, et al. 2018. Microbially produced imidazole propionate impairs insulin signaling through mTORC1. Cell, 175(4): 947.

Koliaki C, Liatis S, le Roux C W, et al. 2017. The role of bariatric surgery to treat diabetes: current challenges and perspectives. BMC Endocr Disord, 17(1): 50.

Kostic A D, Gevers D, Pedamallu C S, et al. 2012. Genomic analysis identifies association of *Fusobacterium* with colorectal carcinoma. Genome Research, 22(2): 292-298.

Kumar S A, Ward L C, Brown L. 2016. Inulin oligofructose attenuates metabolic syndrome in high-carbohydrate, high-fat diet-fed rats. British Journal of Nutrition, 116(9): 1502-1511.

Kummen M, Mayerhofer C C K, Vestad B, et al. 2018. Gut microbiota signature in heart failure defined from profiling of 2 independent cohorts. Journal of the American College of Cardiology, 71(10): 1184-1186.

Labus J S, Osadchiy V, Hsiao E Y, et al. 2019. Evidence for an association of gut microbial *Clostridia* with brain functional connectivity and gastrointestinal sensorimotor function in patients with irritable bowel syndrome, based on tripartite network analysis. Microbiome, 7(1): 45.

Lam V, Su J D, Koprowski S, et al. 2012. Intestinal microbiota determine severity of myocardial infarction in rats. The Faseb Journal, 26(4): 1727-1735.

Lau K, Srivatsav V, Rizwan A, et al. 2017. Bridging the gap between gut microbial dysbiosis and cardiovascular diseases. Nutrients, 9(8): 859.

Lehmann A, Hornby P J. 2016. Intestinal SGLT1 in metabolic health and disease. American Journal of Physiology-Gastrointestinal and Liver Physiology, 310(11): G887-G898.

Li C, Nie S P, Zhu K X, et al. 2014. *Lactobacillus plantarum* NCU116 improves liver function, oxidative stress and lipid metabolism in rats with high fat diet induced non-alcoholic fatty liver disease. Food Funct, 5(12): 3216-3223.

Li J, Lin S Q, Vanhoutte P M, et al. 2016. *Akkermansia muciniphila* protects against atherosclerosis by preventing metabolic endotoxemia-induced inflammation in Apoe$^{-/-}$ mice. Circulation, 133(24): 2434.

Li L L, Wang Y T, Zhu L M, et al. 2020. Inulin with different degrees of polymerization protects against diet-induced endotoxemia and inflammation in association with gut microbiota regulation in mice. Scientific Reports, 10(1): 978-990.

Li M M, Li G S, Zhu L Y, et al. 2014. Isolation and identification of an agar-oligosaccharide (AO) hydrolyzing bacterium from the gut microflora of Chinese Population, PLoS One, 9(3): e91106.

Li M M, Li G S, Shang Q S, et al. 2016. *In vitro* fermentation of alginate and its derivatives by human gut microbiota. Anaerobe, 39: 19-25.

Li M M, Shang Q S, Li G S, et al. 2017. Degradation of marine algae-derived carbohydrates by *Bacteroidetes* isolated from human gut microbiota. Marine Drugs, 15(4): 92.

Li X S, Obeid S, Klingenberg R, et al. 2017. Gut microbiota-dependent trimethylamine N-oxide in acute coronary syndromes: a prognostic marker for incident cardiovascular events beyond traditional risk factors. European Heart Journal, 38(11): 814.

Liang X, Li H, Tian G, et al. 2014. Dynamic microbe and molecule networks in a mouse model of colitis-associated colorectal cancer. Scientific Reports, 4: 4985.

Liang Y, Lin C, Zhang Y, et al. 2018. Probiotic mixture of *Lactobacillus* and *Bifidobacterium* alleviates systemic adiposity and inflammation in non-alcoholic fatty liver disease rats through Gpr109a and the commensal metabolite butyrate. Inflammopharmacology, 26(4): 1051-1055.

Liss K H, Finck B N. 2017. PPARs and nonalcoholic fatty liver disease. Biochimie, 136: 65-74.

Liu H, Wang J, He T, et al. 2018. Butyrate: a double-edged sword for health? Advances in Nutrition, 9(1): 21-29.

Liu J, Li T, Wu H, et al. 2019. *Lactobacillus rhamnosus* GG strain mitigated the development of obstructive sleep apnea-induced hypertension in a high salt diet via regulating TMAO level and CD4(+) T cell induced-type I inflammation. Biomed Pharmacother, 112: 108580.

Liu R, Hong J, Xu X, et al. 2017a. Gut microbiome and serum metabolome alterations in obesity and after weight-loss intervention. Nature Medicine, 23(7): 859-868.

Liu Z H, Liu H Y, Zhou H B, et al. 2017b. Moderate-intensity exercise affects gut microbiome composition and influences cardiac function in myocardial infarction mice. Frontiers in Microbiology, 8: 1687.

Long X, Wong C C, Tong L, et al. 2019. *Peptostreptococcus anaerobius* promotes colorectal carcino-genesis and modulates tumour immunity. Nature Microbiology, 4: 2319-2330.

Luedde M, Winkler T, Heinsen F A, et al. 2017. Heart failure is associated with depletion of core intestinal microbiota. Esc Heart Failure, 4(3): 282-290.

Lyu M, Wang Y F, Fan G W, et al. 2017. Balancing herbal medicine and functional food for preven-tion and treatment of cardiometabolic diseases through modulating gut microbiota. Frontiers in

Microbiology, 8: 2146.

Manor O, Zubair N, Conomos M P, et al. 2018. A multi-omic association study of trimethylamine N-oxide. Cell Reports, 24(4): 935-946.

Manzat-Saplacan R M, Mircea P A, Balacescu L, et al. 2015. Can we change our microbiome to prevent colorectal cancer development? Acta Oncologica, 54(8): 1-11.

María H L, Mariló O V, José E, et al. 2017. Multi-targeted molecular effects of hibiscus sabdariffa polyphenols: an opportunity for a global approach to obesity. Nutrients, 9(8): 907.

Marlicz W, Loniewski I. 2015. The effect of exercise and diet on gut microbial diversity. Gut, 64(3): 519-520.

Marques F Z, Mackay C R, Kaye D M. 2018. Beyond gut feelings: how the gut microbiota regulates blood pressure. Nature Reviews Cardiology, 15(1): 20-32.

Marques F Z, Nelson E, Chu P Y, et al. 2017. High-fiber diet and acetate supplementation change the gut microbiota and prevent the development of hypertension and heart failure in hypertensive mice. Circulation, 135(10): 964.

Martinez C, Antolin M, Santos J, et al. 2008. Unstable composition of the fecal microbiota in ulcerative colitis during clinical remission. The American Journal of Gastroenterology, 10(3): 643-648.

Martinez-Guryn K, Hubert N, Frazier K, et al. 2018. Small intestine microbiota regulate host digestive and absorptive adaptive responses to dietary lipids. Cell Host & Microbe, 23(4): 458-469.

Matheus V A, Monteiro L C S, Oliveira R B, et al. 2017. Butyrate reduces high-fat diet-induced metabolic alterations, hepatic steatosis and pancreatic beta cell and intestinal barrier dysfunctions in prediabetic mice. Experimental Biology and Medicine, 242(12): 1214-1226.

Mazor R, Friedmann-Morvinski D, Alsaigh T, et al. 2018. Cleavage of the leptin receptor by matrix metalloproteinase-2 promotes leptin resistance and obesity in mice. Science Translational Medicine, 10(455): eaah6324.

McCabe L R, Irwin R, Tekalur A, et al. 2019. Exercise prevents high fat diet-induced bone loss, marrow adiposity and dysbiosis in male mice. Bone, 118: 20-31.

McNabney S M, Henagan T M. 2017. Short chain fatty acids in the colon and peripheral tissues: a focus on butyrate, colon cancer, obesity and insulin resistance. Nutrients, 9(12): 1348.

Mei L, Tang Y, Li M, et al. 2015. Co-administration of cholesterol-lowering probiotics and anthraxquinone from Cassia obtusifolia L. ameliorate non-alcoholic fatty liver. PLoS One, 10(9): e0138078.

Membrez M, Blancher F, Jaquet M, et al. 2008. Gut microbiota modulation with norfloxacin and ampicillin enhances glucose tolerance in mice. The FASEB Journal, 22(7): 2416-2426.

Menni C, Lin C H, Cecelja M, et al. 2018. Gut microbial diversity is associated with lower arterial stiffness in women. European Heart Journal, 39(25): 2390.

Metghalchi S, Ponnuswamy P, Simon T, et al. 2015. Indoleamine 2, 3-dioxygenase fine-tunes immune homeostasis in atherosclerosis and colitis through repression of interleukin-10 production. Cell Metabolism, 22(3): 460-471.

Michelotti G A, Machado M V, Diehl A M. 2013. NAFLD, NASH and liver cancer. Nature Reviews Gastroenterology & Hepatology, 10(11): 656-665.

Mischke M, Arora T, Tims S, et al. 2018. Specific synbiotics in early life protect against diet-induced obesity in adult mice. Diabetes Obesity & Metabolism, 20(6): 1408-1418.

Mitsuoka T. 2014. Development of functional foods. Bioscience of Microbiota Food and Health, 33(3): 117-128.

Moser A M, Spindelboeck W, Halwachs B, et al. 2018. Effects of an oral synbiotic on the gastrointestinal immune system and microbiota in patients with diarrhea-predominant irritable bowel syndrome. European Journal of Nutrition, 58(7): 2767-2778.

Nishida A, Inoue R, Inatomi O, et al. 2018. Gut microbiota in the pathogenesis of inflammatory bowel disease. Clinical Journal of Gastroenterology, 11(1): 1-10.

Norlander A E, Madhur M S, Harrison D G. 2018. The immunology of hypertension. Journal of Experimental Medicine, 215(1): 21-33.

Ohira H, Tsutsui W, Fujioka Y. 2017. Are short chain fatty acids in gut microbiota defensive players for inflammation and atherosclerosis? Journal of Atherosclerosis and Thrombosis, 24(7): 660-672.

Okubo H, Sakoda H, Kushiyama A, et al. 2013. *Lactobacillus casei* strain Shirota protects against nonalcoholic steatohepatitis development in a rodent model. Am J Physiol Gastrointest Liver Physiol, 305(12): G911-G918.

Organ C L, Otsuka H, Bhushan S, et al. 2016. Choline diet and its gut microbe-derived metabolite, trimethylamine N-oxide, exacerbate pressure overload-induced heart failure. Circulation-Heart Failure, 9(1): e002314.

Pan L, Blanck H M, Park S, et al. 2019. State-specific prevalence of obesity among children aged 2-4 years enrolled in the special supplemental nutrition program for women, infants, and children-United States, 2010-2016. Morbidity Mortality Weekly Report, 68(46): 1057-1061.

Panchal S K, Bliss E, Brown L. 2018. Capsaicin in metabolic syndrome. Nutrients, 10(5): 630.

Park M Y, Kim S J, Ko E K, et al. 2016. Gut microbiota-associated bile acid deconjugation accelerates hepatic steatosis in ob/ob mice. Journal of Applied Microbiology, 121(3): 800-810.

Park S, Ji Y, Jung H Y, et al. 2017. *Lactobacillus plantarum* HAC01 regulates gut microbiota and adipose tissue accumulation in a diet-induced obesity murine model. Applied Microbiology and Biotechnology, 101(4): 1605-1614.

Pasini E, Aquilani R, Testa C, et al. 2016. Pathogenic gut flora in patients with chronic heart failure. JACC: Heart Failure, 4(3): 220-227.

Pathak P, Xie C, Nichols R G, et al. 2018. Intestine farnesoid X receptor agonist and the gut microbiota activate G-protein bile acid receptor-1 signaling to improve metabolism. Hepatology, 68(4): 1574-1588.

Pedersen H K, Gudmundsdottir V, Nielsen H B, et al. 2016. Human gut microbes impact host serum metabolome and insulin sensitivity. Nature, 535(7612): 376.

Petriz B A, Castro A P, Almeida J A, et al. 2014. Exercise induction of gut microbiota modifications in obese, non-obese and hypertensive rats. Bmc Genomics, 15: 511.

Pittayanon R, Lau J T, Yuan Y, et al. 2019. Gut microbiota in patients with irritable bowel syndrome-A systematic review. Gastroenterology, 157(1): 97-108.

Plovier H, Everard A, Druart C, et al. 2017. A purified membrane protein from *Akkermansia muciniphila* or the pasteurized bacterium improves metabolism in obese and diabetic mice. Nature Medicine, 23(1): 107-113.

Porras D, Nistal E, Martinez-Florez S, et al. 2017. Protective effect of quercetin on high-fat diet-induced non-alcoholic fatty liver disease in mice is mediated by modulating intestinal microbiota imbalance and related gut-liver axis activation. Free Radical Biology and Medicine, 102: 188-202.

Portune K J, Benitez-Paez A, Del Pulgar E M, et al. 2017. Gut microbiota, diet, and obesity-related disorders-The good, the bad, and the future challenges. Molecular Nutrition & Food Research 61(1): 1600252.

Properzi C, O'Sullivan T A, Sherriff J L, et al. 2018. Ad libitum, mediterranean and low-fat diets both significantly reduce hepatic steatosis: a randomized controlled trial. Hepatology, 68(5):

1741-1754.

Qi Y, Aranda J M, Rodriguez V, et al. 2015. Impact of antibiotics on arterial blood pressure in a patient with resistant hypertension - A case report. International Journal of Cardiology, 201: 157-158.

Qin J J, Li Y R, Cai Z M, et al. 2012. A metagenome-wide association study of gut microbiota in type 2 diabetes. Nature, 490(7418): 55-60.

Qin Y F, Roberts J D, Grimm S A, et al. 2018. An obesity-associated gut microbiome reprograms the intestinal epigenome and leads to altered colonic gene expression. Genome Biology, 19: 7.

Rabiei S, Hedayati M, Rashidkhani B, et al. 2019. The effects of synbiotic supplementation on body mass index, metabolic and inflammatory biomarkers, and appetite in patients with metabolic syndrome: a triple-blind randomized controlled trial. Journal of Dietary Supplements, 16(3): 294-306.

Rebello C, Greenway F L, Dhurandhar N V. 2014. Functional foods to promote weight loss and satiety. Current Opinion in Clinical Nutrition and Metabolic Care, 17(6): 596-604.

Reichardt N, Duncan S H, Young P, et al. 2014. Phylogenetic distribution of three pathways for propionate production within the human gut microbiota. Isme Journal, 8(6): 1323-1335.

Ritze Y, Bardos G, Claus A, et al. 2014. *Lactobacillus rhamnosus* GG protects against non-alcoholic fatty liver disease in mice. PLoS One, 9(1): e80169.

Robado D L L, Alcã-Bar O L, Amor L P A, et al. 2018. Tumour-adipose tissue crosstalk: fuelling tumour metastasis by extracellular vesicles. Philosophical Transactions of the Royal Society B: Biological Sciences, 373(1737): 20160485.

Roberfroid M, Gibson G R, Hoyles L, et al. 2010. Prebiotic effects: metabolic and health benefits. British Journal of Nutrition, 104(Suppl 2): S1-S63.

Robles-Vera I, Toral M, de la Visitacion N, et al. 2018. The probiotic *Lactobacillus fermentum* prevents dysbiosis and vascular oxidative stress in rats with hypertension induced by chronic nitric oxide blockade. Molecular Nutrition & Food Research, 62(19): e1800298.

Roopchand D E, Carmody R N, Kuhn P, et al. 2015. Dietary polyphenols promote growth of the gut bacterium *Akkermansia muciniphila* and attenuate high-fat diet-induced metabolic syndrome. Diabetes, 64(8): 2847-2858.

Russo M, Guida F, Paparo L, et al. 2019. The novel butyrate derivative phenylalanine-butyramide protects from doxorubicin-induced cardiotoxicity. European journal of Heart Failure, 21(4): 519-528.

Ryan P M, Stanton C, Caplice N M. 2017. Bile acids at the cross-roads of gut microbiome-host cardiometabolic interactions. Diabetology & Metabolic Syndrome, 9: 102.

Ryan P M, Stolte E H, London L E E, et al. 2019. *Lactobacillus mucosae* DPC 6426 as a bile-modifying and immunomodulatory microbe. BMC Microbiology, 19(1): 33.

Salomone F, Godos J, Zelber-Sagi S. 2016. Natural antioxidants for non-alcoholic fatty liver disease: molecular targets and clinical perspectives. Liver International, 36(1): 5-20.

Saltzman E T, Palacios T, Thomsen M, et al. 2018. Intestinal microbiome shifts, dysbiosis, inflammation, and non-alcoholic fatty liver disease. Frontiers in Microbiology, 9: 61.

Santisteban M M, Qi Y, Zubcevic J, et al. 2017. Hypertension-linked pathophysiological alterations in the gut. Circulation Research, 120(2): 312-323.

Schachter J, Martel J, Lin C S, et al. 2018. Effects of obesity on depression: a role for inflammation and the gut microbiota. Brain Behavior and Immunity, 69: 1-8.

Schiattarella G G, Sannino A, Toscano E, et al. 2017. Gut microbe-generated metabolite trimethylamine-N-oxide as cardiovascular risk biomarker: a systematic review and dose-response meta-analysis. European Heart Journal, 38(39): 2948.

Scott F I, Horton D B, Mamtani R, et al. 2016. Administration of antibiotics to children before age 2 years increases risk for childhood obesity. Gastroenterology, 151(1): 120-129.

Seki Y, Kasama K, Haruta H, et al. 2017. Five-year-results of laparoscopic sleeve gastrectomy with duodenojejunal bypass for weight loss and type 2 diabetes mellitus. Obesity Surgery, 27(3): 795-801.

Seldin M M, Meng Y, Qi H, et al. 2016. Trimethylamine N-oxide promotes vascular inflammation through signaling of mitogen-activated protein kinase and nuclear factor-κB. Journal of the American Heart Association, 5(2): e002767.

Serban D E. 2015. Microbiota in inflammatory bowel disease pathogenesis and therapy: is it all about diet? Nutrition In Clinical Practice, 30(6): 760-779.

Shang Q S, Shan X D, Cai C, et al. 2016. Dietary fucoidan modulates the gut microbiota in mice by increasing the abundance of *Lactobacillus* and Ruminococcaceae. Food & Function, 7(7): 3224-3232.

Shang Q S, Wang Y, Pan L, et al. 2018. Dietary Polysaccharide from *Enteromorpha clathrata* modulates gut microbiota and promotes the growth of *Akkermansia muciniphila*, *Bifidobacterium* spp. and *Lactobacillus* spp. Marine Drugs, 16(5): 167.

Shao X, Ding X, Wang B, et al. 2017. Antibiotic exposure in early life increases risk of childhood obesity: a systematic review and Meta-analysis. Frontiers in Endocrinology, 8: 170.

Sharma R K, Yang T, Oliveira A C, et al. 2019. Microglial cells impact gut microbiota and gut pathology in angiotensin Ⅱ-induced hypertension. Circulation Research, 124(5): 727-736.

Shen W, Shen M Y, Zhao X, et al. 2017. Anti-obesity effect of capsaicin in mice fed with high-fat diet is associated with an increase in population of the gut bacterium *Akkermansia muciniphila*. Frontiers in Microbiology, 8: 1-10.

Silva A K S, Peixoto C A. 2018. Role of peroxisome proliferator-activated receptors in non-alcoholic fatty liver disease inflammation. Cellular and Molecular Life Sciences, 75(16): 2951-2961.

Skye S M, Zhu W F, Romano K A, et al. 2018. Microbial transplantation with human gut commensals containing CutC is sufficient to transmit enhanced platelet reactivity and thrombosis potential. Circulation Research, 123(10): 1164-1176.

Sohail M U, Althani A, Anwar H, et al. 2017. Role of the gastrointestinal tract microbiome in the pathophysiology of diabetes mellitus. Journal of Diabetes Research, 2017: 9631435.

Song H Z, Chu Q, Yan F J, et al. 2016. Red pitaya betacyanins protects from diet-induced obesity, liver steatosis and insulin resistance in association with modulation of gut microbiota in mice. Journal of Gastroenterology and Hepatology, 31(8): 1462-1469.

Sugatani J, Wada T, Osabe M, et al. 2006. Dietary inulin alleviates hepatic steatosis and xenobiotics-induced liver injury in rats fed a high-fat and high-sucrose diet: association with the suppression of hepatic cytochrome P450 and hepatocyte nuclear factor 4alpha expression. Drug Metab Dispos, 34(10): 1677-1687.

Suk S, Kwon G T, Lee E, et al. 2017. Gingerenone A, a polyphenol present in ginger, suppresses obesity and adipose tissue inflammation in high-fat diet-fed mice. Molecular Nutrition & Food Research, 61(10): 1700139.

Sun R, Yang N, Kong B, et al. 2017. Orally administered berberine modulates hepatic lipid metabolism by altering microbial bile acid metabolism and the intestinal FXR signaling pathway. Molecular Pharmacology, 91(2): 110-122.

Sun S, Lulla A, Sioda M, et al. 2019. Gut microbiota composition and blood pressure. Hypertension, 73(5): 998-1006.

Sun Y Y, Li M, Li Y Y, et al. 2018. The effect of *Clostridium butyricum* on symptoms and fecal microbiota in diarrhea-dominant irritable bowel syndrome: a randomized, double-blind, placebo-controlled trial. Scientific Reports, 8(1): 2964.

Tang T, Chen H, CY C, et al. 2019a. Loss of gut microbiota alters immune system composition and cripples postinfarction cardiac repair. Circulation, 139(5): 647-659.

Tang W H W, Li D Y, Hazen S L. 2019b. Dietary metabolism, the gut microbiome, and heart failure. Nature Reviews Cardiology, 16(3): 137-154.

Tap J, Derrien M, Tornblom H, et al. 2017. Identification of an intestinal microbiota signature associated with severity of irritable bowel syndrome. Gastroenterology, 152(1): 111-123.

Terzic J, Grivennikov S, Karin E, et al. 2010. Inflammation and colon cancer. Gastroenterology, 138(6): 2101.

Tilg H, Adolph T E, Gerner R R, et al. 2018. The intestinal microbiota in colorectal cancer. Cancer Cell, 33(6): 954-964.

Tindall A M, Petersen K S, Kris-Etherton P M. 2018. Dietary patterns affect the gut microbiome-the link to risk of cardiometabolic diseases. Journal of Nutrition, 148(9): 1402-1407.

Toral M, Robles-Vera I, de la Visitacion N, et al. 2019. Critical role of the interaction gut microbiota - sympathetic nervous system in the regulation of blood pressure. Frontiers in Physiology, 10: 231.

Tosti V, Bertozzi B, Fontana L. 2018. Health benefits of the mediterranean diet: metabolic and molecular mechanisms. Journals of Gerontology Series A-Biological Sciences and Medical Sciences, 73(3): 318-326.

Tovar J, Johansson M, Bjorck I. 2016. A multifunctional diet improves cardiometabolic-related biomarkers independently of weight changes: an 8-week randomized controlled intervention in healthy overweight and obese subjects. European Journal of Nutrition, 55(7): 2295-2306.

Tripathi A, Debelius J, Brenner D A, et al. 2018. The gut-liver axis and the intersection with the microbiome. Nature Reviews Gastroenterology & Hepatology, 15(7): 397-411.

Tun H M, Konya T, Takaro T K, et al. 2017. Exposure to household furry pets influences the gut microbiota of infant at 3-4 months following various birth scenarios. Microbiome, 5(1): 40.

Turnbaugh P J, Ley R E, Mahowald M A, et al. 2006. An obesity-associated gut microbiome with increased capacity for energy harvest. Nature, 444(7122): 1027-1031.

Tzeng T F, Liu W Y, Liou S S, et al. 2016. Antioxidant-rich extract from plantaginis semen ameliorates diabetic retinal injury in a streptozotocin-induced diabetic rat model. Nutrients, 8(9): 572.

vad den Munckhof I C L, Kurilshikov A, ter Horst R, et al. 2018. Role of gut microbiota in chronic low-grade inflammation as potential driver for atherosclerotic cardiovascular disease: a systematic review of human studies: impact of gut microbiota on low-grade inflammation. Obesity Reviews, 19(12): 1719-1734.

Vadder F D, Kovatcheva-Datchary P, Zitoun C, et al. 2016. Microbiota-produced succinate improves glucose homeostasis via intestinal gluconeogenesis. Cell Metabolism, 24(1): 151-157.

Vahed S Z, Barzegari A, Zuluaga M, et al. 2017. Myocardial infarction and gut microbiota: an incidental connection. Pharmacological Research, 129: 308-317.

van de Wouw M, Schellekens H, Dinan T G, et al. 2017. Microbiota-gut-brain axis: modulator of host metabolism and appetite. Journal of Nutrition, 147(5): 727-745.

Vannucci L, Stepankova R, Kozakova H, et al. 2008. Colorectal carcinogenesis in germ-free and conventionally reared rats: different intestinal environments affect the systemic immunity. International Journal of Oncology, 32(3): 609-617.

Velayudham A, Dolganiuc A, Ellis M, et al. 2009. VSL#3 probiotic treatment attenuates fibrosis without changes in steatohepatitis in a diet-induced nonalcoholic steatohepatitis model in mice. Hepatology, 49(3): 989-997.

Vespasiani-Gentilucci U, Gallo P, Picardi A. 2018. The role of intestinal microbiota in the pathogenesis of NAFLD: starting points for intervention. Archives of Medical Science, 14(3): 701-706.

Vital M, Gao J R, Rizzo M, et al. 2015. Diet is a major factor governing the fecal butyrate-producing community structure across Mammalia, Aves and Reptilia. Isme Journal, 9(4): 832-843.

Vital M, Howe A C, Tiedje J M. 2014. Revealing the bacterial butyrate synthesis pathways by analyzing (meta)genomic data. MBio, 5(2): e00889.

Vrieze A, Out C, Fuentes S, et al. 2014. Impact of oral vancomycin on gut microbiota, bile acid metabolism, and insulin sensitivity. Journal of Hepatology, 60(4): 824-831.

Vrieze A, van Nood E, Holleman F, et al. 2012. Transfer of intestinal microbiota from lean donors increases insulin sensitivity in individuals with metabolic syndrome. Gastroenterology, 143(4): 913-916.

Walejko J M, Kim S, Goel R, et al. 2018. Gut microbiota and serum metabolite differences in African Americans and White Americans with high blood pressure. International Journal of Cardiology, 271: 336-339.

Walker A W, Sanderson J D, Churcher C, et al. 2011. High-throughput clone library analysis of the mucosa-associated microbiota reveals dysbiosis and differences between inflamed and non-inflamed regions of the intestine in inflammatory bowel disease. BMC Microbiology, 11(1): 7.

Wang Y T, Li L L, Yuan J Y, et al. 2020. Alginate oligosaccharide improves lipid metabolism and inflammation by modulating gut microbiota in high fat diet fed mice, Applied Microbiology and Biotechnology, 104: 3541-3554.

Wang Z N, Zhao Y Z. 2018. Gut microbiota derived metabolites in cardiovascular health and disease. Protein & Cell, 9(5): 416-431.

Whitt J, Woo V, Lee P, et al. 2018. Disruption of epithelial HDAC3 in intestine prevents diet-induced obesity in mice. Gastroenterology, 155(2): 501-513.

Wickens K L, Barthow C A, Murphy R, et al. 2017. Early pregnancy probiotic supplementation with *Lactobacillus rhamnosus* HN001 may reduce the prevalence of gestational diabetes mellitus: a randomised controlled trial. British Journal of Nutrition, 117(6): 804-813.

Winer D A, Luck H, Tsai S, et al. 2016. The intestinal immune system in obesity and insulin resistance. Cell Metabolism, 23(3): 413-426.

Winer D A, Winer S, Dranse H J, et al. 2017. Immunologic impact of the intestine in metabolic disease. Journal of Clinical Investigation, 127(1): 33-42.

Wu H, Esteve E, Tremaroli V, et al. 2017. Metformin alters the gut microbiome of individuals with treatment-naive type 2 diabetes, contributing to the therapeutic effects of the drug. Nature Medicine, 23(7): 850.

Wu S, Rhee K J, Albesiano E, et al. 2009. A human colonic commensal promotes colon tumorigenesis via activation of T helper type 17 T cell responses. Nature Medicine, 15(9): 1016-1022.

Xu D, Chen V L, Steiner C A, et al. 2019. Efficacy of fecal microbiota transplantation in irritable bowel syndrome: a systematic review and Meta-analysis. The American Journal of Gastroenterology, 114(7): 1043-1050.

Xu J, Lian F M, Zhao L H, et al. 2015a. Structural modulation of gut microbiota during alleviation of type 2 diabetes with a Chinese herbal formula. Isme Journal, 9(3): 552-562.

Xu Y, Zhang M, Wu T, et al. 2015b. The anti-obesity effect of green tea polysaccharides, polyphenols and caffeine in rats fed with a high-fat diet. Food & Function, 6(1): 297-304.

Yang Q M, Qi M, Tong R C, et al. 2017. *Plantago asiatica* L. seed extract improves lipid accumulation and hyperglycemia in high-fat diet-induced obese mice. International Journal of Molecular Sciences, 18(7): 1393.

Yang T, Santisteban M M, Rodriguez V, et al. 2015. Gut dysbiosis is linked to hypertension. Hypertension, 65(6): 1331-1340.

Yilmaz B, Juillerat P, Oyas O, et al. 2019. Microbial network disturbances in relapsing refractory Crohn's disease. Nature Medicine, 25(2): 323-336.

Yoshida N, Sasaki K, Sasaki D, et al. 2019. Effect of resistant starch on the gut microbiota and its metabolites in patients with coronary artery disease. Journal of Atherosclerosis and Thrombosis, 26(8): 705-719.

Yoshimoto A, Uebanso T, Nakahashi M, et al. 2018. Effect of prenatal administration of low dose antibiotics on gut microbiota and body fat composition of newborn mice. Journal of Clinical Biochemistry and Nutrition, 62(2): 155-160.

Yu Y B, Mao G X, Wang J R, et al. 2018. Gut dysbiosis is associated with the reduced exercise capacity of elderly patients with hypertension. Hypertension Research, 41(12): 1036-1044.

Zhang Z, Zhao J, Tian C, et al. 2019. Targeting the gut microbiota to investigate the mechanism of lactulose in negating the effects of a high-salt diet on hypertension. Molecular Nutrition & Food Research, 63(11): e1800941.

Zhao L, Zhang F, Ding X, et al. 2018a. Gut bacteria selectively promoted by dietary fibers alleviate type 2 diabetes. Science, 359(6380): 1151-1156.

Zhao L, Zhang Q, Ma W, et al. 2017. A combination of quercetin and resveratrol reduces obesity in high-fat diet-fed rats by modulation of gut microbiota. Food Funct, 8(12): 4644-4656.

Zhao X, Zhang Z, Hu B, et al. 2018b. Response of gut microbiota to metabolite changes induced by endurance exercise. Frontiers in Microbiology, 9: 765.

Zhou D, Pan Q, Shen F, et al. 2017a. Total fecal microbiota transplantation alleviates high-fat diet-induced steatohepatitis in mice via beneficial regulation of gut microbiota. Scientific Reports, 7(1): 1529.

Zhou D, Pan Q, Xin F Z, et al. 2017b. Sodium butyrate attenuates high-fat diet-induced steatohepatitis in mice by improving gut microbiota and gastrointestinal barrier. World Journal of Gastroenterology, 23(1): 60-75.

Zhou X, Li J, Guo J, et al. 2018. Gut-dependent microbial translocation induces inflammation and cardiovascular events after ST-elevation myocardial infarction. Microbiome, 6(1): 66.

Zhu L, Baker S S, Gill C, et al. 2013. Characterization of gut microbiomes in nonalcoholic steatohepatitis (NASH) patients: a connection between endogenous alcohol and NASH. Hepatology, 57(2): 601-609.

Zou T T, Zhang C, Zhou Y F, et al. 2018. Lifestyle interventions for patients with nonalcoholic fatty liver disease: a network meta-analysis. European Journal of Gastroenterology & Hepatology, 30(7): 747-755.

第5章　影响健康人肠道微生物的因素

　　人体肠道里栖息着数量庞大、种类繁多的共生微生物。肠道微生物对维持人体健康发挥着不可替代的作用，它影响并支撑了诸多生理功能，包括代谢食物组分并产生能量和营养、促进人体组织分化、激发免疫系统、阻止肠道致病菌入侵等。健康人体的肠道微生物主要由三个菌门（Phylum）组成，即厚壁菌门（Firmicutes）、拟杆菌门（Bacteroidetes）和变形菌门（Proteobacteria）（Human Microbiome Project，2012；Bekris et al.，2010）。次要微生物菌门包括：放线菌门（Actinobacteria）、梭杆菌门（Fusobacteria）、疣微菌门（Verrucomicrobia）和其他暂时定植的微生物门类（Faith et al.，2013；Human Microbiome Project，2012；Yatsunenko et al.，2012）。

　　人在出生时肠道处于无菌状态，母亲的共生微生物和环境微生物构成了初生婴儿肠道的微生物组。母亲阴道和泌尿系统的微生物与肠道微生物被认为是婴儿微生物的主要来源（Dominguez-Bello et al.，2010）。出生后数个月（转为食用固态食物前），健康婴儿的肠道微生物处于快速动态演变期。微生物基因组分析证明：0～3岁时，专一的母乳喂养能选择性地富集婴儿肠道中的双歧杆菌属（*Bifidobacterium*）细菌（Sela et al.，2008）；到3～4岁断奶后，婴儿肠道微生物的结构基本上趋于稳定，形成"类似于成人"的肠道微生物结构（Koenig et al.，2011；Palmer et al.，2007）。一旦成熟的肠道微生物结构建立起来，它对于外界扰动（如抗生素）就有相当高的抵抗能力（Antonopoulos et al.，2009）。

　　人类微生物组计划（Human Microbiome Project，HMP）研究揭示了健康人肠道微生物的多样性特征。健康人肠道微生物的多样性（α多样性）相当高；同时，个体间多样性（β多样性）也表现显著性差异（Human Microbiome Project，2012）。相反，与健康人肠道微生物多样性特征不同，肠道微生物所含有的功能基因构成在个体间相对稳定。肠道微生物的"核心"代谢功能包括ATP合成及糖酵解等。肠道微生物的三个主要菌门，即拟杆菌门、厚壁菌门和变形菌门的绝对含量、比例在人群中波动很大（Human Microbiome Project，2012）。根据统计关联性分析（如稀疏多变量模型），一些人类表型（人种、身体酸碱度、体重指数、年龄）与肠道微生物组成及其功能基因分布有关（Human Microbiome Project，2012）。

　　通过高通量测序技术，虽然目前我们获得了肠道微生物及其功能基因的海量数据。然而，对肠道微生物结构形成、发展、演化的机制所知有限（Leamy et al.，

2014)。近年来,群落生态学(community ecology)理论被引入人体肠道微生物领域,这使人们有可能深入解读和预测肠道微生物的演变过程(Walter, 2015; Costello et al., 2012)。从更广的进化时间尺度来看,共进化(co-evolution)理论为人体肠道微生物的演化提供了一个宏观视角来解读(Zilber-Rosenberg and Rosenberg, 2008; Dethlefsen et al., 2007)。

影响人体肠道微生物的因素包括基因型、母体微生物群、年龄、性别、饮食、生活方式等。肠道微生物失调被证实与越来越多的慢性疾病形成有关,主要包括肥胖、炎症性肠病和 2 型糖尿病等。引起肠道微生物失调的原因复杂多样,主要包括药物、饮食、年龄、肠道动力异常及免疫功能障碍等。研究表明,孕期微生物暴露和胎龄、分娩方式、喂养方式、饮食、环境、年龄、抗生素等都会影响肠道微生物组成乃至其正常功能的发挥。因此,研究肠道微生物的影响因素有助于了解肠道微生物的形成和发展机制,有助于更好地破解人类疾病的发生发展机制,并将对疾病的预防和治疗起重要作用(Abdul-Aziz et al., 2016; Spor et al., 2011; Benson et al., 2010)。

5.1 遗 传 因 素

不同健康个体间肠道微生物结构有很大差别,相较于一般无血缘关系的个体,家庭成员之间的肠道微生物构成更相近,同一家庭不同成员甚至可以携带特定的共同菌株(Vaishampayan et al., 2010; Moodley et al., 2009; Turnbaugh et al., 2009; Schwarz et al., 2008),共同的生活环境和/或相近的基因型可解释这一现象。肠道生态学研究证实,环境和随机因素在很大程度上可改变肠道微生物的结构。目前,人类双胞胎实验、小鼠模型实验和全基因组水平的关联实验揭示了宿主基因型对肠道微生物的影响。虽然不同研究均提供了有意义的科学证据,但结论不一(Spor et al., 2011)。因此,宿主基因型对肠道微生物的影响还不十分明确。一些研究者认为,宿主基因型对肠道微生物有影响,但该影响较小(Yatsunenko et al., 2012; Turnbaugh et al., 2009)。

5.1.1 人类双胞胎实验

研究人员一般通过双胞胎(同卵和异卵)实验来评估肠道微生物"遗传度"(heritability),从而探究肠道微生物组分与宿主基因型的关系。但目前令研究人员疑惑的是,采用不同的实验方法,不同的研究往往得出不同的结论,所以现有的实验研究几乎还未找到具体的可遗传的微生物组分(Spor et al., 2011)。双胞胎实验具有局限性。首先,非基因型的额外变量会影响实验结果。例如,膳食、运动偏好在双胞胎中具有遗传性（Matsumoto et al.，2008）。其次，以检测肠道微生物的遗传度为目的的人群实验要求有足够大的样本量（Spor et al.，2011）。

早期的两项研究表明，人体基因型与肠道微生物结构相关（Stewart et al.，2005；Zoetendal et al.，2001）。在随后的研究中，Turnbaugh 等（2009）使用宏基因组和 16S rRNA 测序方法，没有找到与宿主基因型显著相关的肠道微生物。应用测序深度更高的 16S rRNA 测序技术（精确到菌属水平）或宏基因组方法评估微生物物种、功能基因的遗传度，可能是未来探究宿主基因型和肠道微生物关系的更有效的方法（Spor et al.，2011；Turnbaugh et al.，2010）。

Ruth Ley 团队最近鉴定出了许多受宿主基因型影响的微生物组分。这项研究基于大样本量分析：416 对双胞胎，超过 1000 份粪便样品。遗传度最高的厚壁菌门的 Christensenellaceae 菌科与其他可遗传的细菌和产甲烷古生菌构成共存网络。Christensenellaceae 细菌及其伴生菌在低体重指数（body mass index，BMI）人群中富集。将一种与肥胖相关的肠道微生物 *Chtistensenella minuta*（一种可培养菌）植入无菌小鼠肠道，*C. minuta* 干预可使得小鼠体重增量下降，并改变受体小鼠的肠道微生物组成（Goodrich et al.，2016；Goodrich et al.，2014）。总体来说，肠道微生物组的遗传度很低。多项实验表明，比较肠道微生物构成的个体间差异时，成年后的同卵双胞胎与异卵双胞胎相差无几（Yatsunenko et al.，2012；Turnbaugh et al.，2009）。Yatsunenko 等（2012）调查发现，母亲共生微生物垂直传递给初生婴儿，是婴儿肠道微生物的主要来源，致使母婴之间的肠道微生物相似度高。但是，这样的情况会随着孩子年龄的增长而改变，环境因子会参与肠道微生物的演变。青少年与母亲的肠道微生物组相似度和与父亲的相似度相差无几。此外，长期共同生活在同一环境的父母两人肠道微生物组的相似度比长期非共同居住家庭成员之间相似度更高。

5.1.2　小鼠模型实验

小鼠（mouse）是最常使用的研究人体肠道微生物的模式哺乳生物（Gootenberg and Turnbaugh，2011）。尽管小鼠和人体在形体大小、肠道生理和膳食结构上显著不同，且肠道微生物在"属"（genus）水平仅有 15% 相同（Zhu et al.，2015），但两者的直肠主要微生物在"门"水平是一致的，即主要都是厚壁菌门和放线菌门细菌（Zhu et al.，2015；Mouse Genome Sequencing Consortium et al.，2002）。Benson 等（2010）采用数量性状基因座（quantitative trait locus，QTL）方法研究了宿主基因型与肠道微生物的关联。通过对照组控制环境变量，研究定量解析宿主基因、环境分别对小鼠肠道微生物结构差异变化的贡献。QTL 是一种统计方法，建立可测量的表型数据和染色体上特定 DNA 区域（如 SNP 分子标记）

的关联，有助于揭示复杂表型变异的分子基础。可测核心菌群（CMM）定义为，群体中大多数动物（人）个体都携带的共有菌群，而其相对比例在不同个体间有差异，通常呈正态分布。研究假设肠道可测核心菌群是可遗传的、受多个宿主基因和环境因子相互作用控制的表型特征（multifactorial trait）。Benson 等（2010）提供了明确的证据证明哺乳动物宿主染色体基因对肠道微生物有控制功能，并揭示了可能的具体作用模式。

Benson 等（2010）使用大样本量（n=50 000）异种交配小鼠，基于肠道粪便菌群 16S rRNA 基因测序结果，鉴定出小鼠肠道中主要的 CMM 有 19 个，它们的相对含量整体上表现为多基因控制。此研究揭示出，CMM 构成受多基因控制，是一种可遗传表型。同时，环境因子也显著改变 CMM。Benson 等（2010）鉴定出 18 个 QTL 与小鼠 CMM 的相对含量有关联。研究者发现，总体上 QTL 通过三种模式控制 CMM 的结构：控制个别菌属，如 MMU6（小鼠 6 号染色体）与螺杆菌属（*Helicobacter*）相关；控制亲缘关系相近菌属组成的菌群，如 MMU14（小鼠 14 号染色体）和 MMU7（小鼠 7 号染色体）与约氏乳杆菌（*Lactobacillus johnsonii*）/加氏乳杆菌（*Lactobacillus gasseri*）关联；某些 QTL 有多向效应，即控制亲缘关系较远菌属组成的菌群，如同时控制远亲缘的乳酸乳球菌属（*Lactococcus*）和红蝽菌科（Coriobacteriaceae）（Benson et al.，2010）。

此研究之后，相继有数个团队采用相同的 QTL 方法研究宿主基因型对肠道微生物结构的影响。其中，McKnite 等（2012）鉴定了影响 BXD 小鼠肠道主要菌门（拟杆菌门、厚壁菌门）和主要菌科[普氏菌科（Prevotellaceae）、理研菌科（Rikenellaceae）]的 QTL。结合基因表达测定，预测了调控菌属含量的具体功能基因和分子机制。当然，乳酸杆菌属（*Lactobacillus*）是 BXD 小鼠肠道中最主要的菌属之一，研究发现，它受到 BXD 小鼠基因型的显著影响，是肠道微生物结构差异的主要来源。乳酸杆菌属在小鼠肠道中有重要的免疫调节活性。其中，预测的小鼠 QTL 上的 B6 等位基因（allele）提高了鼠乳杆菌（*Lactobacillus murinus*）的含量。值得一提的是，除了用多变量分析（multivariable analysis）解析基因和肠道微生物的关系外，McKnite 等（2012）第一次阐述了基因-肠道微生物-肥胖表型的相关关系。

Leamy 等（2014）关注了基因-膳食的相互作用对肠道微生物的调控。在小鼠全基因组研究中，研究者预测出了影响肠道微生物组成的 42 个 QTL。在添加脂肪饲料的对照实验中，研究者进一步鉴定出 8 个 QTL（占 19%）受膳食脂肪的显著调节。部分（其他实验鉴定的）小鼠体重关联 QTL（Jumpertz et al.，2011）与肠道微生物组 QTL 在位置上重叠，某些基因可能同时参与了调节肠道微生物和体重（体脂）。整体上，此研究认为肠道微生物变化是宿主基因和环境（膳食）综合调控的结果，这些实验结果为人类膳食健康提供了重要依据，表明通过控制肠道微生物、膳食干预可以"逆转"导致肥胖倾向（obesity predisposition）的遗传物质对宿主的负面影响。

5.1.3   全基因组水平的关联实验

全基因组关联分析（genome-wide association study）是指在人类全基因组范围内找出存在的序列变异，即单核苷酸多态性（single nucleotide polymorphism, SNP），从中筛选出与疾病相关的 SNP。GWAS 研究在某种疾病患者的全基因组范围内检测出 SNP 位点并与对照组人群进行比较，筛选所有的变异等位基因频率，避免了像候选基因策略一样需要预先假设致病基因，从而为复杂疾病的发病机制研究提供了更多的线索。

利用人类的全基因组关联分析技术已阐明了基因变异与一些疾病的关联机制，Science 杂志于 2005 年报道了第一项具有年龄相关性的黄斑变性 GWAS 研究（Klein et al.，2005），之后陆续出现了有关冠心病（Samani et al.，2007）、肥胖（Herbert et al.，2006）、阿尔茨海默病（Alzheimer disease, AD）、2 型糖尿病（Diabetes Genetics Initiative of Broad Institute of Harvard and Mit et al.，2007）、高甘油三酯血症、精神分裂症及其相关表型的报道（Fall and Ingelsson，2014；Imamura and Maeda，2011）。

尽管 GWAS 还存在疾病模型、人群混杂（population stratification）、数据共享不足等问题，但其突破性地从表观基因组水平进行分析，并在系统生物学理论的指导下，通过综合的生物信息学分析策略，建立了疾病与生物学性状之间关联性的调控网络模型，为阐明人类常见疾病与基因性状之间的相互关系提供了崭新的视角和有用的研究工具。

5.2   年龄与性别

5.2.1   年龄

最新的两项人群调查确认了包括年龄、性别在内的多种因素可以影响肠道微生物（Falony et al.，2016）。Yatsunenko 等（2012）报道了健康人肠道微生物组（菌属与功能基因）随着年龄的变化而发生改变。该研究采用 16S rDNA 和宏基因组测序方法测定了 531 位志愿者的粪便样品，志愿者年龄为 0～88 岁，来自三个不同地域（民族），分别是美国人、马拉维人（Malawian）和瓜希沃印第安人（Guahibo Amerindian）。这项"普查"回答了这样一个问题：居住在不同地理、文化条件下的婴儿（儿童），其肠道微生物组演变至"成熟"的模式相同。根据 16S rDNA 测序统计分析结果，0～3 岁时，婴儿肠道微生物均相对不稳定，微生物结构在短期内演化改变；出生第 3 年，儿童肠道微生物结构均趋近于成人（Yatsunenko et al.，2012）。美洲和非洲人群样本集分析结果显示，双歧杆菌属是初生婴儿（0～1 岁）肠道内主要的定植微生物（占总微生物的 50%-90%）（Milani et al.，2017；Yatsunenko et al.，2012）。当儿童成长至 2～3 岁后，肠道内双歧杆菌的比例降低。

　　一项针对日本人群（441 位志愿者，年龄为 0～104 岁）的调查结果显示了相似的变化趋势，且鉴定出双歧杆菌属中特定菌属的数量随着年龄的增加而改变。例如，短双歧杆菌（*Bifidobacterium breve*）是婴儿（0～3 岁）肠道主要的双歧杆菌，青春双歧杆菌（*Bifidobacterium adolescentis*）和链状双歧杆菌（*Bifidobacterium catenulatum*）是断奶后儿童（2～3 岁）肠道双歧杆菌科的优势菌；长双歧杆菌（*Bifidobacterium longum*）普遍存在于所有年龄层的志愿者肠道中（Kato et al.，2017）。

　　根据斯皮尔曼相关系数（Spearman correlation coefficient）评估 Rho 值，长双歧杆菌含量随着年龄增长而显著下降（Rho=-0.8），培养皿计数结果也显示了一致的变化趋势（Kato et al.，2017；Yatsunenko et al.，2012）。基因组和表型分析实验证明，从婴儿肠道分离的长双歧杆菌菌株具有代谢人乳低聚糖、多种植物性碳水化合物的功能基因（Arboleya et al.，2018；Sela and Mills，2010）。这项证据从分子水平解释了长双歧杆菌菌株与母乳喂养的相关性，证明母乳喂养有利于婴儿健康。

　　Yatsunenko 等（2012）研究还发现，成人和婴儿（6 月以上）肠道中，普氏菌属（*Prevotella*）与拟杆菌属取代双歧杆菌成为主要优势菌属，并且普氏菌属与拟杆菌属比例"此消彼长"。欧洲、亚洲、非洲人群的肠道微生物统计结果也表明，全球范围内，拟杆菌属和普氏菌属在成人肠道微生物中占绝对优势，含量常常超过 40%；在不同个体中，两者含量呈特征性的"拉锯式"交替（Wexler and Goodman，2017；Gorvitovskaia et al.，2016；Tyakht et al.，2014；Ou et al.，2013；Wu et al.，2011；Filippo et al.，2010）。拟杆菌属在肠道微生物中的富集与以动物蛋白质为主的西方饮食有关（Wexler and Goodman，2017）。因此，有学者提出将拟杆菌属、普氏菌属、双歧杆菌属作为生物标签（biomarker），可以区别不同膳食和生活方式的人群（Gorvitovskaia et al.，2016）。肠道中瘤胃菌科（Ruminococcaceae）细菌含量随着年龄增长而增加（Rho=0.8）（Yatsunenko et al.，2012）。对 531 名志愿者的肠道微生物主成分分析表明，"肠型（enterotype）"在人群中的分布随着年龄而演变（Yatsunenko et al.，2012）。

　　婴儿出生时，肠道最初主要被母亲阴道和皮肤的共生微生物所定植（Matsumiya et al.，2002），如乳酸杆菌属、普氏菌属、*Sneathia*、葡萄球菌属、链球菌属及大肠杆菌属。随后，严格厌氧微生物（拟杆菌属、双歧杆菌属）成为婴儿肠道主要定植菌群（Pannaraj et al.，2017；Pantoja-Feliciano et al.，2013）。母乳喂养在初生婴儿（0～12 个月）肠道微生物的形成和成熟中扮演关键角色。临床试验（研究对象为美国 107 组母亲-婴儿）表明，出生后第 0～30 天，食用母乳比例达 75%以上的婴儿肠道细菌有约 27%来自母乳、10.3%来自母亲乳房皮肤。婴儿肠道微生物多样性在出生后 2～3 个月基本稳定，3 个月时开始显著增加（Pannaraj et al.，2017）。

肠道微生物功能基因含量与年龄相关。例如，叶酸代谢基因在肠道宏基因组中的含量与年龄相关。肠道微生物中叶酸内源合成（de novo biosynthesis）基因更多地富集在 0～1 岁婴儿中，其叶酸分解代谢基因比例很低；相反，2 岁以上婴儿及成人中，叶酸分解代谢基因富集，而叶酸内源合成基因含量显著降低。维生素 B_{12} 代谢基因含量也随着年龄而改变。0～2 岁婴儿肠道微生物缺乏维生素 B_{12} 代谢基因，可能是因为这时期的婴儿多食用母乳。然而，在 3 岁后的健康人肠道内发现含有维生素 B_{12} 代谢基因的微生物，可能是因为这时期的婴儿（儿童）多数服用配方奶粉（Yatsunenko et al.，2012）。

Yuan-Kun Lee 团队近期调查研究了亚洲多国学龄儿童（7～11 岁）肠道微生物组。303 份测序数据的聚类分析显示，亚洲儿童肠道微生物组可分为两种"肠型"，即 Prevotella 型（P 型）和 Bifidobacteria/Bacteroides 型（BB 型），分别以普氏菌属、双歧杆菌属/拟杆菌属为肠道优势菌属。多数中国、日本儿童肠道微生物组为 BB 型，印度尼西亚和泰国部分地区儿童肠道微生物组为 P 型。宏基因组解析显示，P 型肠道微生物含有更高比例的碳水化合物代谢基因，这可能与食物中含有大量抗性淀粉有关，表明地理环境、饮食结构与亚洲儿童肠道微生物结构有关（Nakayama et al.，2015）。在 Yatsunenko 等（2012）的研究中，5～20 岁人群的肠道微生物组也分为两种"肠型"，但是研究数据并未给出对应的优势菌属。

微生物培养和基因测序数据均显示，肠道微生物特性在老年人群与年轻人群之间差异明显（Langille et al.，2014）。这种差异不是在某一特定年龄产生的"突变"，而是随着年龄增长逐渐演变而成（O'Toole and Jeffery，2015）。Ian B. Jeffery 和 Paul W. O'Toole 对爱尔兰老年人群研究数据表明，老年人肠道微生物组成的个体间差异相当大。肠道微生物可能存一个在由"年轻"到"衰老"的演变趋势，即相较于年轻人群，老年人群的肠道微生物向以拟杆菌属为优势菌属的菌群结构演变（Claesson et al.，2011）。诸多外部环境（如膳食、运动、药物和地域）导致了老年人个体间肠道微生物高度差异（Claesson et al.，2012）。值得注意的是，这项对 161 名老年志愿者（65～94 岁）的调查发现，老年人群的核心肠道微生物（core microbiota）与此前 9 个研究项目鉴定出的年轻人群的核心肠道微生物差异很大。老年人与年轻人核心肠道微生物的区别特征是，含有更高比例的拟杆菌属（59%）；梭菌属IV簇细菌在梭菌属中为优势菌，而梭菌属XIa 簇细菌在年轻人群的肠道梭菌中为优势组分（Claesson et al., 2012）。随后，Jeffery 和 O'Toole 更深入地挖掘了 ELDERMET 数据，选择"社区居住的老年人"（n=176）和"长期看护的老年人"（n=106）样本统计分析，揭示了特定肠道微生物与老龄化的关系（O'Toole and Jeffery, 2015）。进入看护状态时间越长，老年人的健康状况越差（衰弱度越高）。衰弱度（frailty）是由多项临床指标决定的。总体而言，肠道核心微生物多样性与老年人衰弱度显著相关，但是与年龄的相关性不显著（O'Toole and Jeffery, 2015）。膳食是影响老年人肠道微生物结构的重要因素，肠道微生物多样性在长期看护的老年人中显著下降（Claesson et al., 2012）。根据炎症因子等多项临床指数，在社区居住的老年人比长期看护的老年人更为健康，他们拥有不同的日常食谱，不仅健康食物多样性（healthy food diversity）不同，而且两者的肠道微生物结构也明显不同。根据 CAG（co-abundance group）分析，可鉴定出与老年人健康程度相关的肠道微生物组分，即普氏菌属和瘤胃球菌属富集在社区居住的（健康）老年人肠道中；而另枝菌属（*Alistipes*）和颤杆菌属（*Oscillibacter*）富集在长期看护的（衰弱）老年人肠道中（Claesson et al., 2012）。因此，两样本对比揭示了膳食-肠道微生物-健康之间的因果关系，即膳食组分可调节肠道微生物并改善人体健康水平。

尽管环境因子（如膳食、居住地点）是影响肠道微生物的因素之一，但是在人群调查中常随着年龄而变化。由于环境变量易于控制，因此它为阐释单一年龄（或衰弱度指数）与肠道微生物结构的关联性提供了可能（Langille et al., 2014）。O'Toole 和 Jeffery（2015）使用 C57BL/6J 小鼠模型证明，年龄与衰弱度指数之间有近似完美的正相关性；肠道微生物结构（16S rRNA 测序数据）与年龄和衰弱指数显著相关，这一结论与上述人群调查的结论并不一致。另枝菌属是与老年（衰弱）小鼠相关的特征菌属，且在长期看护的（衰弱度高）老年人的肠道中富集（Claesson et al., 2012）。维生素 B_{12}、维生素 B_7 合成基因，DNA 修复相关的 SOS 基因在老年小鼠中含量减少；相反，肌肉素降解基因、β-葡糖醛酸糖苷酶细菌表达基因在老年小鼠中含量增高；利用单糖的基因含量高于利用双糖、寡聚糖、多糖的基因含量。果蝇是研究衰老的模式生物。Clark 等（2015）使用果蝇揭示了肠道微生物、年龄和健康状态（衰老）之间的"因果关系"。伴随年龄增长，果蝇肠道微生物发生改变，以变形菌纲含量增长为特征。特定的微生物组分通过免疫激活可诱发肠道屏障功能失调，继而导致肠道微生态失调（microdysbiosis），最后诱发系统性免疫激活，这成为首要致死因素（Clark et al., 2015）。在人体中，变形菌门与厚壁菌门的比值上调是肠道炎症性疾病和人体衰老的肠道微生物特征。人体肠道变形菌门细菌含量增加与老年人炎症相关，其中肠杆菌科（Enterobacteriaceae）水平上升与老年人的衰老有关。因此，果蝇实验所揭示的年龄-肠道微生物-健康的关系，为人体中相应的机制研究提供了新思路。

5.2.2 性别

人群调查证实，肠道微生物的组成、结构与宿主的性别相关（Falony et al.，2016；Zhernakova et al.，2016）。根据肠道微生物中大量菌属（超过 60 个属）的构成，聚类分析（cluster analysis）将人体不同部位的微生物划分为 7 个类型（community type），其中 5 个主要菌属（拟杆菌属、普氏菌属、另枝菌属、粪杆菌属和瘤胃球菌属）决定了 60% 的类型间差异。肠型划分依据三种含量最高的菌属（拟杆菌属、普氏菌属、瘤胃球菌属），但这种划分方式较"粗放"，忽略了主要菌属在不同个体间连续、梯度式的变化差别（Knights et al.，2014）。一项对 287 名志愿者的分析表明，肠道微生物组成与性别之间存在显著关联（Ding and Schloss，2014）。

Davenport 等（2014）利用美国哈特族（Hutterites）人群（186 人，年龄 16 岁以上）研究了性别对肠道微生物的影响。哈特族过着群居生活且与外界社会相对隔离，因此该人群的环境暴露量相对均一；他们族内通婚，本族个体间基因变异率低于普通美国人群；采用集体供餐制，日常摄入的食物组分既在个体间也在全年相对一致（夏、秋季食用大量新鲜水果，而冬季食用罐头水果和蔬菜）。由于随机环境因素（天然的）被一定程度控制，哈特族人群是研究环境因素（膳食）和遗传因素对肠道微生物作用的理想对象（Davenport et al.，2014）。在哈特族中，个体内肠道微生物香农多样性指数、物种丰富度、物种均匀度在男性和女性中没有显著差别（Davenport et al.，2014）；一些特定微生物种类的含量在本族男女之间有显著差异，主要差异菌包括斯卡多维亚氏菌属（Scardovia）、戈登氏杆菌属（Gordonibacter）、厌氧棍状菌属（Anaerotruncus）和变形菌门（Davenport et al.，2015）。

目前，存在多种学说解释性别影响肠道微生物的机制。一些学说认为，男女固有生物学差异可能与其肠道微生物差异有关。例如，男女特异的性激素可能差异性调节肠道微生物（Davenport et al.，2015）。另一些研究认为，社会分工不同是性别影响肠道微生物组成的原因（Davenport et al.，2015；Schnorr et al.，2014）。例如，哈特族的成年男子一般离开家庭工作（如在农田、农场、车间工作），女子一般在家庭内工作（如做饭、打扫、维护花园）（Davenport et al.，2015）。坦桑尼亚的狩猎民族哈扎族（Hadza）以吃树根、吃浆果和打猎为主，哈扎族男性的肠道微生物与女性有差异。他们部落中的不同分工被认为是主要影响因素，如哈扎族男子离开部落驻地捕猎或采集食物，女子留守在部落驻地陪伴儿童（Schnorr et al.，2014）。目前有研究发现，一些环境因素，如食物、体重指数（BMI）对肠道微生物的影响在男性和女性之间不同（Haro et al.，2016）。

性别影响肠道微生物构成，其至导致遗传疾病的患病概率在男女中不同。Markle 等（2013）采用小鼠模型研究了肠道微生物如何影响宿主对 1 型糖尿病的敏感性。16S rRNA 测序结果显示，在菌属水平上，雄性小鼠和雌性小鼠肠道（盲肠）微生物构成不同。雌性比雄性非肥胖型糖尿病（NOD）小鼠更容易患上自身免疫性疾病。在疾病发生前，将雄性小鼠盲肠微生物植入雌性小鼠肠道中，雌性小鼠肠道中的一些菌属（罗斯氏菌、布劳特氏菌）显著性增加，这些微生物可能与促进小鼠肠道成熟有关。相应的，雌性小鼠表型发生改变：雌性小鼠糖尿病的发展被抑制、睾酮水平增加。当雄激素受体被阻断后，这种保护作用便消失了，说明雄性小鼠肠道微生物可能具备调控性激素并且减弱宿主对自身免疫的敏感性的能力（Markle et al.，2013）。

5.3 生 活 方 式

5.3.1 西方化与非西方化的生活方式

西方化（westernization）的生活方式以单一化的食物组成为特征，将会导致肠道微生物多样性降低；相对的，非西方化（non-westernization）人群的肠道微生物的多样性更高（Clemente et al.，2015；Martinez et al.，2015；Schnorr et al.，2014；Yatsunenko et al.，2012）。南美洲雅诺马米人（Yanomami）是与西方人群隔绝的部落，且此前没有记录显示他们与西方文明有接触。根据操作分类单元（operational taxonomic unit，OTU）数量和物种丰富度，雅诺马米人的肠道微生物多样性（γ 多样性）显著高于美国人群平均肠道微生物多样性。实际上，雅诺马米人肠道微生物多样性全球最高（Clemente et al.，2015）。然而，雅诺马米人肠道微生物在个体间的稳定性却较美国人群高，意味着他们有更多相同的微生物菌属。与美国人核心肠道微生物的组成不同，雅诺马米人的肠道微生物中普氏菌属含量高、拟杆菌属含量低（Clemente et al.，2015）。这一特点与居民的膳食相关，其他非西方化人群，如另一南美洲地区人群（Guahibo Amerindians）（Schnorr et al.，2014）和非洲采集-捕猎民族（Yatsunenko et al.，2012）也存在此特点。膳食组成和其他环境因素被认为与该差异有关。有趣的是，多位点序列分型（multilocus sequence typing，MLST）数据显示，分离自雅诺马米人肠道的大肠杆菌（*Escherichia coli*）菌株与西方人群肠道中的大肠杆菌菌株有相当大的差别，这一现象被推测与宿主的共同进化有关（Clemente et al.，2015）。美国肠道计划（American Gut Project，AGP）研究结果进一步揭示了工业化（industrialization）人口和非工业化人口（如采集-捕猎人口、偏远地区农民）的肠道微生物有着显著差别。

西方化的生活方式可能与发达国家（地区）肠道相关疾病的患病率增加有关

（Winglee et al.，2017；Kanai et al.，2014）。肠道微生态失调会导致许多疾病，如肠道免疫疾病（如肠道炎症性疾病）及功能疾病（如肠易激综合征）、肥胖、自闭症等，这些疾病在欧美及亚洲发达国家中的发病率增加。同时，这些国家国民的生活方式属于西方化生活方式，国民膳食结构就可以反映这一点。以亚洲发达国家日本为例，第二次世界大战结束后（1945 年），日本人们开始转变为西方化生活方式，主要体现在饮食结构方面。日本政府对国民膳食现状的研究报告显示，高糖碳酸饮料、高脂肪高糖零食（如薯片）、动物脂肪和蛋白质的人均每日摄入量增加，而膳食纤维、发酵食物的人均每日摄入量快速减少（Kanai et al.，2014）。相反，传统日本膳食以简单的素食为主，典型日式食物包括：未加工去壳的大米、混合大麦、味噌汤、根茎类蔬菜、豆腐、发酵的鱼类和泡菜等。日本国民长寿率高，被认为与传统日本食物有关。传统日本食物富含益生菌和益生元，有助于调节、平衡肠道微生物，促进人体健康。

从进化角度来看，人类农业发展带来了第一次食物的变革，7500 年间它在很大程度上改变了人体肠道共生微生物结构。以动物性食物、脂肪为主要成分的西方饮食在全球流行，第二次大规模地改变了健康人肠道微生物的结构（Adler et al.，2013）。现代生活方式的变化被认为是导致现代人肠道微生物多样性下降的原因（Cho and Blaser，2012）。动物模型（小鼠和鱼）实验证明，使用加热技术处理食品，可能导致肠道微生物多样性降低（Zhang and Li，2018）。

5.3.2 饮食与营养

人体和小鼠实验表明，膳食纤维的变化能迅速引起肠道微生物的变化（Carmody et al.，2015；David et al.，2014；Cotillard et al.，2013；Wu et al.，2011）。短期内，膳食纤维添加仅改变个别微生物组分，并且这种改变是因人而异的（Dominguez-Bello et al.，2010）。

母乳喂养和配方奶粉喂养的婴儿肠道微生物结构存在差异。婴儿配方奶粉在美国非常流行，一项对 9 对美国双胞胎婴儿喂养方式的研究发现，服用配方奶粉的婴儿肠道微生物种群类型更多。宏基因组测序结果揭示了更多菌群变化的细节：相比于母乳喂养的双胞胎，配方奶粉喂养的双胞胎婴儿肠道中厚壁菌门和拟杆菌门细菌含量增加，而双歧杆菌属细菌含量减少。随机森林（random forest）分析鉴定出 48 个特征性的母乳喂养和配方奶粉喂养婴儿的不同肠道微生物 OTU。例如，母乳喂养的婴儿肠道中，双歧杆菌属、放线菌属、欧文氏菌属和嗜血杆菌属的 OTU 含量较高（Yatsunenko et al.，2012）。另外，初生婴儿肠道微生物结构与母亲生产方式（birth mode）（Kuang et al.，2016；Dominguez-Bello et al.，2010）和围产期服用抗生素（Kuang et al.，2016；Mueller et al.，2015）密切相关。

　　婴儿（儿童）肠道基因测序结果表明，有 5 个尿素代谢细菌[*Bacteroides cellulo-silyticus* WH2、陪伴粪球菌（*Coprococcus comes*）、罗斯拜瑞氏菌（*Roseburia intestinalis*）、婴儿链球菌（*Streptococcus infantarius*）和嗜热链球菌（*Streptococcus thermophilus*）]在蛋白质营养缺乏婴儿（儿童）肠道中的含量显著高于在蛋白质营养良好婴儿（儿童）肠道中的含量（Yatsunenko et al.，2012）。De Filippo 等（2010）比较了欧洲儿童与相对原始饮食的非洲农村儿童的粪便微生物群，发现两者差异显著，非洲农村儿童粪便中拟杆菌数量增多，厚壁菌门细菌数量减少，且具有欧洲儿童缺乏的普氏菌和木聚糖杆菌，这也表明了饮食对儿童肠道微生物有明显影响。

　　Davenport 等（2014）追踪调查哈特族成年人群（*n*=60）一年后发现，该族人口全年食谱稳定，因为集体供餐，所以不同成员间的食物也非常相近，只是夏季、秋季食谱中大量食用新鲜水果，而冬季食用罐头水果和蔬菜。实验数据显示，在同一时间，肠道微生物在个体间相对稳定。但是，肠道微生物在群体范围内随着季节而"偏移"。肠道微生物很可能与膳食的季节变化有关。

　　基于饮食对人体肠道微生物的影响，相继出现了许多通过饮食干预来治疗或者辅助治疗肠道微生物相关疾病的研究。在一项用虫草菌丝体提取的多糖对小鼠干预效果的研究证明，虫草多糖可逆转高脂饮食引起的小鼠肠道微生态失调，并且可以通过增加一种新霉素耐受肠道细菌（*Parabacteroides goldsteinii*）来改善肠道完整性和胰岛素耐受性（Wu et al.，2019）。例如，在 34 名受试者饮食中添加低聚果糖（FOS）和低聚半乳糖（galactooligosaccharide，GOS），通过其对葡萄糖代谢等的影响，以及对粪便样本的分析发现，FOS 和 GOS 干预可增加肠道内的双歧杆菌，改善健康年轻人群的血糖代谢不良等现象（Liu et al.，2017）。

5.4　地　　域

　　通常地域因素会和其他一个或多个因素交织在一起，共同影响健康人肠道微生物。一些研究发现，地域对肠道微生物结构的影响主要归于宿主基因型，然而也有研究发现，地域的影响归功于文化或行为因素（Gupta et al.，2017）。例如，虽然地域距离和宿主基因型两个因素常常是相关的，但在最新一项非洲人群调查中，地域距离"大过"宿主基因型和生活方式对肠道微生物结构的影响（Hansen et al.，2019）。

　　根据肠道微生物主要物种组分，又可以将"肠型"划分为三类：P 型、A 型、F 型，分别以变形杆菌、放线菌门、厚壁菌门为最主要的肠道微生物组分。16S rRNA 测序数据分析表明，中国、巴西婴儿属于 P 型，美国、加拿大、瑞典婴儿属于 F 型。成人肠道微生物也随着地域而发生改变（Tanya et al.，2012）。

截至 2016 年，至少在全球 17 个国家（地区）开展了健康成年人的肠道微生物（大样本量）调查，这 17 个国家（地区）分布在美洲（美国、加拿大、秘鲁、委内瑞拉）、欧洲（奥地利、西班牙、法国、丹麦、瑞士、意大利、德国和俄罗斯）、大洋洲（澳大利亚）、亚洲（中国、日本和韩国）和非洲（马拉维）（Wexler and Goodman，2017；Nishijima et al.，2016；Tyakht et al.，2013；Tanya et al.，2012）。另外，一些在婴儿或儿童（亚洲、欧洲和非洲）（Nakayama et al.，2015）和偏远农村人口（Martinez et al.，2015）中进行的肠道微生物组研究表明，不同国家人口的肠道微生物结构特征不同。通常，肠道微生物门水平的平均含量在不同国家人群中的差异较小：厚壁菌门（40%～80%）和拟杆菌门（10%～60%）含量最高（大约占总菌群的 80%），其次是放线菌门（5%～25%）和变形菌门（1%～15%）（Nishijima et al.，2016）。而菌属的平均含量在不同国家人群中的差异显著。与肠型的定义类似，根据优势菌属含量，不同国家相关的核心肠道微生物可以分为三类：聚类 1（以拟杆菌属为主），包括丹麦、西班牙、美国和中国；聚类 2（以普氏菌属为主）包括秘鲁、委内瑞拉、俄罗斯和马拉维；聚类 3（以瘤胃球菌属和布劳特氏菌属为主），包括奥地利、瑞典、日本和法国（Gupta et al.，2017）。

日本人肠道微生物十分独特，其放线菌门平均含量最高（占总菌群的 25%），其中主要为双歧杆菌属，而其他国家人群肠道中的含量一般为 5%～10%。日本人肠道微生物中含有碳水化合物代谢基因的比例（>3.5%）最高（与其他 16 个国家相比）（Mancabelli et al.，2017）。日本人肠道微生物的独特性可能和其寿命高、BMI 低等表型相关。另外，Angelakis 等（2019）对比了法国、沙特阿拉伯、波利尼西亚的城市与农村肥胖人群，发现肥胖人群相关的肠道微生物变化与地域有关。

在一项对广东省 14 个地区开展的人类肠道微生物研究中，通过对参与者粪便样本进行 OTU 聚类分析，发现居住的地理位置与肠道微生物变异的相关性最强，也就是说区域因素对肠道微生物的影响显著大于年龄、疾病、生活方式等其他因素。基于微生物的代谢性疾病模型也因为地理位置差异而不能很好地表征，这也表明需要建立本地化的基线和疾病模型来进行评估，即区域变异限制了健康肠道微生物群参考范围和疾病模型的应用（He et al.，2018）。将患者按地域划分后，利用肠道微生物鉴别代谢性疾病的准确度大幅度增加（Gaulke and Sharpton，2018）。值得注意的是，美国肠道项目（AGP）没有观察到除小尺度距离衰减效应之外的强烈地理效应，但是在厄瓜多尔人中观察到了该效应，表明这一效应是否属于普遍现象仍然存在争议。该地理效应由宿主特有的因素驱动，还是由其他生态过程（如扩散、漂移或宿主与环境微生物的相互作用）驱动，还需要进一步研究。但充分说明了地理因素对人类肠道微生物的变化有很大的影响，这在一定程度上解释了小规模研究中报告不一致的失调性。这个地理效应也反映了一个有趣的问题：区域肠道微生物特征是否体现了地理和疾病流行病学之间的联系？今后在区域一级探讨人类肠道微生物群、经济发展、生活方式变化和流行病学之间的关系将为公共卫生科学的发展提供有启发意义的数据。

参 考 文 献

Abdul-Aziz M A, Cooper A, Weyrich L S. 2016. Exploring relationships between host genome and microbiome: new insights from genome-wide association studies. Frontiers in Microbiology, 7: 1611-1620.

Adler C J, Dobney K, Weyrich L S, et al. 2013. Sequencing ancient calcified dental plaque shows changes in oral microbiota with dietary shifts of the neolithic and industrial revolutions. Nature Genetics, 45(4): 450-455.

Angelakis E, Bachar D, Yasir M, et al. 2019. Comparison of the gut microbiota of obese individuals from different geographic origins. New Microbes New Infect, 27: 40-47.

Antonopoulos D A, Huse S M, Morrison H G, et al. 2009. Reproducible community dynamics of the gastrointestinal microbiota following antibiotic perturbation. Infection Immunity, 77(6): 2367-2375.

Arboleya S, Bottacini F, O'Connell-Motherway M, et al. 2018. Gene-trait matching across the *Bifidobacterium longum* pan-genome reveals considerable diversity in carbohydrate catabolism among human infant strains. BMC Genomics, 19(1): 33-49.

Bekris L M, Yu C E, Bird T D, et al. 2010. Genetics of alzheimer disease. Journal of Geriatric Psychiatry Neurology, 23(4): 213-227.

Benson A K, Kelly S A, Legge R, et al. 2010. Individuality in gut microbiota composition is a complex polygenic trait shaped by multiple environmental and host genetic factors. Proceedings of the National Academy of Sciences of the United States of America, 107(44): 18933-18938.

Carmody R N, Gerber G K, Luevano J M, et al. 2015. Diet dominates host genotype in shaping the murine gut microbiota. Cell Host Microbe, 17(1): 72-84.

Cho I, Blaser M J. 2012. The human microbiome: at the interface of health and disease. Nature Reviews Genetics, 13(4): 260-270.

Claesson M J, Cusack S, O'Sullivan O, et al. 2011. Composition, variability, and temporal stability of the intestinal microbiota of the elderly. Proceedings of the National Academy of Sciences of the United States of America, 108: 4586-4591.

Claesson M J, Jeffery I B, Conde S, et al. 2012. Gut microbiota composition correlates with diet and health in the elderly. Nature, 488(7410): 178-184.

Clark R I, Salazar A, Yamada R, et al. 2015. Distinct shifts in microbiota composition during drosophila aging impair intestinal function and drive mortality. Cell Reports, 12(10): 1656-1667.

Clemente J C, Pehrsson E C, Blaser M J, et al. 2015. The microbiome of uncontacted Amerindians. Science Advances, 1(3): e1500183.

Costello E K, Keaton S, Les D, et al. 2012. The application of ecological theory toward an understanding of the human microbiome. Science, 336(6086): 1255-1262.

Cotillard A, Kennedy S P, Kong L C, et al. 2013. Dietary intervention impact on gut microbial gene richness. Nature, 500(7464): 585-588.

Davenport E R, Cusanovich D A, Michelini K, et al. 2015. Genome-wide association studies of the human gut microbiota. PLoS One, 10(11): e0140301.

Davenport E R, Mizrahi-Man O, Michelini K, et al. 2014. Seasonal variation in human gut micro-biome composition. PLoS One, 9(3): e90731.

David L A, Maurice C F, Carmody R N, et al. 2014. Diet rapidly and reproducibly alters the human gut microbiome. Nature, 505(7484): 559-563.

De Filippo C D, Cavalieri D, Paola M D, et al. 2010. Impact of diet in shaping gut microbiota revealed by a comparative study in children from Europe and rural Africa. Proceedings of the National Academy of Sciences of the United States of America, 107(33): 14691-14696.

Dethlefsen L, Eckburg P B, Bik E M, et al. 2006. Assembly of the human intestinal microbiota. Trends in Ecology Evolution, 21(9): 517-523.

Dethlefsen L, McFall-Ngai M, Relman D A. 2007. An ecological and evolutionary perspective on human-microbe mutualism and disease. Nature Biotechnology, 449(7164): 811-818.

Diabetes Genetics Initiative of Broad Institute of Harvard and Mit, Lund University, Novartis Institutes of BioMedical R, et al. 2007. Genome-wide association analysis identifies loci for type 2 diabetes and triglyceride levels. Science, 316(5829): 1331-1336.

Ding T, Schloss P D. 2014. Dynamics and associations of microbial community types across the human body. Nature, 509(7500): 357-360.

Dominguez-Bello M G, Costello E K, Contreras M, et al. 2010. Delivery mode shapes the acquisition and structure of the initial microbiota across multiple body habitats in newborns. Proceedings of the National Academy of Sciences of the United States of America, 107(26): 11971-11975.

Faith J J, Guruge J L, Charbonneau M, et al. 2013. The long-term stability of the human gut micro-biota. Science, 341(6141): 1237439.

Fall T, Ingelsson E. 2014. Genome-wide association studies of obesity and metabolic syndrome. Molecular and Cellular Endocrinology, 382(1): 740-757.

Falony G, Joossens M, Vieira-Silva S, et al. 2016. Population-level analysis of gut microbiome variation. Science, 352(6285): 560-564.

Gaulke C A, Sharpton T J. 2018. The influence of ethnicity and geography on human gut microbiome composition. Nature Medicine, 24: 1495-1496.

Goodrich J K, Davenport E R, Beaumont M, et al. 2016. Genetic determinants of the gut microbiome in UK twins. Cell Host Microbe, 19(5): 731-743.

Goodrich J K, Waters J L, Poole A C, et al. 2014. Human genetics shape the gut microbiome. Cell, 159(4): 789-799.

Gootenberg D B, Turnbaugh P J. 2011. Companion animals symposium: humanized animal models of the microbiome. Journal of Animal Science, 89(5): 1531-1537.

Gorvitovskaia A, Holmes S P, Huse S M. 2016. Interpreting prevotella and bacteroides as biomarkers of diet and lifestyle. Microbiome, 4(1): 15-27.

Gupta V K, Paul S, Dutta C. 2017. Geography, ethnicity or subsistence-specific variations in human microbiome composition and diversity. Frontiers in Microbiology, 8: 1162.

Hansen M E B, Rubel M A, Bailey A G, et al. 2019. Population structure of human gut bacteria in a diverse cohort from rural Tanzania and Botswana. Genome Biology, 20(1): 16-37.

Haro C, Rangel-Zuniga O A, Alcala-Diaz J F, et al. 2016. Intestinal microbiota is influenced by gender and body bass index. PLoS One, 11(5): e0154090.

He Y, Wu W, Zheng H M, et al. 2018. Author correction: regional variation limits applications of healthy gut microbiome reference ranges and disease models. Nature Medicine, 24(12): 1940.

Herbert A, Gerry N P, McQueen M B, et al. 2006. A common genetic variant is associated with adult and childhood obesity. Science, 312(5771): 279-283.

Human Microbiome Project C. 2012. Structure, function and diversity of the healthy human microbiome. Nature, 486(7402): 207-214.

Imamura M, Maeda S. 2011. Genetics of type 2 diabetes: the GWAS era and future perspectives. Endocrine Journal, 58(9): 723-739.

Jumpertz R, Le D S, Turnbaugh P J, et al. 2011. Energy-balance studies reveal associations between gut microbes, caloric load, and nutrient absorption in humans. The American Journal of Clinical Nutrition, 94(1): 58-65.

Kanai T, Matsuoka K, Naganuma M, et al. 2014. Diet, microbiota, and inflammatory bowel disease: lessons from Japanese foods. Korean Journal of Internal Medicine, 29(4): 409-415.

Kato K, Odamaki T, Mitsuyama E, et al. 2017. Age-related changes in the composition of gut Bifidobacterium species. Current Microbiology, 74(8): 987-995.

Klein R J, Zeiss C, Chew E Y, et al. 2005. Complement factor H polymorphism in age-related macular degeneration. Science, 308(5720): 385-389.

Knights D, Ward T L, McKinlay C E, et al. 2014. Rethinking "enterotypes". Cell Host Microbe, 16(4): 433-437.

Koenig J E, Spor A, Scalfone N, et al. 2011. Succession of microbial consortia in the developing infant gut microbiome. Proceedings of the National Academy of Sciences of the United States of America, 108: 4578-4585.

Kuang Y S, Li S H, Guo Y, et al. 2016. Composition of gut microbiota in infants in China and global comparison. Scientific Reports, 6: 36666-36676.

Langille M G, Meehan C J, Koenig J E, et al. 2014. Microbial shifts in the aging mouse gut. Microbiome, 2(1): 50-62.

Leamy L J, Kelly S A, Nietfeldt J, et al. 2014. Host genetics and diet, but not immunoglobulin A expression, converge to shape compositional features of the gut microbiome in an advanced intercross population of mice. Genome Biology, 15(12): 552-572.

Ley R E, Peterson D A, Gordon J I. 2006. Ecological and evolutionary forces shaping microbial diversity in the human intestine. Cell, 124(4): 837-848.

Liu F, Li P, Chen M, et al. 2017. Fructooligosaccharide (FOS) and galactooligosaccharide (GOS) increase Bifidobacterium but reduce butyrate producing bacteria with adverse glycemic metabolism in healthy young population. Scientific Reports, 7(1): 11789-11801.

Mancabelli L, Milani C, Lugli G A, et al. 2017. Meta-analysis of the human gut microbiome from urbanized and pre-agricultural populations. Environmental Microbiology, 19(4): 1379-1390.

Markle J G, Frank D N, Mortin-Toth S, et al. 2013. Sex differences in the gut microbiome drive hormone-dependent regulation of autoimmunity. Science, 339(6123): 1084-1088.

Martinez I, Stegen J C, Maldonado-Gomez M X, et al. 2015. The gut microbiota of rural papua new guineans: composition, diversity patterns, and ecological processes. Cell Reports, 11(4): 527-538.

Matsumiya Y, Kato N, Watanabe K, et al. 2002. Molecular epidemiological study of vertical transmission of vaginal Lactobacillus species from mothers to newborn infants in Japanese, by arbitrarily primed polymerase chain reaction. Journal of Infection and Chemotherapy, 8(1): 43-49.

Matsumoto M, Inoue R, Tsukahara T, et al. 2008. Voluntary running exercise alters microbiota composition and increases n-butyrate concentration in the rat cecum. Bioscience, Biotechnology and Biochemistry, 72(2): 572-576.

McKnite A M, Perez-Munoz M E, Lu L, et al. 2012. Murine gut microbiota is defined by host genetics and modulates variation of metabolic traits. PLoS One, 7(6): e39191.

Milani C, Mangifesta M, Mancabelli L, et al. 2017. Unveiling bifidobacterial biogeography across the mammalian branch of the tree of life. Isme Journal, 11(12): 2834-2847.

Moodley Y, Linz B, Yamaoka Y, et al. 2009. The peopling of the Pacific from a bacterial perspective. Science, 323(5913): 527-530.

Mouse Genome Sequencing Consortium, Waterston R H, Lindblad-Toh K, et al. 2002. Initial sequencing and comparative analysis of the mouse genome. Nature, 420(6915): 520-562.

Mueller N T, Bakacs E, Combellick J, et al. 2015. The infant microbiome development: mom matters. Trends in Molecular Medicine, 21(2): 109-117.

Nakayama J, Watanabe K, Jiang J, et al. 2015. Diversity in gut bacterial community of school-age children in Asia. Scientific Reports, 5: 8397-8408.

Nishijima S, Suda W, Oshima K, et al. 2016. The gut microbiome of healthy Japanese and its microbial and functional uniqueness. DNA Research, 23(2): 125-133.

O'Toole P W, Jeffery I B. 2015. Gut microbiota and aging. Science, 350(6265): 1214-1215.

Ou J H, Carbonero F, Zoetendal E G, et al. 2013. Diet, microbiota, and microbial metabolites in colon cancer risk in rural Africans and African Americans. American Journal of Clinical Nutrition, 98(1): 111-120.

Palmer C, Bik E M, DiGiulio D B, et al. 2007. Development of the human infant intestinal microbiota. PLoS Biology, 5(7): e177.

Pannaraj P S, Li F, Cerini C, et al. 2017. Association between breast milk bacterial communities and establishment and development of the infant gut microbiome. JAMA Pediatrics, 171(7): 647-654.

Pantoja-Feliciano I G, Clemente J C, Costello E K, et al. 2013. Biphasic assembly of the murine intestinal microbiota during early development. Isme Journal, 7(6): 1112-1115.

Samani N J, Erdmann J, Hall A S, et al. 2007. Genomewide association analysis of coronary artery disease. New England Journal of Medicine, 357(5): 443-453.

Schnorr S L, Candela M, Rampelli S, et al. 2014. Gut microbiome of the Hadza hunter-gatherers. Nature Communications, 5: 3654.

Schwarz S, Morelli G, Kusecek B, et al. 2008. Horizontal versus familial transmission of *Helicobacter pylori*. PLoS Pathog, 4(10): e1000180.

Sela D A, Chapman J, Adeuya A, et al. 2008. The genome sequence of *Bifidobacterium longum* subsp. *infantis* reveals adaptations for milk utilization within the infant microbiome. Proceedings of the National Academy of Sciences, 105(48): 18964-18969.

Sela D A, Mills D A. 2010. Nursing our microbiota: molecular linkages between bifidobacteria and milk oligosaccharides. Trends in Microbiology, 18(7): 298-307.

Spor A, Koren O, Ley R. 2011. Unravelling the effects of the environment and host genotype on the gut microbiome. Nature Reviews Microbiology, 9(4): 279-290.

Stewart J A, Chadwick V S, Alan M. 2005. Investigations into the influence of host genetics on the predominant eubacteria in the faecal microflora of children. Journal of Medical Microbiology, 54(Pt 12): 1239-1242.

Tanya Y, Rey F E, Manary M J, et al. 2012. Human gut microbiome viewed across age and geography. 486(7402): 222-227.

Turnbaugh P J, Hamady M, Yatsunenko T, et al. 2009. A core gut microbiome in obese and lean twins. Nature, 457(7228): 480-484.

Turnbaugh P J, Quince C, Faith J J, et al. 2010. Organismal, genetic, and transcriptional variation in the deeply sequenced gut microbiomes of identical twins. Proc Natl Acad Sci USA, 107(16): 7503-7508.

Tyakht A V, Alexeev D G, Popenko A S, et al. 2014. Rural and urban microbiota: to be or not to be?

5(3): 351-356.

Tyakht A V, Kostryukova E S, Popenko A S, et al. 2013. Human gut microbiota community structures in urban and rural populations in Russia. Nature Communications, 4: 2469.

Vaishampayan P A, Kuehl J V, Froula J L, et al. 2010. Comparative metagenomics and population dynamics of the gut microbiota in mother and infant. Genome Biology and Evolution, 2: 53-66.

Walter J. 2015. Murine gut microbiota-diet trumps genes. Cell Host & Microbe, 17(1): 3-6.

Wexler A G, Goodman A L. 2017. An insider's perspective: bacteroides as a window into the microbiome. Nature Microbiology, 2(5): 17026.

Winglee K, Howard A G, Sha W, et al. 2017. Recent urbanization in China is correlated with a Westernized microbiome encoding increased virulence and antibiotic resistance genes. Microbiome, 5(1): 121.

Wu G D, Chen J, Hoffmann C, et al. 2011. Linking long-term dietary patterns with gut microbial enterotypes. Science, 334(6052): 105-108.

Wu T R, Lin C S, Chang C J, et al. 2019. Gut commensal *Parabacteroides goldsteinii* plays a predominant role in the anti-obesity effects of polysaccharides isolated from *Hirsutella sinensis*. Gut, 68(2): 248-262.

Yatsunenko T, Rey F E, Manary M J, et al. 2012. Human gut microbiome viewed across age and geography. Nature, 486(7402): 222-227.

Zhang Z M, Li D P. 2018. Thermal processing of food reduces gut microbiota diversity of the host and triggers adaptation of the microbiota: evidence from two vertebrates. Microbiome, 6: 99.

Zhernakova A, Kurilshikov A, Bonder M J, et al. 2016. Population-based metagenomics analysis reveals markers for gut microbiome composition and diversity. Science, 352(6285): 565-569.

Zhu M J, Kang Y F, Du M. 2015. Maternal obesity alters gut microbial ecology in offspring of NOD mice. Faseb Journal, 29(51). http: //doi.org/10.1096/fasebj.29.1_supplement.105.3

Zilber-Rosenberg I, Rosenberg E. 2008. Role of microorganisms in the evolution of animals and plants: the hologenome theory of evolution. FEMS Microbiology Reviews, 32(5): 723-735.

Zoetendal E G, Akkermans A D L, Vliet W M A, et al. 2001. The host genotype affects the bacterial community in the human gastrointestinal tract. Microbial Ecology in Health Disease, 13(3): 129-134.

第6章 肠道微生物的研究方法

肠道微生物不仅是目前研究中最为复杂的微生态系统，也是微生物研究领域的重点方向。在肠道微生物的多样性及功能活性研究方面，由于用传统检测方法无法采集与分析完整的肠道微生物组信息，因此高通量测序和宏基因组学测序等现代分子生物学技术在肠道微生物中的应用就显得尤为重要。通过多种方法分析肠道微生物的组成与结构，有望实现从精准医学的角度认识肠道微生物与宿主健康及疾病发生发展的关系。多种技术在肠道微生物领域内的应用也对宿主和微生物相互作用及肠道微生物调节机制的阐明产生了积极影响，必将会在慢性疾病的预防和控制、亚健康管理、精准医学及新技术开发等领域产生重大影响。

6.1　培　养　方　法

6.1.1　传统培养法

受观察方法和培养技术的限制，肠道微生物的早期研究是从巴斯德（L. Pasteur）和科赫（R. Koch）的灭菌法与纯培养法开始的，特别是 1881 年以科赫开创的纯培养法为开端。1885 年，埃希氏从婴儿粪便中分离出大肠杆菌，才开始了肠道微生物的系统研究。1933 年，Eggerth 和 Gagnon 明确了肠道厌氧菌问题。1957 年，德国的 Haenel 等证明了在人、家畜、家禽肠道菌中厌氧菌占 95% 以上，最优势菌是包括乳杆菌或双歧杆菌在内的厌氧菌，这完全改变了 19 世纪末认为大肠杆菌和肠球菌是优势菌的看法，进而指出在肠道微生物检查中必须采用厌氧培养法和厌氧培养基。1969 年，B. S. Drasar 和 Margot Shiner 确立了肠道微生物检查法，几乎所有菌都能用直接涂抹法培养。至此，科学家才开始了对人和动物肠道微生态学的研究（周雪雁等，2013）。

用纯培养法分析微生物组结构，就是对不同的微生物人为地设计多种适合的培养基和培养条件，并尽可能分离样品中所有的微生物，进而对微生物组结构和微生物的活性进行分析。在最初开始微生态学研究时，这种传统的纯培养法用得最多，如对土壤微生物的研究。利用纯培养法也证明了人体和动物肠道内定居着大量微生物。1974 年，Moore 和 Holdeman 对 20 例男性（来自日本和夏威夷）粪便样品中微生物的种类和相对数量通过纯培养法做了统计分析，得到了 1147 个纯培养物，将其鉴定为 3 类不同种的微生物。

事实上，尽管很多肠道微生物在肠道内的丰度很高，但是通过实验室培养并不能得到纯培养物，是因为部分肠道微生物的生长条件苛刻，有些是严格厌氧菌，还有些是在自然环境中与其他微生物形成共生关系而生存的。实验室很难模拟自然环境条件，因此无法得到其纯培养物。所以，用这种传统的纯培养法来研究某一微生物生态系统中微生物的多样性，必然存在着局限性，无法给出宿主系统中微生物的全貌。肠道微生物大多是厌氧菌，若以这部分能够被分离培养的微生物来代表肠道中复杂的微生物菌群必将导致极大的偏差。现在很多学者利用分子生物学的手段来研究微生物生态系统。然而，无论分子生物学的手段如何先进，对于自然界微生物的研究，最终仍然希望能够得到尽可能多的纯培养物，以便在种的水平上详细研究其生理生化特征和功能。

6.1.2　培养组学

6.1.2.1　培养组学与人类肠道微生物

培养组学（culturomics）是利用多种培养条件来进行细菌培养的方法。目前一般使用基质辅助激光解吸电离飞行时间质谱（MALDI-TOF-MS）及 16S rRNA 测序来鉴定细菌物种（Lagier et al.，2012a）。该方法的目标之一是提供多种培养条件，促进动物肠道中不易培养细菌的生长。实验证明通过改善血培养瓶中的血液和瘤胃液培养基，能促进少数菌落的生长（图 6-1）。在一个培养组学研究中，研究人员用 212 种培养条件培养得到了 3 万多个菌落，随后利用 MALDI-TOF-MS 对这些菌落进行了分析，将它们鉴定为 341 种细菌，包括 31 种新细菌，这些新细菌属

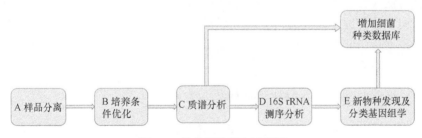

图 6-1　培养组学研究流程图

培养组学最初用来识别肠道微生物组中的新菌种，但它已被应用于许多部位微生物的分离纯化，如人类阴道和泌尿系统的微生物群。培养组学的第一步是对样本进行划分，并将样本分散到不同的培养条件中（图 6-1）。该培养条件旨在抑制大多数种群的培养，并在较低浓度下促进环境条件苛刻的微生物的生长，用针对性的培养条件来培养特定的分类群。培养微生物组的一个重要特征是利用 MALDI-TOF-MS 法快速（<1h）鉴定细菌，该方法依赖于将分离物的蛋白质谱与可升级的数据库进行比较。如果鉴定失败，则对分离物进行 16S rRNA 测序。如果与数据库中最接近的菌株有小于 98.65% 的相似性，则该分离株可能是一个新物种。新物种的发现可通过基因组测序（如 E 部分）得到证实，分类基因组学被用来正式描述该细菌。所有鉴定结果都将与一个包含从人类身上发现的细菌种类的数据库进行比较，并通过培养学鉴定新物种来增加与人类有关的细菌种类的库

于罕见门类，如增效菌（synergistic bacteria）或热球菌属（*Thermococcus*）（Lagier et al.，2012a）。有趣的是，这 341 种细菌中有一半以上首次从人类肠道中发现。

培养组学是微生物研究的基础，也是其中不可缺少的一部分。传统培养方法所认定的"不可培养"的菌类，可通过培养组学的方法确定最佳培养条件，使得能对细菌进行更多研究的同时，增加可培养细菌的数目，并从中发现更多新菌种。在一项对人体微生物研究所分离的 604 种细菌中，从肠道中分离出 372 种，其中 92.5%是通过培养组学进行分离的，包括 232 个新物种（Bilen et al.，2018），这也证明了培养组学在肠道微生物研究中的重要性。相对于传统培养法，培养组学也是一种高效、快速且经济有效的鉴定方法，可在与培养无关的研究和培养相关的研究之间建立很好的互补性（Lagier et al.，2012b）。培养组学的研究也是不断更新的，通过对不同培养条件的确定，来弥补之前培养组学研究中的不足，开发出更多细菌种类分离鉴定的方法，增加细菌库的丰富性（Lagier et al.，2018）。

最近，靶向表型培养被用于鉴定孢子菌，该方法首先用乙醇对粪便样品进行预孵育，以增加孢子的数量，这种预培养使 137 种细菌得以培养，其中包括 69 个新的细菌类群（Browne et al.，2016）。研究发现，健康个体肠道微生物中约 55%的细菌属能够产生有弹性的孢子，且研究认为这些细菌已经适应了宿主间的传播。靶向表型培养与我们已了解的培养组学的差异在于，它所用的培养基为单一培养基。

总之，近年来开发的培养组学大大增加了从人类肠道中分离出来的细菌种类，并使我们能够研究这些分离菌的表型和功能。此外，所有这些细菌的全基因组测序将有助于未来的宏基因组学研究。培养组学的主要缺点是工作负载过高，无法像其他方法（如宏基因组学）一样测试大量的样本。此外，尽管培养组学自诞生以来取得了较大进步，但仍无法识别"不可培养"微生物。培养组学并不能直接提供基因表达和细菌种类功能数据，因为需要对新分离的微生物进行基因组测序才能评估其潜能。

6.1.2.2 培养组学对微生物组研究的推动作用

在培养组学技术开发之前，已知的细菌和古细菌共有 13 410 种，而人类只成功培养了 2172 种（Hugon et al.，2015）。培养组学在各项研究中的应用，特别是在人类微生物群研究中的应用，已经鉴定出了以前在人类身上发现的细菌和一些其他微生物。培养组学主要用于人类肠道微生物研究。之前在人类肠道中只发现了 688 种细菌和 2 种古细菌，对不同地域的健康人或各种疾病患者的冷冻样本进行的一项培养组学研究，成功培养了 1057 种原核生物，从而扩大了人类共生微生物中的细菌种类库（Lagier et al.，2016）（图 6-2），其中发现泌尿系统新种 13 种，阴道新种 15 种，呼吸道新种 9 种。总体而言，培养组学显著增加了与人类相关的物种数量，使总数达到 2671 种。目前，利用培养组学方法一次性可培养人类样本中 23%的细菌种类。

图 6-2　培养组学在肠道微生物组学研究中的发展历史

除了极少数细菌性病原体（例如，霍乱、鼠疫和结核病的病原体），大多数细菌性病原体是人类共有的，因为它们能够在不引起任何感染的情况下占据人体的各个部位，这一发现促使微生物学家重新考量他们对共生体和病原体已有的看法。例如，目前被认为对健康有益的 65 种细菌（Shivaji，2017），包括嗜黏蛋白艾克曼氏菌（*Akkermansia muciniphila*）或小克氏菌（*Christensenella minuta*），将其作为共生体分离，但最近这些菌又在临床标本中作为致病菌被分离出来，故需要进一步的证据来确定这些细菌的潜在致病性；未来 MALDI-TOF-MS 检测技术在微生物培养和诊断中的应用，有望促进对临床标本中潜在病原体的识别。另外，从 57 个具有不同临床特征的标本中，分离出 12 个在之前肠道微生物组培养研究中培养得到的新物种，在这 12 个新物种中，有 11 个是厌氧菌，这表明从人类肠道分离出来的新物种中有相当一部分是厌氧菌。在临床标本中也发现一些新物种，但它们的定植并不是疾病引起的。这进一步表明，提供这些新分类群的质谱信息是有必要的，它有利于临床微生物实验室的分离鉴定，以确定这些细菌的存在是暂时的还是具有临床意义的。在特定的临床环境中多次分离的物种，如衣氏放线菌可引起胃嗜酸性粒细胞增多，表明其在疾病发生及发展中有着重要作用（Lagier et al.，2016）。这些研究表明，临床微生物实验室可能会识别已存在物种的新信息，而不只是发现未知物种。总之，培养组学增加了 MALDI-TOF-MS 质谱数据库中新的分类单元，从而增加了从临床标本中识别病原体的数量。

培养组学不仅增加了已知的人类相关细菌的数量，而且改变了描述未知细菌的方法，在报道新菌种的第一阶段，引入分类基因组学，以一致的格式描述新分离出的细菌，整合不同的数据类型，如 MALDI-TOF-MS 质谱和基因组测序数据，加速了"新物种公告"格式的建立，"新物种公告"仅包含 GenBank（美国国家生物技术信息中心建立的 DNA 序列数据库）16S rRNA 登录号和一组菌株号，以便加快培养组学发现新物种的速度。

宏基因组学研究产生的操作分类单元（OTU）由来自未知生物的 DNA 序列簇组成，用于对密切相关的微生物群进行分类，培养组学的意义在于可以通过增加培养物种数量，减少未分配的 OTU 数量。16S rRNA 基因高变异区域的测序是分类鉴定的黄金标准，在 16S rRNA 基因图谱分析过程中，所有序列均经过质量筛选并聚类。根据定义，OTU 是在一个百分比序列相似性阈值（通常为 97%）内包含的所有集群序列，虽然 OTU 聚类的主要优势之一是分析时间短，但对这些OTU 的生物学解释仍然是一个挑战。每一个 OTU 代表着一个集群，构成了一个巨大的信息源，也显示出目前无法获取微生物遗传多样性的全部信息。将 OTU 整合到宏基因组学中，为破解微生物组的遗传多样性铺平了道路，许多生物信息学工具已经被开发出来，用于在宏基因组样本中确定物种和 OTU（Hugon et al.，2015；Caporaso et al.，2010；Schloss et al.，2009），这些工具极大地简化了将 OTU归为宏基因组样本的过程。因此，OTU 作业提供的大量数据要求对每个 OTU 进行严格分类，并使用标准化分析对宏基因组样本进行系统比较。

培养组学具有宏基因组等技术无法替代的优越性。培养组学是破解特定微生物和/或微生物组在宿主健康中作用的关键步骤，虽然宏基因组学已经在很大程度上增加了我们对人类微生物组的了解，但在物种分类鉴定方向仍然不尽人意，也不能为进一步的研究提供生物材料。因此，在确定微生物在健康和疾病中的相对作用方面，培养组学的应用仍然是必不可少的步骤。培养组学在促进我们了解与疾病相关的肠道微生物方面具有不可替代的作用。最近有研究报道，一些肠道细菌，如新生儿梭菌、产气荚膜梭菌、丁酸梭菌等，与早产儿坏死性小肠结肠炎（NEC）有关；在一项 15 名患坏死性小肠结肠炎婴儿和 15 名对照组的病例研究中，通过培养组学在患者中发现了产毒的丁酸杆菌，而在其他常规分析中未有如此有价值的发现（Cassir et al.，2015）。另外，在一项对来自尼日尔和塞内加尔的受严重蛋白缺乏综合征[如夸希奥科病]影响的人群进行的培养组学研究中，与相同国家的健康对照组相比，培养组学通过已鉴别出的患者及健康人群的微生物特征，鉴定出 45 个患者中缺失的细菌，其中，有 12 个菌种被认为是细菌治疗的潜在菌株（Maryam et al.，2017）。

6.1.2.3 培养组学的发展前景

由于培养组学可以对微生物组成进行校正，因此可能在临床治疗中为细菌疗法提供生物材料制备的工具。艰难梭状芽孢杆菌感染（*Clostridium difficile* infection，

CDI）是老年人健康护理中抗生素所致腹泻（antibiotic- associated diarrhea）的主要原因。经对 CDI 患者的肠道微生物变化的研究发现，艰难梭状芽孢杆菌感染患者的肠道微生物多样性下降（Allegretti et al.，2016；Chang et al.，2008），不同门属的组成发生变化（Theriot and Young，2015；Schubert et al.，2014）。粪菌移植可以恢复患者肠道微生物多样性。一些有针对性的治疗方法试图用几种可能预防 CDI 患者复发的特定细菌来取代粪菌移植。在一项研究中，两个人接受了肠道细菌移植治疗（Petrof et al.，2013）。随后的一项研究报告了一个用混合细菌治疗的 55 人的病例。最近的一项研究表明口服 SER-109 能够预防艰难梭状芽孢杆菌感染。SER-109 是一种胶囊，含有来自健康捐赠者用乙醇处理消除病原体后的肠道细菌（Khanna et al.，2016）。同时，给 CDI 患者口服非致毒艰难梭状芽孢杆菌孢子似乎是一种很有前途的治疗方法，在这种情况下，进行培养组学研究，能够鉴定出新形成的孢子菌，这些孢子菌可以有效地对抗 CDI。培养组学最近应用于 CDI 研究的另一个例子是发现艰难梭状芽孢杆菌和梭状芽孢杆菌在 CDI 中可能同时存在，尽管梭状芽孢杆菌曾被建议作为 CDI 的候选药物（Buffie et al.，2015）。基于培养组学的研究，有望选定更为具体的细菌取代粪菌移植用于一些特定疾病的治疗（Becattini et al.，2017）。

在泌尿生殖系统疾病的治疗中，培养组学可以对泌尿生殖系统的微生物组群进行进一步的分类与鉴定。研究表明，男性比女性更容易患膀胱癌（Raoult，2017），这种差异长期以来被认为是由于男性吸烟者的比例较高，然而，女性吸烟率的增加并没有导致膀胱癌患病率的显著增加。长期以来都认为尿液是无菌的，但最近的研究表明情况并非如此（Hilt et al.，2014）。此外，男性和女性的尿液微生物群似乎有所不同（Whiteside et al.，2015），其中男性尿液中放线菌和拟杆菌的比例明显较女性高。值得注意的是，分枝杆菌卡介苗、放线菌作为一种治疗膀胱癌的药物，已经被证明可以防止膀胱癌复发。可见，培养组学可以实现对尿液的精准分析，提高泌尿生殖系统疾病治疗的成功率。

由于某些特殊细菌是数种广泛用于治疗人类感染的抗菌剂的主要来源，通过使用培养组学可以扩大细菌库并可能发现新的抗菌剂。此外，人体某些肠道微生物也能产生细菌素（细菌产生的蛋白质或肽毒素，可以抑制密切相关的物种生长）（O'Shea et al.，2011；Millette et al.，2008）。然而，由于它们的活性谱很窄，目前的应用仅限于食品保鲜领域（De Vuyst and Leroy，2007）。随着人类微生物组研究的深入，已经发现了许多编码这些抗菌药物的基因，同时也发现，阴道、呼吸道和口腔是除肠道微生物群之外细菌素分泌最多的部位。路邓素（lugdunin）的发现凸显了人体微生物可作为新型抗生素的潜在来源（Zipperer et al.，2016）。路邓素是一种由抑制金黄色葡萄球菌定植的路邓葡萄球菌（*Staphylococcus lugdunensis*）分泌的多肽，其对多种革兰氏阳性病原菌，包括李斯特菌、肺炎球菌和肠球菌均有抑制作用。最近的一项研究表明，梭菌目的几个菌株在体外和体内对单核细胞增生李斯特菌均有抑制作用。

目前通过培养组学的方法，成功将分离的微生物与疾病联系起来，揭示了致病微生物与宿主之间的关系，为疾病的预防和治疗提供了有力的证据（Lagier et al.，2017）。目前已在健康人粪便中发现了一种植物病毒，即辣椒轻度斑驳病毒（PMMoV），研究表明粪便中的 PMMoV 与特定的免疫反应和临床症状有联系，表明植物病毒在人类中可能发挥直接或间接的致病作用（Colson et al.，2010）。此外，还有研究发现了细菌对癌症免疫治疗效果、改善营养不良或肥胖的影响，这些结果可以使用活细菌模型进行验证，而非仅仅靠对测得的细菌进行核酸序列分析（Million et al.，2016；Vetizou et al.，2015）。

科研工作者也在积极寻求通过控制肠道微生物来治疗疾病的方法，对人类微生物群的操纵有望用于治疗艰难梭状芽孢杆菌感染等（Seekatz et al.，2014），以及与微生物群变化相关的疾病，如癌症的治疗基于益生菌，腹泻的治疗基于布拉酵母菌（*Saccharomyces boulardii*）。然而，此类治疗需要依赖于对人类肠道微生物组的准确了解。为了达到这个目的，需要通过培养组学来发现新的分类菌群，且这些细菌必须被纳入宏基因组研究常用的数据库中。测序研究可用于培养组学针对某些微生物的补充方法，帮助人们准确地识别特定疾病需要哪些缺失的微生物治疗。虽然粪菌移植在 CDI 及克罗恩病的治疗中有效（Wang et al.，2014）。提高癌症免疫治疗效果的细菌疗法显示，根据个体肠道微生物群的病理和形态，选择有益细菌的混合物可能比标准细菌配方更有效（Daillere et al.，2016）。

培养组学使数百种与人类相关的新的微生物的培养成为可能，为研究宿主与微生物间的关系提供了新视角，使人们对肠道微生物的了解更加深入，也使部分疾病产生的机制以及病原体与宿主之间的关系更加明确，是实现微生物的精准治疗研究中重要的一部分。但培养组学也有一定的缺点，如上文提到的工作量大，相对于宏基因组学来说，无法同时分析大量样本。目前的研究只能培养"可培养"微生物，不能直接提供基因表达和细菌物种功能的数据，需要对新分离的微生物进行基因组测序以评估其潜在功能等（Lagier et al.，2018）。总之，利用培养组学大规模生产有益菌（通常很难培养），综合微生物组与宿主和环境的相互作用，全面地了解微生物群对人体健康和疾病的影响，并结合良好的医疗实践，有望更好地通过细菌疗法来治疗与微生物群有关的疾病。

6.2 核酸测序

第一代测序也称 Sanger 测序。Sanger 等于 1977 年首次提出了经典的双脱氧核苷酸末端终止测序法，也称为 Sanger 法。该方法是向反应体系中加入同位素标记的能够随机中断的待测序列 ddNTP，然后通过电泳和放射自显影确定序列。同年 Gilbert 提出了化学降解法，此方法是用特定的化学试剂标记碱基再打断序列。在此基础上 Melamede 等发明了荧光标记代替同位素标记的半自动测序仪，用阵列毛细管电泳替代凝胶电泳，使测序通量大大提高（陈蕾等，2016）。虽然第一代测序技术仍在使用，但由于其只依赖于电泳分离技术读取序列，很难进一步提升其分析速度、数据量并降低运行成本，已无法满足大规模测序的需求。第二代测序技术改变了这一现状。第二代测序技术以 Roche 公司研制的 454 焦磷酸测序技术、ABI 公司的 SOLiD 技术、Illlumina 公司的 Solexa 技术为代表，作为第二代测序技术，其可以同时对几百万条 DNA 分子进行测序，可实现鉴定微生物的单一基因或全基因组的目的。

　　区别于传统研究方法，运用非培养的分子生物学技术，454 焦磷酸测序技术开创了新一代测序技术的先河。其原理是扩增微生物组小亚基核糖体 RNA 基因或 16S rRNA 基因的可变区域，利用 Barcode 引物，与反应体系中的酶、荧光素和 5′-磷酰硫酸共同孵育。配对成功后释放的焦磷酸转变成光信号后经 CCD 检测产生荧光信号，能够实时记录模板，快速确定待测模板的核苷酸序列。454 焦磷酸测序技术实现了对 PCR 产物的直接测序，在文库制备、模板制备和测序困扰第一代测序的三大难题上取得了巨大突破，比传统的 Sanger 法测序快 100 倍，且准确性大大提高（Margulies et al.，2005），但是也会因同聚物的存在而产生误差（Rothberg and Leamon，2008）。目前 454 焦磷酸测序技术在肠道微生物的组成和功能研究上应用最为广泛，多用于全基因组测序、转录组分析和基因组结构分析等。SOLiD 技术在 DNA 连接酶的作用下使用多轮测序和每轮多次连接反应保证了每个碱基判读 2 遍，增加了序列读取的准确性，但与此同时也存在运行时间过长、读长可能与序列无法匹配等问题（Fedurco et al.，2006）。该技术特别适合单核苷酸多态性检测（Ondov et al.，2008）。Solexa 测序技术对单链片段桥式扩增，利用边合成边测序技术和可逆终止化学反应，并引入了双边测序法，剔除了序列重复和排序错误（Fullwood et al.，2009），可以使测序过程快速、精准，比较适合同聚物和重复序列的测序，但读长较短且应用范围较窄，多用于基因组重测序、功能基因组学的研究等（Lizardi，2008）。第二代测序技术不需要进行电泳，对模板大规模延伸，通过显微检测系统观察记录连续测序循环中的光学信号来实现高通量测序，可以同时对大量样本进行测序，运行一次可产生大量数据，具有高度的并行性，成本低，满足大规模测序的要求。但由于序列读长太短，为后期的序列组装带来了较大困难。单分子测序技术可以弥补此类缺陷。第三代测序技术是指单分子测序技术。单分子测序技术不再需要进行 PCR 扩增，降低了测序成本，缩短了时间，简化了文库构建过程，避免了 DNA 扩增中出现的错误，操作简单，周期短。Helicos 单分子测序采集的是一条 DNA 模板合成时所发出的荧光，依据高分辨率的 ICCD 相机能够对单个分子产生的荧光信号进行识别（Metzker，2010）。SMRT 技术是以零模式波导（ZMW）纳米孔的 SMRT 芯片为测序载体，用荧光标记 dNTP 的测序方法，DNA 聚合酶将模板打断形成液滴进入 ZMW 纳米孔内，根据激光下荧光种类判断 dNTP 种类（Levene et al.，2003），ZMW 孔径小，样品需要量少，整个测序过程省去了扫描和洗涤，速度达到每秒 10 个 dNTP。纳米孔单分子技术是利用电信号测序的技术。纳米孔内共价结合环糊精，核酸外切酶将单链 DNA（ssDNA）末端逐个切割成单个碱基与环糊精作用影响电流，通过电流强度的变化来判断碱基的种类（Ren et al.，2016），与其他测序技术相比，纳米孔单分子技术可以提高读长，减少测序后的序列拼接，能对未知基因组进行重测序，弥补了第二代测序技术的不足，根据碱基之间电信号的显著差异，方便修正错误。该技术在核酸外切酶载体及承载纳米孔平台的材料上还在摸索，但其不需要任何 DNA 标记和昂贵的荧光试剂或 CCD 系统的优点，有可能使其成为新一代常用测序技术（Rusk，2009）。

6.2.1　扩增子测序

原核生物的 16S rDNA 具有高度保守的序列特性，可以作为鉴别物种的微生物系统发育的"分子钟"。16S rDNA 是核糖体 30S 亚基的组成部分，其长度约为 1500bp，存在于所有的细菌、衣原体、立克次体、支原体、螺旋体及放线菌等原核生物中，但不存在于病毒或真菌等非原核生物内。16S rDNA 由交错排列的可变区和保守区组成，保守区为所有细菌所共有，可变区在不同细菌之间存在不同程度的差异，具有种属特异性。通过对可变区或全长序列的分析及同源性比较，可以计算不同种属在遗传进化上的距离。16S rDNA 测序主要用于菌群构成和物种多样性等分析。下一代测序技术由于测序读长较短，不能一次测序 16S rDNA 全长，只针对 16S rDNA 中的某一个或某几个可变区进行分析和研究，所以 16S rDNA 测序也称扩增子测序（amplicon sequencing）。

6.2.1.1　基于 16S rDNA 可变区序列的应用

细菌 16S rDNA 含有 9 个可变区，命名为 V1～V9 区（Ward et al.，2012）。确定某个可变区内具有细菌特异性的序列就可能获得细菌实验室诊断的有用靶点。除 V2、V3、V4 区稍长外，其他各可变区序列都很短，没有哪个高变区能区分所有细菌（Baker et al.，2003）。Chakravorty 等（2007）对 110 种细菌（分别来自人体、环境及美国疾病预防控制中心鉴定的致病菌）共 113 份完整的 16S rDNA 的 V1～V8 区序列进行详细研究，分别构建了基于 V1～V8 区序列的特异性系统树状图（dendrogram）。结果显示，V1 区能区分金黄色葡萄球菌与血浆凝固酶阴性葡萄球菌；V2 和 V3 区能将除肠杆菌科以外的细菌鉴别至属的水平，V2 区尤其适合鉴别分枝杆菌属内的菌种，V3 区能很好地区别嗜血杆菌属内各种细菌；V6

区也能区分除肠杆菌科以外的大多数菌种，特别是通过单核苷酸多态性（single nucleotide polymorphism，SNP）分析可将炭疽芽孢杆菌从与其生物学性状非常相似的蜡样芽孢杆菌群中区分出来；通过 V4、V5、V7 和 V8 区序列而将细菌鉴别至属或种的可能性不大。Jacob 等（2011）通过对 31 株弗朗西斯菌属的细菌及 96 份临床分离株 16S rDNA V3 区的 37 个核苷酸片段进行 PCR 扩增和测序，不仅能将临床或环境标本中的弗朗西斯菌属成功鉴定出来，结合 SNP 分析（根据 12 位核苷酸 T/G 不同）还可将弗朗西斯菌属的细菌分成 2 个组，第 1 组为引起人类和动物土拉菌病的土拉弗朗西斯菌（*Francisella tularensis*）的 3 个亚种，第 2 组为其他几个菌。因此，该方法可快速甄别具有强感染性的土拉弗朗西斯菌。

目前用于细菌 16S rDNA 序列检索和比对的软件包及数据库主要有 4 种。①RDP-II 于 1991 年由美国密歇根州立大学建立，可免费下载使用；其序列来自 GenBank 公共数据库，序列数量庞大，其中部分序列无从考证其准确性，导致部分序列品质不高。②MicroSeq ID 于 1998 年由美国 Applied Biosystems 公司研发，作为有偿使用软件，其与 The MicroSeq 500 16S rDNA 细菌鉴定系统配套，包括 16S rDNA 5'端 527bp 序列和 16S rDNA 全长序列 2 个数据库；其序列源自每种细菌的一个纯培养菌株的测序结果，可靠性高是其最大优势；最新的 16S rDNA 5'端 527bp 序列数据库包含 2020 个序列，16S rDNA 全长序列数据库有 1262 个序列。③RIDOM 于 1999 年由德国 Ridom GmbH 公司开发，包括奈瑟菌科（Neisseriaceae）、莫拉菌科（Moraxellaceae）及分枝杆菌属等细菌的 16S rDNA 序列；其序列来自每一种细菌的 16S rDNA 测序结果，可免费提供 240 种细菌的 16S rDNA 比对结果。④SmartGene IDNS 于 2006 年由瑞士 SmartGene GmbH 公司研发，有偿使用；其序列来源于 GenBank，也存在部分序列可靠性不高的问题。因此，对细菌 16S rDNA 扩增、测序后，要选择合适的数据库来进行比对分析（Conville et al.，2010）。

6.2.1.2　基于 16S rDNA 全长或部分序列的应用

20 世纪 90 年代初，Relman 等对杆菌性血管瘤（*Bacillus* hemangioma）的细菌培养与鉴定一直是未获成功的难题，采用 PCR 方法从患者组织标本中扩增细菌 16S rDNA 片段，并通过测序和比对分析，首次成功鉴定出该血管瘤的病原菌为伏尔希尼立克次体（*Rochalimaea quintana*）。1992 年，又用同样方法鉴定出惠普尔病（Whipple disease）的病原菌为一种放线菌，并根据种系进化图谱研究将其系统命名为 *Tropheryma whippelii*。用 PCR 从恒河猴阴道分泌物的厌氧菌培养物中扩增出特异片段，经序列分析成功检测出与细菌性阴道病密切相关而用一般方法难以纯培养的动弯杆菌（*Mobiluncus* spp.）。在心内膜炎的细菌学诊断中，传统的血培养或心瓣膜细菌培养阳性率很低。对 177 份心瓣膜标本进行细菌 16S rDNA 通用引物定量 PCR 扩增与测序，结果表明，定量 PCR 检测的敏感度、特异度、阴性预期值和阳性预期值分别达到 96%、95.3%、98.4%和 88.5%，该法可为心内膜炎的及时处理和抗生素的合理选择提供参考依据（朱诗应和戚中田，2013）。

炭疽芽孢杆菌、蜡样芽孢杆菌、苏云金芽孢杆菌三者基因序列的同源性大于99%，相互之间鉴别较难，被称为蜡样芽孢杆菌群（*Bacillus cereus* group），甚至有学者认为三者属于同一个种（Helgason et al.，2000）。Sacchi 等（2002）对不同地区的 107 株细菌（包括 86 株炭疽芽孢杆菌、10 株蜡样芽孢杆菌和 11 株苏云金芽孢杆菌）进行全长 16S rDNA 的扩增和测序，发现在全长 1554bp 序列中存在 8 处 SNP 差异，据此可分为不同 16S 基因型，86 株炭疽芽孢杆菌均属其中的第 6 型。在 198 份待测临床标本中检测出该基因 6 型阳性标本 7 份，而这 7 份标本均来自临床确诊的炭疽患者。结果显示，16S rDNA 测序方法不仅可将这 3 种关系相近的芽孢杆菌准确区别开来，还能直接对临床标本进行检测，适于生物恐怖事件中对炭疽芽孢杆菌的快速鉴定。结核分枝杆菌复合群（*Mycobacterium avium* complex）内的结核分枝杆菌、牛分枝杆菌、非洲分枝杆菌等虽然存在明显的表型（phenotype）差异和致病性差异，但通过对结核分枝杆菌 ATCC 27294 株、牛分枝杆菌 ATCC 19210 株、非洲分枝杆菌 ATCC 25420 株的 16S rDNA 扩增和测序，发现三者 16S rDNA 碱基没有任何差异，基因型完全相同，据此将它们确定为一个种内的不同亚种（朱诗应和戚中田，2013）。应燕玲等（2009）通过 13 种标准菌株建立了一种基于 16S rDNA 全长序列特异性扩增和测序的方法，通过与 GenBank 数据库比对，成功鉴定出血制品污染的 11 种未知细菌。Horvat 等（2011）报道 1 例无法确诊的患者第 2 次住院时 RapID 全自动细菌鉴定仪鉴定其血培养均为苍白杆菌，但改用 Vitek 全自动细菌鉴定仪检测，结果显示其为羊布鲁菌。Horvat 等（2011）扩增该菌的全长 16S rDNA 并进行测序，发现其序列与 SmartGene 数据库中 25 个布鲁菌序列 100%同源，后经美国疾病预防控制中心确定其血清型为猪布鲁菌。Dash 等（2012）对 1 例无法确诊的患者的分离菌株进行 16S rDNA 测序，纠正了原来用 MicroScan Walk-Away 全自动细菌鉴定仪做出的错误结果，最终确定其为羊布鲁菌。这些研究提示，目前使用的全自动细菌鉴定仪在鉴定布鲁菌时可能会出现差错，最终有必要对分离株进行 16S rDNA 测序确认。美国马斯特里赫特（Maastricht）大学医学中心研究的实时定量 16S rDNA PCR 扩增系统，利用通用探针外加种或属特异性探针的多探针法（multiprobe assay），能在 2h 内对血液感染中常见的几种细菌包括革兰氏阴性的假单胞菌、大肠杆菌及革兰氏阳性的葡萄球菌、肠球菌、链球菌等进行快速鉴定（Hansen et al.，2010）。该作者还建立了测定细菌对抗生素敏感度的半定量方法，将血培养阳性标本分别加入不同的抗生素 37℃培养 6h 后，再用定量 PCR 检测细菌 16S rDNA，其对应的循环阈值（cycle threshold，Ct）大小可反映细菌生长抑制程度，据此可判断细菌对该抗生素是敏感还是耐药。该法对血液感染细菌的鉴定及药敏试验能在 1 天内完成，与常规培养及药敏方法至少需两三天相比，在病原诊断和抗生素选择方面具有快速优势，有助于菌血症或败血症患者的及时救治（Hansen et al., 2012）。

临床实验室碰到一些新的细菌，因不能明确种类，常难以评估其潜在的致病性。一般而言，2 株菌若 16S rDNA 全长序列的同源性≥99%，则认定为同种细菌；若在 97%～98.9%，一般为同属不同种；若<95%，则为不同属。Woo 等（2008）报道，2001～2007 年全球通过 16S rDNA 测序已发现细菌新种多达 215 个，隶属于 29 个菌属，其中 15 个为新菌属，这 15 个新属中包括了 100 个新种。在这 215 个新种中，分枝杆菌属最多，达 12 种，其次为诺卡菌属，有 6 种。从来源看，在口腔及牙齿相关标本、胃肠道标本中发现的新种较多。Schlaberg 等（2012）对自 2006～2010 年临床分离的 26 000 多株细菌的 16S rDNA 序列进行分析，发现与现有公开数据库序列同源性<99%的有 673 株，表明存在新的种，其中同源性<95%的有 111 株，表明存在新的属。在患者标本中发现 95 个新分类单位，共计 348 个分离株，其中最多的是诺卡菌属，共有 42 株分离株，14 个新种；其次是放线菌属，有 52 株分离株，12 个新种。对分离株 16S rDNA 测序分析有助于研究这些新菌种与临床疾病的关联性。

美国 Applied Biosystems 公司开发的 The MicroSeq 500 16S rDNA 细菌鉴定系统，基于扩增细菌 16S rDNA 5′端的 527bp 序列，其引物设计针对所有细菌，是一种通用的细菌鉴定系统。标本中细菌 16S rDNA 经扩增、测序后，与该系统自带的数据库比对，可实现对分枝杆菌属、棒杆菌属及诺卡菌属等细菌的快速鉴定。Cloud 等（2002）通过对 119 株分枝杆菌的研究发现，该法与传统的表型鉴定结果符合率达 87%，适于鉴定生长非常缓慢的分枝杆菌。有研究表明，该系统对临床分离株鉴定至属和种的准确率可分别达 86.5%和 81.1%，对生化检测无法确定的细菌，其鉴定能力甚至强于实验室常用的 3 种全自动细菌鉴定仪 Vitek、RapID 和 API（Woo et al., 2003）。但该系统对厌氧革兰氏阳性杆菌鉴定至属和种的准确率稍低，分别为 80%和 65%，表明其厌氧菌数据库有待扩充（Lau et al., 2006）。对于用 Phoenix 或 Vitek 全自动细菌鉴定仪不能鉴定的一些细菌，该系统也能正确鉴定，显示其在菌株鉴定中可发挥重要作用。

6.2.1.3　扩增子测序存在的问题

尽管细菌 16S rDNA 存在多个保守区，但没有针对哪个保守区序列设计的 PCR 引物适于扩增所有细菌 16S rDNA。细菌、衣原体、螺旋体、立克次体等不同种类微生物之间 16S rDNA 保守区虽然存在共有序列（consensus sequence），但各种类间仍存在若干不同碱基。扩增细菌 16S rDNA 的"通用引物"也是相对的，通常是在共有序列的基础上设计一套 PCR 引物（Baker et al., 2003）。因此，针对被检微生物的种类不同或临床标本不同，应选择相对应的通用引物，才能达到特异扩增效果。如果引物设计不当，还可出现与人基因组的交叉反应，导致 PCR 结果错误判读（Kommedal et al., 2012）。由于 PCR 本身的高灵敏度，极微量污染也可能出现假阳性。污染可发生在标本采集、核酸提取乃至 PCR 操作各环节，尤其是在标本（脑脊液，胸、腹腔积液，心瓣膜或活检标本等）采集环节中最易发生。例如，采取关节炎患者关节腔滑液标本时，应避免皮肤表面细菌污染。在使用通用引物进行 16S rDNA 扩增时，污染细菌会导致假阳性出现。因此，在 PCR 扩增及其测序的各环节都必须建立并遵循标准操作规程（standard operating procedure，SOP）。美国临床和实验室标准协会（Clinical and Laboratory Standards Institute，CLSI）2008 年发布的 CLSI 指南首次增加了专门针对细菌 DNA 扩增及测序的操作规范与判断标准。

细菌 16S rDNA 测序鉴定需进行 DNA 扩增、测序和分析，其设备条件和实验成本比传统的表型鉴定更高，且不能对所有细菌都鉴定至种水平，这是目前一般临床实验室尚未普及该项目的原因之一（Clarridge，2004）。为评价哪些细菌的确需进行 16S rDNA 测序鉴定，Mahlen 等（2011）设计了一套严谨的筛选策略，如形态学与生化检测结果不一致或十分奇怪的分离株、与疾病的相关性或解剖位置不相符的分离株、在浅层伤口或呼吸道标本存在炎性细胞时分离出的优势菌株、尿道标本中分离出菌达 $10^4 \sim 10^5 CFU/ml$ 的菌株、正常时无菌体液中分离量很多的菌株等，只对这些分离株进行 16S rDNA 测序鉴定。就革兰氏阴性杆菌和球菌而言，实际需进行 16S rDNA 测序鉴定的只占其总种类的 1.6%。采用一般表型鉴定方法能正确鉴定的绝大多数分离株不需要进行 DNA 测序，以符合临床细菌鉴定低成本、省时、高效的要求。

从鉴定的准确率来看，建立在细菌分离株基础上的 16S rDNA 扩增及测序具有的优势毋庸置疑，因此被视为细菌鉴定与分类的"金标准"。如前文所述，国内外实验室对一些血培养标本、抗生素治疗后标本的研究已证实这一点。但真正应用于临床实验室标本的直接检测还存在诸多问题，如如何避免标本污染、如何选择通用引物、如何准确判读测序结果等。目前临床标本的细菌鉴定还主要依靠形态学、分离培养和生化检测等常规方法及 Vitek、RapID 和 API 等全自动细菌鉴定仪，而细菌 16S rDNA 扩增及测序鉴定方法作为一种辅助手段，适合在分析一些常规方法难以鉴定的细菌、罕见的细菌、难以培养的细菌、全自动细菌鉴定仪数据库中没有描述的细菌及新的细菌种类等情况下使用。

6.2.2 宏基因组学

宏基因组学或称群落基因组学，是一门通过直接测定样品中所有微生物的核酸序列来分析微生物组的生长情况，避免环境变化对微生物序列产生影响的学科（Handelsman，2004）。随着测序技术和宏基因组学的发展，人们对微生物组有了进一步的认识，逐步了解到不同环境间基因型与表型的差异。随着宏基因组学的兴起与测序技术的不断改进以及生物信息技术的高速发展，人们开始对于个体不同健康状态和人体不同部位的大量宏基因组样本数据进行分析，特别是人体的肠道、口腔、皮肤等组织中的微生物种群，逐渐阐明新发现的细菌和人类健康之间的关系。宏基因组学的兴起，离不开测序技术的支撑。不过，从提取细菌核酸、选择扩增高变区和引物（Salonen et al.，2010；Hong et al.，2009），到核酸依赖性扩增检测技术的应用以及后期数据处理分析，仍有可改进之处。

6.2.2.1 宏基因组学的发生发展

1988 年，Handelsman 等在研究土壤微生物时，第一次提出宏基因组学概念，并称其为环境中全部微小生物遗传物质的总和。随后加州大学伯克利分校的研究人员对它进行了定义（Chen and Pachter，2005），即直接应用基因组学技术研究自然环境中的微生物组，无须分离培养单一菌株。人们对于微生物组的早期研究，由于培养条件的限制，一般只能依据微生物的生理特性，通过如革兰氏染色法等标记技术（Nugent et al.，1991），对微生物组进行分类。这种传统方法只能检测到在实验室条件下容易生长的微生物物种（如大肠杆菌），可是大多数微生物物种并不能生长于实验室条件中，从而限制了人们对微生物组的研究。直至 1980 年，研究人员发明了以 DNA 为基础的免培养方法（O'Connell，2006），才突破了微生物培养的限制，并为后来宏基因组学的发展奠定了基础。最早的宏基因组分析通常用来研究荧光原位杂交技术未检测且未报道过的 DNA 群体（Amann et al.，1995），而且该技术一开始只限定在 16S rRNA 的标记基因上（Sanger and Coulson，1975）。新一代高通量测序技术的效率远远高于传统的 DNA 测序技术，人们对于宏基因组学的研究也逐渐增多和深入。对于宏基因组学的生物解释，需要依靠复杂的计算分析，尽管科技不断发展，在技术层面已经取得了很大进步（Garrido-Cardenas and Manzano-Agugliaro，2017），但在测序的可重复性及降低成本方面仍需改进。

6.2.2.2 宏基因组学的局限性

宏基因组学已经被证明是研究肠道微生物的一个非常强大的工具，但是它在揭示肠道微生物活性或功能基因表达方面非常有限。仅仅基于宏基因组学的分析，人们不能完全认识肠道内这些微生物基因序列的功能，更不能完全认识微生物组。具体来说，宏基因组学的不足在于：宏基因组学的研究手段不可能识别肠道微生物的表达能力；虽然扩增子测序具有成本低、样品制备方法简单、生物信息学工具广泛可用等优点（Caporaso et al.，2010），但其只能依赖于基因库中已知基因序列做出推断，进而分析鉴定肠道微生物组成并预测其相关功能（Brooks et al.，2015），且由于核糖体 RNA 基因片段的保守性较高，许多未知微生物往往只能鉴定到属，不能对菌株进行明确的鉴定；对于未知微生物的鉴定通常依赖于将微生物基因组 DNA 随机打断成一定长度的小片段，然后在片段两端加入通用引物进行 PCR 扩增测序，再通过组装的方式，将小片段拼接成较长的序列，但是组装过程需要耗费大量时间，需要强大的计算资源和深度测序数据。庞大的宏基因组测序数据会给生物信息学分析带来许多挑战，如鉴定测序所产生的相对较短的基因片段信息，提高准确性，且当微生物组成员较少或包含许多密切相关物种的群落时，可能会出现难以组装的问题（Albertsen et al.，2013）。

6.2.3 宏转录组学

20 世纪兴起的宏基因组学通过大规模的测序技术，能够直接得到某一环境条件下微生物组的整体结构信息，这在很大程度上解决了大部分微生物因不能分离培养而难以研究的问题，避免了其他固有技术（如 PCR）应用中易出现的实验偏差，同时也免去了一些费时耗力的实验步骤，如文库构建。但是，该技术仍无法对微生物组结构及代谢、功能间的关系进行剖析和监测，特别是无法明确微生物适应环境变化而做出的响应。宏转录组学是在宏基因组学之后兴起的一门新学科，研究特定环境、特定时期群体细胞在某功能状态下转录的所有 RNA（包括 mRNA和非编码 RNA）的类型及拷贝数。这种技术不但具有宏基因组学技术的全部优点，而且能将特定条件下的生物群落及其功能联系到一起，对群体整体进行各种相关功能的研究。

新一代测序方法的产生直接扩大了宏基因组研究的数量和范围，并且推动了宏转录组学的建立和发展。454 焦磷酸测序是新一代的测序技术，它能够对 DNA或者 cDNA 直接进行测序，省去了克隆的步骤，增加了测序产量，而且降低了每个测序碱基的成本。Leininger 等（2006）第一个使用 454 焦磷酸测序技术对一个复杂微生物组的宏转录组进行研究，发现与土壤中的其他细菌相比，古菌氨氧化关键酶（amoA）基因的转录能够保持相当高的丰度，这体现了古菌在土壤氨氧化微生物中的数量优势。该转录组学研究所获得的 25Mb 的序列由 Urich 等（2008）做了进一步的分析。Frias-Lopez 等（2008）通过该测序法获得了>50Mb 的测序长度。第二代 GS-FLX 测序技术具有分析结果准确、快速、灵敏度高和自动化高的特点，在技术的成熟性和性能方面也远远超越了第一代测序技术，利用此技术Gilbert 等（2008）获得了 300Mb 的序列数据。研究报道的 454 FLX Titanium 平台，其测序的平均长度大约为 400bp（Hugenholtz and Tyson，2008），并且可以预测，未来其读取长度可以和传统测序技术相媲美。此外，利用宏转录组还可对两种类型的 RNA-Seq 分析；宏转录组可以进行质量控制评估，rRNA 去除，根据功能数据库读取数据集并处理差异基因表达分析，且效率更高（Martinez et al.，2016）。

6.2.3.1 宏转录组学方法

宏转录组学方法通常含有 5 个步骤（图 6-3），其中群体 RNA 的处理及数据的比较分析是较为关键的两步。由于 RNA 的稳定性要比 DNA 差得多，有些转录组样品的放置时间不能超过一分钟，因此必须采取一些有效的措施以防止 RNA 的降解，如立即速冻或者放置于 RNA 储存液当中，并尽快完成反转录。另外，在一个细菌的总 RNA 中，mRNA 仅仅占 1%～5%，这就需要在提取之后进行 mRNA 的富集。虽然不经过富集的 mRNA 样品也能够通过 454 焦磷酸测序进行群落结构的分析，但如果主要目的是研究群落的转录谱，如此的测序量便是一种浪费。现在已有可用于 mRNA 富集的商业化试剂盒，如 Ambion 的 MICROBExpress 试剂盒，其去除 rRNA 后的样品经反转录产生的 cDNA 中 rRNA 的数据比例小于 20%（Poretsky et al.，2005），或低于 0.08%（Gilbert et al.，2008）。

图 6-3 宏转录组学方法

6.2.3.2 宏转录组学技术的应用前景

尽管宏转录组学技术目前仍存在很多局限性，如获得的 RNA 大多来自 rRNA，大量的 rRNA 降低了 mRNA 的覆盖率；区分宿主和微生物 RNA 仍然存在挑战等，这都限制了其广泛的应用，但随着新一代测序技术的发展以及基因注释的进一步丰富，宏转录组学应用于微生物生态学研究的前景将更加广阔。

在对生态系统功能的研究中，宏转录组学的应用能够对实验设计条件下基因表达的变化情况直接进行分析，尤其对于那些活性未知的生物群落的转录组学数据，从中能够获得一些知之甚少的微生物生态学信息。有的生态或者生物化学范围内的重要基因可能不存在于高丰度的转录群体中。例如，与中心代谢和蛋白质合成相关的基因的转录情况相比，环境中高含量化合物对于细菌转运表达基因的转录影响并不明显（Frias-Lopez et al.，2008）。因此，对细胞的核糖体蛋白、DNA 复制相关酶的生态信号的鉴定可以采用宏转录组进行深入测序。另外，随着测序技术的进步，mRNA 序列的覆盖信息会进一步扩大，同时借助于基因芯片进行宏转录组的数据比较，通过基因的线性表达情况可研究复杂微生物组的基因调节活动。

在特殊环境微生物研究中，宏转录组学的应用能够对仍然未知但是可能起着关键作用的基因进行研究，与特殊功能微生物组结构联系到一起，便能深入理解其生物学本质。已知的宏基因组学研究公布了含有大量功能的未知基因，这些功能基因在某些极端环境条件下可能发挥很大的作用，如果将宏转录组学应用于这些领域，如被污染地区，通过该地区样品的宏转录组学研究，观察治理过程中总mRNA 的变化情况，从中不仅可以获取微生物群体的转录情况，还能得到功能蛋白的转录序列，对相应的酶进行研究，通过对酶原进行结构改造，能够得到具有强大降解污染物能力的酶。今后，对宏转录组学和宏基因组学的研究将会越来越多。宏基因组学和宏转录组学分别在不同水平上对样品中微生物的组成、结构和功能等进行详细的描述，再与代谢动力学和数学等各学科进行综合，便能够对特定环境的变化情况进行预测，形成有力的动态预测系统。

在微生物互作的研究中，宏转录组学的应用为不同种类微生物之间的相互作用提供了更多的机会。结合已知的研究微生物相互作用的方法，相应的相互作用可以得到更加完整而全面的阐述。一般发挥生物效应的主体是蛋白质，而利用宏转录组学技术可以发现 mRNA 或 sRNA 对应的功能蛋白并展开研究。例如，在现代化的工业生产环境中，可以采用生物技术处理废水。运用宏转录组学技术可以研究外来微生物和原有微生物相互作用的机制，从而使生物互作得到充分的利用。

6.2.4 核酸测序在肠道微生物研究中的应用

由于大多数肠道微生物为厌氧非培养型细菌，传统培养方法和分子生物学技术具有耗时长和工作量大的缺陷，无法完整地反映整个群落结构信息，高通量测序技术的出现能够完整、快速地完成对肠道微生物组信息的采集与分析，完善人们对肠道微生物的认识。组学技术的发展使得人们对未知微生物的研究有了突破。

利用现代分子测序技术，Tap 等（2009）研究发现，厚壁菌门和拟杆菌门是人类肠道中最丰富的菌群，构成了超过 90% 的人类肠道微生物。在人体粪便的微生物中，粪杆菌属、瘤胃球菌属（*Ruminococcus*）、真杆菌属、多雷阿菌、拟杆菌属（*Bacteroides*）和双歧杆菌属（*Bifidobacterium*）为属水平上的优势菌群（Ericsson et al.，2016；Costa et al.，2015；Zhao et al.，2015）；在猪、马等单胃动物胃肠道内，厚壁菌门、拟杆菌门为门水平上的优势菌群；在反刍动物中，白色瘤胃球菌（*Ruminococcus albus*）、黄色瘤胃球菌（*Ruminococcus flavefaciens*）、溶纤维弧菌（*Butyrivibrio fibrisolvens*）、普氏菌是瘤胃内种水平上的优势菌群。

在动物肠道微生物相关研究中，Patel 等（2014）分别对采食青草粗粒、干草粗料的水牛采样后进行扩增子测序，结果发现，饲喂青草粗料组的水牛瘤胃中多糖降解细菌（纤维杆菌属、拟杆菌属、普氏菌属、瘤胃球菌属和放线菌属）的丰度显著高于饲喂干草粗料组。Wang 等（2014）通过高通量测序技术对瘤胃细菌宏基因组测序后，鉴定出了大量木质纤维素特异降解性细菌。朱伟云等（2003）通过对断奶前后仔猪的肠道微生物进行 16S rRNA 测序发现，断奶对仔猪肠道微生物影响明显，断奶仔猪食用日粮后，其肠道微生物发生改变。

在人体肠道微生物相关研究中，Larsen 等（2010）研究表明，2 型糖尿病与健康人群肠道微生物在门类和属类之间有显著变化，2 型糖尿病患者的厚壁菌门细菌丰度降低，但拟杆菌门和变形菌门细菌的数量相对升高。Ridlon 等（2013）报道，在肝硬化患者肠道内梭菌属、肠杆菌科、紫单胞菌科细菌比健康人明显增多。Nylund 等（2013）采集了 15 名患有湿疹病的婴儿和 19 名健康婴儿粪便样品，对其粪便微生物研究发现，健康婴儿粪便中富含拟杆菌，而湿疹病患儿的粪便中梭菌属细菌的数量会显著增加。Lakhdari 等（2011）利用高通量测序技术研究肠道微生物作用途径，发现大肠杆菌宏基因组克隆可以通过激活上皮细胞中的核因子-κB 来调节肠黏膜增殖。此外，Dobrijevic 等（2013）基于功能性宏基因组学研究发现，人类肠道微生物组中革兰氏阳性菌的分泌蛋白和表面暴露蛋白在免疫调节中起作用。

Yatsunenko 等（2012）利用高通量测序技术发现来自非洲、南美洲和美国三个不同地区的人群肠道微生物多样性明显不同。Tyakht 等（2013）通过对俄罗斯、美国、丹麦及中国人群的肠道微生物结构进行测序分析发现，不同地域的人群肠道微生物存在显著差异，其中俄罗斯人群肠道中拟杆菌属和普氏菌属的含量与其他国家人群相比较低。Drago 等（2012）得出百岁老人与成人相比肠道微生物中肠杆菌数量较多，长双歧杆菌被认为是百岁老人肠道中的特征菌群。Koren 等（2012）发现孕妇肠道中的变形菌和放线菌数量整体增加，可能是免疫系统或者激素在发挥作用。非洲地区儿童肠道中含有大量能够水解纤维素和木聚糖的普氏菌，这与非洲地区膳食结构密不可分（Carlotta et al.，2010）。运动员具有更高的肠道微生物多样性，可能与蛋白质消耗和肌酸激酶相关（陈蕾等，2016）。

在肠道微生物的研究中高通量测序技术应用广泛，可以检测未知序列的特征，具有寻找新基因的能力。454 焦磷酸测序技术是目前在肠道微生物研究中应用最为广泛的高通量测序技术，但其数据量巨大，涉及整个序列，且往往不是必需的，造成测序成本过高；单次反应中同时分析多个样本较为困难，不利于肠道微生物样本之间的比较；建立的时间较短，技术不成熟，信息储备量有限等缺陷，阻碍了其发展。单分子测序技术因具有高通量、读长合适、准确性高、不需要 PCR 扩增等特点而成为研究热点。组学技术的出现为研究"不可培养"的肠道微生物提供了很好的平台，但其目前在减少非检测特异性背景干扰，快速记录测序结果和处理海量 DNA 序列，并进行数据分类、功能分析方面比较困难。对于分析复杂庞大的肠道微生态系统，可以在目前分析手段的基础上借助生物大数据平台，特别是肠道微生物海量数据，通过描述功能基因，建立肠道微生物功能的统一数据库，完善调控网络体系，使未来肠道微生物的研究更为简便有效。

6.3　微流控技术

随着当今社会经济的飞速发展，传统的病原微生物检测方法已经不能满足需求。传统的菌落培养和血清学检测方法不仅费时、费力，而且只能局限在实验室中操作，而基于抗原抗体的酶联免疫吸附试验（ELISA 法），容易出现假阳性检测结果，虽然方法简便却并不适用于精准分析。目前实验室常见的聚合酶链反应（PCR 法），因具有检测范围广、明暗度较高、特异性强等特点而受到欢迎，但实验所需设备沉重，并不适用于现场快速检测。因此，需要探寻一种新型技术，以达到适应现场、精准检测、快速研判的目的。微流控技术是由微通道和微结构组成具有功能性和完成特定任务的微流体系统技术。微流控技术所用装置通常被称为微流控芯片，微流控技术是把生物、化学、医学分析过程的样品制备、反应、分离、检测等基本操作单元集成到一块微米尺度的芯片上，自动完成分析的全过程。由于它在生物、化学、医学等领域的巨大潜力，已经发展成为一个生物、化学、医学、流体、电子、材料、机械等学科交叉的崭新研究领域，广泛应用于化学分析、基因分析、细胞筛选、生物医疗、化学合成、纳米材料制备等领域。

6.3.1　微流控技术的研究进展

微流控技术是一种交叉学科技术，它是在微尺度管道（内径 5～500μm）内操控微小体系流体的新型技术，经过数余年的发展，现已成为生化分析中的一个独立领域。在微流控平台上，可以针对液体或气体、流体进行微升、纳升甚至皮升级的生物化学反应，能极大地降低试剂的消耗量（至少 2～3 个数量级）（Thorsen et al.，2002）。微流控芯片技术，简单来讲就是指待检测样品在一个小的实验室装置中连续完成样品核酸的提取、纯化、PCR、凝胶电泳等过程，而不需要人为的外在干预。微流控芯片技术作为当今生物医学领域研究的前沿和热点，可以集中地将实验室功能转移到芯片上，把原有大型检验仪器微型化制成可完成生化等分析的便携式仪器。

微流控技术是在芯片毛细管电泳基础上发展起来的，通过微加工手段在金属、硅、玻璃、高分子聚合物等材质的基片上，加工出微米级别的流体通道、检测室等微结构单元。从 20 世纪 90 年代起，微流控技术被多数人定义为一种分析化学平台进而快速发展。我国微流控技术研究起步较晚，但经过十多年的发展，微流控技术已走向成熟。2000 年以后，随着微流控芯片的深入研究，这种技术逐渐得到学术界和产业界更高层次与更大范围的认可。同时，这项技术作为微量流体亚毫米级别尺寸上的一种精确操控技术，将生物学与化学上所需的基本操作单位结合在小型芯片上。这种芯片多由储液池和微通道构成，微通道包括入口、主通道、辅助通道（侧流通道）和出口。根据不同需要设计的入口和出口可以满足不同流体的导入与导出。流体性质的样品从入口进入，在主通道发生分离、混合反应（李宇杰等，2014）。相比较而言，三维结构需要通过提供更强的动力来完成混合，制作工艺也更为复杂。微通道可由石英、硅、玻璃等材料制作，不同材料的利弊及适用场所也有所不同。玻璃是一种成本低、透光性强、绝缘性和强度好的材料（郑小林等，2011），研究人员可以及时观察微通道内流体状态，适合通常的样品分析。晶体硅制作的微流控器件有着散热性强、与其他电子元件交互性好的优势，但硅的绝缘性和透光性较差、硅片间黏合率低等缺点影响了硅的应用。目前，高分子聚合材料因其成本低、易于加工和批量生产、制作过程简单而多用于较复杂通道的制备，其中以聚甲基丙烯酸甲酯（PMMA）和环状烯烃类共聚物（COC）最受欢迎。

现阶段越来越多的研究者尝试通过 3D 打印技术加工微流控芯片，这项技术的发展使微流控芯片制作过程更为简便，成本低廉。目前已有研究利用微流控芯片实现了 DNA 的快速分离（Loughran et al.，2005）。在微流控芯片上搭载各化学反应，可以进行药物的合成筛选。我国体外诊断主要集中在生化分析和免疫诊断上（Chen et al.，2016），而欧美国家微流控芯片在体外诊断方面的应用已经取得明显突破，通过实现全自动 PCR 分子诊断，微流控芯片展现出了巨大潜能（Guo et al.，2018；Jung et al.，2015）。器官芯片也是当今的热门研究方向，利用微流控芯片的集成功能制备器官芯片，这一技术在 2016 年的达沃斯论坛上入选为年度十大新兴技术之一。国内已有团队研发出一种使多种细胞及组织在体外共存的类器官多功能微流控芯片（An et al.，2016）。何佳芮（2014）设计出了可以联合检测大肠杆菌菌体抗原及药敏分析的微流控芯片，证实了微流控芯片制备向产业化发展的可行性。Wang 等（2017）利用聚二甲基硅氧烷（PDMS）作为结构材料制备微流体结构，通过磁性纳米颗粒对样品溶液进行磁性捕获，以荧光分子标记的抗性 IgG 作为信号观测，提高了分析分辨率并减少了可能因表面吸附而产生的堵塞现象，整个样品的检测和分析都集合在一个微流体平台上使检测过程高效、准确。通过在一个蛋白质芯片上集成反应单元，可以实现酶促反应、产物电泳分离、组分标记和信号检测的连续进行（VanPelt and Page，2017）。

6.3.2　微流控技术在肠道微生物与疾病研究中的应用

微流控技术在单细胞培养、细胞分类、病原微生物检测等方面有着广泛的应用，也是研究分析肠道微生物的有力工具。微流控技术基于免疫分析原理，主要以抗原、抗体和荧光靶标为新型标记物。新型微流控技术现已应用于核酸分离、定量分析、DNA 测序及各类病原体的检测等方面，在蛋白质、氨基酸、PCR 产物等方面的检测也日渐成熟。

在单细胞培养方面，微流控设备具有更高的空间和时间分辨率，能够观察单个细胞的生长情况，从而捕捉扰动，并跟踪微生物种群异常直至单个细胞，从而更好地了解细胞运动的热力学、动力学和力学特性。例如，将单个大肠杆菌限制在 1μm 通道的阵列中，可追踪其 200 多个世代的生长谱系（Wang et al., 2010）。另一项研究采用同样的技术，能在不同的稳态生长条件下监测数十万个大肠杆菌细胞，发现这些细胞在每一代细胞中都会增加一个恒定的体积，而与新生细胞大小无关，从而为细菌动态平衡研究提供了新思路（Taheri-Araghi et al., 2015；Campos et al., 2014；Moffitt et al., 2012）。此外，有研究构建了 1pl 大小的生物反应器阵列，其高度为 1μm，可迫使大肠杆菌 BL21 单层生长，以提高成像质量（Grunberger et al., 2012）。

在细胞分离、筛选方面，液滴微流体在大于 10kHz 频率下可产生粒径变化小于 2%的液滴，便于微生物单细胞分离、筛选和培养。Jiang 等（2016）开发了一种微流控条纹板（MSP），用于从非均匀种群中分离出高通量的微生物单细胞并进行培养；通过这种方法，微流体装置可产生含有随机数量细胞的油囊液滴，并在琼脂平板上划线，在平板上形成约 4000 个纳米液滴阵列，可在立体镜下进行培养和观察筛选。还有研究整合了一个微流控化学效应器，将单个细胞封装成液滴并将其沉积在琼脂板上，来对感兴趣的微生物进行分类，然后将目标已培养菌落的液滴转移到新鲜培养基中进一步培养或进行 16S rDNA 测序（Dong et al., 2016）。为了提高自动化程度和单细胞率，有研究使用"每个液滴一个细胞"的单细胞打印机将来自不同群落的单个微生物细胞封装在 35pl 的液滴中，并将其沉积在琼脂板和 96 孔板上进行培养与筛选，这种方法揭示了使用标准和流体处理的集成读板器用于下游分析（如测序库准备）的潜力（Riba et al., 2016；Andre et al., 2013）。

鉴于病原微生物传播性、感染性等特点，微流控技术在病原微生物检测方面，结合不同方法也能产生较好的检测效果。有研究报道，集成综合液滴数字检测（IC 3D）的新技术可用于从临床样本中检测单个细菌（Kang et al., 2014）。DNAzyme 传感器是一种短催化寡核苷酸，通过体外进化可以与细菌的裂解物发生特异性反应，从而快速产生荧光信号（Ali et al., 2011）。将血样与含有细菌裂解缓冲液的 DNAzyme 传感器溶液混合，将溶液分成数亿个小分子液滴。该方法提高了释放目标分子的浓度，将每个微胶囊的干扰背景信号降至最低，在几小时内可检测出每毫升 1～10 000 个大肠杆菌。与基于培养和扩增的检测方法相比，IC 3D 系统能够在微流体液滴平台上使用 DNAzyme 直接检测稀释血液样本中的单个大肠杆菌 K12。在核酸检测方面，微流控技术可以对病原体的遗传物质进行精准的检测。微流控技术对病原体核酸进行检测时，微通道内施加电场产生能量变化，所需的试样量少，可使分子扩散程度低，分离效果极好，因此微流控技术在核酸检测中的分辨能力要远远好于平板凝胶电泳。将核酸提取、PCR 扩增、分子杂交、电泳分离及检测有机地结合在一张微芯片上，这张微芯片快速、高质量的分离效能在寡核苷酸、DNA、RNA 片段分析及基因表型和测序应用中可以得到充分反映。微流控芯片与 PCR 技术相结合，制作成基于磁珠提取核酸方法的微流控芯片，是将亲水性阴离子交换剂预先固定在磁珠表面，利用二氧化硅颗粒来吸附带负电荷的核酸，达到从样品中最大程度提取和纯化核酸的目的，在引物的约束下特异性地进行 PCR 扩增。富集与蛋白质特异性相结合的核酸，是进一步检测的前提及关键。现阶段微流控芯片结合分子诊断技术，待检样品体积只需几微升，加热器直接集成在芯片上，可以较传统 PCR 方法提高效率 2～10 倍。

在蛋白质检测方面，微流控技术可以对蛋白质结构和功能进行准确分析进而对机体的生理或病理变化进行解析。传统蛋白质检测需要提取蛋白质，对凝胶电泳分离后的蛋白区带进行切割、酶降解，然后用质谱等方法检测分析，这种传统方法无法满足现代科学精准、高效等的需求。而随着 RNA 标记物的深入研究，检测核糖核蛋白中的 mRNA 等物质及通过流体蛋白质的大小在时间和空间上分离病原体蛋白，是一种低成本、快速检测蛋白质的方法（Arosio et al.，2015）。将电渗流分离和紫外分光光谱检测等技术集合在一块小芯片上，将待检样品加入后，芯片自动按照设定好的检测程序完成检测，这种检测手段快速，且成本低。基于微流控芯片的蛋白质免疫分析方法的微反应空间大于表面积，分子扩散的距离减小，使整体反应效率大大提高（Shu et al.，2018）。

微流控与基于微流控技术建立的各种模型在肠道微生物与疾病的研究中有重要作用，如层流流动可以模拟肠道蠕动、剪切、肠道黏膜炎症的变化（Choe et al.，2017；Chen et al.，2011）。此外，人类肠道微生物组的变化与多种疾病有关，为研究其因果关系，必须在代表性模型中进行实验，但研究中广泛使用的动物模型存在局限性，而微流控技术及其衍生模型能很好地解决这个难题。微流控技术可在体外模拟与人体非常相似的肠道系统，重现真实的肠道环境，是一种研究肠道微生物的重要工具。

在肠道微生物与疾病研究中，肠道微生物常常是厌氧的，而人体细胞的生存需要有氧气存在，利用微流控技术，可在同一系统模型中创造两种及以上不同的培养条件。一项研究开发了基于微流控技术衍生的 HuMiX 模型，其可以用来在代表肠道-人-微生物界面的条件下共同培养人体和微生物细胞，从而研究肠道微生物与疾病的关系。HuMiX 模型可对代表性的人和微生物细胞进行分区近端的共培养，随后进行单个细胞分群的下游分子分析。利用 HuMiX 模型，可在厌氧条件下共同培养鼠李糖乳杆菌与人类肠上皮细胞，并能清楚地显示出鼠李糖乳杆菌在体内转录、代谢和免疫反应情况（Shah et al.，2016）。另一项研究开发了一种新的微流体模型，它允许微生物和肠上皮细胞在两个不同的培养箱中生长并保持接触，并且能够将微生物的浓度保持在一个恒定的范围内。通过这个模型，研究人员将丁酸梭菌与两种不同分期的结肠癌细胞（Caco-2、HCT116）共培养，观察这两种细胞生长和生理活动的变化，以验证丁酸梭菌与结肠癌的作用关系（Zhou et al.，2018）。此外，这种模型还可应用于多个领域，包括药物筛选、药物发现、药物释放、营养研究和药物动力学等。微流控技术在生物医学领域发挥着越来越重要的作用，将具有不同特性的微流控模式或模型整合，也可为系统的微生物组学研究提供一个多功能的平台。

6.3.3 微流控技术的优势

相对于其他传统方式，微流控技术有多种优势。其中最大的优势为自动化程度高，污染小，可根据实验设计采取不同微通道，使烦琐的实验流程简单化；同时，封闭式自动化的结构可以保证检测期间样品不受污染，也减少对实验室等外在环境造成的影响，保证了后续实验操作不受中间产物的影响。其次，微通道可以根据所需设计成三维-多通道，这种立体多元结构可以将待检测样品完美分流，各通道不受其他通道影响，所以微流控技术的第二大优势是其高通量性，并且在极大地提高了检测效率的同时，也保证了检测结果的准确性，操作快速、灵敏、准确。此外，由于系列操作集中在一块小芯片上，各个结构单元微小，所需的检测试剂和待检样品消耗量减少，故微流控技术的第三大优势是检测成本低，微流控使用自动化集中操作，被检测的样本量只需要微升甚至纳升级别，尽管检测试剂浓度可能增大，但实际使用量要远小于常规检测方法，节约了实验成本，也避免造成浪费。

传统病原微生物检测主要包括涂片检查、分离培养、血清学鉴定和分子生物学鉴定，相对于微流控芯片技术，这些传统检测方法冗时费力。在传统检测方法上发展出来的芯片大致分为两类：电化学芯片和基因芯片（Xu et al.，2016）。电阻抗技术结合微通道制作而成的电化学微流控芯片，是在芯片上自动集成化操作，可以高效、准确地收集数据，由于电化学传感器在结构设计和性能上与微流控芯片相匹配，这种电化学微流控芯片更适用于即时检测。基因芯片的构建融入了微流控平台和 PCR 技术，这项技术可以很好地解决在实际环境中面临的问题，如分流协同检测提高了样品检测效率并保证了检测过程不受干扰。通过基因芯片分离扩增基因片段，可以建立全自动微生物分型，实现基因芯片产业化，提高检测效率。利用荧光标记单链 DNA 来制作微流控芯片，芯片经物理吸附待检测样品与单链 DNA 相结合，避免了表面处理和探针固定等烦琐步骤，这种方式可以多通路同时检测多种病原体，但需要通过毛细管道进入反应区域，所以该种芯片以滤纸作为制作材料检测效果更为良好。

　　针对某种病原体在多通道微流控芯片上采用定位捕获富集,通过荧光检测后定量分析,这种新的实验方法在实际检测中有着极大的潜在优势。对纸基芯片进行等离子体处理后,纸表面产生功能性基团醛基,以实现抗体的固定化。这种夹心法化学发光免疫分析方法,建立了在纸上进行荧光免疫测量球蛋白的新方法,相比于传统方法操作更为简便。而通过 PCR 检测复杂样品中的细菌病原体不受限于通道尺寸和形状,对其进行有效的 DNA 提取时效果显著、结果明确,同时 PCR 芯片可以实现 DNA 的单分子扩增及核酸的定量实验(Xu et al.,2016)。通过大量探针与不同标记物的样品杂交后的信号强度,可以分析出样本序列,从而实现病原体的检测。鉴定细菌通常采用两种方式:一种是传统方法培养细菌后进行药敏实验,将待测细菌放入不同生化发酵管中,观察各发酵管的反应确定细菌种类;另一种是病原体核酸检测技术,多采用基于 PCR 的分子诊断。而新型基于微通道毛细阻力的药敏检测技术,通过改变流体毛细阻力通道的长度来控制液体的流速,以驱使不同种类的菌体分流向不同通道,这种技术不仅能够对细菌进行分选、培养和分离,还可以对其进行高灵敏度的检测。由于芯片的简便性及多样性,微通道还可根据不同的样本种类及应用需求进行有针对性的设计。

6.3.4　微流控技术存在的问题和发展趋势

　　微流控技术可极大地缩短样品处理时间,通过精密控制液体流动,最大化地利用试剂耗材,把整个实验室的功能集成在微芯片上,在病原微生物检测等领域的应用具有广阔的应用前景。尽管微流控技术可以大幅度降低试样和试剂的消耗,但其高昂的制作成本和复杂的制作工艺使这项技术并不能很好地应用在临床实际检测中,同时制作微芯片的方法和基底材质受限过大,对于操作人员的技术要求较高。现阶段随着各个学科研究的深入,生物芯片将得到更为广泛的应用,新兴的数字微流控技术(digital microfluidics)在行业内引起广泛关注,这种可实现离散液滴精准自动化操纵的新型液滴操纵技术对于检测样品具有十分重要的意义。另外,微机电系统(micro-electro-mechanical system),指尺寸为几毫米甚至更小的高科技装置,其融合了精密机械加工、薄膜和硅加工等多项技术,微机电系统可能会有效地推动微流控芯片小型化的发展。

6.4　FishTaco 分析的分类与功能

　　FishTaco 是一个新的统计和计算框架,将观察到的功能转移分解为单个分类级别的贡献（图 6-4）。FishTaco 是通过 Python 实现的，可以通过 http://elbo.gs.washington.edu/software.html 下载。FishTaco 的作用是关联微生物的分类与功能。到目前为止，疾病相关的分类和功能分析（如观察到的病例和对照样本之间微生物丰度上的显著差异）通常是独立研究的，而微生物组分类和功能的关联更多的是推测，通常也只报道定性的关联。例如，在一项关于皮肤微生物群的研究中发现，皮肤微生物群的丰度变化及 NADH 脱氢酶模块是由痤疮丙酸杆菌（*Propionibacterium acnes*）流行程度的变化驱动的，这是基于观察到的两者之间强相关性（Oh et al.，2014）。同样，Turnbaugh 等（2009）通过将微生物组序列与 44 种肠道微生物基因组的自定义数据库进行比较，得出与碳水化合物代谢功能（与肥胖有关）高度相关的是放线菌和厚壁菌门细菌。

上述研究强调了识别疾病相关功能失衡的分类驱动因素的重要性，并强调了将分类和功能比较分析相结合的潜力，但没有提供一种系统、严谨和全面的方法来进行这种整合。系统地定义和量化分类对功能转换的贡献的能力的差距，妨碍了对与疾病相关的功能动力学的理解，并留下了许多未解的基本问题。目前尚不清楚的是，功能转换是由一组小分类单元的丰度变化所驱动，还是由整个群落的生态失调所驱动，以及同一组分类单元是否通常驱动多种功能的变化。目前还不清楚分类单元的流行程度、样本间变异以及与其他分类单元的共变异是如何共同诱导功能转换的。最重要的是，如果不将分类和功能转换联系起来，我们最终确定可以作为目标的物种以恢复所需的微生物水平功能的能力仍然是有限的。

6.4.1　FishTaco 分析的流程

FishTaco 分析能够实现微生物的分类与功能的联系（图 6-4）。它依赖于一种基于排列的方法和精心设计的标准化与缩放方案来保存整个群落的分类学特征，不仅考虑到每个分类单元引起的变异，而且考虑到这种变异与整个群落环境的关系。此外，它可以包含任何所需的位移度量，因此适用于广泛的宏基因组比较分析、链接分类法和功能比较分析。框架工作如下：首先，使用成员分类单元的分类文件和基因组内容为所有样本生成基于分类单元的功能文件（图 6-4A），详细说明每个样本中每个功能的丰度有多少是由每个分类单元所解释的，当完整的基因组内容不能用于所有常驻分类单元时，该框架可以进一步使用基于机器学习的方法（Carr et al.，2013）来分析每个样本的分类和功能文件，并推断不同分类单元的基因组内容，将得到的每个样本基于分类单元的功能文件以及在这些文件中观察到的两组样本之间的功能转移与在宏基因组中观察到的进行比较，以评估其准确性（图 6-4A）。接下来，为了量化分类单元对观察到的功能转移的贡献，我们的框架采用了一种基于排列的方法来估计，如果分类单元的丰度在样本间被打

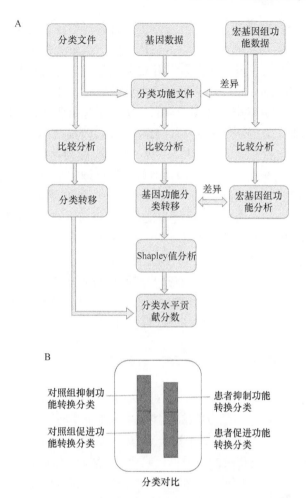

图 6-4　FishTaco 框架（Manor and Borenstein，2017）

A. FishTaco 首先处理输入数据（包括分类文件、基于宏基因组的功能文件以及每个分类单元的基因组内容），以生成基于分类的功能文件。将基于分类单元和基于宏基因组的功能谱进行比较，以评估基于分类单元的功能谱在多大程度上概括了宏基因组中各种功能的丰度。FishTaco 量化了每个分类单元对每个函数中观察到的偏移的贡献。将病例和对照之间基于分类单元的功能转移与基于宏基因组的功能转移进行比较，以确认基于分类单元的文件与宏基因组中观察到的功能转移相似，然后使用一个多分类群排列分析（考虑分类群的共变）来评估一个大的分类群子集集合对观察到的移动的贡献，通过 Shapley 值分析获得分类级线性化贡献评分。B. 一个基于 FishTaco 的分类级贡献文件，将功能转移分解为分类级贡献分数，以及 FishTaco 识别的 4 种不同的贡献模式

乱，这些功能转移将如何变化。为此，FishTaco 利用了这样一个事实：基于分类群的功能剖面允许将样本中物种数量的扰动转化为相应功能剖面的变化，并将原始分类群功能剖面中观察到的功能转换与相对分类群功能剖面中观察到的功能变化进行比较，分类群的丰度在样本中随机排列。最后，应用 Shapley 值分析确定该多分类单元设置中每个分类单元的贡献。

最终，这个过程为每个功能生成一个分类单元级别的移位贡献文件，将该功

能的总体富集得分分解为其分类单元级别的组件。值得注意的是，一个分类单元在案例中对丰富特定功能的贡献可以是正的（即分类单元促进这种富集作用）或负的（即分类单元正在减弱这种富集作用）。使用这些计算的贡献和在分类文件中观察到的转移，FishTaco 进一步将每个分类单元划分为 4 个不同的组，表示对给定的功能转移的不同贡献模式（图 6-4B）。第一组包括驱动该功能的富集并且与案例相关的分类群，这些分类群在其基因组中编码有问题的功能，并在病例中增加丰富度，从而对功能的富集起积极作用。第二组包括驱动功能丰富的分类单元，但它们是与控制相关的分类单元，这些分类单元很可能在基因组中缺乏相关的功能（或者用相对较低的拷贝数对其进行编码）。因此，它们在对照样本中丰度的增加降低了对照组中该功能的平均丰度，最终在某些情况下对该功能的富集起到了积极的作用。类似地，在某些情况下减弱了功能富集的类群（尽管这个功能最终仍被认为是显著丰富的）可以再次分为两组，一组包括与病例相关的分类单元（它们的基因组中可能缺少相关的功能），另一组包括与对照相关的分类单元（它们的基因组中可能编码该功能）。这 4 组分类单元被分别绘制（并以适当的方向）为每个功能的堆叠条形图，以实现所有分类级位移贡献的全面可视化（图 6-4B）。

6.4.2　FishTaco 对微生物组分类和功能的关联分析

　　一个标准的宏基因组比较分析，是对其中来自不同生活环境或疾病群体的样本进行分析，以每个样本中的分类和功能的丰度剖面进行表征，然后使用一些统计检验（如 Wilcoxon 秩和检验或 t 检验）跨样本比较分类和功能配置文件，以确定成分转移并发现与疾病相关的分类单元或功能。然而，很明显，所获得的分类和功能谱是紧密耦合的，因为每个基因家族（或任何其他基因组元素）在一个混合基因组集合，是该基因在每个基因组中的流行程度和混合物中每个基因组的丰度的简单导数；更正式的说法是，给定群落中每个分类单元的基因组内容，即该分类单元宏基因组中每个基因（或基因家族）的拷贝数-宏基因组的功能组成可以表示为一个线性组合，将群落中各类群的基因组内容按类群丰度加权后进行聚合。这种基于类群的功能谱可以准确预测宏基因组中各种功能的丰度，为未直接测定宏基因组组成时进行功能分析提供了一条有前途的途径（Oh et al.，2014）。这种将宏基因组功能内容看作成员物种基因组内容的集合的观点，实现了分类丰度到功能丰度的映射，详细描述了每个物种的每个基因丰度所占的比例。

　　然而重要的是，即使已知这种映射（如基于分类单元的功能配置文件），并且可以估计每个分类单元对样本中给定功能的测量丰度的贡献，在两组样本之间，每个分类单元对观察到的该功能丰度变化的贡献也是不容易量化的。具体来说，一个分类单元对某些功能的丰度的贡献可能不是这个分类单元对观察到的功能转移的贡献。例如，一个分类单元可能对功能的丰富有显著贡献，但对疾病相关的转移没有显著贡献，也不清楚分类群之间的共变是如何发生的。例如，允许一个分类单元补偿另一个分类单元引起的功能转移，虽然某一基因的总丰度可以看作所有分类单元水平贡献的线性和，但缺乏一种严格定义如何在不同分类单元之间划分的分析方法，并在比较分析的背景下衡量该基因的差异丰度。

　　FishTaco 分析能够定义和计算分类法对功能转换的贡献，理想情况下，这样的框架应该满足几个关键需求。首先，由于比较研究使用了各种各样的统计指标来测量位移（如 Wilcoxon 秩和检验或 t 检验），要广泛应用这样的框架，就应该支持使用任何位移指标。为了使计算出的贡献分数直观且有意义，应使用与度量功能转移相同的单位和相同的尺度来度量分类群级的贡献。其次，允许将贡献分数解释为观察到的位移，分解为其分类单元级组件，一个给定功能的所有分类单元的计算贡献分数之和应该等于在这个特定功能中观察到的位移。最后，如上所述，每个分类单元对观察到的功能转换的贡献既取决于其相对于其他分类单元的丰度，也取决于与其他分类单元的共变，这样的框架应该考虑整个分类群（而不是单独考虑每个分类单元）和分类单元共变模式。

6.4.3　FishTaco 分析的应用

　　FishTaco 可以用于识别人类微生物组功能转移的分类学驱动因素。例如，在两组微生物组样品中（如病例和对照），FishTaco 将每个样品的分类丰度谱和功能丰度谱作为输入。分类学概况可以基于来自宏基因组测序的进化枝特异性标记（如 MetaPhlAn）或靶向 16S rDNA 测序，然后进行 OTU 挑选。功能概况可以基于宏基因组鸟枪测序和注释（如 HUMAnN）或其他类似通道（如 Carr 和 Borenstein）。当可用时，可以进一步输入包括每个分类单元的相应基因组数据。此类基因组数据，可以从已鉴定的标记基因匹配的参考基因组，或从密切相关的参考基因组和系统发育推断的基因组中获得（使用基于 16S rDNA 的分类学概况，如 PICRUSt）。在一项肠道微生物与猪肌内脂肪的研究中，通过 FishTaco 对 26 个盲肠腔样本和 24 个粪便样本的基因组数据进行分析，将肌内脂肪相关的细菌类群与微生物潜在功能连接起来，鉴定出与肌内脂肪含量相关的细菌类群大多与多糖降解和氨基酸代谢相关，从而表明碳水化合物代谢、能量和氨基酸代谢、细胞活力、膜转运等潜在功能与肌内脂肪含量显著相关（Fang et al.，2017），从而实现细菌分类水平与功能模块的连接。

　　FishTaco 可用于分析不同部位微生物的功能差异。在一项采用舌头与通过人类微生物组计划（HMP）获得的内颊（颊黏膜）数据进行 FishTaco 分析研究中，Manor 和 Borenstein（2017）首先评估了基于分类群和基于宏基因组的功能图谱之间的一致性，以及观察到的舌头和内颊样本之间的相应功能转移；然后用 FishTaco 计算舌头功能丰富的分类水平偏移贡献谱，量化每个分类单元对每个功能观察到的转移的贡献，揭示了这些转变贡献概况中的多种模式。FishTaco 可以将每个功能转换分解为其分类水平的贡献，为基础研究和转化研究提供独特的见解。具体而言，它为生态动态及其与宿主环境的关系提供了一个窗口，通过复杂的方式，将分类组成的变化转化为观察到的群落层面功能概况的变化。从翻译角度来看，鉴定功能或疾病特异性的分类学驱动因素，为未来有针对性的基于微生物组的疗法提供信息，而通过这些信息，能使微生物组治疗更有效地调节类群丰度，恢复其特定功能。

FishTaco 严格定义和量化每个分类单元对每个功能丰度的变化贡献，并确定驱动这种变化的关键类群，连接微生物组分类和功能数据。看似相似的疾病相关功能转换，实际上是由功能特异性和疾病特异性的微生物类群驱动的。对宏基因组中来自不同生活环境或疾病群组的样本分析，以表征每个样本中的分类和功能丰度分布。然后，可以使用一些统计检验（如 Wilcoxon 秩和检验或 t 检验）在样本之间比较分类和功能概况，以确定组成变化，并发现与疾病相关的分类群或功能。FishTaco 提出了一条系统整合分类和功能比较分析，以及基于微生物群的精确干预的途径。在研究群落生态失调与疾病之间的关系时，将 FishTaco 应用于致病微生物的研究中，例如，用 FishTaco 对 2 型糖尿病相关的糖转运系统的变化进行计算，通过计算分类水平贡献，鉴定出对糖转运系统产生促进或减弱作用的细菌类群，结果表明双歧杆菌可促进多糖转运系统富集，而变形菌属细菌减弱了这种富集；研究还证明可以利用 FishTaco 对基因组数据的分析，得到疾病与微生物组之间的关系（Manor and Borenstein，2017）。

总之，基于算法将物种与基因功能/代谢通路联系起来的 FishTaco 分析，通过对所有分类组别进行研究，确定哪些物种或物种群体与微生物样本中差异基因功能/代谢通路相关，得到引起功能改变的驱动因子，进一步研究驱动因子对差异基因功能/代谢通路改变的贡献程度，可以深度探讨物种引起某种基因功能/代谢通路改变的可能作用机制。FishTaco 可应用于几个大型宏基因组群，将微生物组功能的变化追溯到特定的分类群。此外，在功能之间，驱动功能转换的类群和它们的贡献水平显著不同。不同疾病中的类似功能失衡是由疾病特异性和共有分类群驱动的。这种微生物组生态学和功能动力学的综合分析，可以为基于微生物组的治疗提供信息，也可以为微生物组功能的操控提供理论基础。

参 考 文 献

陈蕾, 周小理, 周一鸣, 等. 2016. 高通量测序技术在肠道菌群研究中的应用. 食品工业, 37(3): 269-273.
何佳芮. 2014. 基于集成型微流控芯片的细菌快速检测及药敏分析. 大连医科大学硕士学位论文.

李宇杰, 霍曜, 李迪, 等. 2014. 微流控技术及其应用与发展. 河北科技大学学报, 35(1): 11-19.

应燕玲, 许先国, 朱发明, 等. 2009. 16S rDNA 快速鉴定血液制品中污染细菌的测序方法的建立. 中华微生物学和免疫学杂志, 29(10): 880-883.

郑小林, 鄢佳文, 胡宁, 等. 2011. 微流控芯片的材料与加工方法研究进展. 传感器与微系统, 30(6): 1-4.

周雪雁, 刘翊中, 陈轶霞, 等. 2013. 动物肠道菌群结构分析方法进展. 微生物学杂志, 33(5): 81-86.

朱诗应, 戚中田. 2013. 16S rDNA 扩增及测序在细菌鉴定与分类中的应用. 微生物与感染, 8(2): 104-109.

朱伟云, 姚文, 毛胜勇. 2003. 变性梯度凝胶电泳法研究断奶仔猪粪样细菌变化. 微生物学报, 43(4): 503-508.

Albertsen M, Hugenholtz P, Skarshewski A, et al. 2013. Genome sequences of rare, uncultured bacteria obtained by differential coverage binning of multiple metagenomes. Nature Biotechnology, 31(6): 533.

Ali M M, Aguirre S D, Lazim H, et al. 2011. Fluorogenic DNAzyme probes as bacterial indicators. Angewandte Chemie-International Edition, 50(16): 3751-3754.

Allegretti J R, Kearney S, Li N, et al. 2016. Recurrent *Clostridium difficile* infection associates with distinct bile acid and microbiome profiles. Alimentary Pharmacology & Therapeutics, 43(11): 1142-1153.

Amann R I, Ludwig W, Schleifer K H. 1995. Phylogenetic identification and *in-situ* detection of individual microbial-cells without cultivation. Microbiological Reviews, 59(1): 143-169.

An F, Qu Y Y, Luo Y, et al. 2016. A laminated microfluidic device for comprehensive preclinical testing in the drug ADME process. Scientific Reports, 6: 25022.

Andre G, Jonas S N, Sonja N, et al. 2013. Single-cell printer: automated, on demand, and label free. Journal of Laboratory Automation, 18(6): 504-518.

Arosio P, Müller T, Rajah L, et al. 2015. Microfluidic diffusion analysis of the sizes and interactions of proteins under native solution conditions. ACS Nano, 10(1): 333.

Baker G C, Smith J J, Cowan D A. 2003. Review and re-analysis of domain-specific 16S primers. Journal of Microbiological Methods, 55(3): 541-555.

Becattini S, Littmann E R, Carter R A, et al. 2017. Commensal microbes provide first line defense against *Listeria monocytogenes* infection. Journal of Experimental Medicine, 214(7): 1973-1989.

Bilen M, Dufour J C, Lagier J C, et al. 2018. The contribution of culturomics to the repertoire of isolated human bacterial and archaeal species. Microbiome, 6(1): 94.

Brooks J P, Edwards D J, Harwich M D, et al. 2015. The truth about metagenomics: quantifying and counteracting bias in 16S rRNA studies. BMC Microbiology, 15(1): 66.

Browne H P, Forster S C, Anonye B O, et al. 2016. Culturing of 'unculturable' human microbiota reveals novel taxa and extensive sporulation. Nature, 533(7604): 543-546.

Buffie C G, Bucci V, Stein R R, et al. 2015. Precision microbiome reconstitution restores bile acid mediated resistance to *Clostridium difficile*. Nature, 517(7533): 205-208.

Campos M, Surovtsev I V, Kato S, et al. 2014. A constant size extension drives bacterial cell size homeostasis. Cell, 159(6): 1433-1446.

Caporaso J G, Kuczynski J, Stombaugh J, et al. 2010. QIIME allows analysis of high-throughput community sequencing data. Nature Methods, 7(5): 335-336.

Carlotta D F, Duccio C, Monica D P, et al. 2010. Impact of diet in shaping gut microbiota revealed by a comparative study in children from Europe and rural Africa. Proceedings of the National

Academy of Sciences of the United States of America, 107(33): 14691-14696.

Carr R, Shen-Orr SS, Borenstein E. 2013. Reconstructing the genomic content of microbiome taxa through shotgun metagenomic deconvolution. PLoS Computational Biology, 9(10): e1003292.

Cassir N, Benamar S, Khalil J B, et al. 2015. Clostridium butyricum strains and dysbiosis linked to necrotizing enterocolitis in preterm neonates. Clinical Infectious Diseases An Official Publication of the Infectious Diseases Society of America, 61(7): 1107-1115.

Chakravorty S, Helb D, Burday M, et al. 2007. A detailed analysis of 16S ribosomal RNA gene segments for the diagnosis of pathogenic bacteria. Journal of Microbiological Methods, 69(2): 330-339.

Chang J Y, Antonopoulos D A, Kalra A, et al. 2008. Decreased diversity of the fecal microbiome in recurrent *Clostridium difficile*-associated diarrhea. Journal of Infectious Diseases, 197(3): 435-438.

Chen K, Pachter L. 2005. Bioinformatics for whole-genome shotgun sequencing of microbial communities. PLoS Computational Biology, 1(2): 106-112.

Chen W W, Li T S, He S, et al. 2011. Recent progress in the application of microfluidic systems and gold nanoparticles in immunoassays. Science China-Chemistry, 54(8): 1227-1232.

Chen Y, Cheng N, Xu Y, et al. 2016. Point-of-care and visual detection of *P. aeruginosa* and its toxin genes by multiple LAMP and lateral flow nucleic acid biosensor. Biosensors & Bioelectronics, 81: 317-323.

Choe A, Ha S K, Choi I, et al. 2017. Microfluidic gut-liver chip for reproducing the first pass metabolism. Biomedical Microdevices, 19(1): 4.

Clarridge J E. 2004. Impact of 16S rRNA gene sequence analysis for identification of bacteria on clinical microbiology and infectious diseases. Clinical Microbiology Reviews, 17(4): 840-862.

Cloud J L, Neal H, Rosenberry R, et al. 2002. Identification of *Mycobacterium* spp. by using a commercial 16S ribosomal DNA sequencing kit and additional sequencing libraries. Journal of Clinical Microbiology, 40(2): 400-406.

Colson P, Richet H, Desnues C, et al. 2010. Pepper mild mottle virus, a plant virus associated with specific immune responses, fever, abdominal pains, and pruritus in humans. PLoS One, 5(4): e10041.

Conville P S, Murray P R, Zelazny A M. 2010. Evaluation of the integrated database network system (IDNS) SmartGene software for analysis of 16S rRNA gene sequences for identification of *Nocardia* species. Journal of Clinical Microbiology, 48(8): 2995-2998.

Costa M C, Silva G, Ramos R V, et al. 2015. Characterization and comparison of the bacterial microbiota in different gastrointestinal tract compartments in horses. The Veterinary Journal, 205(1): 74-80.

Daillere R, Vetizou M, Waldschmitt N, et al. 2016. *Enterococcus hirae* and *Barnesiella intestinihominis* facilitate cyclophosphamide-induced therapeutic immunomodulatory effects. Immunity, 45(4): 931-943.

Darby A C, Hall N. 2008. Fast forward genetics. Nature Biotechnology, 26(11): 1248-1249.

Dash N, Panigrahi D, Al-Zarouni M, et al. 2012.16S rRNA gene sequence analysis of a *Brucella melitensis* infection misidentified as *Bergeyella zoohelcum*. Journal of Infection in Developing Countries, 6(3): 283-286.

De Vuyst L, Leroy F. 2007. Bacteriocins from lactic acid bacteria: production, purification, and food applications. Journal of Molecular Microbiology & Biotechnology, 13(4): 194-199.

Dobrijevic D, Di Liberto G, Tanaka K, et al. 2013. High-throughput system for the presentation of secreted and surface-exposed proteins from Gram-positive bacteria in functional metagenomics studies. PLoS One, 8(6): e65956.

Dong L, Chen D W, Liu S J, et al. 2016. Automated chemotactic sorting and single-cell cultivation of microbes using droplet microfluidics. Scientific Reports, 6: 24192.

Drago L, Toscano M, Rodighiero V, et al. 2012. Cultivable and pyrosequenced fecal microflora in centenarians and young subjects. Journal of Clinical Gastroenterology, 46(9): S81.

Ericsson A C, Johnson P J, Lopes M A, et al. 2016. A microbiological map of the healthy equine gastrointestinal tract. PLoS One, 11(11): e0166523.

Fang S, Xiong X, Su Y, et al. 2017. 16S rRNA gene-based association study identified microbial taxa associated with pork intramuscular fat content in feces and cecum lumen. BMC Microbiology, 17(1): 162.

Fedurco M, Romieu A, Williams S, et al. 2006. BTA, a novel reagent for DNA attachment on glass and efficient generation of solid-phase amplified DNA colonies. Nucleic Acids Research, 34(3): e22.

Flint H J, Bayer E A, Rincon M T, et al. 2008. Polysaccharide utilization by gut bacteria: potential for new insights from genomic analysis. Nature Reviews Microbiology, 6(2): 121-131.

Frias-Lopez J, Shi Y, Tyson G W, et al. 2008. Microbial community gene expression in ocean surface waters. Proceedings of the National Academy of Sciences of the United States of America, 105(10): 3805-3810.

Fullwood M J, Wei C L, Liu E T, et al. 2009. Next-generation DNA sequencing of paired-end tags (PET) for transcriptome and genome analyses. Genome Research, 19(4): 521-532.

Garrido-Cardenas J A, Manzano-Agugliaro F. 2017. The metagenomics worldwide research. Current Genetics, 63(5): 819-829.

Gilbert J A, Field D, Huang Y, et al. 2008. Detection of large numbers of novel sequences in the metatranscriptomes of complex marine microbial communities. PLoS One, 3(8): e3042.

Grunberger A, Paczia N, Probst C, et al. 2012. A disposable picolitre bioreactor for cultivation and investigation of industrially relevant bacteria on the single cell level. Lab on a Chip, 12(11): 2060-2068.

Guo L, Shi Y, Liu X, et al. 2018. Enhanced fluorescence detection of proteins using ZnO nanowires integrated inside microfluidic chips. Biosens Bioelectron, 99: 368-374.

Handelsman J. 2004. Metagenomics: application of genomics to uncultured microorganisms. Microbiology and Molecular Biology Reviews, 68(4): 669-685.

Handelsman J, Rondon M R, Brady S F, et al. 1998. Molecular biological access to the chemistry of unknown soil microbes: a new frontier for natural products. Chemistry & Biology, 5(10): R245-R249.

Hansen W L J, Beuving J, Bruggeman C A, et al. 2010. Molecular probes for diagnosis of clinically relevant bacterial infections in blood cultures. Journal of Clinical Microbiology, 48(12): 4432-4438.

Hansen W L J, Beuving J, Verbon A, et al. 2012. One-day workflow scheme for bacterial pathogen detection and antimicrobial resistance testing from blood cultures. Jove-Journal of Visualized Experiments, (65): e3254.

Harris T D, Buzby P R, Babcock H, et al. 2008. Single-molecule DNA sequencing of a viral genome. Science, 320(5872): 106-109.

Helgason E, Okstad O A, Caugant D A, et al. 2000. *Bacillus anthracis*, *Bacillus cereus*, and *Bacillus thuringiensis* - One species on the basis of genetic evidence. Applied and Environmental Microbiology, 66(6): 2627-2630.

Hilt E E, Maghdid D M, Kok D J. 2014. Urine is not sterile: use of enhanced urine culture techniques to detect resident bacterial flora in the adult female bladder. European Urology, 66(5): 871-876.

Hong S H, John B, Chesley L, et al. 2009. Polymerase chain reaction primers miss half of rRNA microbial diversity. ISME Journal, 3(12): 1365-1373.

Horvat R T, Wissam E A, Kassem H, et al. 2011. Ribosomal RNA sequence analysis of *Brucella infection* misidentified as *Ochrobactrum anthropi* infection. Journal of Clinical Microbiology, 49(3): 1165-1168.

Hugenholtz P, Tyson G W. 2008. Metagenomics. Nature, 455: 481.

Hugon P, Dufour J C, Colson P, et al. 2015. A comprehensive repertoire of prokaryotic species identified in human beings. The Lancet Infectious Diseases, 15(10): 1211-1219.

Jacob D, Wahab T, Edvinsson B, et al. 2011. Identification and subtyping of *Francisella* by pyrosequencing and signature matching of 16S rDNA fragments. Letters in Applied Microbiology, 53(6): 592-595.

Jiang C Y, Dong L B, Zhao J K, et al. 2016. High-throughput single-cell cultivation on microfluidic streak plates. Applied and Environmental Microbiology, 82(7): 2210-2218.

Jung W E, Han J, Choi J W, et al. 2015. Point-of-care testing (POCT) diagnostic systems using microfluidic lab-on-a-chip technologies. Microelectronic Engineering, 132: 46-57.

Kang D K, Ali M M, Zhang K X, et al. 2014. Rapid detection of single bacteria in unprocessed blood using Integrated Comprehensive Droplet Digital Detection. Nature Communications, 5: 5427.

Khanna S, Pardi D S, Kelly C R, et al. 2016. A novel microbiome therapeutic increases gut microbial diversity and prevents recurrent *Clostridium difficile* infection. Journal of Infectious Diseases, 214(2): 173-181.

Kommedal Ø, Simmon K, Karaca D, et al. 2012. Dual priming oligonucleotides for broad-range amplification of the bacterial 16S rRNA gene directly from human clinical specimens. Journal of Clinical Microbiology, 50(4): 1289-1294.

Koren O, Goodrich J K, Cullender T C, et al. 2012. Host remodeling of the gut microbiome and metabolic changes during pregnancy. Cell, 150(3): 470-480.

Lagier J C, Armougom F, Million M, et al. 2012a. Microbial culturomics: paradigm shift in the human gut microbiome study. Clinical Microbiology and Infection, 18(12): 1185-1193.

Lagier J C, Drancourt M, Charrel R, et al. 2017. Many more microbes in humans: enlarging the microbiome repertoire. Clinical Infectious Diseases, 65(suppl_1): S20-S29.

Lagier J C, Dubourg G, Million M, et al. 2018. Culturing the human microbiota and culturomics. Nature Reviews Microbiology, 16(9): 540-550.

Lagier J C, Khelaifia S, Alou M T, et al. 2016. Culture of previously uncultured members of the human gut microbiota by culturomics. Nature Microbiology, 1: 16203.

Lagier J C, Million M, Hugon P, et al. 2012b. Human gut microbiota: repertoire and variations. Frontiers in Cellular and Infection Microbiology, 2: 136.

Lakhdari O, Tap J, Béguet-Crespel F, et al. 2011. Identification of NF-κB modulation capabilities within human intestinal commensal bacteria. Biomed Research International, (2): 282356.

Larsen N, Vogensen F K, van den Berg F W, et al. 2010. Gut microbiota in human adults with type 2 diabetes differs from non-diabetic adults. PLoS One, 5(2): e9085.

Lau S K P, Ng K H L, Woo P C Y, et al. 2006. Usefulness of the MicroSeq 500 16S rDNA bacterial identification system for identification of anaerobic Gram positive bacilli isolated from blood cultures. Journal of Clinical Pathology, 59(2): 219-222.

Leininger S, Urich T, Schloter M, et al. 2006. Archaea predominate among ammonia-oxidizing prokaryotes in soils. Nature, 442(7104): 806-809.

Levene M J, Korlach J, Turner S W, et al. 2003. Zero-mode waveguides for single-molecule analysis at high concentrations. Science, 299(5607): 682-686.

Lizardi P M. 2008. Next-generation sequencing-by-hybridization. Nature Biotechnology, 26: 649.

Loughran M, Cretich M, Chiari M, et al. 2005. Separation of DNA in a versatile microchip. Sensors and Actuators B-Chemical, 107(2): 975-979.

Mahlen S D, Clarridge J E. 2011. Evaluation of a selection strategy before use of 16S rRNA gene sequencing for the identification of clinically significant Gram-negative rods and coccobacilli. American Journal of Clinical Pathology, 136(3): 381-388.

Manor O, Borenstein E. 2017. Svstematic characterization and analysis of the taxonomic drivers of functional shifts in the human microbiome. Cell Host & Microbe, 21: 254-267.

Margulies M, Egholm M, Altman W E, et al. 2005. Genome sequencing in microfabricated high-density picolitre reactors. Nature, 437(7057): 376-380.

Martinez X, Pozuelo M, Pascal V, et al. 2016. MetaTrans: an open-source pipeline for metatranscriptomics. Scientific Reports, 6(1): 26447.

Maryam T A, Matthieu M, Traore S I, et al. 2017. Gut bacteria missing in severe acute malnutrition, can we identify potential probiotics by culturomics? Frontiers in Microbiology, 8: 899.

Metzker M L. 2010. Sequencing technologies - the next generation. Nature Reviews Genetics, 11(1): 31-46.

Millette M, Dupont C, Shareck F, et al. 2008. Purification and identification of the pediocin produced by *Pediococcus acidilactici* MM33, a new human intestinal strain. J Appl Microbiol, 104(1): 269-275.

Million M, Tidjani Alou M, Khelaifia S, et al. 2016. Increased gut redox and depletion of anaerobic and methanogenic prokaryotes in severe acute malnutrition. Sci Rep, 6: 26051.

Moffitt J R, Lee J B, Cluzel P. 2012. The single-cell chemostat: an agarose-based, microfluidic device for high-throughput, single-cell studies of bacteria and bacterial communities. Lab on a Chip, 12(8): 1487-1494.

Moore W E, Holdeman L V. 1974. Human fecal flora: the normal flora of 20 Japanese-Hawaiians. Appl Microbiol, 27(5): 961-979.

Nugent R P, Krohn M A, Hillier S L. 1991. Reliability of diagnosing bacterial vaginosis is improved by a standardized method of gram stain interpretation. J Clin Microbiol, 29(2): 297-301.

Nylund L, Satokari R, Nikkila J, et al. 2013. Microarray analysis reveals marked intestinal microbiota aberrancy in infants having eczema compared to healthy children in at-risk for atopic disease. Bmc Microbiology, 13(1): 12.

O'Connell D. 2006. A global unculture. Nature Reviews Microbiology, 4(6): 418-419.

O'Shea E F, O'Connor P M, Raftis E J, et al. 2011. Production of multiple bacteriocins from a single locus by gastrointestinal strains of *Lactobacillus salivarius*. Journal of Bacteriology, 193(24): 6973-6982.

Oh J, Byrd A L, Deming C, et al. 2014. Biogeography and individuality shape function in the human skin metagenome. Nature, 514(7520): 59-64.

Ondov B D, Varadarajan A, Passalacqua K D, et al. 2008. Efficient mapping of Applied Biosystems SOLiD sequence data to a reference genome for functional genomic applications. Bioinformatics, 24(23): 2776-2777.

Patel D D, Patel A K, Parmar N R, et al. 2014. Microbial and Carbohydrate Active Enzyme profile of buffalo rumen metagenome and their alteration in response to variation in the diet. Gene, 545(1): 88-94.

Petrof E O, Gloor G B, Vanner S J, et al. 2013. Stool substitute transplant therapy for the eradication of *Clostridium difficile* infection: 'RePOOPulating' the gut. Microbiome, 1(1): 3.

Poretsky R S, Bano N, Buchan A, et al. 2005. Analysis of microbial gene transcripts in environmental samples. Applied and Environmental Microbiology, 71(7): 4121-4126.

Raoult D. 2017. Is there a link between urinary microbiota and bladder cancer? European Journal of Epidemiology, 32(3): 255-255.

Ren W, Xun Z, Wang Z, et al. 2016. Tongue coating and the salivary microbial communities vary in children with halitosis. Scientific Reports, 6: 24481.

Riba J, Gleichmann T, Zimmermann S, et al. 2016. Label-free isolation and deposition of single bacterial cells from heterogeneous samples for clonal culturing. Entific Reports, 6: 32837.

Ridlon J M, Alves J M, Hylemon P B, et al. 2013. Cirrhosis, bile acids and gut microbiota: unraveling a complex relationship. Gut Microbes, 4(5): 382-387.

Rothberg J M, Leamon J H. 2008. The development and impact of 454 sequencing. Nature Biotechnology, 26(10): 1117-1124.

Rusk N. 2009. Cheap third-generation sequencing. Nature Methods, 6: 244.

Sacchi C T, Whitney A M, Mayer L W, et al. 2002. Sequencing of 16S rRNA gene: a rapid tool for identification of *Bacillus anthracis*. Emerging Infectious Diseases, 8(10): 1117-1123.

Salonen A, Nikkilä J, Jalanka-Tuovinen J, et al. 2010. Comparative analysis of fecal DNA extraction methods with phylogenetic microarray: effective recovery of bacterial and archaeal DNA using mechanical cell lysis. Journal of Microbiological Methods, 81(2): 127-134.

Sanger F, Coulson A R. 1975. A rapid method for determining sequences in DNA by primed synthesis with DNA polymerase. Journal of Molecular Biology, 94(3): 441-448.

Schlaberg R, Simmon K E, Fisher M A. 2012. A systematic approach for discovering novel, clinically relevant bacteria. Emerging Infectious Diseases, 18(3): 422-430.

Schloss P D, Westcott S L, Ryabin T, et al. 2009. Introducing mothur: open-source, platform-independent, community-supported software for describing and comparing microbial communities. Applied and Environmental Microbiology, 75(23): 7537-7541.

Schubert A M, Rogers M A, Ring C, et al. 2014. Microbiome data distinguish patients with *Clostridium difficile* infection and non-*C. difficile*-associated diarrhea from healthy controls. MBio, 5(3): e01021.

Seekatz A M, Aas J, Gessert C E, et al. 2014. Recovery of the gut microbiome following fecal microbiota transplantation. MBio, 5(3): e00893-e00814.

Shah P, Fritz J V, Glaab E, et al. 2016. A microfluidics-based *in vitro* model of the gastrointestinal human-microbe interface. Nature Communications, 7: 11535.

Shivaji S. 2017. We are not alone: a case for the human microbiome in extra intestinal diseases. Gut Pathogens, 9(1): 13.

Shu B, Li Z, Yang X, et al. 2018. Active droplet-array (ADA) microfluidics enables multiplexed complex bioassays for point of care testing. Chem Commun (Camb), 54(18): 2232-2235.

Taheri-Araghi S, Bradde S, Sauls J T, et al. 2015. Cell-size control and homeostasis in bacteria. Current Biology, 25(3): 385-391.

Tap J, Mondot S, Levenez F, et al. 2009. Towards the human intestinal microbiota phylogenetic core. Environmental Microbiology, 11(10): 2574-2584.

Theriot C M, Young V B. 2015. Interactions between the gastrointestinal microbiome and *Clostridium difficile*. Annual Review of Microbiology, 69: 445-461.

Thorsen T, Maerkl S J, Quake S R. 2002. Microfluidic large-scale integration. Science, 298(5593): 580-584.

Turnbaugh P J, Hamady M, Yatsunenko T, et al. 2009. A core gut microbiome in obese and lean twins. Nature, 457(7228): 480-484.

Tyakht A V, Kostryukova E S, Popenko A S, et al. 2013. Human gut microbiota community structures in urban and rural populations in Russia. Nature Communications, 4: 2469.

Urich T, Lanzen A, Qi J, et al. 2008. Simultaneous assessment of soil microbial community structure and function through analysis of the Meta-transcriptome. PLoS One, 3(6): e2527.

VanPelt J, Page R C. 2017. Unraveling the CHIP: Hsp70 complex as an information processor for protein quality control. Biochim Biophys Acta Proteins Proteom, 1865(2): 133-141.

Vetizou M, Pitt J M, Daillere R, et al. 2015. Anticancer immunotherapy by CTLA-4 blockade relies on the gut microbiota. Science, 350(6264): 1079-1084.

Wang K, Liang R, Chen H, et al. 2017. A microfluidic immunoassay system on a centrifugal platform. Sensors and Actuators B: Chemical, 251: 242-249.

Wang P, Robert L, Pelletier J, et al. 2010. Robust growth of *Escherichia coli*. Current Biology, 20(12): 1099-1103.

Wang Z K, Yang Y S, Chen Y, et al. 2014. Intestinal microbiota pathogenesis and fecal microbiota transplantation for inflammatory bowel disease. World Journal of Gastroenterology, 20(40): 14805-14820.

Ward D V, Gevers D, Giannoukos G, et al. 2012. Evaluation of 16S rDNA-based community profiling for human microbiome research. PLoS One, 7(6): e39315.

Whiteside S A, Razvi H, Dave S, et al. 2015. The microbiome of the urinary tract-a role beyond infection. Nature Reviews Urology, 12(2): 81-90.

Woo P C Y, Lau S K P, Teng J L L, et al. 2008. Then and now: use of 16S rDNA gene sequencing for bacterial identification and discovery of novel bacteria in clinical microbiology laboratories. Clinical Microbiology and Infection, 14(10): 908-934.

Woo P C, Ng K H, Lau S K, et al. 2003. Usefulness of the MicroSeq 500 16S ribosomal DNA-based bacterial identification system for identification of clinically significant bacterial isolates with ambiguous biochemical profiles. Journal of Clinical Microbiology, 41(5): 1996-2001.

Xu W T, Cheng N, Huang K L, et al. 2016. Accurate and easy-to-use assessment of contiguous DNA methylation sites based on proportion competitive quantitative-PCR and lateral flow nucleic acid biosensor. Biosensors & Bioelectronics, 80: 654-660.

Yatsunenko T, Rey F E, Manary M J, et al. 2012. Human gut microbiome viewed across age and geography. Nature, 486(7402): 222-227.

Zhao W, Wang Y, Liu S, et al. 2015. The dynamic distribution of porcine microbiota across different ages and gastrointestinal tract segments. PLoS One, 10(2): e0117441.

Zhou L, Mao S F, Huang Q S, et al. 2018. Inhibition of anaerobic probiotics on colorectal cancer cells using intestinal microfluidic systems. Science China-Chemistry, 61(8): 1034-1042.

Zipperer A, Konnerth M C, Laux C, et al. 2016. Human commensals producing a novel antibiotic impair pathogen colonization. Nature, 535(7613): 511-516.

第7章　肠道微生物引发的第三次医学革命

随着人类基因组计划的完成以及个人基因组、肿瘤基因组、环境基因组等基因测序技术的发展，生物医学正向数据密集型科学逐步转化，精准医疗作为生物和医学领域的一个全新概念应运而生。精准医学被认为是继经验医学、循证医学之后的第三次医学革命。精准医学是以个体化医疗为基础，随着基因组测序技术快速进步以及生物信息与大数据科学的交叉应用而发展起来的新型医学概念与医疗模式。本质上是通过基因组、蛋白质组等组学技术和医学前沿技术，对大样本人群与特定疾病类型进行生物标志物的分析与鉴定、验证与应用，从而精确找到疾病的原因和治疗的靶点，并对一种疾病不同状态和过程进行精确分类，最终达到对于疾病和特定患者进行个性化精准治疗的目的，提高疾病诊治与预防的效益。2015 年，美国总统奥巴马启动了"精准医疗计划"，并投入 2.51 亿美元支持该计划的实施。次年 3 月，精准医疗纳入我国"十三五"规划。

被誉为人体第二基因组的肠道微生物，在消化、代谢、调解免疫功能、预防和治疗疾病，合成维生素、氨基酸、营养因子、免疫因子、传递物质、前驱体等方面扮演着重要角色，正以前所未有的方式影响并改变着人体健康，挑战对营养、免疫、预防和治疗疾病的传统认知，开启了第三次医学革命的新时代。2008 年，*Nature Reviews Drug Discovery* 杂志首次提出"肠道微生物作为药物研究新靶点"这一观点，采用系统生物学的研究方法（如代谢组学、基因组学等）结合肠道微生态理论，以肠道微生物（特定细菌的数量、细菌的丰度等指标）作为药物研究的新靶点，可以极大地促进更多创新药物的研发（Jia et al., 2008）。由于人类微生物组与疾病之间的关系越来越清晰，通过调控微生物从而实现个体化医疗和精准医疗的技术也日渐发展。研究宿主与微生物组相互作用有助于诊断和治疗癌症等疾病，实施精准治疗。肠道微生物个性化治疗发展的一个有吸引力的目标，对保障人类健康、研究个体间的变异和发现宿主功能都有一定的贡献，它的可塑性使得它成为一个可标靶的因素，所有这些都表明了将肠道微生物纳入精准医学的重要性。

微生物组学研究将成为新一轮科技革命的战略前沿领域。随着人体微生物研究的不断深入，微生物与人体的关系不断被揭示，人体微生物与各种疾病的相互作用也不断被挖掘，为人类提供了预防和治疗疾病的理论基础。但是，该领域仍有太多的未知，例如：①对于那些已经证实与微生物群变化相关的健康状况，是微生物群的组成还是其功能的变化导致的？②如何使研究从对微生物结构变化的检测转为对微生物功能变化的阐明？③控制微生物形成的原则是什么？是否有可能改变菌群的形成？如果有可能，那是在婴幼儿形成微生物群的最初阶段还是菌群形成之后？④病毒、真菌和其他真核微生物（如肠内寄生虫）在人类健康与疾病中扮演什么样的角色？通过人为操控微生物来实现精准医疗，又需要哪些新兴技术的支持？

7.1　粪　菌　移　植

粪菌移植（fecal microbiota transplantation，FMT）也称为粪菌治疗（fecal bacteriotherapy）和肠菌移植（intestinal microbiota transplantation）。粪菌移植是指将选定供体的新鲜或冻存粪便经处理后，通过各种途径将供体的粪便菌群移植到患者肠道内，使之相关功能菌群在患者体内定植，重建患者已紊乱的肠道微生物，实现肠道及肠道外疾病的治疗。粪菌移植作为一种特殊的器官移植，已经在难治性艰难梭状芽孢杆菌感染、炎症性肠病、肠易激综合征、慢性疲劳综合征以及一些代谢性疾病相关的肠道外疾病中得到使用，但并未成为常规疗法。大量的研究表明肠道微生物群的改变与许多胃肠道疾病甚至全身疾病有关，如代谢性疾病、神经疾病、精神疾病、自身免疫性疾病、过敏性疾病和肿瘤，因此通过粪菌移植逆转肠道微生物的异常可作为一些疾病的潜在治疗方法。

7.1.1　粪菌移植的历史

粪菌移植最早可追溯到公元 317-420 年我国的东晋时期，医药学家葛洪就尝试使用了粪菌移植的治疗方法。在我国第一本急诊医学的书籍《肘后备急方》中有关于黄龙汤（含有粪汁的药方命名为黄龙汤）的记载，服用黄龙汤可能是最早的粪菌移植疗法（Zhang et al.，2012）。李时珍在《本草纲目》中记载了利用粪便治疗"瘟病"等疾病的方法。中国人使用"黄龙汤"治病的记载比西方文献中使用相似方法治病的记载至少早了 1700 年。4 名严重的假膜性结肠炎患者在多种治疗方法无效的情况下，科罗拉多大学医学院外科医生与患者家属沟通后实施了粪菌移植疗法，使这 4 名患者恢复了健康（Epstein and Hundert，2002）。尽管取得了良好的效果，但该疗法并没有引起足够的重视。1989 年，首次报道了粪菌移植治疗溃疡性结肠炎并取得了很好的效果，2012 年又报道了使用标准化冷冻保存粪便与新鲜粪便治疗复发性艰难梭状芽孢杆菌感染（RCDI）的效果相同（Hamilton et al.，2012）。近些年来，经内镜肠道植管术（transendoscopic enteral tubing，TET）使多次粪菌移植成为可能，粪菌移植的途径分为上消化道、中消化道和下消化道

3 种。粪菌移植可以通过结肠镜检查、灌肠、远端回肠造口、结肠造口术和结肠经内镜下肠内管被递送到下消化道（陈红英等，2013）。该方法曾经将免疫检查点抑制剂（ICI）治疗引起的严重结肠炎患者成功治愈（Wang et al.，2018）。

7.1.2 粪菌移植的临床效果

粪菌移植的原理是将健康人粪便中的细菌移植到患者的肠道，以恢复患者肠道微生物的平衡，是当前热门的绿色疗法。当前粪菌移植在肠道疾病治疗中应用最多，最成功的当属治疗艰难梭状芽孢杆菌感染（CDI），长期滥用抗生素可造成人体肠道微生物失调，对抗生素敏感的微生物被杀灭，相对不敏感的微生物趁机大量生长繁殖，这样的环境极易造成艰难梭状芽孢杆菌定植并产生毒素，形成新的感染，粪菌移植的治疗机制就是恢复肠道的正常菌群，粪菌移植除了有效治疗艰难梭状芽孢杆菌感染外，还对炎症性肠病、肠易激综合征、慢性肠梗阻等疑难肠道疾病有较好的疗效。

在治疗非肠道疾病方面，据国外相关研究报道，将瘦的捐献者的粪菌移植给肥胖者可以明显改善肥胖者的胰岛素抵抗，提高胰岛素敏感性，使肥胖者体重下降（Kootte et al.，2017）。在治疗神经、精神疾病方面，粪菌移植可以改善自闭症人群的行为（Kang et al.，2019）。虽然这一新兴技术仍有许多不确定性因素，包括病原体的传播、长期后遗症等，但美国食品药品监督管理局十分关注粪菌移植在临床的应用。粪便中的菌群被认为是一种在机体免疫和代谢中起重要作用的特殊的器官，因此粪菌移植被认为是一种特殊类型的器官移植（Borody and Khoruts，2011）。肠道微生物失调参与疾病发展的确切机制尚未完全阐明。受干扰的肠道细菌可引起机体代谢活动的改变，导致胃肠黏膜防御能力减弱，进而导致肠道通透性改变和毒性物质被吸收到循环系统中。有研究表明，肠道微生物群在门的水平明显受到破坏，益生菌含量明显减少，致病菌数量相对增加，进而导致肠道疾病及并发症的发生（Surawicz et al.，2013）。肠杆菌科等蛋白质细菌在炎症性肠病患者肠道中也有增加（Walker and Lawley，2013）。脆弱拟杆菌（*Bacteroides fragilis*）是一种重要的肠道辅助性微生物，通过其共生因子（多糖 A，一种免疫调节细菌分子）对 Toll 样受体-2 及其信号通路的激活，诱导调节性 T 细胞和白细胞介素-10（IL-10）产生，可防治肠道炎症性疾病（Round et al.，2011）。致炎试剂右旋糖酐硫酸钠诱导的小鼠结肠炎模型显示，肠道菌群的孢子形成成分，特别是梭菌属（XIVa 和 XI簇）的孢子形成成分，促进了 T(reg)细胞的增殖，减少了小鼠肠道微生物的数量（Atarashi et al.，2011）。益生菌群在某种程度上改变了本地肠道微生物的代谢，尽管这种作用主要局限于有限的细菌种类，并且对肠道有短暂的抑制作用。然而，粪菌移植治疗的满意结果表明，粪便含有优良的肠道菌种组合，通过引入完整、稳定的肠道微生物组，更有利于修复被破坏的肠道微生态。粪便中还含有可能有助于肠道功能恢复的特定有益物质（蛋白质、胆汁酸和维生素）（van Nood et al.，2014）。粪菌移植后肠道微生物随着时间的推移而持续发生变化，移植后菌群的多样性增加生态系统更稳定，这有助于我们识别代表生态系统的关键群体，并进一步说明肠道功能伴随着健康供体肠道微生物的植入而正常化。目前，人们对炎症性肠病的粪菌移植非常关注，并有证据表明粪菌移植对某些溃疡性结肠炎（UC）患者有明显的治愈作用。通过对 5 例溃疡性结肠炎患者粪便细菌群落的多时点监测，确定了 5 例溃疡性结肠炎患者粪菌移植后的肠道微生物组成（Angelberger et al.，2013）。因此，粪菌移植有效的机制可能是定植菌具有黏附素、免疫调节分子、细菌素等的能力。黏附素分子可以与病原体竞争，从而阻止它们在肠道中定居，并恢复肠道微生物的正常生态（Borody and Campbell，2012）。

7.1.2.1　粪菌移植在治疗肠道疾病中的应用

1. 粪菌移植与 CDI

目前粪菌移植被推荐作为轻度及重度复发性艰难梭状芽孢杆菌感染可选择的治疗方法。艰难梭状芽孢杆菌是引起美国医疗卫生体系中发病和死亡的重要原因，也是炎症性肠病（IBD）患者感染的主要病原菌之一。大多数情况下 CDI 会使用抗生素治疗，但复发性 CDI 越来越常见。对新兴 CDI 网络（EIN）成员（绝大多数被调查者曾为艰难梭状芽孢杆菌感染者）的一次调查表明，越来越多的患者使用粪菌移植治疗多重复发的 CDI（Bakken et al.，2013）。一项对艰难梭状芽孢杆菌感染儿童患者进行粪菌移植的研究表明，粪菌移植的治愈率为 83%，比口服万古霉素治疗（治愈率为 70%）更为有效（Aldrich et al.，2019）。此项分析证实，粪菌移植前后肠道微生物群分布（Shannon 多样性指数）有显著差异，粪菌移植后，患者与粪菌供体的粪便微生物分布无显著差异。在门水平上，粪菌移植后拟杆菌门细菌水平显著升高，变形菌门细菌水平显著降低。因此 CDI 复发率低，再加上粪菌移植后不良反应小，说明粪菌移植是治疗小儿复发性 CDI 的一种可行手段（Fareed et al.，2018）。粪菌移植过去只在美国的少数几个中心进行，后来成为复发性 CDI 的一种标准疗法，现在已被治疗指南认可（Debast et al.，2014；Surawicz et al.，2013）。

2. 粪菌移植与炎症性肠病

首例关于炎症性肠病的粪菌移植研究于 1989 年报道，溃疡性结肠炎患者接受粪菌移植治疗后获得持续临床症状缓解。粪菌移植是增加患者肠道有益菌、改变紊乱的肠道微生物结构、重建肠道内环境最直接的方式。2012 年，一项系统回顾研究分析了 41 例炎症性肠病患者，结果提示粪菌移植可使 76% 的炎症性肠病患者的消化系统症状减轻或消失，76%的患者能够停用炎症性肠病相关治疗药物，63%的患者从病情活动转变为持续临床症状缓解。又有研究曾经在 2012 年对一位 29岁的年轻女性溃疡性结肠炎患者实施粪菌移植术，患者粪菌移植前其肠道细菌与正常人肠道细菌的相似度仅为 10%，分阶段实施了三次粪菌移植，并在精心护理及家庭关爱等支持因素的积极推动下，患者最终痊愈出院。在综合机制方面，粪菌移植后正常微生态菌群的建立，能阻断促炎因子的分泌，协同调节性 T 细胞分泌免疫调节因子，如 IL-10 和 TGF-β 等，进一步调节 Th1 和 Th2 反应，从而使其能发挥内环境稳态效应，阻止病原细菌的黏附、易位或产生抗菌物质抑制病原菌的增生。

葡聚糖硫酸钠盐（DSS）诱导小鼠溃疡性结肠炎的实验发现，粪菌移植能够有效降低溃疡性结肠炎小鼠体内炎症细胞因子水平，改变小鼠肠道内菌群的结构。病理学结果显示，粪菌移植后的小鼠结肠组织病灶会逐渐消失，并恢复与健康小鼠结肠组织相似的结构。透射电镜可见粪菌移植治疗组结肠上皮的损害及细胞间紧密连接结构和上皮完整性较模型组显著改善，而且粪菌移植治疗及预防处理后紧密连接蛋白（ZO-1）的表达较模型组明显增高。

3. 粪菌移植与肠易激综合征

目前认为肠易激综合征（IBS）的发病机制与肠动力异常、内脏高敏感性、肠-脑轴调节异常、精神心理因素、微炎症状态及全肠道感染等有关。近年来，研究显示，肠道微生物失调可能是肠易激综合征发病的始动因素，因此许多研究将粪菌移植用于治疗肠易激综合征。Borody 等（1989）首次报道了通过肠镜粪菌移植治疗 55 例肠易激综合征和慢性便秘患者，其中 20 例治愈，治愈率达 36%。一项对腹泻型肠易激综合征的研究收集了 12 例病例，给予粪菌移植治疗前后的患者不良反应评价，包括腹部疼痛、排便次数和粪便性状。治疗后随访了 12 周发现，这些肠易激综合征患者的腹部疼痛得到缓解，排便次数及粪便的性状得到改善，且并未发生严重不良反应（花月等，2017）。对 IBS 患者以肠道微生物为靶点进行多种手段的干预，可以起到良好的治疗作用，对肠道微生物调节的策略是"先破后立"，即先打破原来肠道微生物的病理稳态，再调节并建立正常的肠道微生物。

7.1.2.2 粪菌移植在治疗肠道外疾病中的应用

粪菌移植治疗艰难梭菌感染的有效性，让人们看到了粪菌移植在治疗疾病中的潜力。对许多无菌动物的研究也促进了粪菌移植在治疗肠道外疾病中的应用。该轴的破坏导致行为改变和各种神经疾病。同时，针对人体肠道微生物的研究也为肠道微生物在肠外疾病中的应用提供了关键证据。目前，全世界已注册了 20多种疾病的粪菌移植实验，如癫痫、自闭症、糖尿病、肝性脑病等。随着研究的深入，粪菌移植未来的救治范围可能还会扩大。粪菌移植在治疗肠道外疾病中已经有如下成功的临床应用。

1. 粪菌移植与代谢综合征

代谢综合征是多因素疾病，受宿主遗传因素、饮食和其他环境因素影响，是一组复杂的代谢紊乱症候群，如中心性肥胖、高血糖、血脂异常及高血压等。越来越多的证据表明，肠道微生物作为重要调节因子串联了饮食与肥胖和代谢功能紊乱，最直接的证据就是微生物组成随肥胖者体重变化而变化，同时宿主自身基因也参与调控肠道微生物的组成并影响其功能，肠道微生物与代谢综合征的关系成为近年的研究热点。

对无菌小鼠的研究表明，肥胖表型可以通过粪菌移植被转移。有研究发现，与瘦小鼠的微生物群相比，肥胖小鼠的微生物群从宿主饮食中提取能量的效率更高，而且肥胖表型是可以被转移的（Fredrik et al.，2007）。Vrieze 等（2014）采用双盲随机对照试验的方式研究了粪菌移植对代谢综合征的治疗作用。对患有代谢综合征的男性的血糖和脂质代谢指标进行了粪菌移植前后的对比。9 例患者接受来自瘦健康供体的粪菌（同种异体移植组），另外 9 例患者则接受自己的粪菌作为对照（自体移植组）。结果表明粪菌移植治疗 6 周时，同种异体移植组患者胰岛素敏感性明显提高，粪便微生物多样性显著增加，而自体移植组无明显变化，这些临床试验的结果可以使我们更好地了解肠道微生物在人体代谢紊乱中的作用。

一项小样本的临床随机对照试验显示，将体型偏瘦人群的粪菌移植到患代谢综合征人群的肠道中，可以改善后者血脂水平和胰岛素抵抗，且使其肠道中菌群的多样性得以提高。大量研究已证实，补充益生菌有利于提高胰岛素的敏感性，改善糖尿病症状。在肥胖人群中，无论其是否合并 2 型糖尿病，均发现其肠道微生物存在病理性改变。粪菌移植应用于医学上是医学界的一大突破，随着现代社会西方饮食方式的影响以及社交的增加，如何帮助超重的人减肥，成为粪菌移植的一个新挑战。一项对小鼠肠道微生物的研究发现，嗜黏蛋白艾克曼氏菌（*Akkermansia muciniphila*）在控制肥胖和代谢性疾病中起着重要作用，摄取高脂肪饮食的小鼠，肠道内嗜黏蛋白艾克曼氏菌含量比正常饮食的小鼠显著减少。而对于健康的哺乳动物，嗜黏蛋白艾克曼氏菌占肠道菌的 3%-5%（Schneeberger et al.，2015），目前国际上普遍认为肥胖人群肠道微生物与消瘦人群无论在数量上还是种类上均有明显差异，如何利用嗜黏蛋白艾克曼氏菌等使"减肥细菌"成功定植，虽然目前尚无明确研究，但粪菌移植的理念已经渗透，可为将来人们减肥提供参考。

粪菌移植可通过调节肠道微生物，恢复机体肠道正常微生态，从而改善胰岛素抵抗，提高胰岛素敏感性，最终帮助糖尿病患者减少痛苦。但目前仍需大量研究去揭示肠道微生物在糖尿病中的具体病理生理作用，探索粪菌移植对代谢相关疾病的作用机制及临床疗效。

2. 粪菌移植与肝脏疾病

肝脏作为肠道营养物质、细菌产物、毒素以及其他各种代谢产物的接受者和过滤者，经受着这些物质的作用，可能发生酒精性和非酒精性脂肪性肝病、肝硬化、肝恶性肿瘤等许多肝脏疾病。许多慢性肝病（包括酒精性和非酒精性脂肪性肝病、原发性硬化性胆管炎）均与肠道微生物改变密切相关。长期以来，"从肠治肝""肝肠同治"的观点得到了临床医疗工作者的认可，有关肠道、肝脏、免疫系统和新陈代谢系统之间的基础及临床研究也取得了令人欢欣鼓舞的结果。以改善肠道微生态失衡、维持肠黏膜屏障完整性和调节肝脏对肠道微生物的免疫反应为切入点的治疗有望成为慢性肝病新的治疗方法。其中粪菌移植具有菌群种类丰富、数量巨大等优点，其动物实验疗效较为显著。

粪菌移植对肝炎的治疗作用已经有一些报道。将重度酒精性肝炎患者的粪菌移植至无菌大鼠后，大鼠肠道屏障通透性明显增加，肝脏/体重比增加，转氨酶活性升高，肝组织 $CD45^+T$ 细胞明显增加，而移植非酒精性肝炎患者的粪菌后可成功逆转酒精诱导的小鼠肝脏病变，表明个体对酒精诱导的肝损害的易感性与肠道微生物及肠道微生物代谢产物密切相关。采用粪菌移植联合抗病毒治疗能促进慢性乙型肝炎患者体内乙型肝炎病毒 e 抗原（HBeAg）的清除。对乙型肝炎患者采用粪菌移植治疗，属于观察性的临床研究，病例数量也较少，对慢性乙型肝炎抗病毒治疗效果差的患者还需要大样本、多中心的严格随机对照（RCT）临床研究进一步证实。

肝硬化患者肠道微生物移位以及血液循环中细菌 DNA 水平均有明显的上调，而且微生物移位在肝硬化患者的全身性感染中扮演了关键的角色。动物实验发现，大肠杆菌、变形杆菌等肠杆菌较厌氧菌更容易透过肠道屏障入血导致菌血症的发生。随着肝硬化的逐步进展，肠道微生物紊乱、肝脏炎症反应和肠道微生物移位也逐步进展。肝性脑病是失代偿期肝硬化严重的并发症之一，也是肝硬化患者最主要的死因之一。对 69 例患有轻微型肝性脑病（MHE）的门诊患者进行粪便检测，发现粪便中潜在的致病菌大肠杆菌和葡萄球菌存在过度生长现象。而在另一项关于轻微型肝性脑病的研究中发现，链球菌科、韦荣球菌科的比例在伴随及不伴随轻微型肝性脑病的肝硬化患者中均有升高，还进一步发现，在轻微型肝性脑病患者中唾液链球菌数量增多，其增加的量与血氨升高水平呈正相关关系。2016年，首次报道了应用粪菌移植治疗轻微型肝性脑病临床病例，患者经过 7 周 4 次粪菌移植治疗后，认知水平得以提高，抑制控制试验（ICT）和斯特鲁普实验（Stroop test）评分均下降，提示粪菌移植确实能改善患者的临床表现及认知能力。但在停止粪菌移植治疗后的 14 周，该患者的 ICT 和斯特鲁普实验评分回升至治疗前水平，其疗效的持续性尚有待于进一步的探讨。慢性肝病患者往往处于免疫抑制状态，因此一旦考虑需要进行此类治疗，筛查病毒等病原体就尤其重要。以肝-肠菌-肠为治疗靶点既能有效抑制大鼠肝癌的发生，又能有效减少相关的并发症发生，提高生存率，为临床进一步开展粪菌移植治疗肝癌带来了曙光。

尽管粪菌移植治疗非酒精性脂肪性肝病、脂肪性肝病、病毒性肝炎、肝硬化等慢性肝病已见于报道，但到目前为止，粪菌移植详细的作用机制仍然不清楚，且多数仍为动物实验研究或者临床非随机对照的观察性研究。由于临床研究的样本量偏小，尚缺少高质量的严格随机对照研究，其治疗的安全性、有效性以及详细的作用机制还有待于进一步不断深入探索和研究。

3. 粪菌移植与神经系统疾病

肠道微生物通过肠-脑轴影响中枢神经系统，在宿主肠道与中枢神经系统的相互应答反应中发挥着重要作用。阿尔茨海默病（AD）、帕金森病（PD）、自闭症以及癫痫等神经系统疾病患者都存在肠道微生物组群的变化。研究发现，益生菌、益生元对神经性疾病的调节和治疗在病情前期有较好的效果，因此粪菌移植通过调节肠道微生物结构，成为治疗神经退行性疾病的新策略。粪菌移植在治疗阿尔茨海默病的动物实验中疗效明显。阿尔茨海默病小鼠与野生型小鼠相比，肠道微生物多样性降低，物种丰度也存在显著差异；粪菌移植可使阿尔茨海默病小鼠肠道微生物在各分类水平物种丰度更趋向于野生型组；粪菌移植使阿尔茨海默病小鼠在行为学方面的认知功能得到改善，抗氧化损伤能力提高，炎性反应水平降低，神经元的发育、存活增加，Aβ 淀粉样蛋白沉积减少，在一定程度上缓解了阿尔茨海默病的病理症状。帕金森病患者便秘发生率高，而且便秘可先于运动症状出现超过 10 年，推测该疾病可能始于肠道。一项研究发现，将帕金森病小鼠的粪菌移植给正常小鼠，发现正常小鼠有运动障碍，且纹状体神经递质减少，相反，将正常小鼠的粪菌移植给帕金森病小鼠，可缓解帕金森病小鼠肠道微生物失调和肢体障碍（Sun et al.，2018）。一名年轻女性患者患有肌阵挛性肌张力障碍和慢性腹泻，粪菌移植治疗后腹泻症状得到迅速改善，肌阵挛性肌张力障碍症状得到了极大改善，并且由于恢复了精细的运动功能，其灵活性提高了，如能握住杯子和扣子（Borody et al.，2011）。此外，临床研究（Funkhouser and Bordenstein，2013；Mackie et al.，1999）报道了在抑郁症患者的有限样本中发现其肠道微生物群受到了干扰；动物实验也表明将来自重度抑郁症患者的粪菌移植入无菌小鼠体内，可导致无菌小鼠抑郁行为改变。

7.1.3　粪菌移植的监管

尽管粪菌移植的应用前景广阔，但其临床适应证、有效性、安全性和作用机制尚待深入研究，推进标准化粪菌移植尚待更大努力，且尚未得到美国食品药品监督管理局（FDA）的正式批准，所以防范风险依然是临床决策的首要考虑因素。2019 年 6 月，美国 FDA 因 1 名免疫受损的成年患者在接受粪菌移植后，受到产超广谱 β-内酰胺酶（ESBL）大肠杆菌的侵袭性感染后死亡，而向医护人员和患者发出一份安全警告，表示粪菌移植疗法可能存在严重或危及生命的多重耐药菌感染风险，并计划暂停涉及该疗法的临床试验。2013 年 FDA 也曾发布一份有关粪菌移植的指导意见，表示在对标准疗法无反应患者使用粪菌移植治疗 CDI 的临床研究申请方面，计划在有限条件下行使执法自由裁量权。该指导意见规定，如果主治医生获得患者或其合法授权代表使用粪菌移植的知情同意，FDA 有意强制执行自由裁量权。

粪菌移植的监管势在必行。2016 年美国 FDA 发布粪菌移植治疗艰难梭状芽孢杆菌感染所需新药临床试验申请的新草稿意见。与 2013 版不同，此次主要针对商业化的粪菌库进行限制。该政策是出于安全因素考虑，此类机构所提供粪菌主要来自有限的筛查供体，而这些供体可能存在现今尚未认识的感染源或潜在风险，粪菌库的商业化会将风险放大。该征求意见稿一经提出便引起多方争论，支持者认为，此举有益于控制粪菌移植的潜在风险；反对者则认为，该政策将限制非营利性粪菌库的发展，迫使临床医生去选择获得许可的微生物产品，而这类微生物产品公司由于商业性及收回投资的需求，将增加医疗负担，使部分患者因无法负担费用而不能获得及时有效的治疗。目前，英国、法国、德国等欧洲国家均与美国食品药品监督管理局类似，将粪菌移植作为一种药物进行管理，但尚未出台其他特殊监管条例。首先，目前只应将粪菌移植作为一种实验处理，在临床实践中，应严格控制适应证和限制。例如，它作为选择性治疗，适于在常规手段治疗失败的情况下进行，否则患者（尤其是免疫力低的人群）就患上了危重病。同时，必须确保严格的知情同意程序，并评估适当的风险与利益比率。粪菌移植处于伦理争议领域，其相关的伦理和社会问题具有复杂性与挑战性：作为实验性临床研究和紧急救助治疗措施，风险/效益评估、患者易受伤害性、知情同意和限制接受实验治疗尤为重要；而粪菌移植作为一种新型的器官移植，涉及粪便细菌的来源（供体的选择和筛选、受体的选择、资源配置的公平性、粪便的所有权和商业化）。

（1）知情同意和患者易受伤害性：只有进行了有效和充分的知情同意才可以开展临床研究和治疗。接受粪菌移植的患者基本存在两种形式：临床试验或个别治疗，但是由于患者群体的特殊脆弱性，在不完全清楚治疗的性质和机制、无长期的安全性评估、可能存在不良情绪和行为的情况下，无法做到理想的知情同意。炎症性肠病患者是粪菌移植的潜在试验和治疗对象，其生活质量低，营养状况差。他们可能经历过多种不满意的治疗，情绪低落，以及对复发的长期担忧，这增加了其患焦虑和抑郁等精神与心理疾病的风险。在中国，许多炎症性肠病患者需要花费大量的时间和精力到不同的地方寻求治疗。考虑到炎症性肠病病程的长期性和复发性，交通、医疗和住院费用也增加了患者心理与精神负担。因此，患者做出理性判断的能力实际上被削弱了，他们的自愿性常常受到压力和绝望的影响。这些人也更容易受到欺骗和不适当的诱惑，而且对治疗效果的期望过高。研究表明，"其他治疗失败"是患者考虑粪菌移植的关键因素之一。在这种情况下，粪菌移植代表着希望和拯救生命的稻草，患者很难认真考虑粪菌移植的可能性、有效治疗的风险性和安全性。基于此，医生的指导和中立、公正的信息是必不可少的，医生不仅应该告知他们现有的风险、不良反应，以及粪菌移植仍处于探索阶段的事实，还应告知患者是否有其他选择。

（2）粪菌移植风险效益评价：粪菌移植进入医学界后，逐渐成为一种流行的治疗策略，但也带来了希望和争议。目前的研究报告表明，一些患者在粪菌移植后有短暂的不良反应：轻度发热、胀气、腹鸣、恶心呕吐、排便习惯改变、疲劳或 C 反应蛋白（CRP）水平升高，且具有自限性。其他风险包括疾病进展、治疗中断、潜在的已知或未知微生物感染等，最近的研究更是表明，粪菌移植可导致病毒在供体和受体之间传播。一位溃疡性结肠炎患者在家庭粪菌移植治疗时因未进行供体筛查而感染了巨细胞病毒。这是因为粪便提取物是供体和受体之间的中间物质，粪菌移植有传播隐匿性感染的潜力，即使在严格的供体筛选过程中也是如此。据报道，女性患者在移植超重者的粪菌后体重增加。研究还证实，由于肠-脑轴对应激、焦虑、抑郁、认知功能等情绪和行为的调节，粪菌移植后可能导致宿主神经递质（如血清素）的紊乱。这些风险对粪菌移植的实践提出了以下建议：首先，在选择和筛选粪菌移植供者时，除了对病原体进行筛查外，还应对供者的精神障碍史及其家族史（如对癌症易感性等）、犯罪记录，甚至智力进行筛查。其次，粪菌移植通过改变肠道微生物来改变肠道的形态和行为。如果未来的研究发现肠道微生物与情绪和意识密切相关，就可以证明粪菌移植会导致情绪和个性的改变。

（3）隐私和保密：个人隐私的侵犯或保密原则的不遵守可能会使个人的心理受到严重打击，使社会关系中的个人难堪并对工作产生不利影响。每个人都有一个独特的微生物"指纹"，并在肠道微生物调查一年的过程中保持稳定（http://www.cas.cn/kj/201505/t20150513_4354447.shtml）。这引起了人们对隐私和数据访问资格的担忧，如微生物指纹信息是否可以用作法医遗传学的证据以及安全机构是否可以获得微生物样本。随着许多国家逐步建立排泄物库，捐赠者的粪便样本和信息数据将会增加。在收集、管理、存储、共享、匿名化和访问资格方面需要着重强调隐私问题。人类微生物研究的数据在解释和传播过程中，如在基因测试领域，不同实验室对数据的解释和研究制度不同，可能导致不一致甚至是不准确、误导或有偏见的信息。在涉及精神疾病、种族、宗教信仰和社会经济背景时，该领域的研究人员应小心保证隐私，遵守保密原则。

（4）粪菌移植的商业化和滥用：与粪菌移植相关的商业化可能会促进粪菌的滥用。粪菌移植和遗传技术研究或专利应受到法律的有效保护。是否可以申请"优秀"肠道微生物的遗传信息，或者是否可以批准"最佳"试验供体选择，或者是否可以专门进行特殊移植，可能需要引起注意。专利问题与所有权密切相关。一些学者发现很难确定微生物研究涉及的所有权，特别是一些来源于粪便的微生物。所有权的定义将极大地影响粪便细菌的公平分配和利益。与粪菌移植相关专利的问题比基因的专利更复杂。虽然粪菌移植是功能性肠道微生物的完整移植，但是重建和修复微生物稳态所需的微生物组的组成与比例仍然是未知的。供体疾病和血液筛查对于粪菌移植非常重要，但由于每个人的肠道微生物是独特的，并且每个粪菌移植都是独特的，所谓的最佳供体或最佳菌群的概念实际上是模糊的。随着微生态研究和合成生物学的发展，捐赠者筛查计划将是明确和有针对性的。合成微生物群将随着时代的需要而出现，并且针对不同疾病的治疗可以与器官移植相匹配。

在世界范围内，粪菌移植研究的快速发展与患者的活动密切相关。一些患者建立了专门的网站，致力于提高公众意识并寻求对粪菌移植基金的支持。在促进粪菌移植的安全性和可行性的同时，当医疗机构无法提供粪菌移植治疗时，这些网站也推广了自我治疗的知识，并出售专门为家庭自助式粪菌移植设计的手册和书籍。然而，缺乏专业人员参与，缺乏筛查供体疾病，缺乏咨询和规范化操作，使粪菌移植存在巨大的安全性风险。滥用或患者绕过医务人员自己进行的干预，增加了风险问题。因此，为了确保质量和安全性，粪菌移植必须在常规医疗机构进行，该医疗机构应具有实验室条件、执行标准操作程序和训练有素的医务人员，并提供知情同意和咨询服务。

除以上问题外，粪菌移植体系由于还不够完善，还面临着以下的技术问题。

（1）交叉污染：粪便中55%的成分是各种微生物，其中含有有益的细菌。如果患者因粪菌移植而感染新的病原体，也会受到伤害，如Quera等（2014）报道，粪菌移植用于治疗肠易激综合征时患者发生了菌血症。

（2）临床应用不规范：由于粪菌移植技术还处于临床试验阶段，在许多方面还没有规范。首先，临床访问指标尚不明确。临床访问有两个指标：第一，哪些医院有资格进行粪菌移植；第二，哪些患者在接受粪菌移植后能获得最大的效益。手术方法比较粗糙，粪液由医务人员用手工搅拌，纱布过滤收集粪便。此外，没有明确的收费标准和条例来实施这项技术。一些医院经营者没有经验，盲目地进行手术。关于试验对象、粪便数量、稀释液和输注途径的技术细节尚未规范。不规范的技术使用会对患者的身体和精神造成损害。

（3）厌恶：在传统的概念中粪便是污秽的，医护人员和患者都会产生排斥心理。公众对粪菌移植缺乏了解和排斥，影响了技术的临床发展，而采用该技术治疗的患者的厌恶程度将影响其疗效。

（4）个人信息的泄露：粪菌移植作为一种新兴的技术，其对人体感官的影响已成为人们关注的热点，为了吸引公众的眼球来宣传和任意泄露患者的个人信息，将对患者的心理和生活产生影响。

要解决以上问题，需要准确把握理解医学伦理学，从科学的角度把握方向。基于不伤害、有利、尊重和公平的原则来解决粪菌移植问题。因此可进行的改进如下。

（1）消除交叉感染的可能性：Bakken 等（2011）科学家已经制订了严格的供体筛选指标，包括部分体征（3 个月内无抗生素使用史，无自身免疫性疾病、代谢性疾病和慢性消化道疾病等）、血液学检查（肝炎病毒、人体免疫缺陷病毒、人类 T 淋巴细胞病毒等）、粪便检查（艰难梭状芽孢杆菌、沙门氏菌、志贺氏菌、寄生虫）等。提前制订避免交叉感染的方案，在粪菌移植过程中采取严谨的科学态度、科学方法和途径，严格筛选供体，制订详细的治疗方案，将降低交叉感染的可能性。

（2）标准化临床应用：临床应用可以从三个方面进行调节，即操作者、接受者和成本。为了使粪菌移植对患者利益最大化，必须为操作者和接受者采用高标准的接入系统。一方面，实施粪菌移植的医院必须通过严格的资质认证，必须拥有高配的硬件和软件，拥有专业的医疗团队。医院还应多次加强对临床技能和医学伦理学的研究，了解临床医生和研究人员，明确其社会责任，并按照最大化患者利益和临床试验医学目的的原则开展此项手术。国内可参照一些国际上成熟的案例，实施粪便新药研发应用、审核、审批制度。另外，相关学者应该进行更多的大规模多中心和大数据研究，制订临床实践指南，在指南中明确指出粪菌移植的适应证和具体程序。为了避免资源的盲目开发和浪费，有必要审查核实患者的病情，充分了解粪菌移植的意义和价值，在随访期间配合医院，实现粪菌移植的最大效益，确保患者的利益得到充分保护。

虽然粪菌移植没有明确的收费标准，但其技术要求高而价格昂贵，许多患者难以承受。研究人员正在寻找常规粪菌移植的替代品，包括粪便产品的生产、"粪便库"的建立、用冷冻粪便代替新鲜粪便，以及探索合成替代品等。这些新的探索方向可以大大降低粪菌移植的成本，使更多的患者得到安全有效的治疗。

（3）消除对粪菌移植的厌恶：我们应该从技术和人文两个方面消除患者对粪菌移植的厌恶，以保护患者的心理健康。首先，医务工作者应该建立粪菌移植的科学概念，明确这只是一种治疗方法，所有患者均具有平等性。医务人员不仅要尊重患者的生命价值，还要有专业和高尚的医学精神，详细告知患者粪菌移植的发展、操作方法和优缺点。按照人文关怀理念，使患者在充分了解技术后，在操作前签署知情同意书。由于粪菌移植仍处于试验阶段，仍然无法保证绝对安全，医务人员在尊重患者决定的基础上应给予患者最大的帮助。

（4）保护患者的隐私：医务人员在进行粪菌移植时应注意保护患者病史、身体缺陷、特殊经历、遭遇和其他的隐私不受侵犯。相关医院应该成立粪菌移植伦理小组，以管理患者的个人信息。当出于合法目的需要访问患者信息时，应向伦理小组提出申请，在寻求患者的同意后，以特定病例的报告方式得到批准，报告和泄露患者个人信息的人应对此负责。医务人员结合患者的利益和医学伦理规范，使粪菌移植成为促进健康发展的一种有效方式。

总之，粪菌移植是一项快速起效、相对安全、经济的治疗手段，随着对其临床适应证和有效性、安全性的深入研究，粪菌移植将会有巨大的应用潜力和广阔的应用前景，未来需开展更多、更高质量的随机对照临床试验，以提供更充分的循证医学证据。为使粪菌移植、粪人工组合菌群治疗和miniFMT等更趋于标准、完善和规范，首先，需尽快出台粪菌移植的具体审批和监管措施；其次，要考虑患者的最佳利益和健康，基于患者的脆弱性及粪菌移植技术本身的挑战与未知性，应该给予患者充分的信息与沟通，获得患者的知情同意；再次，作为试验性治疗，应特别关注数据的整理和分析，并对已积累的病例及时进行回顾性研究，对长期的安全性，以及其他风险进行评估。

7.2　益生菌干预

益生菌是一种口服补充剂，内含的活微生物数量应足以改变宿主菌群，并具有潜在的健康效益（Hill et al.，2014）。益生菌通常为乳酸菌属、双歧杆菌属或链球菌属的微生物，这些微生物产生的小分子代谢副产物（包括丁酸等短链脂肪酸）可对宿主的生物学功能产生有益的调节作用，这些代谢副产物有时被称为益生素（也称后生元、类生元），并可能具有免疫调节功能。迄今为止研究最多的益生菌包括鼠李糖乳杆菌（*Lactobacillus rhamnosus*，LGG）、乳双歧杆菌（*Bifidobacterium lactis*）和嗜热链球菌（*Streptococcus thermophilus*）。乳酸杆菌（*Lactobacillus* spp.）、双歧杆菌（*Bifidobacterium* spp.）和酵母菌（*Saccharomyces* spp.）作为益生菌安全有效使用具有悠久的历史，艾克曼氏菌（*Akkermansia* spp.）、罗斯氏菌（*Roseburia* spp.）、丙酸杆菌（*Propionibacterium* spp.）和粪杆菌（*Faecalibacterium* spp.）最近几年也展露出了广阔的应用前景。其中，嗜黏蛋白艾克曼氏菌是新晋的明星细菌，在粪便中的丰富程度与人类的肥胖和2型糖尿病呈负相关关系。在动物研究中，口服嗜黏蛋白艾克曼氏菌，特别是巴氏杀菌后，可以减少脂肪量的增加，提高胰岛素敏感性。在最近的可行性研究中，研究人员首次测试了其安全性和耐受性，32名超重或肥胖和胰岛素抵抗的志愿者补充嗜黏蛋白艾克曼氏菌，对该菌对志愿者短期代谢的影响进行研究，发现持续 3 个月每天口服 10^{10} 个细菌剂量的活体或巴氏杀菌的嗜黏蛋白艾克曼氏菌是安全的，并且耐受性良好。与安慰剂相比，活体和巴氏杀菌的嗜黏蛋白艾克曼氏菌都显著改善了胰岛素抵抗。此外，巴氏杀菌的嗜黏蛋白艾克曼氏菌使血浆胆固醇含量降低了 8.7%，但体重和脂肪量降低不显著（Plovier et al.，2017）。与安慰剂相比，补充巴氏杀菌的嗜黏蛋白艾克曼氏菌也能改善与肝功能障碍抑制炎症相关的生物标志物的水平。但是将这些发现转化为临床实践之前，还需要进行更多的研究（Li and Hu，2019）。某些酵母菌[如布拉酵母菌（*Saccharomyces boulardii*）] 和酵母菌代谢副产物也经常被作为益生菌使用。

　　益生菌的应用在药剂和效果上都具有高度的特异性。益生菌可作为药物或补充剂单独给药或摄入，也可以添加入功能性食品中或与其相混合，或者其本身就是功能性食品的天然成分。

　　目前对益生菌作用机制的了解大多基于体外、动物、细胞培养或离体人体模型的研究。益生菌菌株不仅可以通过竞争营养、拮抗、互利共生等方式与肠道微生物相互作用，还具有调节免疫功能，改善代谢，产生有机酸（如短链脂肪酸）、多胺、酶及一些具有系统影响的小分子（如饱腹感激素、皮质醇、5-羟色胺等）的作用。不仅如此，益生菌成分（如前列腺特异性抗原、甲酰肽受体等）对宿主的免疫也至关重要。益生菌通过这些代谢产物和细胞成分调节宿主机体免疫，改善宿主代谢，下面着重通过益生菌代谢产物的作用和微生物细胞成分免疫调节解释益生菌对宿主有益作用的机制。

7.2.1　益生菌代谢产物的作用

7.2.1.1　短链脂肪酸

　　不可消化的碳水化合物是结肠细菌发酵的丰富底物，其主要的代谢产物是短链脂肪酸（SCFA），如乙酸、丙酸和丁酸。乙酸和丙酸主要由拟杆菌门细菌产生，而丁酸则由厚壁菌门细菌产生。肠道中的 SCFA 浓度取决于产 SCFA 的微生物群组成、肠道转运时间、宿主-微生物群代谢通量以及宿主饮食中的纤维素含量。这些微生物群的代谢产物不仅是肠道微生物群本身的重要能量来源，也是肠道上皮细胞的重要能量来源。SCFA 除了作为能量生产的局部底物外，已经证明其对体重、葡萄糖稳态和胰岛素敏感性也产生有益作用。研究表明，丁酸膳食补充剂可能通过增加能量消耗和线粒体功能来降低小鼠饮食诱导的胰岛素抵抗（Gao et al.，2009）。丁酸和丙酸对高脂饮食诱导的肥胖的发生具有抑制作用（Lin et al.，2012）。口服乙酸也可改善葡萄糖耐量（Yamashita et al.，2007）。

　　SCFA 的功能由几种不同的机制介导，涉及组蛋白脱乙酰酶、G 蛋白偶联受体抑制和代谢整合。SCFA 是组蛋白脱乙酰酶的抑制剂和 G 蛋白偶联受体的配体（GPCR），可作为影响造血和非造血细胞系扩展与功能的信号分子。SCFA 驱动的组蛋白脱乙酰酶抑制倾向于促进对维持免疫内稳态至关重要的耐受性、抗炎性细胞表型，这种活性支持了微生物群可以作为宿主生理学的表观遗传调节剂的理论。外周血单核细胞和中性粒细胞暴露于 SCFA，类似于它们暴露于组蛋白脱乙酰酶抑制剂和灭活的核因子-κB（NF-κB），可下调促炎性细胞因子、肿瘤坏死因子（TNF）的产生（Vinolo et al.，2011；Usami et al.，2008）。其他研究将 SCFA 抑制组蛋白脱乙酰酶的抗炎作用扩展到巨噬细胞（Chang et al.，2014；Kendrick et al.，2010）和树突状细胞（DC）（Trompette et al.，2014；Singh et al.，2010）。总之，这些结果表明 SCFA 诱导的组蛋白脱乙酰酶抑制可作为 NF-κB 活性和先天免疫应答的关键调节剂。

组蛋白乙酰化作为一个中心开关出现，允许（通过乙酰化）和抑制（通过去乙酰化）染色质结构之间的相互转换。组蛋白乙酰化发生在主要组蛋白 3 和组蛋白 4 的 N 端尾部赖氨酸残基的 ε 氨基上，被认为可以促进基因转录。乙酰基通过组蛋白乙酰转移酶（HAT）添加到组蛋白尾部，并通过组蛋白脱乙酰酶去除。组蛋白脱乙酰酶抑制剂已广泛应用于癌症治疗，它们的抗炎或免疫抑制功能也有报道。丁酸和丙酸在较小程度上被认为是组蛋白脱乙酰酶抑制剂（Johnstone，2002）。因此，SCFA 可以作为癌症和免疫稳态的调节剂。

SCFA 的另一个重要功能是在细胞内进行代谢整合以产生能量（即 ATP）。SCFA 促进糖酵解和氧化磷酸化，在免疫应答过程中支持淋巴细胞的积极分裂。此外，SCFA 还促进脂肪酸的生物合成，这对细胞的增殖和分化非常重要。与氧化丁酸盐的正常结肠上皮细胞相比，丁酸在癌细胞的核提取物中积累了 3 倍，癌上皮细胞中生成的更高浓度的丁酸，可以作为一种有效的组蛋白脱乙酰酶抑制剂（Donohoe et al.，2012）。因此，丁酸在正常细胞中可作为组蛋白乙酰转移酶激活剂，在癌细胞中可作为组蛋白脱乙酰酶抑制剂。正常结肠上皮细胞的丁酸消耗可保护结肠中的干细胞免受高浓度丁酸的影响，并减轻丁酸依赖性组蛋白脱乙酰酶的抑制作用和干细胞功能的损伤（Kaiko et al.，2016）。相反，丁酸对小肠干细胞组蛋白脱乙酰酶的抑制作用增加了干细胞的数量（Yin et al.，2014）。总之，丁酸可以在特定干细胞和不同的环境中诱导不同的效果。

SCFA 介导的组蛋白脱乙酰酶抑制除了抗肿瘤外，也可有效地抗炎。丁酸通过组蛋白脱乙酰酶抑制固有层巨噬细胞（Chang et al.，2014）中的促炎效应物的产生和树突状细胞与骨髓干细胞的分化（Singh et al.，2014）。SCFA 还通过组蛋白脱乙酰酶抑制调节性 T 细胞中的细胞因子表达和 Treg 细胞的产生。效应 T 细胞（Th1 细胞、Th2 细胞和 Th17 细胞）增强了有氧糖酵解，糖酵解抑制促进了 Treg 细胞的生成（Shi et al.，2011）。因此，活化 T 细胞中的代谢转移将使其对 SCFA 介导的组蛋白脱乙酰酶抑制敏感（Furusawa et al.，2014；Arpaia et al.，2013）。

研究发现传统上不被认为是组蛋白脱乙酰酶抑制剂的乙酸，在活化的 T 细胞中可抑制组蛋白脱乙酰酶活性（Park et al.，2015）。组蛋白脱乙酰酶抑制剂通过增强 FOXP3$^+$ Treg 细胞对免疫的调节作用，已在炎症性疾病相关的几种动物模型中进行了验证（Thorburn et al.，2014）。

人类基因组拥有约 800 个 G 蛋白偶联受体基因，最近在染色体 19q13.1 上的 CD22 基因附近发现了 4 个 G 蛋白偶联受体基因（命名为 *GPR40-GPR43*）的簇（Brown et al.，2003；Le Poul et al.，2003；Nilsson et al.，2003）。G 蛋白偶联受体也被称为游离脂肪酸受体（FFAR），因为它们能够感知游离脂肪酸。SCFA 的许多调节特性需要通过 G 蛋白偶联受体，包括 *GPR43*（也称为 *FFAR2*）、*GPR41*（也称为 *FFAR3*）和 *GPR109A*（也称为 *HCAR2*），这些 G 蛋白偶联受体存在于多种细胞中，包括免疫细胞和肠道上皮细胞。*GPR43* 表达对于 SCFA 诱导的中性粒细胞趋化性（Vinolo et al.，2011）和 Treg 细胞的扩增与抑制功能是必需的（Smith et al.，2013）。

乙酸、丙酸和丁酸可以激活 GPR43（Kasubuchi et al.，2015；Kimura et al.，2014）。缺乏 GPR43 受体的小鼠表现为肥胖，而在正常条件下，F2022 受体在脂肪中过度表达的小鼠表现为瘦弱（Bjursell et al.，2011）。这些表型是由产生 SCFA 的肠道微生物介导的，因为这些小鼠品系在无菌条件下或用抗生素处理后没有显示相同的表型（Kimura et al.，2013）GPR41 与 GPR43 具有 33%的氨基酸序列一致性，主要由丙酸和丁酸激活（Lin et al.，2012）。与 FFAR2 类似，FFAR3 不仅能够诱导肠激素肽 YY（PYY）和 GLP-1 产生，它还可以通过肠道微生物产生的 SCFA 改善胰岛素信号转导（Chambers et al.，2015a；Kaji et al.，2014）。

SCFA 对 GPR43 的依赖作用可以延伸到中枢神经系统（CNS）。小胶质细胞（CNS 的常驻巨噬细胞）的成熟和功能依赖于肠道微生物群，维持小胶质细胞稳态需要 SCFA 和 GPR43（Erny et al.，2015）。在野生型小鼠中但不在 *GPR41*$^{-/-}$小鼠中，SCFA 阻断树突状细胞成熟并改善过敏性气道炎症（Trompette et al.，2014）。SCFA 激活 GPR109A（一种对烟酸和丁酸都有反应的受体）后，通过单核细胞增加抗炎因子的表达，诱导 Treg 细胞的分化和白细胞介素-10（IL-10）的产生，预防结肠炎和结肠癌的发生，产生 T 细胞（Singh et al.，2014）。然而，SCFA 会加剧疾病。一项测量囊性纤维化患者痰液中 SCFA 浓度的研究发现，SCFA 介导的中性粒细胞增长和持续存在加剧了炎症反应并促进了铜绿假单胞菌（*Pseudomonas aeruginos*）的生长（Ghorbani et al.，2015）。因此，SCFA 的免疫调节作用取决于环境和细胞类型。细胞特异性和组织特异性 G 蛋白偶联受体的存在及其不同的代谢产物感知能力允许宿主调节炎症以控制感染或损伤并维持体内平衡。

共生细菌可以依赖于环境促进或抑制结肠炎症和癌症的发生，但 SCFA 通过增强肠黏膜屏障功能，对维持黏膜免疫也是必不可少的。无菌小鼠和抗生素治疗的小鼠更容易受到葡聚糖硫酸钠诱导的结肠炎的影响，这可能是由于肠黏液质量的改变。乙酸盐可激活 GPR43 保护小鼠肠道（Maslowski et al.，2009），表明正常的微生物群产生的代谢产物，如 SCFA 对结肠具有保护作用。SCFA 与肠黏膜上的 GPR43 和 GPR109A 结合也激活了炎性小体，并促进了下游炎性细胞因子 IL-18 的产生，IL-18 激活上皮细胞产生抗菌肽，从而预防了结肠炎的发生。结肠癌患者 *GPR109A* 和 *GPR43* 的表达显著降低（Tang et al.，2011），再次支持 SCFA 信号转导的保护作用。更具体地说，丁酸盐可通过抑制 *GPR109A* 的表达使溃疡性结肠炎（Wang et al.，2012）和结肠癌患者结肠中产丁酸盐细菌数量显著减少，并且改善实验性结肠炎（氧化偶氮甲烷/DSS 治疗）而对结肠产生保护作用（Singh et al.，2014）。这些观察结果突出了微生物来源的 SCFA 在调节局部和全身免疫反应以及维持黏膜体内平衡中的作用。总之，SCFA 在健康和疾病中的免疫调节功能与治疗潜力还需要更多的研究。

7.2.1.2　氨基酸

研究表明，微生物源性芳香氨基酸代谢产物在体内平衡和疾病状态下对调节先天免疫反应起着重要作用（Dodd et al.，2017）。一项专注于脱氨基酪氨酸（DAT）的研究提供了酪氨酸衍生代谢产物作用于先天免疫的证据，该代谢产物通过 I 型干扰素（如 INF-α、INF-β）信号调节流感病毒产生先天免疫反应。宿主细胞和微生物组分都能将色氨酸代谢为吲哚衍生物（Dodd et al.，2017）。目前已发现多种肠道微生物产生色氨酸生物活性代谢产物（Lamas et al.，2018；Cervantes- Barragan et al.，2017；Zelante et al.，2013），破坏微生物色氨酸代谢有助于异常免疫反应（Schiering et al.，2017；Wlodarska et al.，2017；Zelante et al.，2013）。

肠道微生物产生的吲哚衍生物是芳香烃受体信号通路的关键配体，在感染和炎症时调节先天免疫反应。吲哚-3-醛（IAId）通过芳香烃受体刺激固有淋巴细胞3（innate lymphoid cell 3，ILC3）产生 IL-22（Cervantes-Barragan et al.，2017；Zelante et al.，2013）。在无菌小鼠和抗生素治疗小鼠中，产生吲哚-3-醛的细菌定植诱导的固有淋巴样细胞（ILC）产生，增强了对白色念珠菌的抗性。在另一个鼠源柠檬酸杆菌感染模型中，添加色氨酸代谢产物的小鼠饮食可恢复 ILC 介导的黏膜保护，并大大改善了 DSS 和柠檬酸杆菌诱导的结肠炎（Schiering et al.，2017）。

吲哚-3-醛以一种芳基烃受体依赖性的方式在 IEC 上诱导 IL-10R1 的表达。与吲哚-3-醛类似，吲哚-3-丙酸（IPA）被证明可以增强肠屏障的完整性并改善 DSS 诱导的肠道炎症。此外，一种新发现的共生细菌，即罗氏消化链球菌（*Peptostreptococcus russellii*），可将色氨酸代谢成吲哚丙烯酸（IA）等以促进杯状细胞功能，并在巨噬细胞中产生抗炎性细胞因子（Wlodarska et al.，2017）。此外，吲哚衍生代谢产物可以通过减少中性粒细胞浸润来防止药物引起的肠病（Whitfield-Cargile et al.，2016）。

在肠道中，宿主源性色氨酸代谢产物，如犬尿氨酸（Kyn），通过吲哚胺 2,3-双加氧酶 1（IDO1）（Nikolaus et al.，2017）产生于肠上皮细胞和先天免疫细胞，且丁酸盐可以诱导 DC 中 IDO1 的表达（Zhao et al.，2018）。此外，吲哚-3-乙酸盐（I3A）作为吲哚-3-乙酸（IAA）的共轭碱在宿主胆汁酸代谢中具有调节作用（Krishnan et al.，2018）。

在 IBD 患者粪便和血清中均观察到 IAA 与 Kyn 的增加，表明了在疾病状态下从微生物到宿主代谢的转变（Krishnan et al.，2018；Lamas et al.，2016）。caspase 募集结构域家族成员 9（CARD9）是髓系模式识别受体信号转导中的重要适配器蛋白，也是 IBD 危险等位基因，在色氨酸代谢中起重要作用。最近的一项研究表明，接受来自 CARD9 缺陷小鼠微生物组的无菌小鼠对 DSS 诱导的结肠炎具有敏感性，这可能是由于 IAA 水平较低和固有淋巴细胞中的 IL-22 生成受损（Lamas et al.，2016）。这一现象可以部分解释为 CARD9 对微生物组分的影响，进而影响微生物色氨酸代谢产物的产生。综上所述，这些发现表明了微生物和寄主代谢产物之间复杂的相互作用。

7.2.1.3　多胺

肠道微生物体内多胺的合成主要通过鸟氨酸或其他中间体的直接脱羧反应来完成，而且肠道微生物体内存在完整的多胺调节机制用于维持宿主体内多胺平衡，包括多胺的逆向互变、吸收、转运、降解等多个环节。多种致病菌依赖多胺在宿主体内存活，包括幽门螺杆菌、肠沙门氏菌亚种、伤寒血清型肠杆菌、志贺氏菌、金黄色葡萄球菌、肺炎链球菌和霍乱弧菌（Di Martino et al.，2013）。

肠道含有大量多胺化合物，它们有利于增强肠道上皮细胞屏障的完整性。体外研究表明，多胺可以刺激细胞间连接蛋白的产生，包括封闭蛋白、紧密连接蛋白-1（ZO-1，也称为 TJP1）和 E-钙黏着蛋白（也称为 cadherin 1）（Liu et al.，2009），这对调节细胞间的通透性和增强上皮细胞屏障功能至关重要。此外，给大鼠幼崽注射多胺可诱导其小肠产生黏液和分泌性 IgA（Buts et al.，1993），而给大鼠幼崽喂食多胺缺乏的食物可导致其肠黏膜发育不良（Loser et al.，1999）。这些研究表明，宿主与微生物合成多胺的是早期肠道微生物建立的一个重要环境因子，对出生后个体肠道发育是必需的。

多胺代谢在免疫调节中起着重要作用。精氨酸酶 1（arginase 1）和一氧化氮合酶（nitric oxide synthase，NOS）分别竞争精氨酸产生多胺和一氧化氮，是平衡效应器免疫反应的重要酶。典型巨噬细胞（M1）促炎表型的极化导致诱导型 NOS 的激活、促炎性细胞因子的产生和细胞毒性的增加。精胺可通过抑制鸟氨酸脱羧酶的表达和促炎性细胞因子的合成来抑制 M1 巨噬细胞的激活，而不改变抗炎转化生长因子 β（TGF-β）和 IL-10 的合成（Zhang et al.，2000）。乳双歧杆菌 LKM512

（*Bifidobacterium lactis* LKM512）导致血液循环中和结肠中多胺水平升高，这与结肠 TNF-α 和 IL-6 水平降低相关（Kibe et al.，2014）。这些发现提出了控制饮食和提供有益细菌可能有利于改变结肠多胺代谢以有益于宿主健康。

多胺还调节系统性免疫和黏膜适应性免疫。接受富含多胺母乳喂养的幼鼠实验显示，上皮内 CD8$^+$T 细胞和固有层 CD4$^+$T 细胞的成熟加速，脾脏中 B 细胞活性增强（Perez-Cano et al.，2010）。细胞衰老和宿主与年龄相关的转变以及免疫功能受损，被认为是由慢性低级炎症的累积驱动和导致的。新陈代谢随年龄变化的研究发现，在许多神经退行性疾病中，多胺水平往往会下降（Minois et al.，2011）。值得注意的是，在健康小鼠中，乳双歧杆菌 LKM512 诱导了机体对氧化应激的抵抗并延长了寿命，这依赖于微生物多胺合成的增加（Matsumoto et al.，2011）。总之，宿主和微生物多胺代谢的变化可能改变细胞因子环境，并在急性和慢性炎症环境中诱导细胞转化过程。

越来越多的证据支持多胺异常生物合成在致癌和肿瘤免疫中有重要作用。许多癌症患者的尿液和血液中多胺水平有所升高，而且宿主和肠道微生物群多胺代谢的失调可能是导致结直肠癌的原因（Miller-Fleming et al.，2015；Gerner and Meyskens，2004）。对结直肠癌患者和正常组织样本进行代谢组学筛选后发现，癌细胞中的多胺能促进细菌生物膜的生长，反过来，细菌在生物膜中产生的多胺能促进癌症的发展。抗生素治疗后，切除的结直肠癌组织没有生物膜或可培养细菌，与生物膜阳性组织相比，其特异性多胺代谢产物 N^1, N^{12}-二乙酰二胺的水平降低（Johnson et al.，2015）。因此，宿主源性和细菌源性多胺可能协同促进结直肠癌发生，N^1, N^{12}-二乙酰二胺可能是生物膜相关肿瘤的潜在生物标志物。多胺也与皮肤癌和激素相关的癌症有关，包括乳腺癌和前列腺癌（Miller-Fleming et al.，2015）。临床前肿瘤模型显示多胺抑制抗肿瘤免疫反应。可通过抑制鸟氨酸脱羧酶活性来消耗多胺并以 T 细胞依赖的方式抑制肿瘤生长，这为降低肿瘤微环境中的多胺水平提供了证据（Johnson et al.，2015）。因此，多胺代谢在致癌作用中的重要性使得多胺代谢途径成为抗癌和化学预防的潜在靶点。多胺水平的复杂调节对宿主和微生物细胞功能至关重要，随着多胺在微生物中的代谢信息被不断发掘，多胺会成为阻止微生物感染和治疗该疾病的潜在重要靶点。

7.2.1.4 酶

微生物酶，如 β-半乳糖苷酶和胆盐水解酶，是由某些益生菌产生和传递的，可分别改善人体乳糖的消化和血脂过高状况。酸奶中的嗜热链球菌和保加利亚乳杆菌促进微生物 β-半乳糖苷酶向小肠输送，将乳糖分解为可消化的葡萄糖和半乳糖，这对临床乳糖不耐受症患者有益。这证明嗜热链球菌和保加利亚乳杆菌作为酸奶的成分可以缓解乳糖消化不良的症状。

最近研究表明，膜结合鸟苷酸环化酶 C（GC-C）受体或可作为功能性胃肠病（FGID）和 IBD 的治疗新靶点，内源性旁分泌激素——尿鸟苷素和鸟苷素激活鸟苷酸环化酶 C 受体，刺激其下游效应器环磷鸟苷（cGMP）以 pH 依赖的方式在胞内生成，靶向 GC-C 旁分泌信号轴中的受体，或可治疗胃肠道疾病，包括慢性特发性便秘和肠易激综合征便秘，效应器环磷鸟苷参与调节体液和电解质平衡，维持肠道屏障功能，发挥抗炎活性，调节上皮细胞再生（Waldman and Camilleri，2018）。

7.2.1.5　芳香烃受体配体

肠道微生物成员及其特定饮食成分的代谢产物，可结合宿主细胞上的芳香烃受体（aryl hydrocarbon receptor，AHR）。AHR 能够识别一些异源物质和天然化合物，如色氨酸代谢产物、膳食成分和微生物的衍生因子，它们对于维持黏膜表面的稳态非常重要。AHR 激活会诱导细胞色素 P4501（CYP1）酶的活化，这些酶会氧化 AHR 配体，从而导致芳香烃化合物的代谢清除和排毒。因此，CYP1 酶具有重要的反馈作用，可以缩短 AHR 信号的持续时间。AHR 激活受饮食和肠道微生物群组成的影响。只有特定的细菌亚群，尤其是乳酸杆菌属细菌，才能代谢膳食中的色氨酸，并产生可刺激 ILC3 的 AHR 配体（Zelante et al.，2013）。ILC3 诱导的 IL-22 产生驱动 AMP 的表达，抑制病原体如机会性真菌白色念珠菌的适应性。因此，内源性微生物衍生的色氨酸代谢产物可能为宿主提供对抗病原体定植和防止黏膜炎症至关重要的线索。有研究表明，AHR 与其配体结合具有物种依赖性偏好（Hubbard et al.，2015），这表明宿主与其微生物群共有的配体之间存在共同进化。

作为 AHR 的配体，微生物的代谢产物对宿主免疫至关重要，尤其对黏膜界面起到保护作用，需要进一步研究以认识其对感染性和炎症性疾病治疗的潜力。AHR 最初因在外源物质的代谢中的作用而被认识，但也有证据表明其在调节黏膜免疫反应中有一定的作用。小鼠体内缺乏 AHR 或缺乏 AHR 配体，会干扰肠道微生物群的组成，并减少 AMP 的产生、肠道上皮内淋巴细胞（IEL）的数量和肠道上皮细胞的转换。将野生型 IEL 转移至 $Ahr^{-/-}$ 小鼠，可恢复其肠道上皮细胞屏障功能并使细菌负荷正常化（Li et al.，2011）。在野生型小鼠中，缺乏 AHR 配体增加了 DSS 诱导的结肠炎症的严重程度，当给小鼠喂食补充有合成 AHR 配体的饲料时，其结肠炎症状减轻（Li et al.，2011）。AHR 的激活对于肠淋巴滤泡和特定的固有淋巴细胞（ILC）的产生也是必要的，这是抗鼠类柠檬酸杆菌（*Citrobacter rodentium*）感染所必需的（Kiss et al.，2011）。总之，这些研究表明，通过增加饮食中 AHR 配体的摄入量，可以抵消 AHR 配体过度降解对肠道免疫功能的有害影响。肠道免疫细胞亚群对 AHR 具有内在的需求，因为缺乏 AHR 活性会使宿主容易受到增强的免疫激活和免疫病理学的影响，并且特定饮食成分的微生物代谢对于适当的 AHR 信号转导和宿主-微生物的相互作用至关重要。

7.2.2 微生物细胞成分的免疫调节作用

肠道益生菌可以通过非免疫调节方式来稳定微生态环境，即通过体内定植、黏附、竞争占位增强黏膜免疫功能，提高宿主的防御能力，还可以通过提高机体的体液免疫水平和细胞免疫水平来增强机体的免疫防御机能。先天免疫系统遇到丰富多样的自身和非自身抗原，并配备多种系编码模式识别受体，以监测、协调和响应微生物的变化。模式识别受体（TLR）能检测细菌、真菌和病毒来源的微生物相关分子模式（MAMP），包括脂多糖、鞭毛蛋白、肽聚糖、甲酰肽和独特的核酸结构。跨膜和细胞质模式识别受体启动保守信号级联，驱动对宿主防御至关重要的刺激或调节效应器反应。模式识别受体信号通路的激活导致 AMP、细胞因子、趋化因子和凋亡因子的产生，信号通路的中断或改变可导致疾病的发生。阐明微生物代谢产物如何影响模式识别受体介导的反应，有助于理解宿主肠道微生物稳态的发展和维持。重点研究其中的三种特异性 MAMP，即细菌多糖 A（PSA）、甲酰肽和 D-甘油-β-D-甘露庚糖-1,7-二磷酸（HBP），有助于理解宿主和微生物的共生，以及从宿主和微生物相互作用中发现新的治疗机会（图 7-1）。

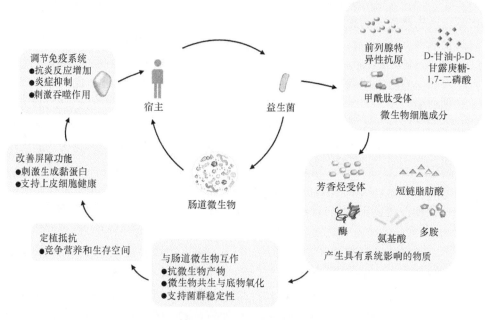

图 7-1　益生菌与宿主的相互作用机制

7.2.2.1　肠道细菌多糖（PSA）

肠道中细菌产生的常见多糖是指由脆弱拟杆菌（*Bacteroides fragilis*）产生的8 种结构不同的荚膜多糖（PSA）之一，主要存在于结肠的外部黏液层中。这种结构对脆弱拟杆菌的生长和有效定植至关重要，能介导其与其他微生物成员和宿主的相互作用。口服灵芝多糖（GLP）可以有效改善胰岛素的敏感性；β-1,3-葡聚糖是天然多糖和生物活性纤维，是潜在的益生元，口服后具有显著的免疫调节作用；应用多组学研究发现，龙眼多糖对宿主免疫系统有影响，该多糖使 IgA、IgG、IgM、IL-6、IFN-γ 和 TGF-β 的水平增加，意味着免疫调节活性的改善。

PSA 对先天性和适应性免疫细胞具有多效调节作用。PSA 与树突状细胞上的Toll 样受体-2（TLR-2）相互作用（Wang et al.，2006），并通过 CD11c$^+$ DC 被采集、处理、呈递给 T 细胞（Mazmanian et al.，2005），因此，通过灌胃给予 PSA，可以纠正无菌小鼠辅助性 T 细胞(Th1 细胞和 Th2 细胞)之间的不平衡(Mazmanian et al.，2005)。在脓肿和结肠炎的临床前研究中，PSA 可以通过激活 CD4$^+$ T 细胞并驱动 IL-10 的产生，并通过提高 CD25$^+$ FOXP3$^+$ Treg 细胞群体数量和功能来抑制炎症反应（Dasgupta et al.，2014）。

尽管 PSA 在脾脏和胃肠道中的作用被广泛研究，但它的抗炎活性已超出了这些区域。在神经炎症中，PSA 对 Treg 细胞的作用需要诱导 CD39 表达以使 Treg细胞迁移到中枢神经系统（Wang et al.，2014）。CD39 是一种重要的调节酶，CD39的表达是区分人 FOXP3$^+$ Treg 细胞与原始 T 细胞或其他效应 T 细胞群的标志物，人 FOXP3$^+$ Treg 细胞上调 CD39 表达对其抑制活性是必要的（Dwyer et al.，2007）。人外周血单核细胞的体外研究表明，PSA 可增强 Treg 细胞的扩增和抑制功能（Telesford et al.，2015）。Treg 细胞中 CD39 缺乏可能影响了实验性结肠炎的发生，炎症性肠病患者 CD39 表达增加与疾病缓解有关（Gibson et al.，2015）。总之，临床前和体外人体细胞实验的机制研究表明，PSA 可能是治疗人类自身免疫性疾病的一种有用的免疫调节性微生物互作分子模式。

7.2.2.2　甲酰肽受体（FPR）

在细菌中发现了由甲酰肽受体（FPR）识别的 *N*-甲酰肽基序，并在宿主线粒体中发现了它们密切相关的基序。还检测到甲酰肽受体其他非甲酰化的内源性配体，包括血清淀粉样蛋白 A、组织蛋白酶抗菌肽 LL37 和蛋白膜联蛋白 A1。刺激甲酰肽受体会导致白细胞聚集，以及促炎性细胞因子、酶和超氧化物的产生来对抗感染。甲酰肽受体由先天免疫细胞、上皮细胞、内皮细胞、肌肉细胞和神经细胞产生，最近的研究表明，甲酰肽受体对非吞噬细胞的刺激是实现感染或损伤后组织稳态的必要条件（Liu et al.，2014）。鉴于甲酰肽受体的不同作用和表达谱，已经在炎症、自身免疫性疾病、神经变性疾病和癌症中描述了甲酰肽受体异常激活的作用。

致病性金黄色葡萄球菌产生甲酰肽，称为酚可溶性调控蛋白（PSM）。哪些FPR 被酚可溶性调控蛋白激活取决于酚可溶性调控蛋白的长度和二级结构，而FPR 的激活强度取决于酚可溶性调控蛋白的浓度（Kretschmer et al.，2015）。在低水平时，酚可溶性调控蛋白通过 FPR1 发出微弱信号，而在高水平时，酚可溶性调控蛋白是 FPR2 的有力激活剂，导致大量中性粒细胞进入感染部位，对宿主细胞和竞争的微生物细胞造成细胞毒性损伤（Bloes et al.，2015）。FPR 也可以与痛觉感受器共同作用，介导金黄色葡萄球菌引起的炎症性疼痛。金黄色葡萄球菌衍生的甲酰肽通过 FPR1 信号促进伤害感受器驱动的机械性疼痛的激活和免疫抑制性神经肽的释放（Chiu et al.，2013）。金黄色葡萄球菌也能分泌可抑制FPR 和阻断白细胞迁移的蛋白质（Prat et al.，2009）。总之，这些研究表明金黄色葡萄球菌通过刺激伤害感受器释放免疫抑制神经肽来间接抑制宿主免疫系统，并通过 FPR 直接抑制或减弱信号转导，从而使细菌在受感染组织中繁殖。在感染后期，随着 PSM 的积累，金黄色葡萄球菌会导致中性粒细胞毒性的增加，从而进一步损害宿主细胞和组织。对致病性金黄色葡萄球菌的研究强调了宿主对微生物互作分子模式识别的重要性，以及在疾病早期激活先天免疫反应新策略的必要性。

基于 FPR 可以有效激活先天免疫系统，使用肽脱甲酰基酶抑制剂是治疗金黄色葡萄球菌等耐药细菌感染的有效方法（Yang et al.，2014）。许多细菌编码肽脱甲酰基酶，这些酶的调控是细菌在感染过程中灭活甲酰肽并阻止白细胞趋化的一种机制。甲硫氨酰-tRNA 甲酰转移酶（一种引发参与蛋白质合成的甲硫基-tRNA甲酰化反应的酶），可降低金黄色葡萄球菌在宿主体内产生强烈感染的能力（Lewandowski et al.，2013）。尽管线菌素可以驱动金黄色葡萄球菌等病原菌中甲硫氨酰-tRNA 甲酰转移酶的功能缺失突变，并导致病原菌对肽脱甲酰基酶抑制剂产生耐药性，但这些突变导致细菌在宿主体外和体内的适应性大大降低（Min et al.，2015），从而为金黄色葡萄球菌等病原菌的感染提供了一种治疗方案。

7.2.2.3　D-甘油-β-D-甘露庚糖-1,7-二磷酸（HBP）

细菌的代谢产物 HBP，可以通过以前未知的信号轴驱动先天免疫反应。研究人员结合遗传和生化方法，发现淋病奈瑟菌（*Neisseria gonorrhoeae*）（一种侵入泌尿生殖道的革兰氏阴性细菌）能将促炎代谢产物 HBP 释放到其细胞外环境中（Gaudet et al.，2015）。虽然 HBP 是其他革兰氏阴性细菌脂多糖生物合成途径的中间产物，但在不需要先进行细菌分解的情况下释放 HBP 是淋病奈瑟菌特有的现象。因此，作为一种细胞外病原体，淋病奈瑟菌可以与先天免疫系统结合而不被吞噬和溶解。淋病奈瑟菌源性 HBP 可通过内吞作用进入宿主细胞，并启动保守的信号级联反应，这些信号级联反应聚合以诱导促炎反应。具体来说，HBP 激活信号分子 TIFA（肿瘤坏死因子相关受体与叉头结构域相互作用蛋白），刺激其磷酸化、寡聚和迁移到溶酶体，在溶酶体处 TIFA 可以与衔接分子 TRAF6（TNF 受体相关因子 6）相互作用。TIFA 与 TRAF6 的相互作用触发了典型的 NF-κB 通路，从而诱导与先天免疫反应相关的基因表达。在感染背景下，用淋病奈瑟菌源性乙型肝炎病毒和单用乙型肝炎病毒注射观察这些作用。有关调节细菌 HBP 产生以及宿主转运和细胞内识别 HBP 的机制需要进一步研究。然而，这些发现证实了微生物代谢产物可以作为微生物互作分子模式发挥作用，从而驱动促炎基因的表达，并可能利用一种新的模式识别受体途径来启动适应性免疫反应。阐明淋病奈瑟菌源性乙型肝炎病毒的信号通路为控制感染提供了重要的理论支撑。

7.3　益生元干预

益生元是一种有益于宿主的不易消化的食物成分或补充剂，可选择性地刺激一种或多种肠道固有益生菌的良性生长和/或活性。常用的益生元包括菊粉、低聚果糖、低聚半乳糖、乳果糖等。母乳中也含有多种益生元，其中最丰富的是母乳低聚糖。菊粉和低聚半乳糖的干预，改变了肠道微生物的组成，增加了双歧杆菌和乳酸菌的丰度，并通过微生物发酵增加了粪便丁酸浓度（So et al.，2018）。例如，菊粉是一种被国际益生菌与益生元科学协会（International Scientific Association for Probiotics and Prebiotics，ISAPP）认可的益生元，可以重塑肠道微生物，改善糖脂代谢紊乱，缓解肥胖症状及 2 型糖尿病。姜黄素对抑制肿瘤发生有益与其维持结肠微生物的多样性有关（McFadden et al.，2015）。在结肠炎相关结直肠癌的小鼠模型中，补充姜黄素的饮食增加了小鼠存活率并减轻了肿瘤负荷。此外，多酚提取物的饮食干预调节了人类肠道微生物群，增加了双歧杆菌和乳酸杆菌的丰度（Marchesi et al.，2016）。目前的益生元主要以碳水化合物为主（低聚果糖、菊粉等膳食纤维），但其他物质如多酚和多不饱和脂肪酸也可能会产生益生元效应。益生元干预主要通过刺激双歧杆菌等益生菌的生长，积极改变微生物组的结构或功能，使其产生丁酸和丙酸等短链脂肪酸，改善肠道屏障功能及机体代谢，调节免疫系统和神经系统等，对机体产生有利作用。

7.3.1　改善糖脂代谢

益生元的代谢作用已成为宏基因组分析的主题，益生元干预对人体的葡萄糖稳态、炎症和血脂谱具有积极作用，还具有改善肠道屏障功能的作用，如低聚半乳糖干预可以改善体内屏障功能（Krumbeck et al.，2018）。

已有研究表明低聚半乳糖可以在体外直接刺激肠上皮细胞系中紧密连接蛋白的表达并降低上皮细胞通量（Akbari et al.，2017；Bhatia et al.，2015）。在小鼠模型研究中，菊粉在改善血糖反应中的作用可能是肠道异麦芽糖酶-蔗糖酶复合物的直接抑制作用。补充益生元可以促进体重减轻并改善血糖，最近研究表明补充菊粉可以部分恢复肠道微生物介导的瘦素相关通路来缓解糖脂代谢紊乱（Song et al.，2019）。菊糖丙酸酯的急性给药，可以通过微生物群代谢到结肠中成为丙酸盐，显著增加餐后 GLP-1 水平和诱导 PYY 的产生，同时减少用餐中的能量摄入（Chambers et al.，2015b）。此外，长期补充菊糖丙酸酯者体重增加显著减少。菊粉显著性保护了小鼠免受高脂饮食诱导的代谢综合征的影响，而抑制 SCFA 的产生或敲除 *GPR43* 基因也没有显著削弱这种作用。菊粉干预促进 IL-22 产生、肠上皮细胞增殖和抗生素基因表达，并以微生物群依赖的方式进行。菊粉诱导的 IL-22 表达需要固有淋巴细胞，可防止微生物群侵袭并预防慢性炎症和代谢综合征。因此，可发酵纤维通过滋养微生物以恢复 IL-22 介导的肠上皮细胞功能来预防代谢综合征（Zou et al.，2018）。

菊粉、低聚半乳糖等益生元在结肠内厌氧分解，并最终发酵为 SCFA。乙酸可以通过乙酰辅酶 A 或 Wood-Ljungdahl 途径由丙酮酸产生。乙酸通过两个分支合成：一是 C1 分支，通过将二氧化碳还原为甲酸；二是一氧化碳分支，通过将二氧化碳还原为一氧化碳，再与甲基结合生成乙酰辅酶 A（Ragsdale and Pierce，2008）。丙酸是通过琥珀酸途径由琥珀酸转化为甲基丙二酰辅酶 A 产生的。丙酸也可以通过丙烯酸酯途径和丙二醇途径以乳酸为前体合成（Hetzel et al.，2003），其中以脱氧己糖（如岩藻糖和鼠李糖）为底物（Scott et al.，2006）。丁酸是由两个乙酰辅酶 A 分子缩聚和随后还原为丁酰辅酶 A 形成的，丁酰辅酶 A 可以通过所谓的经典途径，即磷酸丁酰转移酶和丁酸激酶途径转化为丁酸（Louis et al.，2014）。丁酰辅酶 A 也可以通过丁酰辅酶 A：乙酸辅酶 A 转移酶途径转化为丁酸（Duncan et al.，2002）。肠道中的一些微生物可以同时利用乳酸和乙酸合成丁酸，这可以防止乳酸的积累并稳定肠道环境。丁酸可以通过赖氨酸途径促进蛋白质合成，肠道中的微生物可以利用营养物质，以维持 SCFA 等重要代谢产物的合成。

低聚半乳糖（GOS）通过产生 SCFA 改善体内屏障功能（Krumbeck et al.，2018）。SCFA 浓度的降低可以通过 Na^+ 偶联单羧酸转运蛋白 SLC5A8 和 H^+ 偶联低亲和力单羧酸转运蛋白 SLC16A1 的吸收来解释。丁酸是结肠上皮细胞的首选能源，而其他吸收的 SCFA 则流入门静脉。丙酸在肝脏中代谢而降低其在周围循环中的浓度，使乙酸成为周围循环中最丰富的 SCFA（Cummings et al.，1987）。此外，乙酸可以通过一个中央稳态机制穿过血脑屏障，使机体食欲降低（Frost et al.，2014）。尽管丙酸和丁酸在周围循环中的浓度较低，但可以通过激活激素和神经系统间接影响周围器官。

7.3.2　调节免疫系统

益生元干预可通过减少 2 型 T 细胞辅助反应调节自身免疫,预防早期过敏性疾病。在一项双盲、随机、安慰剂对照试验中,配方食品中的低聚半乳糖和长链低聚果糖与特应性皮炎、哮喘和荨麻疹发生率降低有关(Ivakhnenko and Nyankovskyy,2013;Arslanoglu et al.,2006)。健康足月婴儿在 6 个月内喂食补充益生元的配方奶粉可降低其患过敏性疾病的风险,在喂养 5 年后,过敏性疾病发生率降低了 80%以上(Arslanoglu et al.,2006)。研究表明,SCFA 具有特异性调节结肠 FOXP3$^+$ Treg细胞池的大小和功能的能力,并且 SCFA 以组蛋白脱乙酰酶依赖的方式诱导FOXP3 表达,可以促进给予高纤维或补充 SCFA 饮食的小鼠结肠内稳态。SCFA不仅可以抑制结肠炎症,还可以通过增加 FOXP3$^+$ Treg 细胞的抑制活性来抑制过敏性气道疾病的发生(Thorburn et al.,2015)。母亲摄入富含 SCFA 的饮食可以将SCFA 对疾病的抑制作用传递给后代。不仅如此,母体在妊娠和哺乳期间的高纤维饮食可调节胸腺微环境和诱导自身免疫调节因子(autoimmune regulator,AIRE)的表达,自身免疫调节因子是一种在胸腺中表达的因子。母体纤维的摄入增加了子代血液中的丁酸水平,丁酸以依赖于 GPR41 的方式促进了子代外周和胸腺 T细胞数量的增加。相反,高脂肪饮食导致胸腺过早退化,胸腺细胞数量减少和发育中的 T 细胞群体凋亡增加(Makki et al.,2018)。

低聚果糖或菊粉等益生元可直接调节宿主黏膜信号转导以改变对细菌感染的反应。暴露于低聚果糖或菊粉的肠上皮细胞对病原体诱导的促分裂原激活的蛋白激酶和核因子-κB(NF-κB)反应性低(Wu et al.,2017)。一项针对流感小鼠的实验表明,菊粉和 SCFA 不仅可以增强 CD8$^+$效应 T 细胞的功能,还能够增加骨髓中巨噬细胞的前体细胞,并增加 M2 型巨噬细胞,导致呼吸道中趋化因子 CXCL1减少并限制了呼吸道中性粒细胞的招募,最终抑制感染。菊粉和 SCFA 可以创造一种免疫平衡,促使感染的消退(Makki et al.,2018)。此外,菊粉可促进内源性抗菌肽的产生,内源性抗菌肽的产生依赖于菊粉降解后产生的 SCFA,内源性抗菌肽调控胰岛素免疫微环境稳态并显著减少 1 型糖尿病(T1D)的发病(Chen et al.,2017)。补充菊粉丙酸酯可促进超重或肥胖患者结肠丙酸释放,血清 IgG 水平升高,以缓解胰岛素耐受情况(Chambers et al.,2019)。

一项对非肥胖型糖尿病(NOD)小鼠的研究发现了低聚果糖和 SCFA 可减少T1D 发生的机制(Marino et al.,2017)。无糖尿病的非肥胖型糖尿病小鼠的外周血液中 SCFA 水平高于易患糖尿病的非肥胖型糖尿病小鼠。无菌小鼠比常规小鼠更易发生 T1D,即肠道微生物对 T1D 的发生有抑制作用。乙酸降低了自身抗原(胰岛特异性葡糖-6-磷酸酶催化亚单位相关蛋白）特异性 CD8 T 细胞的数量，这与淋巴组织中 B 细胞数量减少和增殖有关。由于 B 细胞可作为抗原呈递细胞而诱导自身免疫 T 细胞，B 细胞数量的减少可能是自身免疫 T 细胞数量减少的部分原因。乙酸比丁酸能更有效地抑制 T1D 的发生，丁酸能更有效地诱导 Treg 细胞分化，可能与其相对较高的组蛋白脱乙酰酶抑制活性有关。研究已经发现 SCFA 可以改善非肥胖型糖尿病小鼠的肠道屏障功能，表现为闭合蛋白、IL-22 和 IL-21 的表达增加，以及血液中细菌脂多糖水平降低。

通过肠道发酵益生元产生的 SCFA 可与特定脂肪酸受体 GPR43 和 GPR41 相互作用，并调节肠道降血糖素——胰高血糖素样肽-1 的脂解和释放（Daniele et al.，2019；Stoddart et al.，2008）。脂肪酸存在于许多组织中，是益生元于宿主健康的关键通信工具。SCFA 可通过几种机制调节食欲，研究表明 SCFA 与结肠 L 细胞之间的相互作用导致产生诸如诱导食欲减退的肠激素肽 YY（PYY）和 GLP-1 的产生（Chambers et al.，2015a）。此外，SCFA 通过结肠上皮细胞维持代谢并通过肝门静脉到达肝脏，其中丙酸可以刺激作为饱腹感信号的糖异生（Mithieux，2014）。进入循环的 SCFA 也可以与位于脂肪组织上的 GPR43 和 GPR41 相互作用，促进瘦素的生成。根据对小鼠的研究，通过发酵益生元形成的乙酸，可以穿过血脑屏障进入下丘脑，促进厌食信号的产生（Frost et al.，2014）。

7.3.3 调节神经系统

寡糖的神经保护特性已在神经退行性疾病如肌肉萎缩性侧索硬化（amyotrophic lateral sclerosis，ALS）或阿尔茨海默病（AD）的动物模型中得到证实。在肌肉萎缩性侧索硬化的 *SOD1G93A* 转基因小鼠模型中，口服 10 周 2%低聚半乳糖显著延迟了疾病进展，并增加了将近 2 周的生存时间（Song et al.，2013）。这一突破性的发现在生理学水平上得到了进一步的支持，其中施用低聚半乳糖显著减轻了腰脊髓前角的运动神经元变性，改善了肌肉萎缩，并显著减轻了骨骼肌的氧化应激。研究人员通过检查神经胶质纤维酸性蛋白（GFAP）和离子化钙结合衔接分子（Iba-1）的水平对低聚半乳糖的抗炎作用进行了研究。上述两种蛋白分别是活化星形胶质细胞和小胶质细胞的广泛接受的细胞标志物。后者是大脑炎症反应的标志物。免疫组织化学分析显示，与普通饮食相比，接受了低聚半乳糖饮食的 ALS 动物的腰脊髓切片中的 GFAP 和 Iba-1 免疫染色明显减少。正如预期的那样，脊髓组织中的 iNOS 和 TNF-α 水平也有所降低。此外，在低聚半乳糖喂养的小鼠的脊髓中观察到促凋亡因子（如裂解的 caspase-3 和 Bax）水平显著降低，抗凋亡因子（如 Bcl-2）增加（Song et al.，2013）。一项对小鼠的研究表明，补充含有低聚果糖的菊粉使衰老诱导的 Ly-6Chi 单核细胞向大脑浸润减少，与衰老相关的特定活化小胶质细胞的增加发生逆转，靶向肠道微生物可调节外周免疫应答，改善神经炎症疾病（Boehme et al.，2019）。这些研究为益生元干预提供了有效的抗炎作用及神经保护作用的理论支持。

益生元发酵产生的丁酸还可以调节肠神经系统的活性（Soret et al.，2010）。例如，SCFA 受体 GPR41 在肠神经系统中表达（Wu et al.，2017）。抗性淀粉的饮食添加（被认为是膳食纤维）、丁酸肠内输注都能通过增加胆碱能神经元的比例来改变肠道运动，从而影响肠神经系统（Soret et al.，2010）。与丁酸相反，虽然丙酸似乎会降低结肠运动性（Hurst et al.，2014），但丙酸能增加结肠的分泌活性以及肠中血管活性肠肽（VIP）神经元的数量。

除了影响肠神经系统，益生元发酵产生的 SCFA 还能作用于其他外周神经元。GPR41 在外周神经系统中广泛表达，如交感神经节、迷走神经节、背根神经节和三叉神经节（Nohr et al.，2013）。益生元发酵产生的 SCFA 对 GPR41 的激活通过去甲肾上腺素释放诱导交感神经激活，导致能量消耗和心率增加，这些都表明 SCFA 在神经信号转导中的深远影响（Kimura et al.，2011）。

益生元发酵产生的 SCFA 可以对宿主大脑产生各种影响。例如，当静脉输入 SCFA 时，一小部分乙酸会穿过血脑屏障，激活驱动下丘脑的饱腹感神经元（Frost et al.，2014）。最近的一项研究探讨了 SCFA 与大脑小胶质细胞成熟之间的潜在联系，小胶质细胞是大脑和脊髓的常驻巨噬细胞，在中枢神经系统的免疫防御中起重要作用。当饮水中添加 SCFA 饲喂无菌小鼠后，小胶质细胞的数量得到了恢复，其功能和形态也得到恢复（Erny et al.，2015），该效果取决于 GPR43 的活化。此外，益生元发酵产生的 SCFA 还可以调节血脑屏障的渗透性。无菌小鼠中丁酸产生菌丁酸梭菌以及乙酸和丙酸产生菌多形拟杆菌（*Bacteroides thetaiotaomicron*）的定植，或口服或管饲丁酸钠，可以降低血脑屏障渗透性，并与额叶皮质和下丘脑中 occludin 的表达增加有关（Braniste et al.，2014）。

益生元干预的目标是调节肠道微生物之间的相互作用。虽然外源性药物和微生物源药物代谢破坏了肠道微生态，但益生元可能利用现有的生物化学途径提供更温和的干预方法。随着微生物组研究方法的发展，特别是宿主肠道微生物的代谢产物，它们将会是益生元开发的新的候选物质。

7.4　肠道微生物与药物的互作

近年来，宏基因组学的发展，有力地推动了肠道微生物对疾病和药物代谢的研究进程，可以用一个新的术语"药物微生物组学（pharmacomicrobiomics）"来描述肠道微生物变化对药代动力学和药效学的影响。到目前为止，研究者已开展了广泛的研究，探索肠道微生物对药代动力学的影响，并发现肠道微生物可通过分泌药物代谢酶、生成代谢产物，以及影响宿主肝脏或肠组织中的药物代谢酶的基因表达而参与或干扰药物的代谢。目前，药物微生物组学数据库已经确定了60种以上药物可以与宿主微生物组相互作用（Rizkallah et al.，2012）。由于肠道微生物的可塑性，药物与微生物的相互作用是动态的。药物代谢实际上是许多疗法的一个关键组成部分，所谓的前药基本上是在食用后会代谢成具有药理活性的药物。因此，从前药中生产活性药物代谢产物有时依赖于微生物组（Rautio et al.，2008）。肠道微生物可调节宿主药物生物利用度，这种调节作用是精准医学中预测适当剂量的一个重要考虑因素（Swanson，2015）。另外，个体肠道微生物组的组成及其功能易受环境因素如饮食、抗生素的使用、宿主的健康状况等的影响。因此，药物的疗效与个体肠道微生物组的变化情况密切相关。

了解药物与肠道微生物相互作用及宿主相关微生物与体内分子相互作用的方式，可精准地制订治疗疾病的方法。控制肠道微生物的提议由来已久，然而，目前临床上使用的治疗方法缺乏精确性，同时可能会对肠道微生物产生持久的影响。例如，抗生素通常用于治疗由单一病原体引起的感染，但对肠道微生物有长期的影响（Dethlefsen and Relman，2011）。最近开发的高度选择性抗菌药，与广谱抗生素相比，只针对葡萄球菌或艰难梭菌，对其他肠道微生物的不良影响较小（Thorpe et al.，2018；Yao et al.，2016）。

由于某些肠道微生物相关的酶会导致肠道内的不良反应，所以可选择性开发非致命性的酶抑制剂（Wallace and Redinbo，2013）。目前，已经开展了一系列的工作来抑制肠道细菌 β-葡糖醛酸糖苷酶的活性，目的是降低用于治疗癌症、炎症和其他适应证的药物导致的胃肠道毒性反应（Biernat et al.，2019；Wallace et al.，2015）。迄今为止，已经确定了厚壁菌门、拟杆菌门和变形菌门来源的 β-葡糖醛酸糖苷酶晶体结构。尽管这些在系统发育上完全不同的同源酶的整体结构是保守的，但不同的酶在催化效率、底物特异性和抑制敏感性方面存在差异。例如，研究发现，一种针对 β-葡糖醛酸糖苷酶的抑制剂可以改善化疗药物 CPT-11 对小鼠的毒性反应，但其仅对具有环状结构的 β-葡糖醛酸糖苷酶有效（Wallace et al.，2015）。

此外，对负责药物代谢的微生物基因研究发现，通过抑制 β-葡糖醛酸糖苷酶，能够找出影响药物代谢和导致副作用的相关微生物酶。例如，药物左旋多巴（L-DOPA）在通过血脑屏障后被转化为多巴胺；然而，通过外周神经系统细胞中存在的多巴脱羧酶的作用，左旋多巴进入中枢神经系统之前就可以被转化为多巴胺；人体小肠来源的细菌酪氨酸脱羧酶具有与多巴作用的位点。人多巴脱羧酶抑制剂，如卡比多帕，可以与 L-DOPA 共同使用，以抑制其在肠中的脱羧作用，但重要的是，这些抑制剂对细菌脱羧酶无效（van Kessel et al.，2019）。中效强心苷类药物地高辛是一种潜在的靶点抑制剂，因为它被还原为双氢地高辛是由一种酶催化的，迄今为止只在迟缓埃格特菌（*Eggerthella lenta*）中发现该酶的存在（Koppel et al.，2018）。新的酶抑制剂都需要与之相应的药物开发周期作为辅助治疗，该过程既耗时又昂贵。

开发某一类酶的广谱抑制剂是一种有效的方法。活性探针是一种选择性的反应分子，可作为底物与酶共价结合，可定量测定复杂混合物中的酶活性。荧光标记的活性探针可用于标记活细胞，该技术已与荧光激活细胞分选（fluorescence activated cell sorting，FACS）相结合，用于识别具有 β-葡糖醛酸糖苷酶活性的肠道微生物分子，并且依据其结构信息可以设计广谱抑制剂（Whidbey et al.，2019）。影响酶发挥作用的另一种方式是，通过干扰酶必要的辅因子，破坏整个酶类。例如，钨被用来破坏钼辅因子依赖的酶，这些酶是肠杆菌科成员在厌氧呼吸中需要的。利用小鼠结肠炎模型发现，口服钨可以通过阻止大肠杆菌和其他肠杆菌科细菌在肠道内的扩张，进而减少炎症。由于钼辅因子的普遍性，钨可引起靶外效应，但钨对拟杆菌和梭菌的体外生长无抑制作用，不影响体内肠道微生物产生丁酸盐，在没有炎症的情况下也不影响有益肠杆菌的生长（Zhu et al.，2018）。

选择性地清除具有不良活性的菌株是微生物组修饰的另一种方法，如作用于药物形成有毒代谢产物的菌株。利用现有的病毒（噬菌体）选择性地从肠道中清除细菌，类似于使用噬菌体治疗病原体（Kortright et al.，2019）。一些研究也发现噬菌体可以调节肠道细菌数量。给无菌小鼠定植从粪便中纯化出来的病毒样颗粒混合物或可部分溶解性噬菌体，当靶向不同的细菌，使目标菌类的丰度降低时，噬菌体丰度相应增加（Hsu et al.，2019；Reyes et al.，2013）。这表明噬菌体至少能够暂时降低目标细菌水平，当一种菌的丰度降低，促进或抑制其他菌类时，就会对菌群产生连锁反应。

一项研究表明，噬菌体在治疗中的作用可能被低估，利用粪便滤液移植（与粪菌移植相比，不含细菌）成功地治疗了 5 例慢性难辨梭状芽孢杆菌感染复发患者。这些研究表明在某些情况下，噬菌体可以被用来修饰肠道微生物（Ott et al.，2017）。另一种方法不是使用自然形态的噬菌体，而是将它们改造成比自然进化更好或更特异的细菌杀手（Kilcher and Loessner，2019）。这一方法是否可以扩展到更多肠道微生物的成员中，以选择性地去除编码特定基因（如药物代谢基因）的菌株，特别是在胃肠道中大量存在的细菌，还有待研究。

与去除菌种不同的是，目前正在努力用活菌疗法将工程菌种引入宿主，这种应用类似于益生菌的使用，目的是给予宿主有益的功能。最近的两项研究描述了在基因突变引起的人类代谢性疾病中，利用基因工程大肠杆菌的外源表达能够补充宿主缺失的功能基因。第一项研究的重点是苯丙酮尿症（phenylketonuria，PKU），这是一种由编码苯丙氨酸羟化酶的人类基因缺陷引起的疾病，导致苯丙氨酸代谢障碍，其积累可导致严重的精神残疾。从大肠杆菌 Nissle 中分离出一株名为 SYNB1618 的菌株，该菌株参与了苯丙氨酸降解反应。使用苯丙酮尿症小鼠模型，研究人员发现，与对照组相比，注射苯丙氨酸并口服 SYNB1618 的小鼠血液苯丙氨酸水平平均下降 38%（Isabella et al.，2018）。第二项研究采用了类似的策略来解决导致高氨血症的宿主酶缺陷问题，在这种情况下，血液中的氨水平升高。实验设计了 Nissle 的另一种衍生菌株 SYNB1020，用于高效合成精氨酸酶（Kurtz et al.，2019）。两种不同的高氨血症小鼠模型显示，SYNB1020 菌株可以降低血液中的氨含量。这些应用证明了工程菌株在促进肠道氨基酸降解和生物合成方面的应用，但也可以扩展到对宿主健康有益的其他代谢活动中。另外，如果想要在宿主中保持稳定，引入的菌株必须与那些占据类似生态位的原生肠道微生物竞争。

肠道微生物的其他研究表明，从引进工程菌株的策略，转向直接基因编辑细菌的策略的方法被称为体内或原位工程，指的是在宿主体内而不是在实验室中进行的细菌基因改造事件。这是一种将基因结构引入肠道微生物的有效方法，尽管在控制方面，生物控制策略可能比单一工程菌株更具挑战性，特别是在可移动的和广泛的宿主范围内复制质粒，可以经历二次转移事件。绿色荧光蛋白（green fluorescence protein，GFP）检测阳性的转偶联剂仅在不适合口服而进行肠道内定植的大肠杆菌供体的粪便中检测到，但从粪便中分离到的一些转基因菌株（奇异变形菌和费格森埃希菌）能够介导二次转移，当作为供体菌株用于接合时，GFP 阳性的转偶联剂在粪便中的滞留时间延长（Ronda et al.，2019）。总之，通过开发新的基因工具以操纵各种肠道细菌的体内微生物工程非常有前景。

综上所述，明确肠道微生物对药物代谢的具体影响仍然面临巨大的挑战，阐明肠道微生物对药物代谢的影响仍依赖于新技术的使用，需综合应用代谢组学和宏基因组学等方法来研究肠道微生物组对药物代谢的影响。

7.5 以肠道微生物为靶点的肿瘤防治

健康的肠道微生态系统可以帮助机体建立完整的多屏障体系，而肠道微生态失衡将导致这种屏障体系的破坏。越来越多的研究表明，肠道微生态失衡是多种慢性疾病发生和发展的重要原因，也是促进癌症发生和发展的重要因素。一方面，肠道微生物通过影响炎症和免疫反应、基因组稳定性、氧化应激及病原微生物的增殖等促进肿瘤的发生和发展（Gagniere et al.，2016）。另一方面，肠道微生物对宿主固有免疫和适应性免疫系统的成熟与调节具有极其重要的作用，可通过增强 Toll 样受体激动剂、烷化剂、免疫靶点抑制剂和免疫治疗的效果来发挥抗肿瘤效应。研究还发现有些细菌可以产生多种基因毒性物质，导致细胞 DNA 损伤，从而使细胞基因组失衡，促进肿瘤的发生，这些基因毒性物质包括细胞致死性肿胀毒素（cytolethal distendin toxin，CDT）、细胞毒性坏死因子 1（cytotoxic necrotizing factor 1，CNF1）、脆弱杆菌毒素及聚酮肽基因毒素等（Arthur et al.，2012；

Cuevas-Ramos et al.，2010；Wu et al.，2009；Travaglione et al.，2008；Nesic et al.，2004）。

结直肠癌患者与健康成人肠道微生物具有显著的差异。结直肠癌患者肠道中有更多的肠球菌、大肠杆菌、克雷伯氏菌、链球菌等，同时罗斯氏菌和一些产丁酸细菌显著减少（Wang et al.，2012）。动物实验发现，诱癌剂联合基因缺陷所致结肠癌小鼠在菌群缺失的无菌条件下不发生癌变，表明该小鼠的结肠癌发生依赖于其肠道微生物（Uronis et al.，2009）。此外，肠道微生物及其代谢产物通过门静脉系统对肝脏产生重要影响。王红阳团队发现，在肝癌及肝硬化患者的血清中细菌脂多糖有不同程度的升高，提示肠道微生物失调与肝癌、肝硬化相伴随；而进一步的研究同样证实，在化学致癌物诱导的大鼠肝癌发生发展过程中伴随着持续性肠道微生态失衡、菌群结构改变、肠道黏膜受到破坏及肠道通透性增加；与此同时，服用低剂量抗生素或肠黏膜损伤时的肠道微生物紊乱则进一步加快了肝癌的发生（Zhang et al.，2012；Yu et al.，2010），给予益生菌则能减轻这些效应（Tao et al.，2015）。其他一些存在着微生物的器官，如肺、皮肤、口腔和女性外生殖器等，其微生态的变化也同样与癌症的发生息息相关。

在动物实验中发现无菌大鼠患肺癌的概率更低，这可能与 LPS 水平及慢性呼吸道感染有关（Melkamu et al.，2013）。有研究报道，随着西方膳食模式的影响，大量的脂肪堆积在肠道中，机体的肠道微生物发生改变，可能使其更能利用肠道内类固醇产生雌激素，从而促进乳腺癌的发生（Fuhrman et al.，2014）。

肠道微生物还在肿瘤的预防及临床预后方面起着积极作用。对临床前小鼠模型和人体研究已经揭示了肠道和肿瘤微生物对系统抗癌治疗反应的影响（Cogdill et al.，2018）。在大鼠肠癌模型中发现，给予乳酸菌可以显著抑制高脂饮食促进肠癌发生的作用（Bertkova et al.，2010）。目前认为服用肠道微生态调节制剂有助于降低患肠癌的风险，其机制包括使致癌物失活、增加肠道酸性、调节肠道免疫作用、调节细胞凋亡与分化，以及抑制酪氨酸激酶信号通路等（Ambalam et al.，2016）。在化学剂诱导的肝癌发生动物模型中口服益生菌可降低血清脂多糖含量，维护肝癌发生过程中的肠道微生物稳态，保护黏膜屏障并减轻慢性炎症，从而达到预防肝癌发生的效果（Zhang et al.，2012）。早先有研究发现口服益生菌可以抑制人体对黄曲霉毒素的吸收，具有预防或减少肝癌发生的潜力（El-Nezami et al.，2006）。研究发现，口服益生菌（如双歧杆菌）联合抗 PD-L1 免疫治疗几乎可以完全抑制肿瘤的生长，其机制包括增强 T 细胞浸润进入肿瘤微环境、调节细胞因子受体活化、产生 INF-γ 及促进单核细胞生长（Sivan et al.，2015）。

人体肠道内分布的复杂微生物维持着宿主肠道微环境的稳态，参与机体新陈代谢、炎症反应、免疫调控等多项生理过程。微生物参与肿瘤的起始、发展和扩散三个阶段，这不仅在上皮屏障中也在无菌器官中发生（Roy and Trinchieri，2017）。

瘤内微生物可与肿瘤微环境互作，影响肿瘤进程，肠道微生物可通过多样化的代谢产物，对健康和免疫产生系统性影响（Cogdill et al.，2018）。肠道微生物、抗肿瘤免疫、系统免疫与抗癌疗法（化疗、放疗、分子靶向疗法、细胞因子疗法、免疫检查点抑制剂疗法、过继细胞疗法等）间存在复杂的相互作用，影响治疗结果。

肠道微生态失衡与肿瘤的发生发展密切相关。首先，哪些肠道微生物具有更强的致癌能力以及致癌机制是什么？如何调节肠道微生物才能在减弱不良反应的同时增强抗癌效果？另外，是生活方式或健康状态改变了肠道微生物促进癌症，还是肠道微生物先发生了变化而影响了生活方式或健康状态，进而促进了癌症的发生和发展？随着对肠道微生物研究的深入以及研究技术的不断提高，我们一定能够更加清楚地认识肠道微生物与癌症的关系，在回答上述这些问题的同时，找到安全有效的措施来调整肠道微生态，提高肿瘤治疗的有效率，甚至治愈癌症。

7.5.1 肠道微生物与化/放疗

研究表明，肠道微生物通过菌群易位、降低菌群多样性、免疫调控、代谢调节、参与酶促降解过程、改变微环境等多种机制影响化疗药物的药代动力学、药物抗癌效果及毒性作用。目前研究认为有 40 种药物代谢与肠道微生物相关（Haiser and Turnbaugh，2013）。在抗癌药物中，明确会受到菌群影响的有放疗增敏剂咪唑的硝基还原、甲氨蝶呤抗代谢产物的水解和 DNA 拓扑异构酶 I 抑制剂伊立替康（也称为 CPT11）在肝的解离（Haiser and Turnbaugh，2013）。除了微生物和微生物酶对药物吸收与代谢的直接影响外，肠道微生物通过调节基因表达和局部黏膜屏障以及远处器官的生理学也间接影响口服和全身递送药物的代谢（Roy and Trinchieri，2017）。化疗可以通过影响胆汁排泄、改变次级代谢产物、相关抗生素的使用及饮食调整等途径引发肠道微生物多样性的变化，从而可能导致病原体成为优势菌群，引起腹泻、结肠炎等不良反应。有研究分析了注射甲氨蝶呤后的大鼠模型肠道微生物分布情况（Fijlstra et al.，2015），发现发生肠道黏膜炎的大鼠表现出整体肠道微生物丰度的明显降低，其中厌氧菌和链球菌的绝对数量及所占比例均较对照组减少，而拟杆菌的相对比例有所增加。大鼠肠道微生物组成的变化与甲氨蝶呤导致的腹泻的发生及小肠绒毛长度的缩短相关。同样，化疗也会引起患者肠道微生物多样性的下降，变形菌门丰度增加。

肠道微生物可以通过促进药效及改变药物毒性来调节宿主对放/化疗药物的响应。在人工组合细菌、饮食、营养、粪菌移植、抗生素和益生菌等临床干预下，利用肠道微生物组学分析改善肿瘤预后的个体化精准化疗方案，将在个体化治疗策略中占重要地位，是提高化疗效果并降低化疗药物毒性的良好方法。

目前，关于肠道微生物是否参与以及如何参与肿瘤的放疗的相关研究还比较少。研究表明，放疗引起的口腔黏膜炎、腹泻、肠炎和骨髓抑制等疾病与肠道上皮细胞表面的微生物变化密切相关（Vanhoecke et al.，2016；Ó Broin et al.，2015）。放疗可以引起肠隐窝的细胞凋亡，改变肠道黏膜的通透性和肠道微生物结构（Barker et al.，2015）。放疗通过诱导肿瘤细胞内水分子的分解，直接影响活性氧（reactive oxygen species，ROS）簇能量的释放和产物的沉积，使 DNA 遭到破坏，而体内肠道微生物的存在能够阻止 ROS 的产生（Ferreira et al.，2014）。短乳杆菌含片能够降低头颈部肿瘤患者由放疗引起的黏膜炎发病率，提高肿瘤治疗效果（Sharma et al.，2012）。此外，有研究报道放疗引起的肠道、骨髓和外周血细胞凋亡及 *p53* 基因的激活与人体昼夜生理变化也有一定关系，实验证明，小鼠对放疗的敏感度在日间较晚上更为强烈（Mego et al.，2013）。鉴于昼夜节律与肠道微生物变化和短链脂肪酸的产生密切相关，肠道微生物的昼夜变化也能影响一些免疫细胞对放疗的敏感性。由此可见，患者对放疗的敏感性与其肠道微生物的昼夜变化息息相关。肠道微生物通过调节 ROS 产生和免疫反应来降低放疗所带来的毒性，对进一步理解肠道微生物对放疗的非靶向影响以及调节机制、探究肠道微生物在提高肿瘤治疗效果和减少放疗所引起的毒性，以及控制意外暴露辐射对人体健康的影响，有着重要的研究价值。

7.5.2　肠道微生物与靶向治疗

肿瘤靶向治疗为一些基因突变阳性的肿瘤患者带来了极大的临床获益，肠道微生物与靶向治疗间关系的研究主要集中在靶向药物的不良反应方面。腹泻是使用血管内皮生长因子-酪氨酸激酶抑制剂（VEGF-TKI）的常见不良反应之一，接受血管内皮生长因子-酪氨酸激酶抑制剂的转移性肾细胞癌患者中约有 50%会出现腹泻，3-4 度腹泻的发生率约为 10%，但目前该类药物引起腹泻的原因尚不明确。研究血管内皮生长因子-酪氨酸激酶抑制剂药物相关性腹泻与肠道微生物间的关系发现，与未发生腹泻组相比，腹泻患者的肠道微生物中含有更高水平的拟杆菌，而普氏菌较少（Pal et al.，2015）。研究提示，肠道微生物分布的变化可能与血管内皮生长因子-酪氨酸激酶抑制剂相关性腹泻有关，但仍需大样本研究进行验证。有研究将特定大肠杆菌（*Escherichia coli* Nissle 1917）开发成一种口服制剂，通过在尿液中产生容易检测到的信号分子来判断肝癌细胞是否转移（Iida et al.，2013）。

使用生物标志物进行早期诊断测试剂的开发，可能是精确医学的关键方面。例如，免疫标记方法利用抗体对疾病相关变化的反应，可用于多种癌症的分类（Stafford et al.，2014）。使用宏基因组测序，能够区分结直肠癌患者和无肿瘤对照者的肠道微生物组特征（Zeller et al.，2014）。

针对癌症的免疫疗法依赖于免疫检查点阻断剂（immune checkpoint blockade，ICB）。细胞毒性 T 细胞抗原-4（CTLA-4）和程序性细胞死亡蛋白-1（PD-1）都是抑制 T 细胞反应的受体，用抗体阻断这些受体被批准用于治疗晚期黑色素瘤和肺癌患者以增强其识别和消除肿瘤细胞的能力（Rotte et al.，2015）。体内研究表明，细胞毒性 T 细胞抗原-4 阻断减少了无特定病原体小鼠的肿瘤生长，但在无菌小鼠中没有。这种效应依赖于肠道微生物的存在，以及 CD4$^+$Th1 细胞和树突状细胞的活化。此外，在对抗细胞毒性 T 细胞抗原-4 治疗有反应的黑色素瘤患者中，多形拟杆菌（*Bacteroides thetaiotaomicron*）和脆弱拟杆菌（*B. fragilis*）在粪便中的丰度与对治疗的反应相关。这种保护作用可通过粪菌移植传递给小鼠（Vetizou et al.，2015）。一项对 196 名不同癌症患者的研究表明，96% 的人接受了 PD-1 治疗，治疗 3～6 个月后，随访到的 195 例患者中 2 例完全缓解，65 例部分缓解，23 例病情稳定（Pinato et al.，2019）。

一项对 616 名接受结肠镜检查和肠道微生物转移的参与者的粪便样本的研究发现，多发性结直肠腺瘤和黏膜内癌病例的肠道微生物学特征明显。具核梭杆菌（*Fusobacterium nucleatum*）和 *Solobacterium moorei* 等细菌丰度在多发性结直肠腺瘤和黏膜内癌患者中呈递增趋势，而 *Atopobium parvulum* 和放线菌在癌形成的早期阶段大量增加（Yachida et al.，2019），这些肠道微生物有可能成为早期腺瘤病变的生物标志物。

用聚合酶链反应（PCR）对特定标志物进行定量分析，特别是来自具核梭杆菌的基因标记可以为粪便免疫化学检测（faecal immunochemical test，FIT）提供补充作用，在联合检测结直肠癌和晚期腺瘤时具有较高的准确性与敏感性（Wong et al.，2017）。除了这些粪便标志物的潜在诊断作用外，据报道成核细胞的组织水平与患者的生存率呈负相关关系，其上升的潜力被用作结直肠癌的预后生物标志物（Yamaoka et al.，2018）。这些研究进一步发展了新的生物标志物来诊断和预测结直肠癌。

由于在个体间和个体内水平上缺乏普遍的宏基因组参考，宏基因组标记的临床应用仍需要进一步探索。由于人群的肠道微生物特征以及饮食和环境的动态变化，需要进一步评估宏基因组标记的诊断一致性，以及更深入地了解粪便和肠道微生物与疾病之间的关系。

7.5.3 肠道微生物与免疫治疗

近年来，免疫治疗已成为治疗癌症的热点研究方向之一。免疫治疗是通过激活体内的免疫系统来有效抵抗肿瘤细胞，然而免疫治疗效果在不同癌症患者及不同癌症类型上存在较大差异。研究发现，肿瘤免疫治疗的效果受肠道微生物的影响（丛静等，2018），肠道微生物被认为是一个潜在的可预测肿瘤免疫治疗效果的生物标志物。

　　肠道微生物对宿主固有免疫与适应性免疫，尤其是对肠道的黏膜免疫具有极其重要的作用。一项对恶性黑色素瘤患者粪便样本中的微生物的分析发现（Vetizou et al.，2015），接受 CTLA-4 抗体免疫治疗且有良好疗效的患者肠道微生物多样性较高，尤其是产气荚膜梭菌（*Clostridium perfringens*）的丰度较高，而且体内特异性杀伤肿瘤的免疫细胞数量也明显上升，该发现揭示了肠道微生物与免疫治疗的效果具有一定的关系。研究发现，在接受 PD-1 抗体免疫治疗前粪便样品中含有长双歧杆菌、产气柯林斯菌及粪肠球菌的黑色素瘤患者对免疫治疗有更好的反应（Matson et al.，2018）。在小鼠模型中，双歧杆菌对 PD-L1 抗体的疗效提升十分重要，改变肠道微生物的组成可能提升肿瘤免疫治疗的效果（Snyder et al.，2015）。一项肠道微生物影响癌症患者对免疫检查点阻断剂治疗的反应的研究表明，寻找能提高癌症治疗反应程度的微生物是一项可持续探索的研究，未来几年有望为治疗癌症提供新的方法（Vyara et al.，2018）。特定的肠道微生物组成确实能显著延长患者生存期，这会对治疗产生巨大的影响。

　　一项对比研究发现，在无菌或抗生素处理的小鼠中，肿瘤浸润的骨髓细胞对治疗反应不佳，治疗后肿瘤坏死因子（TNF）水平降低，而对预先暴露于抗生素的小鼠进行培养细菌灌胃，可重建髓系细胞产生 TNF 的能力（Wong et al.，2019）。另一项研究表明，在开始一种称为 PD-1 抑制剂的免疫疗法之前或之后不久，常规原因服用抗生素的患者复发并且比不服用抗生素的人更早死亡。当小鼠接受来自对药物有反应的患者的粪菌移植时，其在 PD-1 抑制剂上的效果优于接受对药物无反应患者粪菌的小鼠。研究人员正在计划一项临床试验，以测试操纵肠道微生物组是否有助于更多的癌症患者对 PD-1 抑制剂做出反应（Kaiser，2017）。肠道微生物具有调节免疫疗法的潜能，这为通过靶向肠道微生物来改善免疫疗法的效果带来了可能，可以推动癌症免疫疗法的蓬勃发展。

　　有益肠道微生物可预测并改善肿瘤免疫治疗的不良反应。有研究表明，癌症治疗需要一个完整的共生菌群，通过调节肿瘤微环境中髓样细胞的功能来调节其作用（Iida et al.，2013）。免疫相关性结肠炎是最常见的与抗 CTLA-4 单抗相关的不良反应。一项前瞻性临床研究提示，拟杆菌和涉及多胺转运、B 族维生素生物合成的肠道微生物在未发生结肠炎的患者中更为丰富，Dubin 等（2016）根据这些信息构建了预测发生结肠炎风险的模型，发现未发生结肠炎的患者，其全身炎症因子和拟杆菌比例较高，拟杆菌可改善结肠炎（Chaput et al.，2017），推测高丰度的拟杆菌可作为预测发生免疫相关性结肠炎的标志物。目前 CTLA-4 单抗和 PD-1 单抗被批准联合用于治疗黑色素瘤，延长患者无进展生存期，然而，联合用药有接近 60% 的 3-5 级不良事件，40% 的患者因毒性而中断治疗（Hodi et al.，2016）。因此，将检测基线肠道微生物作为预测因子，可以避免肿瘤免疫治疗的严重不良事件发生。一项对比研究表明，当肿瘤生长较慢的杰克逊实验室小鼠的粪菌被转移到 Taconic 农场小鼠的肠道时，Taconic 农场小鼠的肠道表现出肿瘤生长延迟和 CD8$^+$ T 细胞对肿瘤的浸润增强。抗 PD-L1 治疗对杰克逊实验室小鼠更有效，杰克逊实验室小鼠粪菌转移到接受抗 PD-L1 治疗的 Taconic 农场小鼠的联合治疗方法比上述任何一种干预都更有效（Alexandra et al.，2015）。

此外，肠道微生物已被证明可影响癌症对免疫检查点抑制剂的反应，包括对程序性细胞死亡蛋白 1（PD-1）-PD-1 配体 1（PD-L1）轴的反应。肠道微生物可影响 PD-L1 抗体治疗小鼠黑色素瘤的抗肿瘤反应。值得注意的是，双歧杆菌似乎与抗肿瘤作用密切相关，口服这种细菌可以改善 PD-L1 抗体对肿瘤的控制（Wong et al.，2019）。

近年来，一些研究进一步探讨了肠道微生物组成与免疫治疗之间的关系。在两项针对转移性黑色素瘤患者的研究中，确定了抗 PD-1 疗法的强微生物预测因子。在一项研究中，研究人员调查了接受抗 PD-1 治疗的转移性黑色素瘤患者的肠道微生物，发现对这种疗法有反应的患者有高丰度的粪杆菌属细菌，而无反应的患者粪便中有高丰度的其他菌类。在另一项研究中，研究人员观察到包括长双歧杆菌在内的微生物种类的增加，这与抗 PD-L1 反应密切相关。有趣的是，卵形瘤胃球菌（*Ruminococcus obeum*）和罗斯拜瑞氏菌这两种细菌对免疫治疗无反应（Wong et al.，2019）。

在最近一项调查非小细胞肺癌、肾细胞癌和尿路上皮癌患者肠道微生物的研究中，研究人员观察到使用抗生素与 PD-1 抗体治疗之间存在负相关关系。与无应答者相比，有应答者的粪便微生物显示出抗 PD-1 治疗的良好结果，艾克曼氏菌的数量增加。口服艾克曼氏菌能以 IL-12 依赖的方式增强 PD-1 阻断剂的抗肿瘤作用。这些结果证实了肠道微生物在肿瘤免疫治疗中的重要性，并且抗生素破坏微生物网络和特定细菌分支的丢失可能会阻碍免疫检查点阻断的效果（Wong et al.，2019）。

同样，细胞毒性 T 细胞抗原-4（CTLA-4）单克隆抗体的抗肿瘤作用也依赖于肠道微生物，特别是多形拟杆菌和脆弱拟杆菌两种特异性的拟杆菌。无菌小鼠或抗生素治疗的小鼠的肿瘤对 CTLA-4 阻断没有反应。此外，利用肠道微生物可以预测 CTLA-4 阻断治疗后患者是否会发展为自身免疫性结肠炎。这种免疫检查点阻断相关毒性可通过双歧杆菌减轻，这可优化免疫治疗方案达到预期的抗肿瘤免疫反应（Wong et al.，2019）。

这些研究报告了肠道细菌与 PD-1 抗体抗肿瘤功效之间令人兴奋的相互作用，表明应将肠道微生物作为治疗策略的一部分。需要进一步的研究来了解这些细菌如何与免疫系统相互作用来改变肿瘤微环境，以及宏基因组变化在预测不同癌症的治疗效果方面的重要作用（Wong et al.，2019）。

7.5.4 肠道微生物协助肿瘤逃逸

肠道微生物除了能预防和治疗肿瘤外，还可能是肿瘤细胞逃逸的帮凶。越来越多的证据表明，肠道微生物可以通过直接或间接方式影响宿主来驱动癌症的进展（Gagliani et al.，2014）。

美国国立卫生研究院（NIH）Tim Greten 博士团队研究表明，肠道中有些细菌（如梭菌）能消耗掉肠道中的初级胆汁酸，从而使回到肝脏中的初级胆汁酸变少，肝脏中产生的趋化因子 CXCL16 减少，招募到的自然杀伤 T 细胞表达量降低，从而促进了肝脏肿瘤的生长（Ma et al.，2018）。肠道微生物紊乱时，肠道上皮细胞白细胞介素-17C（IL-17C）产生较多，此分子可以抑制肠道上皮细胞的凋亡，进而促进肠道肿瘤的发生、发展（Song et al.，2014）。

模式识别受体为免疫系统细胞表达的，与病原微生物或细胞应激相关的蛋白。可以被模式识别受体识别的微生物特定分子如细菌细胞壁的成分脂多糖、肽聚糖等。细胞内 NOD 样受体（NLR）和 Toll 样受体（TLR）是研究最多的结直肠癌相关的模式识别受体（Jobin，2013）。在微生物传感之后，这些模式识别受体与一组复杂的信号蛋白结合，形成宿主的免疫和炎症反应。一些 NLR 家族成员，如 NOD-2、NLRP3、NLRP6 和 NLRP12（Garrett，2015）可能在调节结直肠癌中发挥作用。NOD-2 的缺乏会增加小鼠的结肠炎易感性，且会增加化学损伤后上皮细胞的发育异常（Couturier-Maillard et al.，2013），那些缺乏 NLRP6 的人表现出炎症诱导的结直肠癌形成的风险增加（Hu et al.，2013）。

NF-κB 是炎症反应的主要调节剂，其以细胞类型特异性方式起作用，激活癌细胞内的存活基因和肿瘤微环境组分中的促炎基因（DiDonato et al.，2012）。NF-κB 活化在肿瘤中是普遍的，并且主要由肿瘤微环境中的炎性细胞因子驱动。具核杆菌的 FadA 黏附素也已显示与 E-钙黏着蛋白结合，激活 β-连环蛋白信号转导并差异调节腺瘤和腺癌患者结肠组织中的炎症与致癌反应（Rubinstein et al.，2013）。体外研究还表明，来自具核杆菌的 Fap2 蛋白可以通过在自然杀伤细胞中结合抑制性受体 TIGIT 并抑制其细胞活性来帮助肿瘤细胞逃避免疫系统（Gur et al.，2015）。对富含梭杆菌属的肿瘤区域的观察表明，局部微生物组构象不是随机的，并且可以在前癌表型中起重要作用。

肿瘤微环境内的免疫系统不限于先天细胞，其将感染因子呈递给适应性免疫系统的细胞，以选择性地和特异性地响应它们。肠炎性脆弱拟杆菌（*Bacteroides fragilis*）分泌脆弱拟杆菌毒素，引起人体炎症并引发结肠炎，在多发性肠道肿瘤

（Min）小鼠中强烈诱导结肠肿瘤（Wu et al.，2009）。肠产毒性脆弱拟杆菌激活STAT3 信号转导，发生选择性 Th17 免疫反应诱发结肠增生和肠道肿瘤的形成（Jiang et al.，2013）。

但是，益生菌或是肠道微生态干预对于肿瘤的预防和抑制作用还需要进一步的多中心临床试验证实。开发针对肿瘤发生和治疗、适用于不同患者的益生菌制剂也是未来研究的重点。肠道微生物对肿瘤预后的影响将是有广阔应用前景的研究方向。

7.5.5　肠道微生物组在精准医学中面临的挑战

肠道微生物组的疾病治疗前景十分广阔，但其在精准医学中的应用需要克服相当大的障碍。有人预计，基因组医学在精准医学中应用的缓慢进展会影响微生物组在精准医学中的应用。例如，目前的法律和研发模式不太适合开发基因信息药物。以肠道微生物为靶向的治疗同样面临困难，特别是由于治疗选择的广泛性，其中许多在当前的医疗实践中缺乏类似物。在以肠道微生物为靶点的治疗中，对复发性艰难梭菌性结肠炎患者进行粪菌移植治疗是非常有效的。然而，我们仍然缺乏适当地描述供体粪便微生物组的能力。这意味着我们不知道所移植粪菌的活性组分，因此很难使用法律或是国家食品药品监督管理局的标准立法来规范这一点。更重要的是，我们仍然未完全掌握以肠道微生物为靶向的治疗机制和意义。

幸运的是，在精准治疗中，基因组医学研究的困难可能会减少一些。环境与微生物组之间的相互作用可能更容易研究，因为两者之间存在更直接的相互作用，从而可以更简单地识别样本种群并实现统计学计算。通过正确的实验设计，遗传变异可以与微生物组和环境因素充分分离，对这种性质的研究已经存在，尤其是在小鼠身上，遗传学问题可以很好地排除。即使遗传学是一个重要因素，微生物组学的研究也有利于对疾病的认知和治疗方案的设计。当然，在完全或几乎没有遗传变异影响的疾病状态下，肠道微生物组是一个很好的研究对象。肥胖和炎症性肠病等疾病可能是由肠道微生物组对宿主的慢性、系统性适应不良引起的。与基因组医学不同的是，肠道微生物组可以在排除其他遗传因素等影响的体外环境中进行，如借用人工模拟肠道装置。

除了作为诊断和治疗疾病的生物标志物及药物治疗的协同剂，微生物组分的吸引力还在于它的可塑性和我们修饰微生物组分的能力。传统的针对病原体的方法是使用抗生素，抗生素对于治疗通常由病原体入侵引起的全身感染是必不可少的，也是有效的。然而，对肠道微生物结构的非目标效应以及对人类的不良影响，使得微生物精准治疗的吸引力降低了（Galatti et al.，2005；Rubinstein and Camm，

2002）。通过识别特定的目标来开发病原体靶向抗生素，缩小了抗生素的使用范围。一种新的方法是通过识别影响宿主的特定功能来挖掘微生态治疗靶点（Wallace and Redinbo，2013）。例如，三甲胺氧化酶在动脉粥样硬化中的作用和 3,3′-二甲基-1-丁醇抑制细菌三甲胺裂解酶的作用，降低了高胆碱饮食小鼠模型中细菌三甲胺的生成。还有其他几种针对微生物群体的方法，包括使用益生菌、益生元以及饮食干预措施。早期的益生菌是由乳酸菌和双歧杆菌属的成员主导的，但在靶向生物学功能方面缺乏精确性。

　　除了这些挑战之外，将基于微生物组学的诊断和治疗与其他精准医疗（如药物基因组学和表观基因组学等）手段整合，进一步完善精准医疗，将会更好地为患者提供准确的治疗方案，同时减少患者的不良反应和疾病负担。这种整合会完善精准医疗，将为患者找到正确的治疗方法，同时减少患者的不良反应和疾病负担。

　　总体而言，精准医疗前景是广阔的，但也存在重大挑战。为了实现基于微生物组的诊断和治疗，我们需要制订统一的收集、测序和分析标准，以提高多中心结果的重现性，并减少解释中的偏差。目前的大多数研究都建立在疾病关联的基础上，但我们需要更好地确定微生物群影响人类疾病各个方面的机制，从而开发出更可靠的生物标志物以及更好的药物。此外，我们才刚刚开始认识其他微生物，如真菌、噬菌体和寄生虫的贡献，以及部分微生物和宿主之间的信号传递关系。当我们试图揭示这些相互作用的复杂性时，需要设计更精准的方案来阐明微生物对宿主的影响。肠道微生物的可塑性尽管使得它们易于被改变，但是对干预的稳定性和持续性又是一个值得关注的挑战。饮食干预本身具有改变肠道微生物的潜力。因此，一种更好地理解饮食与微生物相互作用的系统方法，将使人们能够识别饮食中特异性的化合物与具体细菌类群之间的依赖关系，并预测它们因饮食干预而发生的变化趋势。

　　精准医疗将肠道微生物作为组件结合在一起，可以改善诊断、降低疾病风险，优化早期检测和治疗方法。微生物指纹作为一种精确、非侵入性、可访问和较经济的工具，可以用于个性化疾病诊断，包括疾病的表型专证、严重程度和预后。微生物组代谢生成的化学物质潜在地增加了很多可用的药物，使得个性化的药物开发成为微生物组代谢生成的化学物质潜在增加了很多可用的药物，使得个性化的药物开发成为可能。采用针对个体肠道微生物中特定微生物途径的方法，可能有助于对炎症性肠病、肥胖和糖尿病等多因素疾病的治疗。借用基因工程的手段开发具有精准功能的益生菌，深入探索微生态系统成员之间的互利互惠关系，针对下一代益生菌的个性化饮食和医用疗法，将成为个性化医疗领域研究的新前沿。

参 考 文 献

陈红英, 李萍, 王宏刚, 等. 2013. 粪菌移植治疗难治性炎症性肠病患者的饮食护理. 中华现代护理杂志, 19(25): 3101-3102.

丛静, 朱华, 张晓春. 2018. 肠道微生物菌群在肿瘤不同疗法中的研究进展. 临床肿瘤学杂志, 23(8): 80-84.

花月, 顾立立, 田宏亮, 等. 2017. 粪便菌群移植治疗腹泻型肠易激综合征 12 例临床疗效观察. 中国微生态学杂志, 29(6): 621-624.

孙嘉郑, 李洪忠, 任国胜. 2018. 肠道微生物环境与乳腺癌. 中国肿瘤临床, 45(17): 912-914.

佚名. 2015. 人体微生物或成身份识别新"指纹". 中国公共安全: 学术版, 2015(11): 16.

Akbari P, Fink-Gremmels J, Willems R, et al. 2017. Characterizing microbiota-independent effects of oligosaccharides on intestinal epithelial cells: insight into the role of structure and size: structure-activity relationships of non-digestible oligosaccharides. European Journal of Nutrition, 56(5): 1919-1930.

Aldrich A M, Argo T, Koehler T J, et al. 2019. Analysis of treatment outcomes for recurrent *Clostridium difficile* infections and fecal microbiota transplantation in a pediatric hospital. The Pediatric Infectious Disease Journal, 38(1): 32-36.

Alexandra S, Eric P, Jedd W. 2015. Could microbial therapy boost cancer immunotherapy? Science, 350(6264): 1031-1032.

Ambalam P, Raman M, Purama R K, et al. 2016. Probiotics, prebiotics and colorectal cancer prevention. Best Practice Research Clinical Gastroenterology, 30(1): 119-131.

Angelberger S, Reinisch W, Makristathis A, et al. 2013. Temporal bacterial community dynamics vary among ulcerative colitis patients after fecal microbiota transplantation. American Journal of Gastroenterology, 108(10): 1620-1630.

Arpaia N, Campbell C, Fan X, et al. 2013. Metabolites produced by commensal bacteria promote peripheral regulatory T-cell generation. Nature, 504(7480): 451-455.

Arslanoglu S, Moro G, Stahl B, et al. 2006. A mixture of prebiotic oligosaccharides reduces the incidence of atopic dermatitis during the first six months of age. Archives of Disease in Childhood, 91(10): 814-819.

Arthur J C, Perez-Chanona E, Muhlbauer M, et al. 2012. Intestinal inflammation targets cancer-inducing activity of the microbiota. Science, 338(6103): 120-123.

Atarashi K, Tanoue T, Shima T, et al. 2011. Induction of colonic regulatory T cells by indigenous *Clostridium* species. Science, 331(6015): 337-341.

Bakken J S, Borody T, Brandt L J, et al. 2011. Treating *Clostridium difficile* infection with fecal microbiota transplantation. Clinical Gastroenterology and Hepatology, 9(12): 1044-1049.

Bakken J S, Polgreen P M, Beekmann S E, et al. 2013. Treatment approaches including fecal microbiota transplantation for recurrent *Clostridium difficile* infection (RCDI) among infectious disease physicians. Anaerobe, 24: 20-24.

Barker H E, Paget J T, Khan A A, et al. 2015. The tumour microenvironment after radiotherapy: mechanisms of resistance and recurrence. Nature Reviews Cancer, 15(7): 409-425.

Bertkova I, Hijova E, Chmelarova A, et al. 2010. The effect of probiotic microorganisms and bioactive compounds on chemically induced carcinogenesis in rats. Neoplasma, 57(5): 422-428.

Bhatia S, Prabhu P N, Benefiel A C, et al. 2015. Galacto-oligosaccharides may directly enhance intestinal barrier function through the modulation of goblet cells. Molecular Nutrition Food Research, 59(3): 566-573.

Biernat K A, Pellock S J, Bhatt A P, et al. 2019. Structure, function, and inhibition of drug reactivating human gut microbial beta-glucuronidases. Scientific Reports, 9(1): 825-840.

Bikard D, Euler C W, Jiang W, et al. 2014. Exploiting CRISPR-Cas nucleases to produce sequence-specific antimicrobials. Nature Biotechnology, 32(11): 1146-1150.

Bjursell M, Admyre T, Göransson M, et al. 2011. Improved glucose control and reduced body fat mass in free fatty acid receptor 2-deficient mice fed a high-fat diet. American Journal of Physiology Endocrinology Metabolism, 300(1): 211-220.

Bloes D A, Kretschmer D, Peschel A. 2015. Enemy attraction: bacterial agonists for leukocyte chemotaxis receptors. Nature Reviews Microbiology, 13(2): 95-104.

Boehme M, van de Wouw M, Bastiaanssen T F S, et al. 2019. Mid-life microbiota crises: middle age is associated with pervasive neuroimmune alterations that are reversed by targeting the gut microbiome. Molecular Psychiatry, 25: 2567-2583.

Borody T J, Campbell J. 2012. Fecal microbiota transplantation: techniques, applications, and issues. Gastroenterology Clinics of North America, 41(4): 781-803.

Borody T J, George L, Andrews P, et al. 1989. Bowel-flora alteration: a potential cure for inflammatory bowel disease and irritable bowel syndrome? The Medical journal of Australia, 150(10): 604.

Borody T J, Khoruts A. 2011. Fecal microbiota transplantation and emerging applications. Nature Reviews Gastroenterology Hepatology, 9(2): 88-96.

Borody T, Leis S, Campbell J, et al. 2011. Fecal microbiota transplantation (FMT) in multiple sclerosis (MS). American Journal of Gastroenterology, 106: 352.

Braniste V, Al-Asmakh M, Kowal C, et al. 2014. The gut microbiota influences blood-brain barrier permeability in mice. Science Translational Medicine, 6(263): 158-263.

Brown A J, Goldsworthy S M, Barnes A A, et al. 2003. The Orphan G protein-coupled receptors GPR41 and GPR43 are activated by propionate and other short chain carboxylic acids. Journal of Biological Chemistry, 278(13): 11312-11319.

Buts J P, De Keyser N, Kolanowski J, et al. 1993. Maturation of villus and crypt cell functions in rat small intestine. Role of dietary polyamines. Digestive Diseases and Sciences, 38(6): 1091-1098.

Cervantes-Barragan L, Chai J N, Tianero M D, et al. 2017. Lactobacillus reuteri induces gut intraepithelial CD4+CD8αα+ T cells. Science, 357(6353): 806-810.

Chambers E S, Byrne C S, Morrison D J, et al. 2019. Dietary supplementation with inulin-propionate ester or inulin improves insulin sensitivity in adults with overweight and obesity with distinct effects on the gut microbiota, plasma metabolome and systemic inflammatory responses: a randomised cross-over trial. Gut, 68(8): 1430-1438.

Chambers E S, Morrison D J, Frost G. 2015a. Control of appetite and energy intake by SCFA: what are the potential underlying mechanisms? Proceedings of the Nutrition Society, 74(3): 328-336.

Chambers E S, Viardot A, Psichas A, et al. 2015b. Effects of targeted delivery of propionate to the human colon on appetite regulation, body weight maintenance and adiposity in overweight adults. Gut, 64(11): 1744-1754.

Chang P V, Hao L, Offermanns S, et al. 2014. The microbial metabolite butyrate regulates intestinal macrophage function via histone deacetylase inhibition. Proceedings of the National Academy of Sciences, 111(6): 2247-2252.

Chaput N, Lepage P, Coutzac C, et al. 2017. Baseline gut microbiota predicts clinical response and colitis in metastatic melanoma patients treated with ipilimumab. Annals of Oncology, 28(6):

1368-1379.

Chen K, Chen H, Faas M M, et al. 2017. Specific inulin-type fructan fibers protect against autoimmune diabetes by modulating gut immunity, barrier function, and microbiota homeostasis. Molecular Nutrition Food Research, 61(8): 1601006.

Chiu I M, Heesters B A, Ghasemlou N, et al. 2013. Bacteria activate sensory neurons that modulate pain and inflammation. Nature, 501(7465): 52-57.

Citorik R J, Mimee M, Lu T K. 2014. Sequence-specific antimicrobials using efficiently delivered RNA-guided nucleases. Nature Biotechnology, 32(11): 1141-1145.

Cogdill A P, Gaudreau P O, Arora R, et al. 2018. The impact of intratumoral and gastrointestinal microbiota on systemic cancer therapy. Trends in Immunology, 39(11): 900-920.

Couturier-Maillard A, Secher T, Rehman A, et al. 2013. NOD2-mediated dysbiosis predisposes mice to transmissible colitis and colorectal cancer. The Journal of clinical investigation, 123(2): 700-711.

Cuevas-Ramos G, Petit C R, Marcq I, et al. 2010. *Escherichia coli* induces DNA damage *in vivo* and triggers genomic instability in mammalian cells. Proceedings of the National Academy of Sciences, 107(25): 11537-11542.

Cui B, Li P, Xu L, et al. 2015. Step-up fecal microbiota transplantation strategy: a pilot study for steroid-dependent ulcerative colitis. Journal of Translational Medicine, 13: 298-310.

Cummings J H, Pomare E W, Branch W J, et al. 1987. Short chain fatty acids in human large intestine, portal, hepatic and venous blood. Gut, 28(10): 1221-1227.

Daniele B, Natasja B, Adrian J B, et al. 2019. Chemogenetics defines receptor mediated functions of short chain free fatty acids. Nature Chemical Biology, 15: 489-498.

Dasgupta S, Erturk-Hasdemir D, Ochoa-Reparaz J, et al. 2014. Plasmacytoid dendritic cells mediate anti-inflammatory responses to a gut commensal molecule via both innate and adaptive mechanisms. Cell Host Microbe, 15(4): 413-423.

Debast S B, Bauer M P, Kuijper E J. 2014. European society of clinical microbiology and infectious diseases: update of the treatment guidance document for *Clostridium difficile* infection. Clinical Microbiology and Infection, 20: 1-26.

Dethlefsen L, Relman D A. 2011. Incomplete recovery and individualized responses of the human distal gut microbiota to repeated antibiotic perturbation. Proceedings of the National Academy of Sciences, 108 Suppl 1: 4554-4561.

Di Martino M L, Campilongo R, Casalino M, et al. 2013. Polyamines: emerging players in bacteria-host interactions. International Journal of Medical, 303(8): 484-491.

DiDonato J A, Mercurio F, Karin M. 2012. NF-kappaB and the link between inflammation and cancer. Immunological Reviews, 246(1): 379-400.

Dodd D, Spitzer M H, van Treuren W, et al. 2017. A gut bacterial pathway metabolizes aromatic amino acids into nine circulating metabolites. Nature, 551(7682): 648-652.

Donohoe D R, Collins L B, Wali A, et al. 2012. The warburg effect dictates the mechanism of butyrate-mediated histone acetylation and cell proliferation. Molecular Cell, 48(4): 612-626.

Dubin K, Callahan M K, Ren B, et al. 2016. Intestinal microbiome analyses identify melanoma patients at risk for checkpoint-blockade-induced colitis. Nature Communications, 7(2016): 10391-10399.

Duerkop B A, Huo W, Bhardwaj P, et al. 2016. Molecular basis for lytic bacteriophage resistance in enterococci. MicrBiology, 7(4): e01304-e01316.

Duncan S H, Barcenilla A, Stewart C S, et al. 2002. Acetate utilization and butyryl coenzyme A (CoA): acetate-CoA transferase in butyrate-producing bacteria from the human large intestine.

Applied and Environmental Microbiology, 68(10): 5186-5190.

Dwyer K M, Deaglio S, Gao W, et al. 2007. CD39 and control of cellular immune responses. Purinergic Signalling, 3(1-2): 171-180.

El-Nezami H S, Polychronaki N N, Ma J, et al. 2006. Probiotic supplementation reduces a biomarker for increased risk of liver cancer in young men from southern China. The American Journal of Clinical Nutrition, 83(5): 1199-1203.

Epstein R M, Hundert E M. 2002. Defining and assessing professional competence. The Journal of the American Medical Association, 287(2): 226-236.

Erny D, Hrabe de Angelis A L, Jaitin D, et al. 2015. Host microbiota constantly control maturation and function of microglia in the CNS. Nature Neuroscience, 18(7): 965-977.

Fareed S, Sarode N, Stewart F J, et al. 2018. Applying fecal microbiota transplantation (FMT) to treat recurrent *Clostridium difficile* infections (rCDI) in children. Peer J, 6(2018): e4663.

Ferreira M R, Muls A, Dearnaley D P, et al. 2014. Microbiota and radiation-induced bowel toxicity: lessons from inflammatory bowel disease for the radiation oncologist. The Lancet Oncology, 15(3): 139-147.

Fijlstra M, Ferdous M, Koning A M, et al. 2015. Substantial decreases in the number and diversity of microbiota during chemotherapy-induced gastrointestinal mucositis in a rat model. Support Care Cancer, 23(6): 1513-1522.

Fredrik B, Manchester J K, Semenkovich C F, et al. 2007. Mechanisms underlying the resistance to diet-induced obesity in germ-free mice. Proceedings of the National Academy of Sciences, 104(3): 979-984.

Frost G, Sleeth M L, Sahuri-Arisoylu M, et al. 2014. The short-chain fatty acid acetate reduces appetite via a central homeostatic mechanism. Nature Communications, 5: 3611-3622.

Fuentes S, van Nood E, Tims S, et al. 2014. Reset of a critically disturbed microbial ecosystem: faecal transplant in recurrent *Clostridium difficile* infection. The ISME Journal, 8(8): 1621-1633.

Fuhrman B J, Feigelson H S, Flores R, et al. 2014. Associations of the fecal microbiome with urinary estrogens and estrogen metabolites in postmenopausal women. Journal of Clinical Endocrinology Metabolism, 99(12): 4632-4640.

Funkhouser L J, Bordenstein S R. 2013. Mom knows best: the universality of maternal microbial transmission. PLoS Biology, 11(8): e1001631.

Furusawa Y, Obata Y, Fukuda S, et al. 2014. Commensal microbe-derived butyrate induces the differentiation of colonic regulatory T cells. Nature, 504(7480): 446-450.

Gagliani N, Hu B, Huber S, et al. 2014. The fire within: microbes inflame tumors. Cell, 157(4): 776-783.

Gagniere J, Raisch J, Veziant J, et al. 2016. Gut microbiota imbalance and colorectal cancer. World Journal of Gastroenterology, 22(2): 501-518.

Galatti L, Giustini S E, Sessa A, et al. 2005. Neuropsychiatric reactions to drugs: an analysis of spontaneous reports from general practitioners in Italy. Pharmacological Research, 51(3): 211-216.

Gao Z G, Yin J, Zhang J, et al. 2009. Butyrate improves insulin sensitivity and increases energy expenditure in mice. Diabetes, 58(7): 1509-1517.

Garrett W S. 2015. Cancer and the microbiota. Science, 348(6230): 80-86.

Gaudet R G, Sintsova A, Buckwalter C M, et al. 2015. Cytosolic detection of the bacterial metabolite HBP activates TIFA-dependent innate immunity. Science, 348(6240): 1251-1255.

Gerner E W, Meyskens F L. 2004. Polyamines and cancer: old molecules, new understanding. Nature Reviews Cancer, 4(10): 781-792.

Ghorbani P, Santhakumar P, Hu Q, et al. 2015. Short-chain fatty acids affect cystic fibrosis airway inflammation and bacterial growth. European Respiratory Journal, 46(4): 1033-1045.

Gibson D J, Elliott L, McDermott E, et al. 2015. Heightened expression of CD39 by regulatory T lymphocytes is associated with therapeutic remission in inflammatory bowel disease. Inflammatory Bowel Diseases, 21(12): 2806-2814.

Gold J S, Bayar S, Salem R R. 2004. Association of Streptococcus bovis bacteremia with colonic neoplasia and extracolonic malignancy. Archives of Surgery, 139(7): 760-765.

Gur C, Ibrahim Y, Isaacson B, et al. 2015. Binding of the Fap2 protein of *Fusobacterium nucleatum* to human inhibitory receptor TIGIT protects tumors from immune cell attack. Immunity, 42(2): 344-355.

Haiser H J, Turnbaugh P J. 2013. Developing a metagenomic view of xenobiotic metabolism. Pharmacological Research, 69(1): 21-31.

Hamilton M J, Weingarden A R, Sadowsky M J, et al. 2012. Standardized frozen preparation for transplantation of fecal microbiota for recurrent *Clostridium difficile* infection. American Journal of Gastroenterology, 107(5): 761-767.

Hetzel M, Brock M, Selmer T, et al. 2003. Acryloyl-CoA reductase from *Clostridium propionicum*. An enzyme complex of propionyl-CoA dehydrogenase and electron-transferring flavoprotein. European Journal of Biochemistry, 270(5): 902-910.

Hill C, Guarner F, Reid G, et al. 2014. Expert consensus document the international scientific association for probiotics and prebiotics consensus statement on the scope and appropriate use of the term probiotic. Nature Reviews Gastroenterology Hepatology, 11(8): 506-514.

Hodi F S, Chesney J, Pavlick A C, et al. 2016. Combined nivolumab and ipilimumab versus ipilimumab alone in patients with advanced melanoma: 2-year overall survival outcomes in a multicentre, randomised, controlled, phase 2 trial. The Lancet Oncology, 17(11): 1558-1568.

Hsu B B, Gibson T E, Yeliseyev V, et al. 2019. Dynamic modulation of the gut microbiota and metabolome by bacteriophages in a mouse model. Cell Host Microbe, 25(6): 803-814.

Hu B, Elinav E, Huber S, et al. 2013. Microbiota-induced activation of epithelial IL-6 signaling links inflammasome-driven inflammation with transmissible cancer. Proceedings of the National Academy of Sciences, 110(24): 9862-9867.

Hubbard T D, Murray I A, Bisson W H, et al. 2015. Adaptation of the human aryl hydrocarbon receptor to sense microbiota-derived indoles. Scientific Reports, 5: 12689-12702.

Hurst N R, Kendig D M, Murthy K S, et al. 2014. The short chain fatty acids, butyrate and propionate, have differential effects on the motility of the guinea pig colon. Neurogastroenterology Motility, 26(11): 1586-1596.

Iida N, Dzutsev A, Stewart C A, et al. 2013. Commensal bacteria control cancer response to therapy by modulating the tumor microenvironment. Science, 342(6161): 967-970.

Isabella V M, Ha B N, Castillo M J, et al. 2018. Development of a synthetic live bacterial therapeutic for the human metabolic disease phenylketonuria. Nature Biotechnology, 36(9): 857-864.

Ivakhnenko O S, Nyankovskyy S L. 2013. Effect of the specific infant formula mixture of oligosaccharides on local immunity and development of allergic and infectious disease in young children: randomized study. Pediatria Polska, 88(5): 398-404.

Jia W, Li H, Zhao L, et al. 2008. Gut microbiota: a potential new territory for drug targeting. Nature Reviews Drug Discovery, 7(2): 123-129.

Jiang R Q, Wang H Y, Deng L, et al. 2013. IL-22 is related to development of human colon cancer by activation of STAT3. BMC Cancer, 13: 59-70.

Jobin C. 2013. Colorectal cancer: looking for answers in the microbiota. Cancer Discovery, 3(4):

384-387.

Johnson C H, Dejea C M, Edler D, et al. 2015. Metabolism links bacterial biofilms and colon carcinogenesis. Cell Metabolism, 21(6): 891-897.

Johnstone R W. 2002. Histone-deacetylase inhibitors: novel drugs for the treatment of cancer. Nature Reviews Drug Discovery, 1(4): 287-299.

Kaiko G E, Ryu S H, Koues O I, et al. 2016. The colonic crypt protects stem cells from microbiota-derived metabolites. Cell, 165(7): 1708-1720.

Kaiser J. 2017. Gut microbes shape response to cancer immunotherapy. Science, 358(6363): 573-579.

Kaji I, Karaki S, Kuwahara A. 2014. Short-chain fatty acid receptor and its contribution to glucagon-like peptide-1 release. Digestion, 89(1): 31-36.

Kang D W, Adams J B, Coleman D M, et al. 2019. Long-term benefit of microbiota transfer therapy on autism symptoms and gut microbiota. Scientific Reports, 9(1): 5821-5830.

Kasubuchi M, Hasegawa S, Hiramatsu T, et al. 2015. Dietary gut microbial metabolites, short-chain fatty acids, and host metabolic regulation. Nutrients, 7(4): 2839-2849.

Kendrick S F, O'Boyle G, Mann J, et al. 2010. Acetate, the key modulator of inflammatory responses in acute alcoholic hepatitis. Hepatology, 51(6): 1988-1997.

Kibe R, Kurihara S, Sakai Y, et al. 2014. Upregulation of colonic luminal polyamines produced by intestinal microbiota delays senescence in mice. Scientific Reports, 4: 4548-4559.

Kilcher S, Loessner M J. 2019. Engineering bacteriophages as versatile biologics. Trends in Microbiology, 27(4): 355-367.

Kimura I, Inoue D, Hirano K, et al. 2014. The SCFA receptor GPR43 and energy metabolism. Frontiers in Endocrinology, 5: 85-88.

Kimura I, Inoue D, Maeda T, et al. 2011. Short-chain fatty acids and ketones directly regulate sympathetic nervous system via G protein-coupled receptor 41 (GPR41). Proceedings of the National Academy of Sciences, 108(19): 8030-8035.

Kimura I, Ozawa K, Inoue D, et al. 2013. The gut microbiota suppresses insulin-mediated fat accumulation via the short-chain fatty acid receptor GPR43. Nature Communications, 4: 1829-1841.

Kiss E A, Vonarbourg C, Kopfmann S, et al. 2011. Natural aryl hydrocarbon receptor ligands control organogenesis of intestinal lymphoid follicles. Science, 334(6062): 1561-1565.

Kootte R S, Levin E, Salojärvi J, et al. 2017. Improvement of insulin sensitivity after lean donor feces in metabolic syndrome is driven by baseline intestinal microbiota composition. Cell Metabolism, 26(4): 611-619.

Koppel N, Bisanz J E, Pandelia M E, et al. 2018. Discovery and characterization of a prevalent human gut bacterial enzyme sufficient for the inactivation of a family of plant toxins. Elife Sciences, 7: e33953.

Kortright K E, Chan B K, Koff J L, et al. 2019. Phage therapy: a renewed approach to combat antibiotic-resistant bacteria. Cell Host Microbe, 25(2): 219-232.

Kretschmer D, Rautenberg M, Linke D, et al. 2015. Peptide length and folding state govern the capacity of staphylococcal beta-type phenol-soluble modulins to activate human formyl-peptide receptors 1 or 2. Journal of Leukocyte Biology, 97(4): 689-697.

Krishnan S, Ding Y, Saeidi N, et al. 2018. Gut microbiota-derived tryptophan metabolites modulate inflammatory response in hepatocytes and macrophages. Cell Reports, 23(4): 1099-1111.

Krumbeck J A, Rasmussen H E, Hutkins R W, et al. 2018. Probiotic *Bifidobacterium* strains and galactooligosaccharides improve intestinal barrier function in obese adults but show no synergism when used together as synbiotics. Microbiome, 6(1): 121-137.

Kurtz C B, Millet Y A, Puurunen M K, et al. 2019. An engineered *E. coli* Nissle improves hypera-
    mmonemia and survival in mice and shows dose-dependent exposure in healthy humans. Science
    Translational Medicine, 11(475): e7975.

Lamas B, Natividad J M, Sokol H. 2018. Aryl hydrocarbon receptor and intestinal immunity. Mucosal
    Immunology, 11(4): 1024-1038.

Lamas B, Richard M L, Leducq V, et al. 2016. CARD9 impacts colitis by altering gut microbiota
    metabolism of tryptophan into aryl hydrocarbon receptor ligands. Nature Medicine, 22(6):
    598-626.

Le Poul E, Loison C, Struyf S, et al. 2003. Functional characterization of human receptors for short
    chain fatty acids and their role in polymorphonuclear cell activation. Journal of Biological
    Chemistry, 278(28): 25481-25489.

Lewandowski T, Huang J, Fan F, et al. 2013. Staphylococcus aureus formyl-methionyl transferase
    mutants demonstrate reduced virulence factor production and pathogenicity. Antimicrob Agents
    Chemother, 57(7): 2929-2936.

Li J, Hu F B. 2019. Research digest: reshaping the gut microbiota. Lancet Diabetes Endocrinol, 7(9):
    671.

Li Y, Innocentin S, Withers D R, et al. 2011. Exogenous stimuli maintain intraepithelial lymphocytes
    via aryl hydrocarbon receptor activation. Cell, 147(3): 629-640.

Lin H V, Frassetto A, Kowalik E J Jr, et al. 2012. Butyrate and propionate protect against diet-induced
    obesity and regulate gut hormones via free fatty acid receptor 3-independent mechanisms. PLoS
    One, 7(4): e35240.

Liu L, Guo X, Rao J N, et al. 2009. Polyamines regulate e-cadherin transcription through c-Myc
    modulating intestinal epithelial barrier function. AJP: Cell Physiology, 296(4): 801-810.

Liu M, Chen K, Yoshimura T, et al. 2014. Formylpeptide receptors mediate rapid neutrophil
    mobilization to accelerate wound healing. PLoS One, 9(6): e90613.

Loser C, Eisel A, Harms D, et al. 1999. Dietary polyamines are essential luminal growth factors for
    small intestinal and colonic mucosal growth and development. Gut, 44(1): 12-16.

Louis P, Hold G L, Flint H J. 2014. The gut microbiota, bacterial metabolites and colorectal cancer.
    Nature Reviews Microbiology, 12(10): 661-672.

Ma C, Han M, Heinrich B, et al. 2018. Gut microbiome-mediated bile acid metabolism regulates liver
    cancer via NKT cells. Science, 360(6391): e5931.

Mackie R I, Sghir A, Gaskins H R. 1999. Developmental microbial ecology of the neonatal
    gastrointestinal tract. The American Journal of Clinical Nutrition, 69(5): 1035-1045.

Makki K, Deehan E C, Walter J, et al. 2018. The impact of dietary fiber on gut microbiota in host
    health and disease. Cell Host Microbe, 23(6): 705-715.

Marchesi J R, Adams D H, Fava F, et al. 2016. The gut microbiota and host health: a new clinical
    frontier. Gut, 65(2): 330-339.

Marino E, Richards J L, McLeod K H, et al. 2017. Gut microbial metabolites limit the frequency of
    autoimmune T cells and protect against type 1 diabetes. Nature Communications, 18(5):
    552-562.

Maslowski K M, Vieira A T, Ng A, et al. 2009. Regulation of inflammatory responses by gut
    microbiota and chemoattractant receptor GPR43. Nature, 461(7268): 1282-1286.

Matson V, Fessler J, Bao R, et al. 2018. The commensal microbiome is associated with anti-PD-1
    efficacy in metastatic melanoma patients. Science, 359(6371): 104-108.

Matsumoto M, Kurihara S, Kibe R, et al. 2011. Longevity in mice is promoted by probiotic-induced
    suppression of colonic senescence dependent on upregulation of gut bacterial polyamine

production. PLoS One, 6(8): e23652.

Mazmanian S K, Liu C H, Tzianabos A O, et al. 2005. An immunomodulatory molecule of symbiotic bacteria directs maturation of the host immune system. Cell, 122(1): 107-118.

McFadden R M, Larmonier C B, Shehab K W, et al. 2015. The role of curcumin in modulating colonic microbiota during colitis and colon cancer prevention. Inflammatory Bowel Diseases, 21(11): 2483-2494.

Mego M, Holec V, Drgona L, et al. 2013. Probiotic bacteria in cancer patients undergoing chemotherapy and radiation therapy. Complementary Therapies in Medicine, 21(6): 712-723.

Melkamu T, Qian X, Upadhyaya P, et al. 2013. Lipopolysaccharide enhances mouse lung tumorigenesis: a model for inflammation-driven lung cancer. Veterinary Pathology, 50(5): 895-902.

Miller-Fleming L, Olin-Sandoval V, Campbell K, et al. 2015. Remaining mysteries of molecular biology: the role of polyamines in the cell. Journal of Molecular Biology, 427(21): 3389-3406.

Min S, Ingraham K, Huang J, et al. 2015. Frequency of spontaneous resistance to peptide deformylase inhibitor GSK1322322 in *Haemophilus influenzae*, *Staphylococcus aureus*, *Streptococcus pyogenes*, and *Streptococcus pneumoniae*. Antimicrob Agents Chemother, 59(8): 4644-4652.

Minois N, Carmona-Gutierrez D, Madeo F. 2011. Polyamines in aging and disease. Aging (Albany NY), 3(8): 716-732.

Mithieux G. 2014. Metabolic effects of portal vein sensing. Diabetes Obesity and Metabolism, 16 Suppl 1: 56-60.

Nesic D, Hsu Y, Stebbins C E. 2004. Assembly and function of a bacterial genotoxin. Nature, 429(6990): 429-433.

Nikolaus S, Schulte B, Al-Massad N, et al. 2017. Increased tryptophan metabolism is associated with activity of inflammatory bowel diseases. Gastroenterology, 153(6): 1504-1516.

Nilsson N E, Kotarsky K, Owman C, et al. 2003. Identification of a free fatty acid receptor, FFA2R, expressed on leukocytes and activated by short-chain fatty acids. Biochemical and Biophysical Research Communications, 303(4): 1047-1052.

Nohr M K, Pedersen M H, Gille A, et al. 2013. GPR41/FFAR3 and GPR43/FFAR2 as cosensors for short-chain fatty acids in enteroendocrine cells vs FFAR3 in enteric neurons and FFAR2 in enteric leukocytes. Endocrinology, 154(10): 3552-3564.

Ó Broin P, Vaitheesvaran B, Saha S, et al. 2015. Intestinal microbiota-derived metabolomic blood plasma markers for prior radiation injury. International Journal of Radiation, 91(2): 360-367.

Ott S J, Waetzig G H, Rehman A, et al. 2017. Efficacy of sterile fecal filtrate transfer for treating patients with *Clostridium difficile* infection. Gastroenterology, 152(4): 799-811.

Pal S K, Li S M, Wu X, et al. 2015. Stool bacteriomic profiling in patients with metastatic renal cell carcinoma receiving vascular endothelial growth factor-tyrosine kinase inhibitors. Clinical Cancer Research, 21(23): 5286-5293.

Park J, Kim M, Kang S G, et al. 2015. Short-chain fatty acids induce both effector and regulatory T cells by suppression of histone deacetylases and regulation of the mTOR-S6K pathway. Mucosal Immunology, 8(1): 80-93.

Perez-Cano F J, Gonzalez-Castro A, Castellote C, et al. 2010. Influence of breast milk polyamines on suckling rat immune system maturation. Developmental Comparative Immunology, 34(2): 210-218.

Pinato D J, Howlett S, Ottaviani D, et al. 2019. Association of prior antibiotic treatment with survival and response to immune checkpoint inhibitor therapy in patients with cancer. Jama Oncology, 2019: e192785.

Plovier H, Everard A, Druart C, et al. 2017. A purified membrane protein from *Akkermansia muciniphila* or the pasteurized bacterium improves metabolism in obese and diabetic mice. Nature Medicine, 23(1): 107-113.

Prat C, Haas P J, Bestebroer J, et al. 2009. A homolog of formyl peptide receptor-like 1 (FPRL1) inhibitor from staphylococcus aureus (FPRL1 inhibitory protein) that inhibits FPRL1 and FPR. Journal of Immunology, 183(10): 6569-6578.

Quera R, Espinoza R, Estay C, et al. 2014. Bacteremia as an adverse event of fecal microbiota transplantation in a patient with Crohn's disease and recurrent *Clostridium difficile* infection. Journal of Crohns & Colitis, 8(3): 252-253.

Ragsdale S W, Pierce E. 2008. Acetogenesis and the Wood-Ljungdahl pathway of CO(2) fixation. Biochimica et Biophysica Acta, 1784(12): 1873-1898.

Rautio J, Kumpulainen H, Heimbach T, et al. 2008. Prodrugs: design and clinical applications. Nature Reviews Drug Discovery, 7(3): 255-270.

Reyes A, Wu M, McNulty N P, et al. 2013. Gnotobiotic mouse model of phage-bacterial host dynamics in the human gut. Proceedings of the National Academy of Sciences, 110(50): 20236-20241.

Rizkallah M R, Gamal-Eldin S, Saad R, et al. 2012. The pharmacomicrobiomics portal: a database for drug-microbiome interactions. Current Pharmacogenomics and Personalized, 10(3): 195-203.

Ronda C, Chen S P, Cabral V, et al. 2019. Metagenomic engineering of the mammalian gut microbiome *in situ*. Nature Methods, 16(2): 167-170.

Rotte A, Bhandaru M, Zhou Y, et al. 2015. Immunotherapy of melanoma: present options and future promises. Cancer and Metastasis Reviews, 34(1): 115-128.

Round J L, Lee S M, Li J, et al. 2011. The Toll-like receptor 2 pathway establishes colonization by a commensal of the human microbiota. Science, 332(6032): 974-977.

Roy S, Trinchieri G. 2017. Microbiota: a key orchestrator of cancer therapy. Nature Reviews Cancer, 17(5): 271-285.

Rubinstein E, Camm J. 2002. Cardiotoxicity of fluoroquinolones. Journal of Antimicrobial Chemotherapy, 49(4): 593-596.

Rubinstein M R, Wang X W, Liu W D, et al. 2013. *Fusobacterium nucleatum* promotes colorectal carcinogenesis by modulating E-cadherin/beta-catenin signaling via its FadA adhesin. Cell Host Microbe, 14(2): 195-206.

Schiering C, Wincent E, Metidji A, et al. 2017. Feedback control of AHR signalling regulates intestinal immunity. Nature, 542(7640): 242-245.

Schneeberger M, Everard A, Gomez-Valades A G, et al. 2015. *Akkermansia muciniphila* inversely correlates with the onset of inflammation, altered adipose tissue metabolism and metabolic disorders during obesity in mice. Scientific Reports, 5: 16643-16657.

Scott K P, Martin J C, Campbell G, et al. 2006. Whole-genome transcription profiling reveals genes up-regulated by growth on fucose in the human gut bacterium "*Roseburia inulinivorans*". Journal of Bacteriology, 188(12): 4340-4349.

Sekirov I, Russell S L, Antunes L C M, et al. 2010. Gut microbiota in health and disease. Physiological Reviews, 90(3): 859-904.

Sharma A, Rath G K, Chaudhary S P, et al. 2012. *Lactobacillus brevis* CD2 lozenges reduce radiation- and chemotherapy-induced mucositis in patients with head and neck cancer: a randomized double-blind placebo-controlled study. European Journal of Cancer, 48(6): 875-881.

Shi L Z, Wang R, Huang G, et al. 2011. HIF1alpha-dependent glycolytic pathway orchestrates a metabolic checkpoint for the differentiation of TH17 and Treg cells. Journal of Experimental

Medicine, 208(7): 1367-1376.

Singh N, Gurav A, Sivaprakasam S, et al. 2014. Activation of Gpr109a, receptor for niacin and the commensal metabolite butyrate, suppresses colonic inflammation and carcinogenesis. Immunity, 40(1): 128-139.

Singh N, Thangaraju M, Prasad P D, et al. 2010. Blockade of dendritic cell development by bacterial fermentation products butyrate and propionate through a transporter (Slc5a8)-dependent inhibition of histone deacetylases. Journal of Biological Chemistry, 285(36): 27601-27608.

Sivan A, Corrales L, Hubert N, et al. 2015. Commensal *Bifidobacterium* promotes antitumor immunity and facilitates anti-PD-L1 efficacy. Science, 350(6264): 1084-1089.

Smith P M, Howitt M R, Panikov N, et al. 2013. The microbial metabolites, short-chain fatty acids, regulate colonic Treg cell homeostasis. Science, 341(6145): 569-573.

Snyder A, Pamer E, Wolchok J. 2015. Could microbial therapy boost cancer immunotherapy? Science, 350(6264): 1031-1032.

So D, Whelan K, Rossi M, et al. 2018. Dietary fiber intervention on gut microbiota composition in healthy adults: a systematic review and meta-analysis. The American Journal of Clinical Nutrition, 107(6): 965-983.

Song L, Gao Y, Zhang X, et al. 2013. Galactooligosaccharide improves the animal survival and alleviates motor neuron death in SOD1G93A mouse model of amyotrophic lateral sclerosis. Neuroscience, 246: 281-290.

Song X, Gao H, Lin Y, et al. 2014. Alterations in the microbiota drive interleukin-17C production from intestinal epithelial cells to promote tumorigenesis. Immunity, 40(1): 140-152.

Song X, Zhong L, Lyu N, et al. 2019. Inulin can alleviate metabolism disorders in ob/ob mice by partially restoring leptin-related pathways mediated by gut microbiota. Genomics Proteomics Bioinformatics, 17(1): 64-75.

Soret R, Chevalier J, De Coppet P, et al. 2010. Short-chain fatty acids regulate the enteric neurons and control gastrointestinal motility in rats. Gastroenterology, 138(5): 1772-1782.

Stafford P, Cichacz Z, Woodbury N W, et al. 2014. Immunosignature system for diagnosis of cancer. Proceedings of the National Academy of Sciences, 111(30): 3072-3080.

Stoddart L A, Smith N J, Milligan G. 2008. International union of Pharmacology. LXXI. free fatty acid receptors FFA1, -2, and -3: pharmacology and pathophysiological functions. Pharmacological Reviews, 60(4): 405-417.

Sun M F, Zhu Y L, Zhou Z L, et al. 2018. Neuroprotective effects of fecal microbiota transplantation on MPTP-induced Parkinson's disease mice: gut microbiota, glial reaction and TLR4/TNF-alpha signaling pathway. Brain Behavior and Immunity, 70: 48-60.

Surawicz C M, Brandt L J, Binion D G, et al. 2013. Guidelines for diagnosis, treatment, and prevention of *Clostridium difficile* Infections. American Journal of Gastroenterology, 108(4): 478-498.

Swanson H I. 2015. Drug metabolism by the host and gut microbiota: a partnership or rivalry? Drug Metabolism and Disposition, 43(10): 1499-1504.

Tang Y, Chen Y K, Jiang H M, et al. 2011. G-protein-coupled receptor for short-chain fatty acids suppresses colon cancer. International Journal of Cancer, 128(4): 847-856.

Tao X, Wang N, Qin W. 2015. Gut microbiota and hepatocellular carcinoma. Gastrointest Tumors, 2(1): 33-40.

Telesford K M, Yan W, Ochoa-Reparaz J, et al. 2015. A commensal symbiotic factor derived from *Bacteroides fragilis* promotes human CD39(+)Foxp3(+) T cells and Treg function. Gut Microbes, 6(4): 234-242.

Thorburn A N, Macia L, Mackay C R. 2014. Diet, metabolites, and "western-lifestyle" inflammatory diseases. Immunity, 40(6): 833-842.

Thorburn A N, McKenzie C I, Shen S, et al. 2015. Evidence that asthma is a developmental origin disease influenced by maternal diet and bacterial metabolites. Nature Communications, 6: 7320-7333.

Thorpe C M, Kane A V, Chang J, et al. 2018. Enhanced preservation of the human intestinal microbiota by ridinilazole, a novel *Clostridium difficile*-targeting antibacterial, compared to vancomycin. PLoS One, 13(8): e0199810.

Travaglione S, Fabbri A, Fiorentini C. 2008. The Rho-activating CNF1 toxin from pathogenic *E. coli*: a risk factor for human cancer development? Infectious Agents Cancer, 3(1): 4.

Trompette A, Gollwitzer E S, Yadava K, et al. 2014. Gut microbiota metabolism of dietary fiber influences allergic airway disease and hematopoiesis. Nature Medicine, 20(2): 159-166.

Uronis J M, Muhlbauer M, Herfarth H H, et al. 2009. Modulation of the intestinal microbiota alters colitis-associated colorectal cancer susceptibility. PLoS One, 4(6): e6026.

Usami M, Kishimoto K, Ohata A, et al. 2008. Butyrate and trichostatin a attenuate nuclear factor kappaB activation and tumor necrosis factor alpha secretion and increase prostaglandin E2 secretion in human peripheral blood mononuclear cells. Nutrition Research, 28(5): 321-328.

van Kessel S P, Frye A K, El-Gendy A O, et al. 2019. Gut bacterial tyrosine decarboxylases restrict levels of levodopa in the treatment of Parkinson's disease. Nature Communications, 10(1): 310-321.

van Nood E, Speelman P, Nieuwdorp M, et al. 2014. Fecal microbiota transplantation: facts and controversies. Current Opinion in Gastroenterology, 30(1): 34-39.

Vanhoecke B W, De Ryck T R, De Boel K, et al. 2016. Low-dose irradiation affects the functional behavior of oral microbiota in the context of mucositis. Experimental Biology and Medicine, 241(1): 60-70.

Vetizou M, Pitt J M, Daillere R, et al. 2015. Anticancer immunotherapy by CTLA-4 blockade relies on the gut microbiota. Science, 350(6264): 1079-1084.

Vinolo M A, Rodrigues H G, Hatanaka E, et al. 2011. Suppressive effect of short-chain fatty acids on production of proinflammatory mediators by neutrophils. Journal of Nutritional Biochemistry, 22(9): 849-855.

Vrieze A, Out C, Fuentes S, et al. 2014. Impact of oral vancomycin on gut microbiota, bile acid metabolism, and insulin sensitivity. Journal of Hepatology, 60(4): 824-831.

Vyara M, Jessica F, Riyue B, et al. 2018. The commensal microbiome is associated with anti–PD-1 efficacy in metastatic melanoma patients. Science, 359: 104-108.

Waldman S A, Camilleri M. 2018. Guanylate cyclase-C as a therapeutic target in gastrointestinal disorders. Gut, 67(8): 1543-1552.

Walker A W, Lawley T D. 2013. Therapeutic modulation of intestinal dysbiosis. Pharmacological Research, 69(1): 75-86.

Wallace B D, Redinbo M R. 2013. The human microbiome is a source of therapeutic drug targets. Current Opinion in Chemical Biology, 17(3): 379-384.

Wallace B D, Roberts A B, Pollet R M, et al. 2015. Structure and inhibition of microbiome beta-glucuronidases essential to the alleviation of cancer drug toxicity. Chemistry Biology, 22(9): 1238-1249.

Wang Q, McLoughlin R M, Cobb B A, et al. 2006. A bacterial carbohydrate links innate and adaptive responses through toll-like receptor 2. Journal of Experimental Medicine, 203(13): 2853-2863.

Wang T, Cai G, Qiu Y, et al. 2012. Structural segregation of gut microbiota between colorectal cancer patients and healthy volunteers. The ISME Journal, 6(2): 320-329.

Wang Y, Begum-Haque S, Telesford K M, et al. 2014. A commensal bacterial product elicits and modulates migratory capacity of CD39(+) CD4 T regulatory subsets in the suppression of neuroinflammation. Gut Microbes, 5(4): 552-561.

Wang Y, Wiesnoski D H, Helmink B A, et al. 2018. Fecal microbiota transplantation for refractory immune checkpoint inhibitor-associated colitis. Nature Medicine, 24(12): 1804-1808.

Whidbey C, Sadler N C, Nair R N, et al. 2019. A probe-enabled approach for the selective isolation and characterization of functionally active subpopulations in the gut microbiome. Journal of the American Chemical Society, 141(1): 42-47.

Whitfield-Cargile C M, Cohen N D, Chapkin R S, et al. 2016. The microbiota-derived metabolite indole decreases mucosal inflammation and injury in a murine model of NSAID enteropathy. Gut Microbes, 7(3): 246-261.

Wlodarska M, Luo C, Kolde R, et al. 2017. Indoleacrylic acid produced by commensal *Peptostreptococcus* species suppresses inflammation. Cell Host Microbe, 22(1): 25-37 e26.

Wong S H, Kwong T N Y, Chow T C, et al. 2017. Quantitation of faecal *Fusobacterium* improves faecal immunochemical test in detecting advanced colorectal neoplasia. Gut, 66(8): 1441-1448.

Wong S H, Kwong T N Y, Wu C Y, et al. 2019. Clinical applications of gut microbiota in cancer biology. Seminars in Cancer Biology, 55: 28-36.

Wu R Y, Maattanen P, Napper S, et al. 2017. Non-digestible oligosaccharides directly regulate host kinome to modulate host inflammatory responses without alterations in the gut microbiota. Microbiome, 5(1): 135-140.

Wu S G, Rhee K J, Albesiano E, et al. 2009. A human colonic commensal promotes colon tumorigenesis via activation of T helper type 17 T cell responses. Nature Medicine, 15(9): 1016-1022.

Yachida S, Mizutani S, Shiroma H, et al. 2019. Metagenomic and metabolomic analyses reveal distinct stage-specific phenotypes of the gut microbiota in colorectal cancer. Nature Medicine, 25(6): 968-976.

Yamaoka Y, Suehiro Y, Hashimoto S, et al. 2018. *Fusobacterium nucleatum* as a prognostic marker of colorectal cancer in a Japanese population. Journal of Gastroenterology, 53(4): 517-524.

Yamashita H, Fujisawa K, Ito E, et al. 2007. Improvement of obesity and glucose tolerance by acetate in type 2 diabetic otsuka Long-Evans tokushima fatty (OLETF) rats. Bioscience Biotechnology and Biochemistry, 71(5): 1236-1243.

Yang S, Shi W, Xing D, et al. 2014. Synthesis, antibacterial activity, and biological evaluation of formyl hydroxyamino derivatives as novel potent peptide deformylase inhibitors against drug-resistant bacteria. European Journal of Medicinal Chemistry, 86: 133-152.

Yao J, Carter R A, Vuagniaux G, et al. 2016. A pathogen-selective antibiotic minimizes disturbance to the microbiome. Antimicrob Agents Chemother, 60(7): 4264-4273.

Yin X, Farin H F, van Es J H, et al. 2014. Niche-independent high-purity cultures of Lgr5+ intestinal stem cells and their progeny. Nature Methods, 11(1): 106-112.

Yu L X, Yan H X, Liu Q, et al. 2010. Endotoxin accumulation prevents carcinogen-induced apoptosis and promotes liver tumorigenesis in rodents. Hepatology, 52(4): 1322-1333.

Zelante T, Iannitti R G, Cunha C, et al. 2013. Tryptophan catabolites from microbiota engage aryl hydrocarbon receptor and balance mucosal reactivity via interleukin-22. Immunity, 39(2): 372-385.

Zeller G, Tap J, Voigt A Y, et al. 2014. Potential of fecal microbiota for early-stage detection of colorectal cancer. Molecular Systems Biology, 10(11): 766-784.

Zhang F M, Luo W S, Shi Y, et al. 2012. Should we standardize the 1, 700-year-old fecal microbiota transplantation? American Journal of Gastroenterology, 107(11): 1755.

Zhang H L, Yu L X, Yang W, et al. 2012. Profound impact of gut homeostasis on chemically-induced pro-tumorigenic inflammation and hepatocarcinogenesis in rats. Journal of Hepatology, 57(4): 803-812.

Zhang M, Wang H, Tracey K J. 2000. Regulation of macrophage activation and inflammation by spermine: a new chapter in an old story. Critical Care Medicine, 28(4): 60-66.

Zhao Y, Chen F, Wu W, et al. 2018. GPR43 mediates microbiota metabolite SCFA regulation of antimicrobial peptide expression in intestinal epithelial cells via activation of mTOR and STAT3. Mucosal Immunology, 11(3): 752-762.

Zhu W, Winter M G, Byndloss M X, et al. 2018. Precision editing of the gut microbiota ameliorates colitis. Nature, 553(7687): 208-211.

Zou J, Chassaing B, Singh V, et al. 2018. Fiber-mediated nourishment of gut microbiota protects against diet-Induced obesity by restoring IL-22-mediated colonic health. Cell Host Microbe, 23(1): 41-53.